科学版学习笔记系列

有机化学学习笔记

（第三版）

刘在群　编著

科学出版社

北京

内 容 简 介

　　本书按照理科高校化学及相关专业有机化学教学要点,将有机化学知识重整为五部分内容:第一部分通过学习烷烃、烯烃、炔烃,掌握有机化学的基本理论和基本工具;第二部分介绍以亲核取代反应及消除反应为核心的脂肪族化合物,包括卤代烃、醇与醚、脂肪胺;第三部分介绍以亲电取代反应为核心的芳香族化合物,包括芳香烃、酚与芳香胺、杂环化合物;第四部分介绍以亲核加成反应及负碳离子反应为核心的脂肪族化合物,包括醛与酮、羧酸、羧酸衍生物,还包括氨基酸和糖;第五部分介绍以分子轨道理论为核心的周环反应。

　　本书可作为高等学校化学及相关专业本科生有机化学课程的教学参考书。

图书在版编目(CIP)数据

有机化学学习笔记/刘在群编著. —3 版. —北京:科学出版社,2013.6
(科学版学习笔记系列)
ISBN 978-7-03-037846-0

Ⅰ.①有… Ⅱ.①刘… Ⅲ.①有机化学—高等学校—教学参考资料
Ⅳ.①O62

中国版本图书馆 CIP 数据核字(2013)第 127599 号

责任编辑:丁　里　王志欣 / 责任校对:鲁　素
责任印制:张　伟 / 封面设计:陈　敬

科 学 出 版 社 出版
北京东黄城根北街 16 号
邮政编码:100717
http://www.sciencep.com

固安县铭成印刷有限公司 印刷
科学出版社发行　各地新华书店经销

＊

2005 年 5 月第　一　版　开本:787×1092　1/16
2008 年 5 月第　二　版　印张:23 1/2
2013 年 6 月第　三　版　字数:502 000
2023 年 11 月第二十三次印刷

定价:79.00 元
(如有印装质量问题,我社负责调换)

第三版前言

作为化学及其相关专业基础课程之一的有机化学要使学生掌握哪些知识、掌握到什么程度是一个涉及有机化学教学理念的重要问题。是化合物的性质,是有机反应的类型,是以化合物性质带动有机反应,还是以有机反应类型引领化合物种类?在学完有机化学之后,是将一系列有机化合物陈列于学生的记忆中,还是将一系列有机反应留在学生的印象中?这是有机化学的主讲教师们一直讨论的问题之一。经过多年的教学实践和广泛的研讨,基本上能够达成一个共识,即突出有机反应在有机化学教学中的基础性地位,要使学生在学完有机化学之后认识到有机反应的重要性是新时期有机化学教学的目的。因此,出现了一些以有机反应统领整个有机化学知识体系的新的教学模式。这种按照有机反应类型来分章节的知识编排体例突出了有机反应的类型,但是也带来了一些问题,就是诸多有机反应铺陈在学生面前,仍然表现为缺乏内部关系的材料,而且同一反应类型中涉及众多化合物种类,以及在众多反应机理之间跳跃,作为贯穿性复习是非常有好处的,但作为初学,理解起来尚需时日。

通过调整部分章节的顺序可以实现将类似的反应相对集中于一个大的专题之下,同时又保持了以化合物种类划分章节的好处。在醛酮及羧酸衍生物的教学中,将负碳离子反应单独设为一章,分层次地讲解羰基 α-碳的性质,有助于学生全面了解有机反应类型。本书就是沿着这样的写作思路撰写的,并于2005年出版了第一版。此后,在以本书为讲义的教学中,作者发现书中举的例子仅仅是为了教学而设计的反应,其特点是化合物结构简单,突出了反应的位点和反应条件;缺点是无实验依据,与反应在科研中的具体应用有一定的距离。因此,作者用一些可用于基础有机化学教学的、在科研中有实际应用的反应代替了原来的教学实例,使有机化学基础课教学开始贴近科研,并于2008年出版了本书的第二版。第三版仍然按照以上思路撰写,从近年发表的全合成工作中选取了与基础有机化学教学内容密切相关的内容充实到教学实例中,使有机反应的教学落实到今天的科研工作中,使学生了解传统的有机反应在今天的科研中被改进到什么程度,使学生能够在学习有机化学之初就接受从复杂分子结构中寻找反应点的训练,让学生感觉到有机化学基础课与当前有机化学科研工作之间的距离并不遥远。

总之,本书第三版在原有的知识框架内组织了新的科研实例来支持有机化学基础课内容,这一改进是否能够对基础有机化学教学起到推动作用,期待着同行们的批评指正,以及学生们的意见和建议。

作 者
2013年3月

第二版前言

进入 21 世纪以来,高校课程改革逐渐展开。作为化学专业基础课程之一的有机化学同样面临着对传统的知识体系和教学模式的反思。如何在保持有机化学基础课的基本教学内容的前提下,适应时代发展的需要,成为有机化学主讲教师面临的问题。

有机化学知识的特点是信息量大,但知识之间的逻辑关系相对于其他课程要弱一些,学生在学习时会觉得需要记忆大量的知识内容。面对这些问题,在教学过程中,作者尝试将有机化学知识重新编排,将同种类型的反应相对集中,形成了本书所示的五部分内容。这样的编排不仅有利于教师的讲授,而且也有助于学生的理解和记忆。与此同时,现代教学技术的发展也为有机化学教学模式的改革提供了技术上的可能性。传统的教学模式就是教师边板书边讲解,学生边抄笔记边听讲,这样的课堂效率是比较低的。学生在课后需要通过自学,才能最终理解知识。如果采用笔记体的教材,在课堂上使用多媒体教学,就会使教学效率大大提高。正是在以上的背景下,作者编撰了本书第一版,并于 2005 年 5 月出版。在三年的教学实践中,作者感到基本上达到了写作本书的目的。期间同行及学生提出了宝贵的意见和建议,作者在此表示衷心的感谢。

近年来有机化学发展迅速,而教学中所举的反应实例基本上是为了阐述知识而设计的例子,与有机化学科研脱节。如何将有机化学研究的新成果与基础课教学联系起来是一个需要思考的问题。作者参阅了第三~五届全国有机化学学术研讨会论文集及第十届全国应用化学学术研讨会论文集,从中选取了与有机化学基础教学密切相关的内容作为教学实例,在有机化学基础教学中引入了科研内容,将教学与科研联系起来,在这样的指导思想下编撰了本书,希望能够继续得到同行的批评指正及学生的意见和建议。

作　者

2008 年 3 月

第一版前言

本书是作者主讲有机化学课时的讲义,现整理出版。其指导思想是力图把本书做成一本适用、实用、逻辑性强、图文并茂、笔记体的有机化学教学参考书,并以此为基础改变传统的灌输式教学模式,取而代之的是讨论式的课堂氛围。本书对学生来说,是一本有机化学课堂笔记;对教师来说,是一本有机化学教案。这样就为师生共同讨论有机化学问题提供了一个平台:给主讲教师留有充分的空间阐释有机化学内容;给正在学习有机化学的学生提供自学和思考的读书提纲;给学过有机化学的学生以简明扼要的知识体系,以便于复习。

本书坚持紧密围绕理科高校化学专业《有机化学教学大纲》来写作。目前,有机化学教材的内容繁多,包括了教学大纲之外的内容,这对开拓学生的视野是有好处的,但教材毕竟不是手册,太过繁杂的内容往往会冲淡教学大纲的主旨,所以本书在写作中力求紧密围绕教学大纲展开深入讨论,不求广而求深,不求全而求精,做到唯教选材。

在结构体系上,本书将纷繁复杂的有机化学知识整合为几个板块,各板块间体现从简到繁逐层递进的逻辑关系,这样使得知识更加集中,便于更深入地阐述问题。

由于初次编写有机化学教学用书,再加上试图做到上述创新,不当乃至错误之处在所难免,希望读者予以批评指正。

作　者
2005 年 3 月

目　　录

有机化学的基本理论和基本工具

以亲核取代反应及消除反应为核心的脂肪族化合物

以亲电取代反应为核心的芳香族化合物

以亲核加成反应及负碳离子反应为核心的脂肪族化合物

以分子轨道理论处理有机化学反应问题

绪　　论

有机化学是研究除一氧化碳、二氧化碳及碳酸(盐)之外的含碳化合物的化学分支学科。它是由有机反应及机理、有机化合物的合成及结构分析方法、有机化合物的结构理论及电子效应理论等组成的、内容丰富的知识体系,其特点在于知识内容的丰富性,组织知识体系的灵活性。我们首先从有机化学的发展开始学习。

0.1　有机化学的发展

回顾科学发展的历史,任何一门学科都是从不同的角度认识世界,其发展都是一个渐进的过程,也是该学科的理论在实践中不断更新的过程。有机化学的发展也是如此,伴随着化学的发展和人们对物质认识的不断深入,而发展为一门独立的化学分支学科。化学发展过程中两次重要的突破推动了有机化学的诞生。

0.1.1　从斯塔尔到拉瓦锡——燃素说的终结,氧化理论的兴起

燃烧现象一直吸引着早期化学家们的研究兴趣,在化学发展的自然哲学时期,德国化学家贝歇尔(1635—1682年)在他的《地下物理学》一书中首先提出了燃素(phlogiston)的概念,认为燃素就是物质中可燃烧的组分,这一观念经过他的学生斯塔尔(1660—1734年)的解说才逐渐流行开来。燃素说解释了当时的许多化学现象,例如,对于氧化反应,斯塔尔认为是燃素从物质中逃逸的过程。燃素说的确是化学发展史上第一个具有普遍适用性的化学原理。但是随着科学的发展,实证主义观念逐渐使科学具备了实践性的特点,人们开始试图寻求并证实燃素的客观存在。其间,对于气体的研究及氧气的发现证实燃素说是错误的,为氧化学说的诞生起到了奠基的作用。

人们最初对气体的认识是从空气开始的。直到1727年,英国植物学家黑尔斯(1677—1761年)的《植物静力学》才系统地描述了收集各种气体的方法,为深入研究各种气体提供了实验方法。这期间最重要的当属英国化学家普里斯特里(1733—1804年)的工作。1774年,普里斯特里通过一系列实验发现了"脱燃素空气",即氧气;与他同时发现氧气的还有瑞典化学家舍勒(1742—1786年),同时舍勒也是那个时代发现有机酸最多的化学家,所以舍勒也被认为是有机化学的奠基人。氧气的发现成为氧化学说诞生的前奏。

氧气的发现使人们重新审视燃烧问题。拉瓦锡(1743—1794年)的工作成为近代化学的开端。他通过大量缜密的实验证实了燃素是不存在的,燃烧现象是一种氧化现象,其机理与铁的生锈相同。1783年,拉瓦锡在他的论文中全面阐述了氧化学说,指出了燃素说面临的困难,证实了燃素说是一种完全不必要的学

说,彻底清除了它对化学发展的阻碍。1787 年,拉瓦锡与化学家德莫瓦、贝托莱合作编写了《化学命名法》,建立了一套崭新的化合物命名方法,它是近代化学史上第一套完整的、系统的物质命名法。同时,经过 10 年的写作,拉瓦锡于 1789 年编写了一部具有划时代意义的巨著——《化学纲要》,系统地阐述了氧化理论;提出了化学的任务是将自然界的物质分解为基本的元素,并加以实验的、朴素的化学研究指导思想。他还通过对已知元素的分析,谨慎地归纳了元素周期律,并且提出了化学反应过程中物质守恒的观念,即将化学反应写成一个方程式,"就可以用计算来验证我们的实验,再用实验来验证我们的计算"。拉瓦锡的《化学纲要》对于化学就如同牛顿的《自然哲学的数学原理》对于物理学,开辟了化学发展的新纪元。

0.1.2　从柏采留斯到维勒、李比希——生命力论的终结,有机化学的诞生

在拉瓦锡提出元素概念的基础上,物质的原子结构学说在被英国化学家道尔顿全面阐释后,被引入到化学研究中,即确定元素单质及化合物中原子的相对质量。1811 年,意大利物理学家阿伏伽德罗(1776—1856 年)提出了分子的概念,但直到 1858 年意大利化学家康尼查罗(1826—1910 年)发表论文提出重视阿伏伽德罗的工作,原子-分子论才最终成为化学理论的基础。理论总是要指导实践的。在相当长的时期里,人们努力地进行相对原子质量的测定,如瑞典化学家伯齐利厄斯(1779—1848 年)通过大量的实验测定了相当多的元素的相对原子质量,使化学的发展具备了一个坚实的理论基础和完善的定量概念。

随着人们对化合物认识的深入,化学所关注的不仅仅是无生命的(inorganic)矿物质,与生命相关的(organic)的物质——有机化合物——引起了人们的高度重视。早在 18 世纪,瑞典化学家舍勒就发明了提取有机酸的方法,使人们获得了更多的研究有机物的材料;拉瓦锡的氧化理论也为通过燃烧的方法定量研究有机物提供了实验依据。但是,当时生物学界流行着活力论,即从生命过程中而来的物质含有生命力,这样就给有机化合物蒙上了神秘的色彩,特别是经过柏采留斯的系统阐述,即从生命中而来的化合物称为有机物,含有生命力,因此某些理论不都适合有机物的研究,有机化合物不能人工合成。毫无疑问,生命力论禁锢了有机化学的发展。

在对生命力论的突破过程中,德国化学家维勒(1800—1882 年)的工作起到了决定性的作用。1823 年,维勒从人和动物的尿中分离了尿素,对其化学性质进行了详细研究。1825 年,维勒在进行氰化物研究过程中,意外地得到一种白色晶体,经过研究发现是尿素。1828 年,维勒发表了《论尿素的人工合成》,说明有机化合物同样可以人工合成。1845 年柯尔伯合成了乙酸,1854 年柏赛罗合成了油脂,这些工作标志着人们突破了生命力论的局限。自拉瓦锡起人们就发现有机物主要是由碳和氢两种元素组成的,到 1848 年葛美林提出有机化学就是研究碳的化学,有机化学进入了发展时期。

被称为有机化学之父的是德国化学家李比希(1803—1873 年)。1823 年,他与维勒各自分离了一种氰酸,盖-吕萨克(1778—1850 年)认为它们的分子式相

同,但结构不同,提出了同分异构概念,由此发展成为化学的另一分支学科——结构化学。李比希采用有机物与氧化铜一起燃烧,精确测定生成的二氧化碳和水来确定元素含量的方法,研究了大量的有机物,确定了它们的分子式,这种定量分析的方法大大推进了有机化学的发展。时至今日,当人们需要确认一个化合物时,元素分析是必不可少的数据,而且元素分析仪器也日益自动化,精确度也越来越高。

0.1.3　从学科细化到学科融合——有机化学的今天

经过 200 年的发展,有机化学已成为人们认识世界和改造世界的重要手段,与无机化学一起勾勒出物质世界的图景,其自身的理论也得到长足发展,研究分支也越来越细化。例如,以合成特定目标有机化合物为目的的有机合成化学,以研究有机化合物结构表征为目的的有机分析化学,以研究从天然产物中分离提取特定有机化合物为目的的天然有机化学,以研究含碳-金属键有机化合物的合成及结构表征为目的的金属有机化学,以研究有机化学反应的机理及有机化学中的理论问题为目的的物理有机化学等。

21 世纪是一个知识经济的时代,各门学科的交叉融合,边缘学科的出现,通才教育替代了专才教育,要求有机化学工作者不能仅仅局限在某一个特定的研究方向上而不懂其他的方向。例如,一个有机合成化学工作者必须懂得有机分析化学的结构表征方法才能确认自己所合成的是否为目标产物,必须懂得物理有机化学中关于自己所用的反应的机理才能在合成中有的放矢地调控反应条件,使之向目标生成物方向进行,减少副产物。不仅如此,一个有机化学工作者还要具备无机化学、分析化学、物理化学、结构化学等多方面的知识背景,才能使自己的工作得心应手。因此,伴随着学科的融合,广博的知识将拓宽我们的眼界,给我们以全新的认识世界的角度,赋予我们完整的改造世界的手段。

0.1.4　从合成技术到理论阐释——有机化学的明天

作为一门古老的学科,明天有机化学将向何处去同样是我们今天应该思考的问题。在学习无机化学伊始,我们就曾谈到化学面临着从定性到定量、从宏观到微观、从实验到理论的发展任务。有机化学作为化学的分支学科同样面临着上述三个任务,这也是有机化学学科自身发展的必由之路。另外,结合有机化学的特点和科学发展的趋势,有机化学将以其合成技术合成出更多的、能够满足人们不同需要的、具备各种特定性能的新材料,即有机化学以其合成技术与材料科学融合;同时,人们将有机化学反应的理论应用到生命当中去,试图以有机化学的理论揭示生命中的反应,从化学反应的角度认识生命中的现象,即有机化学以其反应理论与生命科学融合。以上两种倾向将成为有机化学的发展趋势。

0.2　学习有机化学的意义

在了解了有机化学的昨天、今天和明天后,再谈学习有机化学的意义,可以将其归结为两点:学习知识和培养能力。

0.2.1　学习知识

有机化学知识是一个化学及其相关专业的工作者知识体系中的必不可少的组成部分,与我们学过的无机化学知识相得益彰,构成我们对世界的认识,给我们提供改造世界的手段。有机化合物具有以下特点:

1. 分子结构多异构现象

碳的正四面体结构的提出是有机化学发展史上一件重要的事情,它将人们对有机化合物结构的理解从平面推进到立体。碳原子之间的连接方式的不同构成了异构现象,使得虽然构成有机物的元素种类远不如无机物那样丰富,但有机物的数目却远远多于无机物。从大的方面讲,有机化合物的异构包括原子或基团连接方式不同造成的构型异构和由于碳-碳单键的自由旋转造成的构象异构。构型异构又包括了碳链异构、官能团异构、顺反异构、互变异构和旋光异构;构象异构实质上就是有机分子空间姿态的多样性。这些异构极大地丰富了有机化学的内容。

2. 有机物多易燃、熔点低、难溶于水

不同于无机化合物,有机化合物主要是由碳和氢两种元素组成的,所以一般比较容易燃烧。有机化合物中的碳原子是以共价键方式结合成有机分子的骨架,即碳链,即便有其他的非碳、非氢原子,如卤素原子、氧、硫、氮、磷等原子的加入,有机分子的极性也较小,形成的分子晶体晶格能较低,所以熔点比无机物低得多;由于有机分子极性较小,因此在水中的溶解度也较小。

3. 有机化学反应较慢,而且副反应多

有机化学反应不同于无机离子间的反应可在瞬间完成,有机反应的活化能较高,一般反应需要加热和加催化剂,而且副反应较多,因此,需要控制反应条件使之尽可能向主产物方向进行。

总之,从学习知识的角度,有机化学为我们打开了一扇大门,展现了颇具特色的知识体系和知识内容,为我们深入了解和认识化学反应提供了全新的视点。

0.2.2　培养能力

任何一门课程的学习都是从某个角度培养人的某方面的能力,有机化学也不例外。我们已经知道有机化学具有反应类型多,反应条件复杂,相反反应理论倒不是非常完整的特点,有些同学认为有机化学的学习就是单纯地记忆反应,结果大量的、无序的材料记忆起来相当困难。

众所周知,学习的过程就是将知识纳入到自身的认知结构当中的过程。我们不妨通过有机化学的学习来有意识地了解、认识、把握自己的认知结构,通过不断地归纳总结所学过的有机化学知识,使之更适应自己的记忆特点,使之更符合自己的理解模式,使之更体现自己的思维风格,在学习结束之后,建立符合自身认知特点的有机化学知识体系,我们实质上是通过学习有机化学培养了归纳材料、理顺知识体系的能力。

　　谈到有机化学的学习,我们不能避开有机化学实验。一般有机化学实验单独设课,独立于有机化学理论教学之外,它是我们在学习有机化学时的另一个重要的组成部分,但绝不是说有机化学实验仅仅是有机化学知识的验证,它是通过另外的途径培养有机化学思维的手段,因为有机化学毕竟是一门实验学科,它的知识是从实验中总结而来,也必将回过头来指导我们的实验。有机化学基础实验的目的不仅仅在于培养学生的动手能力,而是通过使学生完整地把握实验的整体进程来培养心理素质,一个人的有机化学知识是通过两条途径获得的:有机化学的课堂学习和有机化学实验学习。二者缺一不可。

　　总之,无论从学习知识上,还是从培养能力上,有机化学的理论教学和实验教学相辅相成,成为全面培养一个人的学习能力和心理素质的重要手段,我们学习有机化学也不仅是为了掌握知识、具备实验动手能力,进一步地认识自身的认知结构,强化心理素质才是我们更为受益之处。

0.3　学习有机化学的方法

　　通过以上的介绍,我们自然会提出行之有效的有机化学的学习方法,即对知识的归纳和对实验过程的整体把握。在此我们重点谈对知识的归纳。我们前面谈到有机化学的知识内容比较庞杂,信息量较大,之间的逻辑关系较差,这给我们的学习带来了不利的影响,同时也带来了机遇。这就需要我们在学习的过程中,在深入理解知识点的基础上,及时归纳总结,按照自己的理解特点来重新整合知识,建立符合自身认知特点的有机化学知识体系,并且要及时做练习,在练习过程中强化对知识的理解。在学完本课程之后,形成具有自身认知特点的有机化学知识体系,这样才能最终达到不仅学习了有机化学知识,更重要的是培养了学习能力的目的。

有机化学的基本理论和基本工具

第1章 烷　烃

"烷烃"本身的内容并不多,但作为有机化学的开始,很多基本问题要在本章中加以介绍,如命名法、异构现象;另外,有机化学中的结构理论和电子效应也要在本章中加以系统讲解,它们是学习有机化学的基础知识。真正与"烷烃"相关的内容只是自由基机理和卤代反应的活性与选择性。由于"烷烃"是有机化学的开篇,我们知道的反应很少,因此将在后续章节中再介绍烷烃的合成。

1.1　命名与结构

1.1.1　命名

1. 普通命名法

(1) 全部碳原子参与命名,数量用甲、乙、丙、丁、戊、己、庚、辛、壬、癸等表示。

(2) 以正、异、新标识结构差异。例如:

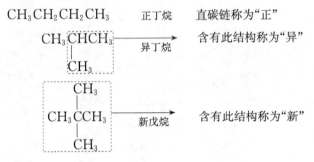

这种命名法只适于简单化合物。

2. 基团的命名

基团:有机物去掉一个氢原子后剩余的部分。例如:

$$CH_4 \longrightarrow \quad —CH_3$$
甲基　缩写:Me

$$CH_3CH_3 \longrightarrow \quad —CH_2CH_3$$
乙基　缩写:Et

$$CH_3CH_2CH_3 \longrightarrow \quad —CH_2CH_2CH_3$$
正丙基　缩写:n-Pr

$$CH_3CH_2CH_3 \longrightarrow \quad CH_3CHCH_3$$
|
异丙基　缩写:i-Pr

$$CH_3CH_2CH_2CH_3 \longrightarrow \quad —CH_2CH_2CH_2CH_3$$
正丁基　缩写:n-Bu

$$CH_3CH_2CH_2CH_3 \longrightarrow CH_3\underset{|}{C}HCH_2CH_3$$

仲丁基　缩写:s-Bu

$$CH_3\underset{\underset{CH_3}{|}}{C}HCH_3 \longrightarrow -CH_2\underset{\underset{CH_3}{|}}{C}HCH_3$$

异丁基　缩写:i-Bu

$$CH_3\underset{\underset{CH_3}{|}}{C}HCH_3 \longrightarrow CH_3\underset{\underset{CH_3}{|}}{\overset{\overset{CH_3}{|}}{C}}-$$

叔丁基　缩写:t-Bu

$$CH_2=CH_2 \longrightarrow -CH=CH_2$$

乙烯基

$$CH_3CH=CH_2 \longrightarrow -CH=CHCH_3$$

丙烯基

$$CH_3CH=CH_2 \longrightarrow CH_2=CHCH_2-$$

烯丙基

苯基　缩写:Ph

苄基

$$CH_3OH \longrightarrow CH_3O-$$

甲氧基

$$CH_3OH \longrightarrow -CH_2OH$$

羟甲基

3. 碳原子分类

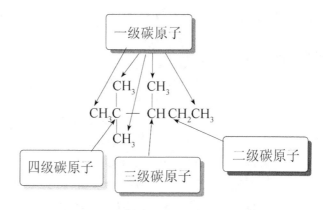

与一个碳相连的碳称为一级碳,伯碳,1℃,上面的氢为 1℃H。
与两个碳相连的碳称为二级碳,仲碳,2℃,上面的氢为 2℃H。
与三个碳相连的碳称为三级碳,叔碳,3℃,上面的氢为 3℃H。
与四个碳相连的碳称为四级碳,季碳,4℃。

4. 同系列与同系物

CH_4 中的 H 被 —CH_3 取代：CH_3CH_3；CH_3CH_3 中的 H 被 —CH_3 取代：$CH_3CH_2CH_3$，形成一个可以用 C_nH_{2n+2} 表示的系列，这样一系列的化合物称为同系列。同系列中每个化合物之间互称同系物。

5. IUPAC 命名法——系统命名法

1）选择（含有特征官能团的）最长的碳链作主链——最长

例如，酸的特征官能团是 —COOH，醇的特征官能团是 —OH，醛的特征官能团是 —CHO，酮的特征官能团是 C=O，烯烃的特征官能团是 C=C，炔烃的特征官能团是 C≡C 等。

2）含有尽可能多的支链——最多

2-甲基-3-乙基庚烷 → 正确

3-异丙基庚烷 → 错误

3）编号时使特征官能团号码最小——最小

对于烷烃来说就是从离支链最近处开始编号。例如：

2,3,6-三甲基庚烷

4）命名时合并所有相同的官能团——最简

6. 复杂取代基的命名

3-甲基-4-乙基-5-(2′,2′-二甲基丙基)癸烷

复杂取代基的命名规则：①选择最长的碳链作支链的主链——最长；②使支链中的支链最多——最多；③编号从与主链相连的碳原子处开始——特殊；④命名时合并支链中相同取代基的名称——最简。

1.1.2 结构理论

价电子配对理论：化学键是由成键原子的价电子配对形成的。但不能解释

下列事实：

丙烷与环丙烷价电子配对情况完全相同，但在相同条件下反应结果不同

1. 价键理论

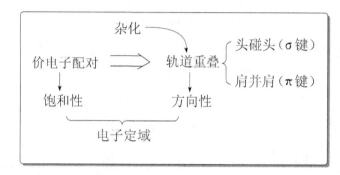

从原子轨道重叠的角度解释上述反应：

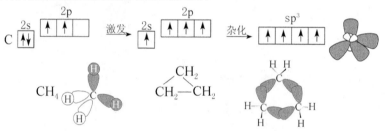

价键理论提出了键长和键角的概念：键长指两个成键原子核之间的距离；键角指两键之间的夹角。

价键理论很好地解释了环丙烷具有烯烃的性质，即环丙烷形成的头碰头的 σ 键重叠程度较小，具有 π 键的性质。

0.146nm

$CH_2 = CH—CH = CH_2$

0.134nm

价键理论的不足之处在于难以解释 1,3-丁二烯的单键键长变短，双键键长变长，即键长平均化。

2. 分子轨道理论

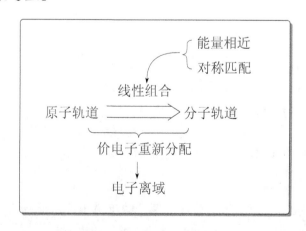

解释 1,3-丁二烯($CH_2{=}CH{-}CH{=}CH_2$)的分子结构。

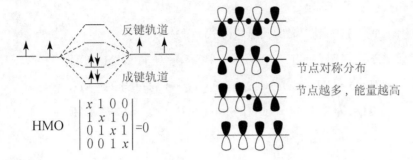

节点对称分布

节点越多,能量越高

HMO $\begin{vmatrix} x & 1 & 0 & 0 \\ 1 & x & 1 & 0 \\ 0 & 1 & x & 1 \\ 0 & 0 & 1 & x \end{vmatrix} = 0$

3. 共振论

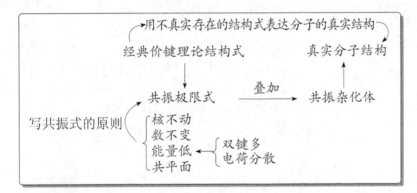

写共振极限式的原则:

1) 原子核位置不动

$$CH_3\overset{\displaystyle O}{\underset{\|}{C}}{-}H \longleftrightarrow CH_2{=}\overset{\displaystyle OH}{C}{-}H \qquad 错误:原子核位置发生改变$$

$$CH_2{=}CHCH_2 \longleftrightarrow \overset{\oplus}{C}H_2CH{=}CH_2 \longleftrightarrow \overset{\oplus}{\underset{CH_2{-}CH_2}{CH}} \qquad$$

正确 　　　　　　　　错误:原子核位置发生改变

2) 未成键电子数不变

$$CH_2{=}CH\dot{C}H_2 \longleftrightarrow \dot{C}H_2CH{=}CH_2 \longleftrightarrow \dot{C}H_2{-}\dot{C}H{-}\dot{C}H_2$$

正确 　　　　　　　错误:未成键电子数发生改变

3) 极限式的表观能量低——双键多,电荷分散有利于能量的降低

$$CH_3\overset{\displaystyle O}{\underset{\|}{C}}{-}H \longleftrightarrow CH_3\overset{\displaystyle \overset{\ominus}{O}}{\underset{|}{C}}{-}H \longleftrightarrow CH_3\overset{\displaystyle \overset{\oplus}{O}}{\underset{|}{C}}{-}H$$

氧原子电负性大,带一个单位正电荷不稳定,该共振式的表观能量高

4）整个分子共平面

【例 1.1】　1,3-丁二烯的共振极限式。

$$CH_2=CH-CH=CH_2 \longleftrightarrow CH_2=CH-\overset{\ominus}{C}H-\overset{\oplus}{C}H_2 \longleftrightarrow$$

$$CH_2=CH-\overset{\oplus}{C}H-\overset{\ominus}{C}H_2 \longleftrightarrow \overset{\oplus}{C}H_2-CH-CH=CH_2 \longleftrightarrow$$

$$\overset{\ominus}{C}H_2-CH-CH=CH_2 \longleftrightarrow \overset{\oplus}{C}H_2-CH=CH-\overset{\ominus}{C}H_2 \longleftrightarrow$$

$$\overset{\ominus}{C}H_2-CH=CH-\overset{\oplus}{C}H_2$$

共振极限式就是圈定了一个能量区域,分子的真实结构就是在此区域内的一切可能的结构

【例 1.2】　重氮甲烷 CH_2N_2。

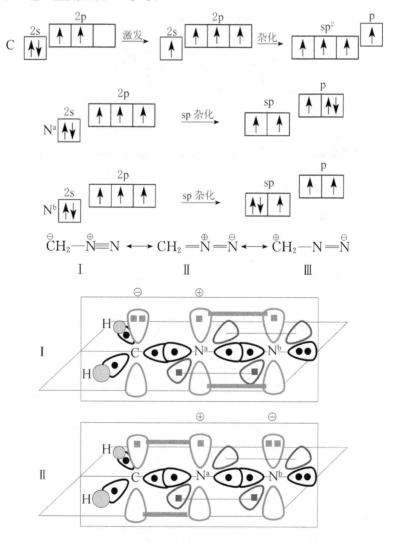

$$\overset{\ominus}{C}H_2-\overset{\oplus}{N}\equiv N \longleftrightarrow CH_2=\overset{\oplus}{N}=\overset{\ominus}{N} \longleftrightarrow \overset{\oplus}{C}H_2-N\equiv \overset{\ominus}{N}$$
　　　　　Ⅰ　　　　　　　　　　　Ⅱ　　　　　　　　　　　Ⅲ

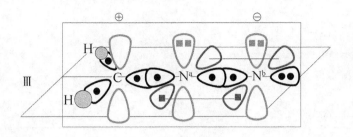

1.2　异　构　现　象

1.2.1　构型异构

构型:分子中原子或基团的连接状态。

构型异构:包括碳链异构、官能团异构、几何异构(顺反异构)、互变异构、旋光异构。

中学有机化学中就已经讲过碳链异构和官能团异构,我们将在第 2 章中详细讨论旋光异构,在第 4 章和第 5 章中分别讲几何异构和互变异构。

1.2.2　构象异构

单键旋转而使分子中各基团或原子的相对位置不同而产生的异构称为构象异构,构象是指一个分子在空间可能采取的姿态,构象异构研究的是分子采取哪种姿态能量低、哪种姿态能量高的问题。

1. 构象的表示方法

1) 伞形式

2) 锯架式

3) Newman 式

2. 乙烷的构象分析

交叉式　重叠式

由于转动能垒仅为 12.1kJ/mol, 室温下就能自由旋转, 但交叉式是优势构象, 也就是说, 乙烷分子取交叉式时, 能量最低, 但这并不是说乙烷分子不会以重叠式构象存在。目前对于乙烷优势构象以及 C—C 键旋转能垒问题, 人们仍在采用各种计算方法加以研究。在将两个氢原子处于重叠式的空间拥挤程度、两个 C—H 键的成键轨道和反键轨道的相互作用等空间效应和电子效应考虑在内之后, 发现传统观念上的"空间排斥作用"仍然是导致乙烷以交叉式为优势构象的主要原因。

3. 丁烷的构象分析

1　对位交叉式　　2　半重叠式　　3　邻位交叉式　　4　全重叠式

5　　　　　6　　　　　7

结论

对位交叉式是优势构象。

1.3 物 理 性 质

物理性质包括感官性质和物理常数。其中物理常数包括相对密度(d)、熔点(m.p.)、沸点(b.p.)、水中溶解度、折光率(n_D^{20})、比旋光度($[\alpha]_D^{20}$)等。对于烷烃来说, 相对密度 $d<1$, 不溶于水; C1～C4 的烷烃为气体; C5～C16 的烷烃为液体; C16 以上的烷烃为固体。

1.4 有机化学反应理论及类型

按照基团变化分为取代反应、加成反应、消除反应、氧化反应、还原反应。
按照电荷行为分为亲电反应、亲核反应。

1.4.1 反应理论

1. 碰撞理论

$$v = PZe^{-E_a/RT}$$

式中:v 为反应速率;P 为有效碰撞分数;Z 为碰撞次数;E_a 为活化能;R 为摩尔气体常量;T 为热力学温度。

2. 过渡态理论

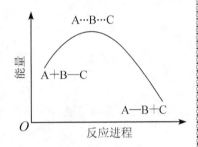

$$v = \frac{RT}{h} e^{\frac{\Delta S^{\neq}}{R}} e^{-\frac{\Delta H^{\neq}}{RT}}$$

式中:$\dfrac{RT}{h}$ 为碰撞次数;h 为普朗克常量;$\Delta H^{\neq}$ 为活化焓;$e^{\frac{\Delta S^{\neq}}{R}}$ 为有效碰撞概率。

过渡态理论是将碰撞理论定量化,具体含义将在物理化学的动力学部分学习。

3. Hammond 假设

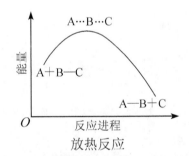

放热反应

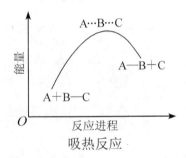

吸热反应

对于放热反应来说,过渡态的结构与反应物更为接近,所以称"过渡态来得早";对于吸热反应来说,过渡态的结构与生成物更为接近,所以称"过渡态来得晚"。将上述假设概括总结为:过渡态的结构与离它近的一边接近。以此来推测过渡态的结构,即对放热反应来说,它的过渡态受反应物的结构性能的影响更大;对于吸热反应来说,它的过渡态受生成物的结构性能的影响更大。

1.4.2 反应类型

1. 协同反应

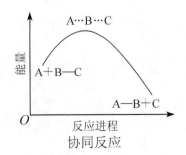

协同反应

旧化学键的断裂和新化学键的形成在一个过渡态内完成,无活性中间体

2. 分步反应

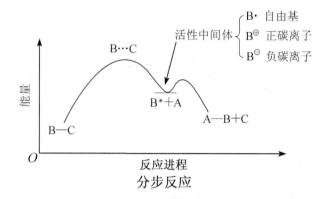

分步反应

1) 化学键的均裂——产生自由基

$$A : B \longrightarrow A \cdot + B \cdot$$

自由基

自由基：含单电子的活性中间体。

自由基反应为链式反应，包括链引发（chain initiation）、链传递（chain propagation）和链终止（chain termination）。

2) 化学键的异裂——产生正碳离子和负碳离子

$$A : B \longrightarrow A^{\ominus} + B^{\oplus}$$
　　　　　负碳离子　正碳离子

$$A : B + C^{\ominus} \longrightarrow A^{\ominus} + B\!-\!C$$ 亲核反应（卤代烃亲核取代；醛酮、炔烃亲核加成）
亲核试剂

$$A : B + D^{\oplus} \longrightarrow A\!-\!D + B^{\oplus}$$ 亲电反应（烯烃亲电加成；芳烃亲电取代）
亲电试剂

1.5　化学性质——自由基取代反应

烷烃的卤代反应是指烷烃在加热或光照条件下的氯代和溴代反应。

1.5.1　甲烷氯代——自由基机理

事实

$$CH_4 + Cl_2 \xrightarrow{\text{室温}} \times$$

$$CH_4 + Cl_2 \xrightarrow[\text{或} h\nu]{\triangle} CH_3Cl + HCl$$

$$\xrightarrow[\text{或} h\nu]{Cl_2 \;\triangle} CH_2Cl_2 + HCl$$

$$\xrightarrow[\text{或} h\nu]{Cl_2 \;\triangle} CHCl_3 + HCl$$

$$\xrightarrow[\text{或} h\nu]{Cl_2 \;\triangle} CCl_4 + HCl$$

机理

链引发
$$Cl_2 \xrightarrow{h\nu} 2Cl\cdot \qquad (1)$$

链传递
$$CH_4 + Cl\cdot \longrightarrow CH_3\cdot + HCl \qquad (2)$$
$$CH_3\cdot + Cl_2 \longrightarrow CH_3Cl + Cl\cdot \qquad (3)$$

链终止
$$Cl\cdot + Cl\cdot \longrightarrow Cl_2 \qquad (4)$$
$$CH_3\cdot + Cl\cdot \longrightarrow CH_3Cl \qquad (5)$$
$$CH_3\cdot + CH_3\cdot \longrightarrow CH_3CH_3 \qquad (6)$$

从反应(2)和反应(3)中可以发现链式反应的特点就是每一步反应为下一步提供原料。链引发中要求形成稳定的自由基,Cl—Cl 键能为 243kJ/mol,而 C—H 键能为 439kJ/mol,说明断裂 Cl—Cl 键更为容易,从一个侧面也说明 Cl· 稳定。在实际操作过程中一般还要用过氧化物(ROOR)作引发剂,促进链引发反应的进行。

【例 1.3】

链引发
$$ROOR \longrightarrow 2RO\cdot$$
$$RO\cdot + Cl_2 \longrightarrow ROCl + Cl\cdot$$

链传递

一般不必写出链终止步骤。

【例 1.4】
$$CH_3CH =\!\!=\!\! CH_2 + Br_2 \xrightarrow{h\nu} BrCH_2CH =\!\!=\!\! CH_2 + HBr$$

链引发
$$Br_2 \xrightarrow{h\nu} 2Br\cdot$$

链传递
$$CH_3CH =\!\!=\!\! CH_2 + Br\cdot \longrightarrow \cdot CH_2CH =\!\!=\!\! CH_2 + HBr$$
$$\cdot CH_2CH =\!\!=\!\! CH_2 + Br_2 \longrightarrow BrCH_2CH =\!\!=\!\! CH_2 + Br\cdot$$

烯丙基位($RCH_2 \overset{*}{C}H =\!\!=\!\! CH_2$)和苄基位($Ph\overset{*}{C}H_2R$)专用溴代试剂,结构式为

N-溴代丁二酰亚胺(NBS)

这样上述两个反应就可以以 NBS 为溴代试剂,在温和条件下反应,NBS 仅与烯丙基和苄基位置反应。例如:

73%

目前 NBS 溴代机理尚无一致的意见,但一般认为

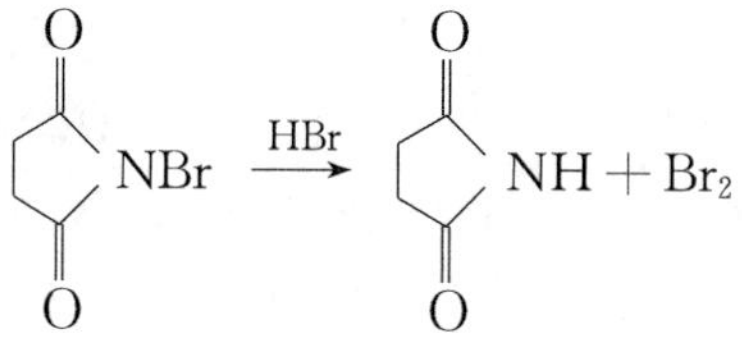

反应过程中生成的 HBr 与 NBS 生成微量的 Br_2 使反应平稳进行。目前采用 DBDMH 代替 NBS,其溴含量更大,反应效率更高。

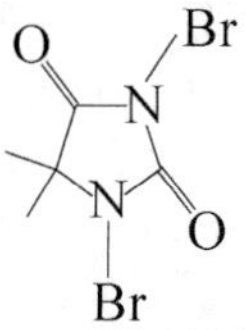

1,3-二溴-5,5-二甲基乙内酰脲(DBDMH)

　　在使用 NBS 类试剂进行烯丙基位溴代反应时,由于烯丙基自由基的共振式,溴可能并不会取代烯丙基位置上的氢原子。例如,在下列反应中,预期甲基上的氢原子会被溴原子取代,但实际上溴原子取代到了环上。

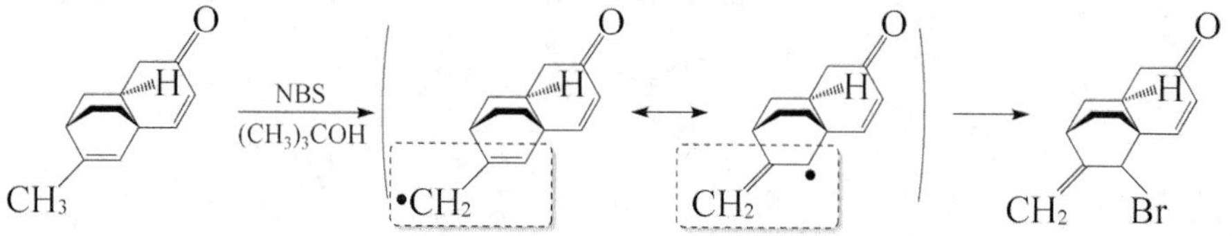

　　使用氯化硫酰(SO_2Cl_2)或次氯酸(HClO)可以发生烯丙基位氯代反应。例如:

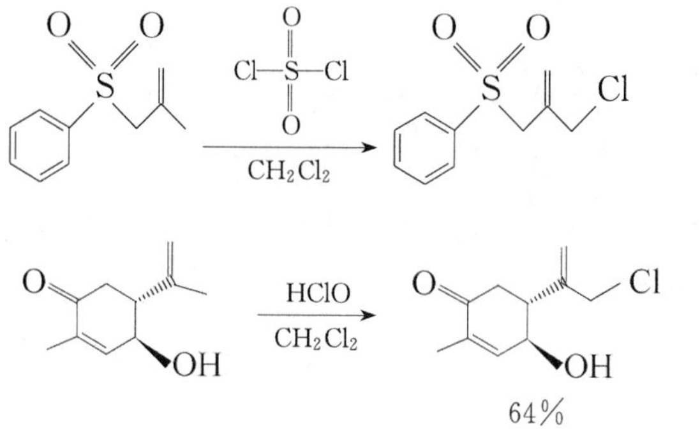

64%

1.5.2　自由基的结构与稳定顺序

1. 自由基的构型

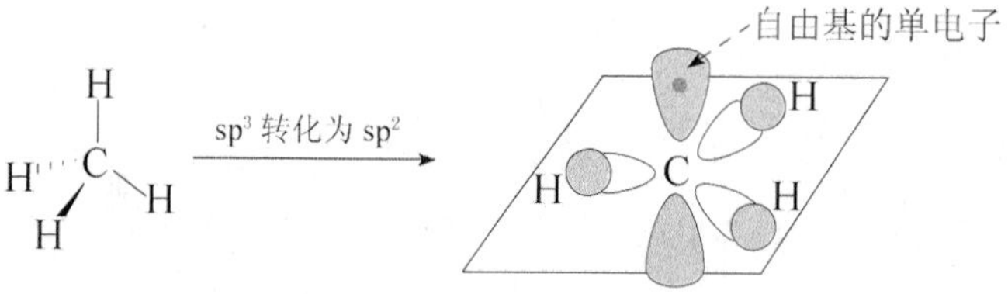

2. 自由基的稳定顺序

$$R_3C \cdot > R_2CH \cdot > RCH_2 \cdot > \cdot CH_3 > \cdot CH = CH_2$$
$$(3°) > (2°) > (1°)$$

1.5.3 电子效应理论及对自由基稳定性的解释

1. 诱导效应——I 效应

定义：由于原子的电负性不同而引起的电子沿 σ 键的偏移。

特点：短程的、永久的效应。

表示：吸电子的诱导效应用 $-I$ 表示；推电子的诱导效应用 $+I$ 表示。

【例 1.5】
$$Cl^{\delta-} \leftarrow C^{\delta+} \leftarrow C^{\delta\delta+} \leftarrow C^{\delta\delta\delta+} - C \quad Cl \ 具有 -I \ 效应$$
$$CH_3^+ \rightarrow C^{\delta-} \rightarrow C^{\delta\delta-} \rightarrow C^{\delta\delta\delta-} - C \quad CH_3 \ 具有 +I \ 效应$$

2. 共轭效应——C 效应

定义：电子在共轭体系内的离域效应。共轭体系即单、双键交替的或是单、双键交替时在应该出现双键处出现的是电子对的体系，如 $C-C=C-C=C-C=C$、$C-C=C-\ddot{O}-C=C$。

特点：长程的、遍及整个共轭体系的效应。

表示：吸电子的共轭效应用 $-C$ 表示；推电子的共轭效应用 $+C$ 表示。

分类：π-π 共轭、p-π 共轭。

π-π 共轭　1,3-丁二烯　$CH_2 = CH - CH = CH_2$

p-π 共轭　甲基乙烯基醚　$CH_3\ddot{O} - CH = CH_2$

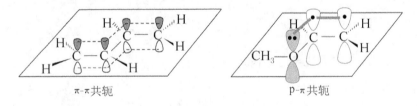

π-π共轭　　　　　　　　　p-π共轭

3. 超共轭效应——C—H 键的共轭效应

定义：由于氢原子半径非常小，导致 $C-H\sigma$ 键的电子云与 p 轨道近似，其键角为 $109.5°$，与 $90°$ 较为接近，$C-H\sigma$ 键的电子云与双键的部分重叠形成的类似共轭的效应。

特点：只存在于 $C-H\sigma$ 键，并且只是推电子的。

【例 1.6】　丙烯 $CH_3CH = CH_2$。

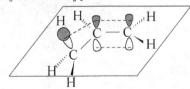

超共轭效应的强度：—CH$_3$＞—CH$_2$R＞—CHR$_2$＞—CR$_3$。

总结

上述三种电子效应的影响是共轭效应＞超共轭效应＞诱导效应。

4. 利用电子效应解释自由基稳定性顺序

1) 烯丙基自由基

CH$_2$=CHCH$_2$·

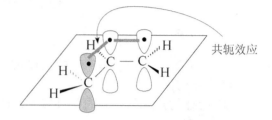

2) 苄基自由基

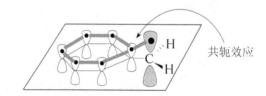

3) 3°自由基

CH$_3$—C·(CH$_3$)(CH$_3$)

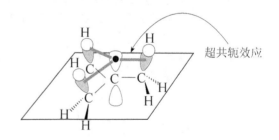

1.5.4 卤代反应的活性与选择性

1. 氯代反应

$$CH_3CH_2CH_3 \xrightarrow[h\nu]{Cl_2} CH_3CH_2CH_2Cl + CH_3CHCH_3(Cl)$$

按照不同种类氢原子的比例，产率应为	75%	25%
实际反应的产率为	46%	54%

$$CH_3CHCH_3(CH_3) \xrightarrow[h\nu]{Cl_2} CH_3CHCH_2Cl(CH_3) + CH_3CCH_3(CH_3)(Cl)$$

按照不同种类氢原子的比例，产率应为	90%	10%
实际反应的产率为	64%	36%

反应活性是指反应的难易程度。各级别氢原子的反应活性可以通过计算的方法得到，即相应产物的产率除以相应氢原子的个数为该级别氢原子的反应活性，那么 $1°H$、$2°H$ 和 $3°H$ 的活性比例为

$$1°H : 2°H = (46/6)/(54/2) = 1 : 3.5$$
$$1°H : 3°H = (64/9)/(36/1) = 1 : 5.0$$

反应活性还可以通过反应速率的比值得到，例如，甲烷与乙烷氯代时的反应速率之比为 $CH_4 : CH_3CH_3 = 1 : 270$。最终反应活性比例为 $CH_4 : 1°H : 2°H : 3°H = (1/270) : 1.0 : 3.5 : 5.0$。

2. 溴代反应

$$CH_3CH_2CH_3 \xrightarrow[h\nu]{Br_2} CH_3CH_2CH_2Br + CH_3\overset{\underset{\displaystyle Br}{|}}{C}HCH_3$$
$$\qquad\qquad\qquad\qquad\qquad 3\% \qquad\qquad 97\%$$

$$CH_3\overset{\underset{\displaystyle |}{CH_3}}{C}HCH_3 \xrightarrow[h\nu]{Br_2} CH_3\overset{\underset{\displaystyle |}{CH_3}}{C}HCH_2Br + CH_3\overset{\underset{\displaystyle |}{Br}}{\underset{\underset{\displaystyle CH_3}{|}}{C}}CH_3$$
$$\qquad\qquad\qquad\qquad\qquad\quad <1\% \qquad\qquad\qquad >99\%$$

反应的选择性是指反应部位的专一程度。

结论

溴代反应选择性比氯代反应好。

上述实验现象可以采用 Hammond 假设或是利用分子分布数与能量的关系加以解释。

3. Hammond 假设的解释

反应机理：

$$CH_3CH_2CH_3 + Cl \cdot (Br\cdot) \longrightarrow CH_3CH_2CH_2 \cdot + HCl\,(HBr)$$
$$CH_3CH_2CH_3 + Cl \cdot (Br\cdot) \longrightarrow CH_3\overset{\cdot}{C}H \cdot CH_3 + HCl\,(HBr)$$

生成两种自由基：$1°$ 自由基（$CH_3CH_2CH_2\cdot$）和 $2°$ 自由基（$CH_3\overset{\cdot}{C}H\cdot CH_3$）。

实验现象：氯代反应为放热反应；溴代反应为吸热反应，因此可以画出以下能量图。

氯代反应：

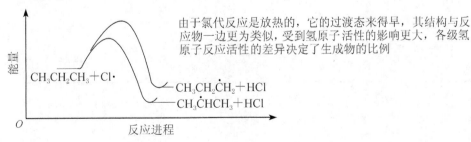

由于氯代反应是放热的，它的过渡态来得早，其结构与反应物一边更为类似，受到氯原子活性的影响更大，各级氢原子反应活性的差异决定了生成物的比例

溴代反应：

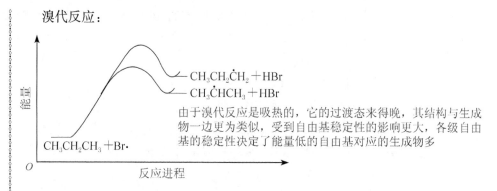

由于溴代反应是吸热的，它的过渡态来得晚，其结构与生成物一边更为类似，受到自由基稳定性的影响更大，各级自由基的稳定性决定了能量低的自由基对应的生成物多

4. 分子分布数与能量的关系的解释

尽管能量差异是相同的，但是在高能量区段所造成的分子分布数的差异是巨大的，因此对于活化能较高的溴代反应来说，调节能量就可以只使 $2°H$ 发生反应，所以溴代反应选择性要好

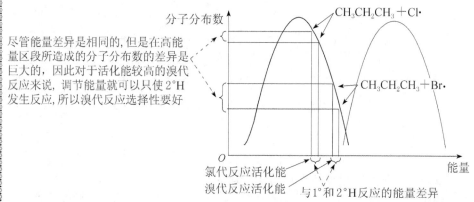

当能量足够高时（>450℃），所有的氢均被活化，产物的比例则只是按照氢原子个数，不存在选择性问题。提高烷烃卤代反应的选择性在于选择适当的自由基引发剂和卤素源，因为自由基引发剂决定了在烷烃上夺取氢原子的位置，而卤素源则决定了在反应过程中卤素原子的量。例如，采用不同的卤素源，$CH_3(CH_2)_5Cl$ 氯代反应生成各种异构体的相对百分含量如下：

异构体	Cl_2作为卤素源	$CuCl_2$作为卤素源*	$(CH_3)_2NCl$作为卤素源
$CH_3-CH_2-CH_2-CH_2-CH_2-\underset{\underset{Cl}{\vert}}{CH}-Cl$	1.8%	4.9%	
$CH_3-CH_2-CH_2-CH_2-\underset{\underset{Cl}{\vert}}{CH}-CH_2-Cl$	9.4%	4.7%	
$CH_3-CH_2-CH_2-\underset{\underset{Cl}{\vert}}{CH}-CH_2-CH_2-Cl$	21.3%	13.6%	6.8%
$CH_3-CH_2-\underset{\underset{Cl}{\vert}}{CH}-CH_2-CH_2-CH_2-Cl$	23.9%	34.0%	19.4%

续表

异构体	Cl$_2$作为卤素源	CuCl$_2$作为卤素源 *	(CH$_3$)$_2$NCl 作为卤素源
$\overset{6}{C}H_3-\overset{5}{C}H-\overset{4}{C}H_2-\overset{3}{C}H_2-\overset{2}{C}H_2-\overset{1}{C}H_2-Cl$ $\quad\quad\vert$ $\quad\quad Cl$	26.5%	42.8%	71.6%
$CH_2-CH_2-CH_2-CH_2-CH_2-CH_2-Cl$ $\vert$ Cl	17.2%		2.2%

* [图：N-羟基-邻-苯二甲酰亚胺(NHPI)] N—OH $\xrightarrow{HNO_3}$ N—O·(NHPO,作为引发剂)

以 Cl$_2$ 为卤素源时,CH$_3$(CH$_2$)$_5$Cl 氯代反应的选择性较差;以 N-羟基-邻-苯二甲酰亚胺自由基(NHPO)为引发剂,以 CuCl$_2$ 为卤素源时,5-位碳原子上的氢原子显示出一定的选择性,表明 NHPO 更易夺取该位置上的氢原子;以 (CH$_3$)$_2$NCl为卤素源时,该位置的选择性大为提高。由此可见,卤素源对提高烷烃卤代反应的选择性是非常重要的。

1.5.5 硝化与磺化

$$CH_3CH_2CH_3 \xrightarrow[h\nu]{HNO_3} \begin{array}{l} \overset{\displaystyle NO_2}{\underset{\displaystyle |}{CH_3CHCH_3}} \\ CH_3CH_2CH_2NO_2 \\ CH_3CH_2NO_2 \\ CH_3NO_2 \end{array}$$

$$C_{12}H_{26}+SO_2Cl_2 \longrightarrow C_{12}H_{25}SO_2Cl \xrightarrow{NaOH} C_{12}H_{25}SO_3Na$$
$$\quad\quad\quad\quad 氯化硫酰 \quad\quad\quad\quad\quad\quad\quad\quad\quad 十二烷基硫酸钠$$

第 2 章 立 体 化 学

　　立体化学是研究分子的空间形象及其理化性质的有机化学分支方向,其用处在于将分子构型的讨论从二维平面拓展到三维空间,在三维空间中推测反应的中间过程,研究不同立体异构体的结构-性能关系(structure-activity relationship,SAR)。立体化学可分为静态立体化学和动态立体化学。静态立体化学研究的是分子的空间形象;动态立体化学则是研究反应过程中分子的空间状态。

2.1 对称因素与手性分子

2.1.1 对称因素——对称面和对称中心

1. 对称面

　　分子中有一平面将分子一分两半,两个部分互为镜像关系,该平面称为对称面,用 σ 表示。例如:

CH_3CH_2COOH

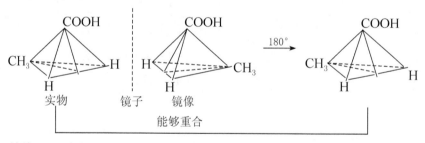

结论

如果分子中存在对称面,那么该分子的镜像可以与实物重合。

2. 对称中心

　　分子中有一个中心,各基团(原子)与之连线并延长相等距离可以发现一相同基团(原子),该中心称为对称中心,用 i 表示。例如:

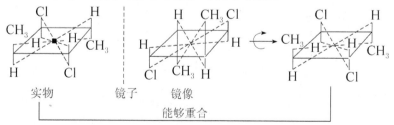

结论

　　如果分子中存在对称中心,该分子的镜像可以与实物重合。对称中心对分子对称性的影响大于对称面($i > \sigma$)。

2.1.2 手性分子

有一类分子不同于前面讲过的分子,它们不能与自身的镜像重合,这类分子称为手性分子,它们的特征是既不含对称面,又不含对称中心。在手性分子中,还有一些分子不含所有的对称因素(不仅仅是对称面和对称中心,还包括这里没有提及的对称轴等对称因素),称为不对称分子。手性分子具有特殊的物理性质——旋光性,即其溶液具有旋转偏振光偏振角度的性质。

1. 手性分子实例

乳酸

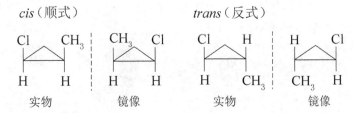

1-氯-2-甲基环丙烷

聚集双键类化合物

联苯类化合物

螺环类化合物

含有对称面，为非手性分子

通过上面的实例分析，我们再次强调手性分子是实物与镜像不能重合的分子，实物与镜像的关系为对映关系，实物与镜像互称对映体。无对称面和对称中心是产生手性分子的充分必要条件。

结论

无对称面、对称中心⇔实物与镜像不重合⇔手性分子（充分必要关系）。

2. 手性分子的物理性质——旋光性

比旋光度公式为

$$[\alpha]_\lambda^t = \alpha/(cl)$$

式中：α 为测得的旋光度，右旋为＋，左旋为－；c 为溶液浓度（g/mL）；l 为旋光管长度（10cm）；t 为测试时的温度；λ 为偏振光的波长（nm）。

旋光度的测定可参见下图：

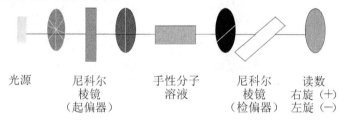

光源　　尼科尔　　　手性分子　　尼科尔　　　读数
　　　　棱镜　　　　溶液　　　　棱镜　　　右旋（＋）
　　　（起偏器）　　　　　　　（检偏器）　左旋（－）

2.2 手性碳与手性分子的表达

2.2.1 构型与手性碳

构型是指分子中原子和基团的排列方式，下面的两个乳酸分子中 2-位碳原子所连基团的种类是相同的，但排列方式显然是不同的，所以两个碳的构型不同。

COOH　　　　　　　　COOH

C——OH　　　　HO——C

CH₃　H　　　　　　H　　CH₃

Ⅰ　　　　　　　　　Ⅱ

$[\alpha]_\lambda^t = +3.8°$　　　　　$[\alpha]_\lambda^t = -3.8°$

实物　　　　　　　　镜像

将一对对映体等量混合后旋光就会消失，那么将一对等量的对映体的混合物称为外消旋体；将连有四个不同基团的碳原子称为手性碳原子，可以用 * 加以标示。既然上述两个手性碳的构型不同,就需要加以区别,因此我们采用 *R/S* 标识法来表明手性碳的构型。

2.2.2 手性碳构型的标识 ——*R/S* 标识

(1)按照定序规则排列基团的次序。

① 与手性碳直接相连的原子,原子序数大则相应的基团的次序就优先,或称该基团大,而与基团的体积无关。例如:

$$\begin{array}{c} {}^{3}CH_3 \\ | \\ {}^{2}Cl - C \cdots H\ 4 \\ | \\ Br\ 1 \end{array}$$

② 如果第一个原子相同,则比较第二个原子,直至比较出不同为止。例如:

③ 如果有双键(叁键),则按连有两个(三个)该原子计算。例如:

(2)次序最后的基团远离观察方向(最小基团放在最远处)。

(3)其余基团按次序从大到小排列,如果这种排列是顺时针方向的,该手性碳的构型为 *R* 型;如果是反时针方向的,则为 *S* 型。例如:

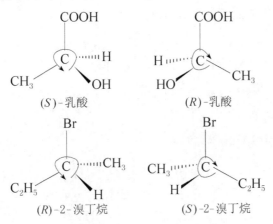

(S)-乳酸   (R)-乳酸

(R)-2-溴丁烷   (S)-2-溴丁烷

题目

找出头孢氨苄中的手性碳原子,并判断其构型。

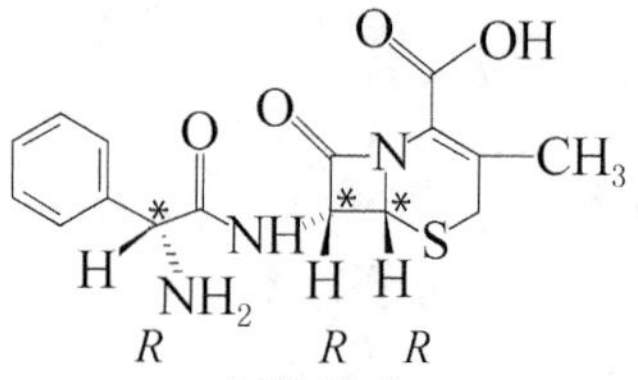

头孢氨苄

2.2.3 手性碳的表达方法—— Fischer 投影式

1. Fischer 投影式

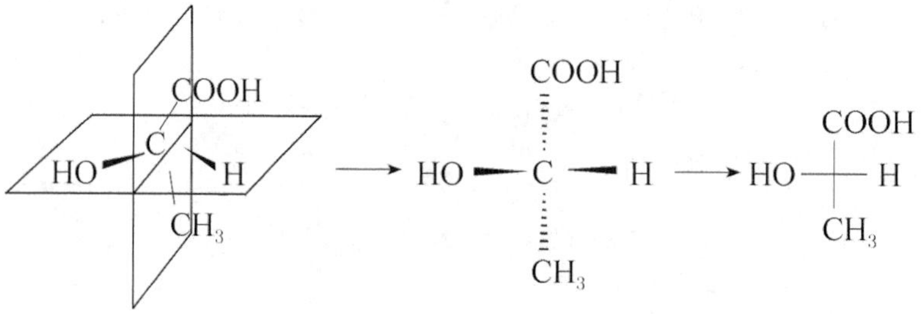

用 Fischer 投影式表达手性碳的要点为"十"字形交叉点为手性碳;横线表示向前,竖线表示向后;含碳基团写在竖线上,氧化态高的基团写在上面。

2. Fischer 投影式的规则

1)平面内交换两个基团,变为对映体

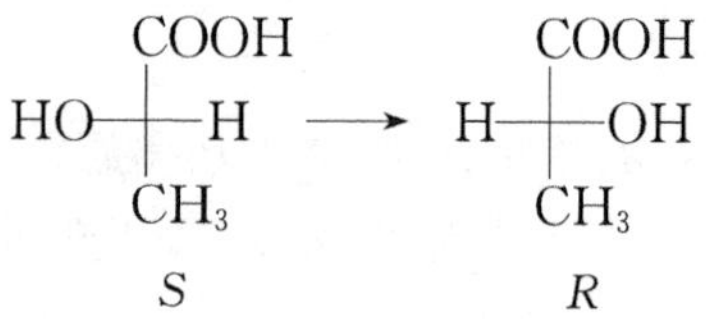

2)平面内连续交换三个基团,构型不变

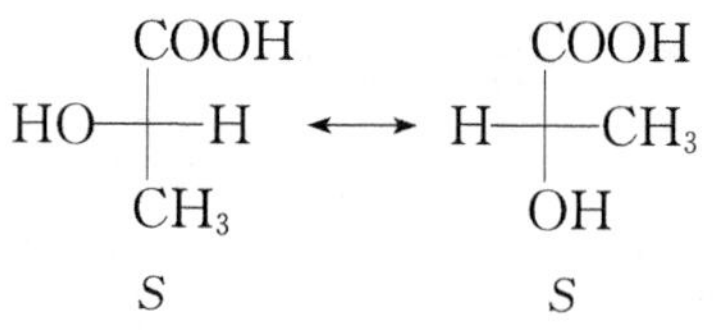

3)平面内旋转 90°,变为对映体

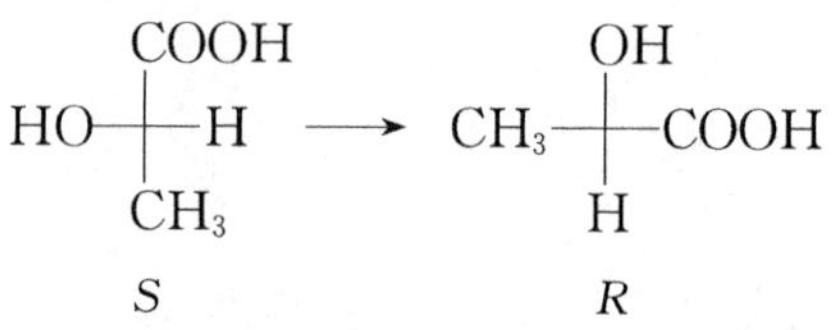

4）平面内旋转 180°，构型不变（相当于倒过来的 Fischer 投影式）

$$\underset{S}{\overset{\text{COOH}}{\text{HO}\!-\!\!|\!-\!\text{H}}}\ \ \longleftrightarrow\ \ \underset{S}{\overset{\text{CH}_3}{\text{H}\!-\!\!|\!-\!\text{OH}}}$$

总结

将 Fischer 投影式在平面内旋转 180°或连续交换三个基团，手性碳的构型不变。

2.2.4 手性分子的标识——D/L 标识

（1）选择标准物质——（＋）-甘油醛，并假定右旋甘油醛的结构。

假定右旋甘油醛结构为 Ⅲ，定义为 D 型，则左旋甘油醛结构为 Ⅳ，定义为 L 型。

$$\overset{\text{CHO}}{\text{H}\!-\!\!|\!-\!\text{OH}}\atop\text{CH}_2\text{OH}\qquad\overset{\text{CHO}}{\text{HO}\!-\!\!|\!-\!\text{H}}\atop\text{CH}_2\text{OH}$$

Ⅲ　　　　　Ⅳ

D-（＋）- 甘油醛　　L-（－）- 甘油醛

（2）其他物质与标准物质关联，只要手性碳构型不变，则用同一字母标识。

$$\overset{\text{CHO}}{\text{H}\!-\!\!|\!-\!\text{OH}}\atop\text{CH}_2\text{OH}\ \xrightarrow{[O]}\ \overset{\text{COOH}}{\text{H}\!-\!\!|\!-\!\text{OH}}\atop\text{CH}_2\text{OH}\ \xrightarrow{[H]}\ \overset{\text{COOH}}{\text{H}\!-\!\!|\!-\!\text{OH}}\atop\text{CH}_3$$

D-（＋）甘油醛　　　D-（－）甘油酸　　　D-（－）乳酸

（3）D/L 标识的应用。

$$\overset{\text{CHO}}{\text{H}\!-\!\!|\!-\!\text{OH}}\atop{\text{H}\!-\!\!|\!-\!\text{OH}}\atop{\text{HO}\!-\!\!|\!-\!\text{H}}\atop{\text{H}\!-\!\!|\!-\!\text{OH}}\atop\text{CH}_2\text{OH}}\qquad\qquad\overset{\text{COOH}}{\text{H}_2\text{N}\!-\!\!|\!-\!\text{H}}\atop\text{R}$$

D-葡萄糖　　　　　　　L-氨基酸

总结

R/S 标识手性碳的绝对构型，它是通过比较基团次序得来的；D/L 称为相对构型，它是用于区别一对对映体的，是与甘油醛的结构关联而来的；＋/－是指旋光方向，它是通过仪器测出来的，三者之间没有关系。

2.2.5 手性分子与手性碳的关系

含有手性碳与是不是手性分子之间是既不充分又不必要的关系，即无关。例如，含有手性碳但不是手性分子的化合物如下：

分子中虽然含有手性碳,但是整个分子存在对称面或对称中心,所以为非手性分子,这种分子称为内消旋体

不含手性碳的手性分子如螺环类、联苯类、聚集双键类化合物。第一个不含手性碳的手性分子——4-甲基环己基去氢乙酸的结构式为

总结

等量的一对对映体的混合物称为"外消旋体"

手性碳 ⟷ 手性分子 ⟹ 实物与镜像不重合 ⟹ 不含 { 对称中心 / 对称面
(用 R/S 标识)(用D/L标识)
含有手性碳的非手性分子为"内消旋体"

2.3 含有两个手性碳原子的分子

含有两个手性碳原子的分子也可以用 Fischer 投影式表达,两个横线表示向前,竖线的头和尾表示向后,竖线的中段在纸面内,如下所示:

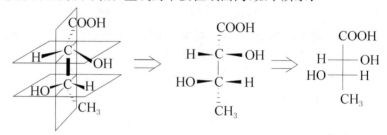

我们要学会在 Fischer 投影式上直接判断手性碳的 R/S 构型。

1. 含有两个不同手性碳原子的分子

2,3-二羟基丁酸

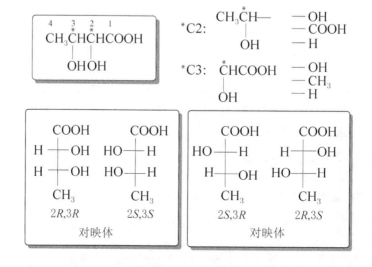

对映体数目$=2^n$（n 为手性碳数目）。

2. 含有两个相同手性碳原子的分子

酒石酸

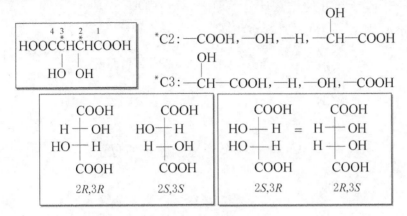

分子中含有对称面，该酒石酸为内消旋体，用 *meso*-表示，即 *meso*-酒石酸。由于内消旋体的存在使对映体数目小于 2^n。

附：Newman 式、锯架式与 Fischer 投影式的转换

题目

$$
\begin{array}{c}
\text{Ph}\\
\text{H}\!-\!\!-\!\text{OH}\\
\text{CH}_3\!-\!\!-\!\text{NHCH}_3\\
\text{H}
\end{array}\ ,\quad
\begin{array}{c}
\text{Ph}\\
\text{H}\!-\!\!-\!\text{OH}\\
\text{H}\!-\!\!-\!\text{CH}_3\\
\text{NHCH}_3
\end{array}\ ,\quad
\begin{array}{c}
\text{NHCH}_3\\
\text{H}\!-\!\!-\!\text{CH}_3\\
\text{H}\!-\!\!-\!\text{OH}\\
\text{Ph}
\end{array}\ ,\quad
\begin{array}{c}
\text{NHCH}_3\\
\text{H}\!-\!\!-\!\text{CH}_3\\
\text{HO}\!-\!\!-\!\text{Ph}\\
\text{H}
\end{array}\ ,
$$

$$
\begin{array}{c}
\text{Ph}\\
\text{H}\!-\!\!-\!\text{OH}\\
\text{CH}_3\!-\!\!-\!\text{H}\\
\text{NHCH}_3
\end{array}
$$
中，哪个与 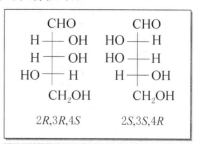 构型相同？

2.4 含有三个手性碳原子的分子

1. 含有三个不同手性碳的分子

$$\text{HOCH}_2\text{CH}\!-\!\text{CH}\!-\!\text{CHCHO}$$
$$\qquad\quad\overset{|}{\text{OH}}\ \ \ \overset{|}{\text{OH}}\ \ \ \overset{|}{\text{OH}}$$

分子中的三个手性碳各自连接的基团都不相同，所以称该分子为含有三个不同手性碳的分子。我们写出其所有的对映体如下：

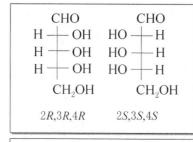

2. 含有假手性碳的分子

$$\text{HOOC}\!-\!\text{CH}\!-\!\text{CH}\!-\!\text{CH}\!-\!\text{COOH}$$
$$\qquad\qquad\ \overset{|}{\text{OH}}\ \ \ \overset{|}{\text{OH}}\ \ \ \overset{|}{\text{OH}}$$

由于连接了两个组成相同但构型不同的基团而产生的手性碳称为假手性碳。在上述例子中，我们会发现，含有假手性碳的分子为非手性分子（内消旋体),含有非手性碳的分子却是手性分子。假手性碳及内消旋体的产生使得有效的对映体数目大大下降,如以上的例子中只有一对对映体和两个内消旋体,有效的对映体共四个。

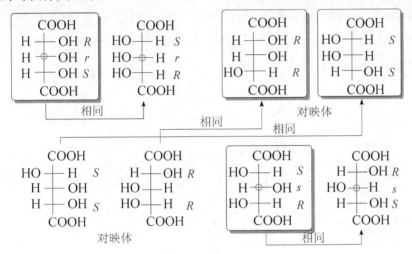

总结

假手性碳的构型分别用 r, s 标识,含假手性碳的分子为非手性分子,与假手性碳相连的两个手性基团的构型分别为 R 型和 S 型,在定序时 R 先于 S。如果两个手性基团的构型均为 R 或 S,则假手性碳转化为非手性碳,该分子为手性分子,存在对映体。

2.5 外消旋化和差向异构化

1. 外消旋化

一个手性分子在一定条件下转化为外消旋体称为外消旋化。

具有 α-H 的羰基化合物容易通过烯醇化和酮式的互变异构,手性的 α-C 发生外消旋化。

2. 差向异构化

如果分子中含有两个以上的手性碳原子,其中有一个手性碳不能够外消旋化,那么在其他手性碳的外消旋化过程中,则会出现两种产物,这两种产物之间的关系为非对映体,这种过程称为差向异构化。差向异构化的结果是由手性分子产生了非对映体。

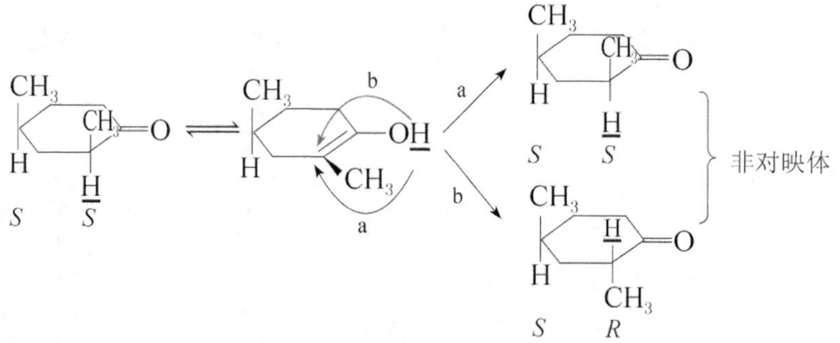

2.6　烷烃卤代反应中的立体化学

前面讲到的是静态立体化学,本节内容涉及的是动态立体化学,其意义就是应用立体化学的手段分析反应过程中分子空间形态的变化,推测反应机理。掌握动态立体化学知识还有助于设计合成含有手性碳的分子,即不对称合成;另外,对于外消旋体的拆分、手性试剂、手性配体、手性催化剂的设计和应用都是非常重要的。

1. 非手性分子中产生手性碳

$$CH_3CH_2CH_2CH_3 + Cl_2 \xrightarrow{h\nu} CH_3CH_2\overset{*}{C}HCH_3 + HCl$$

潜手性碳

通过反应使一个非手性碳转变为手性碳,这一非手性碳称为潜手性碳。

反应机理

链引发　　　　　　　　　　　$Cl_2 \xrightarrow{h\nu} 2Cl\cdot$

链传递　　$Cl\cdot + CH_3CH_2CH_2CH_3 \longrightarrow CH_3CH_2\dot{C}HCH_3 + HCl$

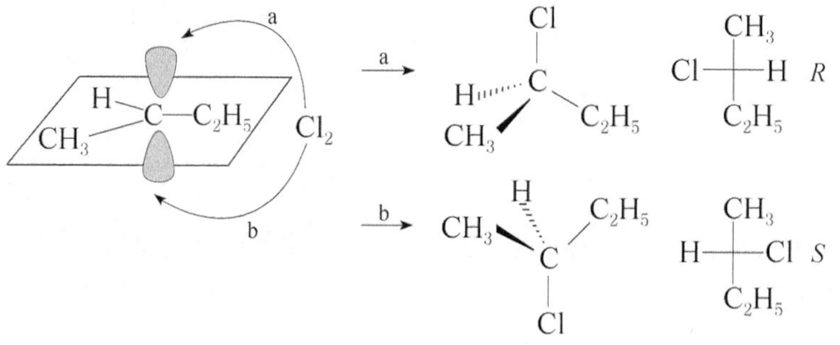

生成的产物为外消旋体,用(DL)、(*dl*)或(±)表示,如(*dl*)-2-氯丁烷。

2. 手性分子中产生新手性碳

链引发 $$Cl_2 \xrightarrow{h\nu} 2Cl\cdot$$

链传递 $Cl\cdot + CH_3CHCH_2CH_3 \longrightarrow CH_3CH\dot{C}HCH_3$

生成的自由基的结构

结果生成了非对映体,原因就是由于反应物分子中含有一个手性碳,而新生成的手性碳的结构是外消旋化的,二者的搭配产生了非对映体,而且由于空间阻碍的影响,两种产物并不等量,由此也可以看出,分子的空间形态对反应试剂(reagent)的进攻取向有影响,进攻试剂要从空间阻碍小的位置与反应底物(substrate)结合。

3. 不涉及手性碳的反应

手性碳的构型不变,但由于基团大小次序发生变化,需要重新标识。

4. 断裂手性碳键的反应

反应中的立体化学问题还有很多,我们在下面的学习中,不仅要知道反应是如何进行的,更要知道反应过程中的立体化学问题,也就是说要从三维空间的角度理解反应进行的机理,这也是立体化学作为学习有机化学的工具的意义。

2.7　外消旋体的拆分

外消旋体的拆分就是将一对对映体转化为非对映体,利用非对映体的理化性质的不同加以分离,从而将外消旋体分开。

1. 非对映化拆分法

2. 动力学拆分法

手性催化剂的用量为反应物的 1%，仅催化手性碳原子为 S 构型的化合物反应生成酯

在反应体系内加入 5.2%的 可以将手性碳原子为 R 构型的化合物外消旋化，其中手性碳原子为 S 型的化合物继续发生酯化反应，实现外消旋体的拆分

3. 结晶拆分法

$$(dl)\text{-外消旋体饱和溶液} \xrightarrow{(d)\text{-对映体晶种}} (d)\text{-对映体析出} \downarrow$$
$$\text{剩余溶液} \xrightarrow{(l)\text{-对映体晶种}} (l)\text{-对映体析出} \downarrow$$

通过反复浓缩，加入不同对映体的晶种，析出不同对映体，这种方法因其成本低，操作简便，在工业生产中应用较广。

4. 机械拆分法

根据晶形不同手工分拣，如 (dl)-酒石酸的拆分。

5. 拆分效果的检验——光学纯度 ee%

光学纯度是指某种对映体过量的百分数，用 ee% 表示，它是外消旋体拆分效果的定量标志。公式为

$$ee\% = ([\alpha]_{样品}/[\alpha]_{纯品}) \times 100\%$$

例如，$[\alpha]_{样品} = +27.9°$，$[\alpha]_{纯品} = +31.0°$，ee% = 90%，说明（+）对映体过剩 90%，其余 10% 为（+）5%、（-）5%。现在可以用带有手性柱的液相色谱将对映体分开，直接得出左旋体和右旋体的含量，计算 ee%。

立体化学知识是学习有机化学的重要工具，在后续的学习中将被反复用到，此处需做大量的练习，彻底掌握立体化学知识。

第 3 章 脂 环 烃

脂环烃的内容包括两个部分:一部分是小环的化学性质,即小环脂环烃同时具备烷烃和烯烃的性质;另一部分是脂环烃的立体化学。所以,从立体化学意义上讲本章是第 2 章的延续。

3.1 分类与命名

3.1.1 分类

脂环烃分为单环烃和多环烃,多环烃又可分为桥环烃和螺环烃。桥环烃是指公用两个以上碳原子形成的脂环烃;螺环烃是指公用一个碳原子形成的脂环烃。

3.1.2 命名

有机化合物命名

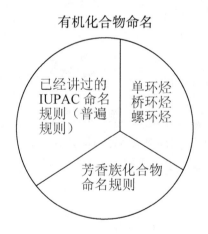

1. 单环烃

(1) 按照链状烃命名,前面加"环"字。例如:

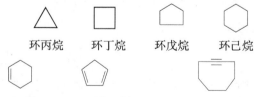

环丙烷　　　环丁烷　　　环戊烷　　　环己烷

环己烯　　1,3-环戊二烯　　环辛炔(最小的环状炔烃)

(2) 含有取代基的单环烃命名从特征官能团处编号,并使取代基号码最小。例如:

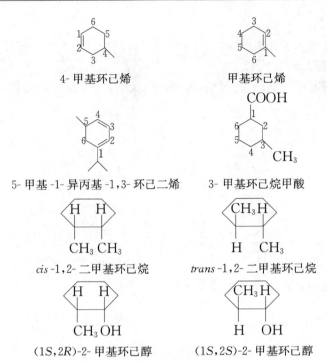

4- 甲基环己烯 　　　甲基环己烯

5- 甲基 -1- 异丙基 -1,3- 环己二烯 　　3- 甲基环己烷甲酸

cis -1,2- 二甲基环己烷 　　*trans* -1,2- 二甲基环己烷

(1*S*,2*R*)-2- 甲基环己醇 　　(1*S*,2*S*)-2- 甲基环己醇

2. 桥环烃

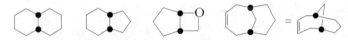

公用的碳原子称为桥头碳原子。

命名规则:

(1) 确定环数。断开两个键就能成链状烃的为双环脂环烃。

(2) 从桥头碳原子开始编号。从大环到中环再到小环,并保证特征官能团及取代基位号最小。

(3) 书写顺序。最后为母体名称;前为[大,中,小],[ ]内为各环碳数;再前为环数;最前为取代基。

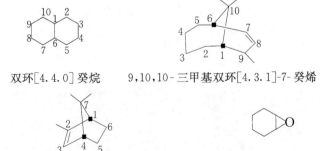

双环[4.4.0]癸烷 　　　9,10,10- 三甲基双环[4.3.1]-7- 癸烯

2,7,7- 三甲基双环[2.2.1]-2- 庚烯 　　　7- 氧代双环[4.1.0]庚烷

3. 螺环烃

公用的碳原子称为螺碳原子。

命名规则：

(1) 从螺碳原子旁边的碳原子开始编号。从小环到大环，并使特征官能团及取代基位号最小。

(2) 书写顺序。最后为母体；前为[小，大]，[ ]内为各环碳数；再前为"螺"字；最前为取代基。

螺环[4.5]癸烷　　　　　　　　2-甲基螺环[4.6]十一烷

2,7-二甲基螺环[4.5]-1,6-癸二烯　　　1,4-二氧代螺环[4.5]癸烷

手性螺环化合物中手性轴的 *R/S* 判断：

手性轴 —— 　　　　　　　　　　　　　—— 手性轴

(1) 选择观察角度——沿着手性轴方向。

(2) 先看到的基团(离观察点近的)先比较出第一和第二，后看到的基团(离观察点远的)后比较大小，接在先比较出的之后，为第三和第四。

(3) 按照 *R/S* 判断规则，判断手性轴的构型。

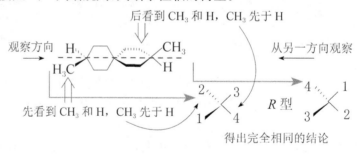

后看到 CH_3 和 H，CH_3 先于 H

观察方向　　　　　　　　　　　　　　从另一方向观察

先看到 CH_3 和 H，CH_3 先于 H

R 型

得出完全相同的结论

3.2　化 学 性 质

1. 与卤素反应

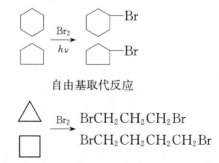

自由基取代反应

△ $\xrightarrow{Br_2}$ $BrCH_2CH_2CH_2Br$

□ 　　　$BrCH_2CH_2CH_2CH_2Br$

$$\text{（双三角结构）} \xrightarrow{Br_2} BrCH_2CH_2\underset{CH_3}{\overset{Br}{\underset{|}{\overset{|}{C}}}}CH_3$$

类似烯烃的加成反应

2. 与卤化氢反应

$$\text{（三角环）} \xrightarrow{HBr} CH_3CH_2\overset{Br}{\underset{|}{C}}HCH_3 \quad (dl)$$

$$\text{（双三角环）} \xrightarrow{HBr} CH_3CH_2\underset{CH_3}{\overset{Br}{\underset{|}{\overset{|}{C}}}}CH_3$$

$$\text{（方框）} \xrightarrow{HBr} CH_3CH_2CH_2CH_2Br$$

3. 与氢气反应

$$\text{（三角环）} \xrightarrow[80℃]{H_2/Pd} CH_3CH_2CH_3$$

$$\text{（方框）} \xrightarrow[250℃]{H_2/Pd} CH_3CH_2CH_2CH_3$$

随着环数的增加，与 H_2 加成开环变难，说明小环不稳定，大环相对稳定

$$\text{（五元环、六元环）} \xrightarrow[>300℃]{H_2/Pd} \begin{array}{l} CH_3CH_2CH_2CH_2CH_3 \\ CH_3CH_2CH_2CH_2CH_2CH_3 \end{array}$$

4. 不与 $KMnO_4$ 反应

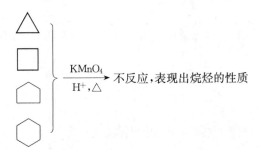

$$\xrightarrow[H^+,\triangle]{KMnO_4} \text{不反应,表现出烷烃的性质}$$

总结

　　三元环、四元环具有烯烃的性质，可以发生加成反应；同时具备烷烃的性质。

3.3　环的稳定性——Baeyer 张力学说

为什么脂环烃会表现出上述化学性质？显然与环的大小密切相关。Baeyer 提出环的张力学说,首先假定:①碳原子是 sp³ 杂化的;②环的结构是平面的。那么,结论是与正常键角 109.5° 偏差越大,环越不稳定。环有恢复正常键角的力,这种力称为角张力。应用 Baeyer 张力学说解释脂环烃的结构如下:

键角　　　　　　60°　　　　90°　　　　108°　　　　120°

1. 环丙烷

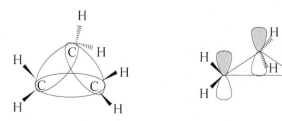

环丙烷中以 sp³ 杂化轨道成键　　　　环丙烷中以 sp² 杂化轨道成键

目前环丙烷结构研究涉及两种碳原子杂化状态,即如前所述的碳原子以 sp³ 杂化轨道成键,以及碳原子以 sp² 杂化轨道成键。如果假设电子能够离域,形成类似芳香性的体系来稳定环丙烷的结构,这种稳定能仅为 14.6kJ/mol,相比环张力产生的能量 114.9kJ/mol 低很多,所以环丙烷的高反应活性主要来自环张力。

2. 环丁烷

如果环丁烷采用平面构型,所有的 C—H 处在相互重叠的位置,这样,C—H 之间存在排斥力,这种由于 C—H 处在相互重叠的位置而产生的排斥力称为扭张力

为了缓解扭张力,环丁烷采用了沿对角线对折的方法,将处在相互重叠位置的 C—H 错开,虽然此时键角为 88°,角张力升高,但扭张力降低了,为 110.8kJ/mol

3. 环戊烷

环戊烷如果也采用平面构型,同样存在扭张力问题

有一个碳原子“掉”到平面下面,每个碳原子轮流“掉”到平面下,这样既保证了键角为 109.5°,同时又解决了扭张力问题。所以环戊烷既不存在角张力又不存在扭张力,是稳定的

现在的问题是,环己烷的键角为 120°,偏离 109.5°约 10°,较五元环的 108°仅偏离约 1°要大,应该不如五元环稳定,但事实上比五元环还要稳定。

3.4 环己烷的立体化学

3.4.1 环己烷的构象

1. 椅式构象

三个碳原子分布在上面的平面内
三个碳原子分布在下面的平面内
每个碳原子均含有一个垂直于平面的C—H,称为垂直键、直键、a 键
每个碳原子还含有另外一个 C—H,称为平伏键、平键、e 键

转换为 Newman 式,发现所有 C—H 均处在反式

2. 船式构象

转换成Newman式后,发现船式构象为全重叠式,因此能量比椅式构象高28.9kJ/mol

3. 椅式构象与船式构象的相互转换

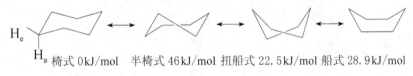

椅式 0kJ/mol　半椅式 46kJ/mol 扭船式 22.5kJ/mol 船式 28.9kJ/mol

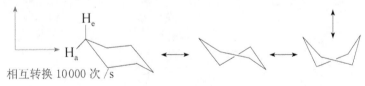

相互转换 10000 次/s

结论

椅式构象之间的相互转换,使得 a 键和 e 键的位置发生变化,即 a 键变 e 键,e 键变 a 键。

4. 环己烯的构象

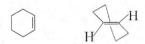

3.4.2　影响环己烷构象的因素

1. 分子内氢键

尽管船式构象比椅式构象能量高,但顺式二羟基形成分子内氢键有效地降低了分子能量,所以,船式构象反而是优势构象,同时由于形成分子内氢键,它比反式-1,4-环己二醇的沸点低 56℃

cis-1, 4-环己二醇

trans-1, 4-环己二醇

2. 偶极-偶极相互作用

大基团在 e 键稳定

trans-1, 2-环己烷二羧酸

↓ NaOH

两个强极性键处于顺式位置,排斥力强

trans-1, 2-环己烷二羧酸钠盐　　虽然大基团在 a 键,但减小了偶极间的排斥

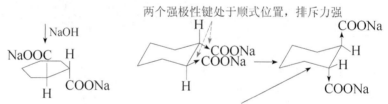

Br₂

50%　　50%

3. 1,3-相互作用

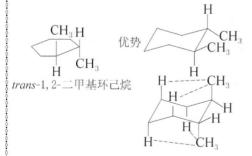

优势

大基团在 e 键稳定,两个甲基处于邻位交叉式,能量 $E=3.8\text{kJ/mol}$

trans-1, 2-二甲基环己烷

$E=3.8×4=14.2(\text{kJ/mol})$

两个甲基处于邻位交叉式，能量 $E=3.8kJ/mol$，再加上两个1,3-相互作用

cis-1,2-二甲基环己烷

$E=3.8\times2+3.8=11.4\,(kJ/mol)$，两种构象各占 50%

cis-1-叔丁基-4-甲基环己烷

两个甲基与氢原子间的 1,3-相互作用 $E=3.8\times2=7.6\,(kJ/mol)$

两个叔丁基与氢原子间的 1,3-相互作用 $E=10.45\times2=20.9\,(kJ/mol)$

trans-1-叔丁基-4-甲基环己烷

两个甲基与氢原子间的 1,3-相互作用，两个叔丁基与氢原子间的 1,3-相互作用 $E=3.8\times2+10.45\times2=28.5\,(kJ/mol)$

大的叔丁基在 e 键，甲基也在 e 键，不存在与氢原子间的 1,3-相互作用

结论

大基团优先在 e 键上，然后按照顺反排列其他基团，这也称为大基团对环己烷构象的决定作用。

4. 角张力和扭张力

结论

影响环己烷构象的因素首先是分子内氢键，而后是偶极-偶极相互作用；其次是 1,3-相互作用，最后才是角张力和扭张力。

3.4.3 手性构型与手性构象

手性是一个普遍的概念，凡是不具对称中心和对称面的形态均为手性的。我们在第 2 章中主要讨论的是手性构型的问题，现在我们发现下列构象也不具对称中心和对称面，所以称这一构象为手性构象，即该分子的空间形态是手性

的。但是由于构象之间相互转换的活化能较低,它可以转化为对映的构象。

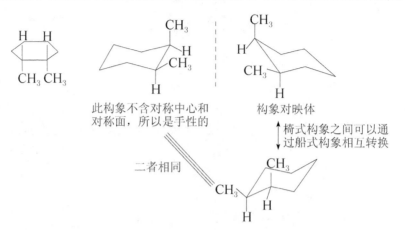

此构象不含对称中心和
对称面,所以是手性的

构象对映体

↑ 椅式构象之间可以通
↓ 过船式构象相互转换

二者相同

构型讨论的是分子的组成,构象讨论的是分子的空间形态;一个分子的构型是手性的,它的所有的构象均为手性;但如果一个分子有一个手性的构象,并不能说明这一分子是手性的,即非手性的分子可以有手性的构象。判断一个分子是否为手性分子,只要在它的构型上判断是否具有对称中心和对称面即可,不必涉及它的构象。总之,是否是手性分子是构型的问题,而非构象的问题。

3.4.4　双环[4.4.0]癸烷(十氢化萘)的构象

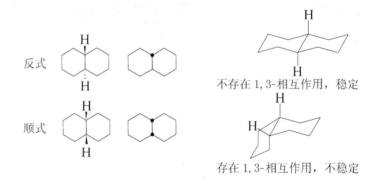

反式

不存在 1,3-相互作用,稳定

顺式

存在 1,3-相互作用,不稳定

3.5　小环化合物的合成

1. α,ω-二卤代烃与 Zn 反应

$$BrCH_2CH_2CH_2Br \xrightarrow{\ Zn\ } \triangle \qquad (产率低,效果不好)$$

2. 烯烃与卡宾反应(见 4.2.4 节)

$$\underset{}{\text{C}_6\text{H}_5-\text{CH=CH}_2} \xrightarrow[\text{Zn}]{\text{CH}_2\text{I}_2} \underset{}{\text{C}_6\text{H}_5-\text{CH}\overset{\triangle}{}}$$

第 4 章　烯烃与二烯烃

烯烃的化学性质是以亲电加成反应为主的,在这里我们涉及了正碳离子活性中间体,此外,烯烃还具有自由基加成的性质。因氧化剂的强度不同,烯烃氧化反应生成的产物不同。二烯烃中以共轭二烯为主,除亲电加成反应外,特别强调 Diels-Alder 反应。

4.1　烯烃的命名与结构

4.1.1　命名

在烷烃的命名规则基础上略加修改:
(1) 选择含有双键的最长的碳链作主链。
(2) 编号要使双键号码最小。
(3) 合并同类取代基使命名最简。
例如:

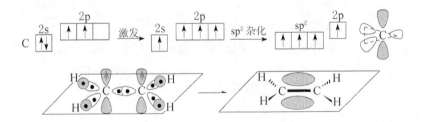

6,7-二甲基-3-辛烯

4.1.2　结构

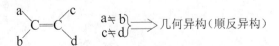

结构特点:
(1) π 键是由 p 轨道肩并肩重叠形成的,是依附于 σ 键不能独立存在的键。
(2) π 键的引入使 σ 键不能旋转。
(3) π 键受原子核控制较弱,所以反应活性较高。
(4) C=C 中的 π 键易与亲电试剂发生亲电加成反应。

4.1.3　几何异构(顺反异构)

$$\begin{array}{c} a \\ \diagdown \\ b \end{array} C = C \begin{array}{c} c \\ \diagup \\ d \end{array} \quad \begin{array}{l} a \neq b \\ c \neq d \end{array} \Longrightarrow 几何异构(顺反异构)$$

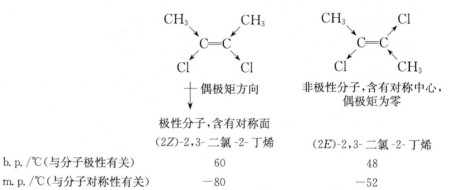

trans-2-丁烯　　　　　　*cis*-2-丁烯

1. 几何异构的标识——Z/E 标识法

（1）按照定序规则分别比较同一碳原子上的两个基团的大小。

（2）如果两个大基团在同侧称为 Z 型，在对侧称为 E 型。

（3）将 Z/E 连同双键位置标在命名前面。

例如：

（1*E*）-1- 氯 -1- 溴 -2- 甲基 -1- 丁烯　　（1*Z*）-1- 氯 -1- 溴 -2- 甲基 -1- 丁烯

2. 顺反异构对物理性质的影响

$+$ 偶极矩方向　　　　　非极性分子，含有对称中心，
　　　　　　　　　　　　偶极矩为零

极性分子，含有对称面

（2*Z*）-2,3- 二氯 -2- 丁烯　　　　（2*E*）-2,3- 二氯 -2- 丁烯

b. p. /℃（与分子极性有关）	60	48
m. p. /℃（与分子对称性有关）	－80	－52

极性大，分子间作用力强，沸点升高；对称性好，分子晶格能高，熔点高。

4.2　烯烃的化学性质Ⅰ——亲电加成反应

4.2.1　与卤化氢加成

1. 活性

HX 的活性：HI＞HBr＞HCl。

烯烃的活性：含有推电子基团使 π 键电子云密度升高，有利于亲电加成。

2. 反应事实

$$CH_3C=CH_2 \xrightarrow{HBr} CH_3CCH_3 + CH_3CHCH_2Br$$

＞93%　　　　＜7%

$$\underset{\substack{Ph}}{\overset{\substack{Ph}}{C}}=CH_2 \xrightarrow{HBr} Ph-\underset{\substack{Br}}{\overset{\substack{Ph}}{C}}-CH_3$$

$$\sim 100\%$$

3. 加成方向的选择性和专一性

烯烃与卤化氢加成时,卤化氢中的氢原子有两种加成方向可以选择:它可以加成到含氢多的双键碳原子上,也可以加成到含氢少的双键碳原子上。绝大多数氢原子加成到了含氢多的双键碳原子上,说明加成方向是有选择性的;还有一种情况,卤化氢中的氢原子全部加成到含氢多的双键碳原子上,这种情况称为加成方向具有专一性。含氢原子的亲电试剂中的氢原子加成到含氢多的双键碳原子上的规律称为 Markovnikov 规则(马氏规则)。从无选择性到有选择性到具有专一性是逐层递进的。

4. 反应活性中间体——正碳离子

反应 1

$$CH_2 = CH_2 + HBr \longrightarrow CH_3CH_2Br$$

正碳离子的结构是 sp^2 杂化的,p 轨道为空轨道,正碳离子是缺电子的活性中间体,它的稳定性顺序与自由基相同:

$$CH_2 = CH\overset{\oplus}{C}H_2$$
$$Ph\overset{\oplus}{C}H_2 \qquad 3° > 2° > 1°$$

反应 2

$$CH_3OCH = CH_2 + HBr \longrightarrow CH_3OCHBrCH_3 \quad (dl)$$

推电子共轭效应(+C)
吸电子诱导效应(−I) +C>−I　CH₃O—推电子作用稳定C⊕

反应 3

$$CH_3CH = CH_2 + HBr \longrightarrow CH_3CHBrCH_3$$

推电子超共轭效应

推电子诱导效应(+I)　　　CH$_3$—推电子作用稳定 C$^\oplus$

推电子基团：

$$-NR_2,\ -NHR,\ -NH_2,\ -OR,\ -O-\overset{\overset{\displaystyle O}{\|}}{C}R,\ -HN-\overset{\overset{\displaystyle O}{\|}}{C}R,\ -R,\ -Ar$$

（—OH 也是推电子基团，但不能直接连在 C＝C 上）

它们（除—R、—Ar 外）的共同特点是含有孤对电子，能够通过共轭效应给出电子（+C 效应），并且+C ＞ -I，稳定正碳离子。

反应 4

$$CF_3CH=CH_2 + HBr \longrightarrow CF_3CH_2CH_2Br$$

—CF$_3$ 吸电子诱导效应（-I）使 C$^\oplus$ 不稳定

C$^\oplus$ 只好形成在离—CF$_3$ 远的地方

Br$^\ominus$ 加成产物是反马氏规则的

吸电子基团：

$$-\overset{\oplus}{N}R_3,\ -\overset{\oplus}{N}H_3,\ -CF_3,\ -CCl_3,\ -NO_2,\ -CN,\ -\overset{\overset{\displaystyle O}{\|}}{C}-H,\ -\overset{\overset{\displaystyle O}{\|}}{C}-OH,$$

$$-\overset{\overset{\displaystyle O}{\|}}{C}-NH_2,\ -\overset{\overset{\displaystyle O}{\|}}{C}-NHR,\ -\overset{\overset{\displaystyle O}{\|}}{C}-NR_2$$

它们的共同特点是吸电子基团，使烯烃的 C＝C 电子云密度下降，使亲电加成反应活性下降。

反应 5

$$ClCH=CH_2 + HBr \longrightarrow ClCHBrCH_3 \quad (dl)$$

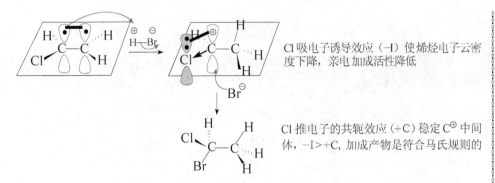

Cl 吸电子诱导效应（−I）使烯烃电子云密度下降，亲电加成活性降低

Cl 推电子的共轭效应（+C）稳定 C$^{\oplus}$ 中间体，−I>+C，加成产物是符合马氏规则的

以上引入了正碳离子机理，下面系统讲解正碳离子活性中间体的反应。

5. 正碳离子的反应

1）加成反应

$$CH_3\overset{\oplus}{C}HCH_3 \xrightarrow{\ \overset{\ominus}{Br}\ } CH_3\overset{Br}{\underset{}{C}}HCH_3$$

$$CH_3\overset{\oplus}{C}HCH_3 + CH_2{=}CHCH_3 \longrightarrow CH_3CHCH_2\overset{\oplus}{C}HCH_3$$
$$\underset{CH_3}{|}$$

含有负电荷的试剂可以与正碳离子结合，或是正碳离子作为亲电试剂进攻另一个双键。

2）消除反应

$$CH_3\overset{\oplus}{C}H\overset{\alpha}{\underset{H}{C}}H_2 \longrightarrow CH_3CH{=}CH_2$$

正碳离子 α-位的氢原子以 H$^+$ 脱去，C—H 一对电子与正碳离子结合成双键，形成烯烃。例如：

（插图：烯烃在 H$^+$ 作用下环化）

机理

（机理插图：H$^+$ → 正碳离子 → −H$^+$ → T.M. 目标分子）

正碳离子的加成和消除反应实质上是一个过程的两个方面。

$$CH_3CH{=}CH_2 \underset{-H^+}{\overset{\overset{\oplus}{H}-\overset{\ominus}{Br}}{\rightleftharpoons}} \underset{消除}{CH_3\overset{\oplus}{C}H-\underset{H}{C}H_2} \xrightarrow[加成]{\overset{\ominus}{Br}} CH_3\underset{Br}{\underset{|}{C}}HCH_3$$

3）重排反应——正碳离子最具特色的反应

重排是通过氢原子以及烃基携带电子对迁移完成的，其动力是形成更加稳定的正碳离子。例如：

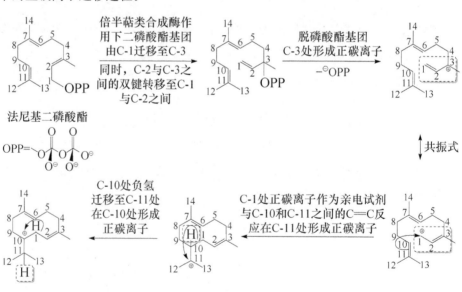

迁移能力：—H＞—Ar＞—R（芳香基团容纳电子能力强，易于携带电子迁移）。正碳离子迁移其间可作为亲电试剂与 C＝C 发生亲电加成反应。例如，人们通过计算方法研究了以法尼基二磷酸酯为原料合成 α-依兰烯和 β-依兰烯过程中的正碳离子迁移过程。

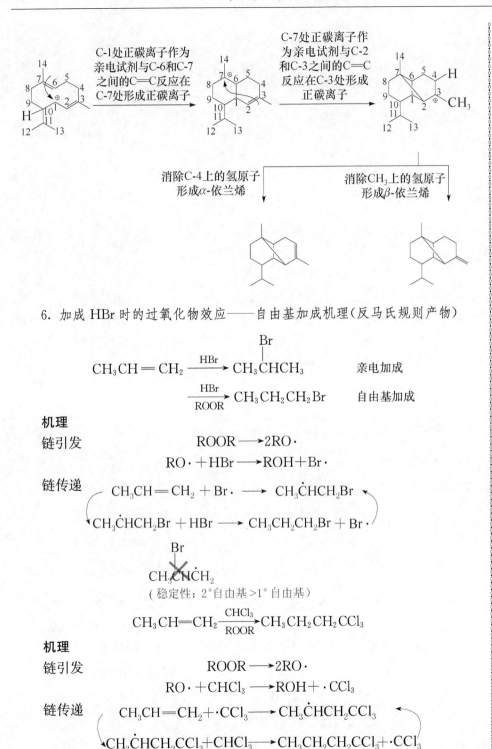

6. 加成 HBr 时的过氧化物效应——自由基加成机理（反马氏规则产物）

$$CH_3CH \!=\! CH_2 \xrightarrow{HBr} CH_3\underset{\overset{|}{Br}}{C}HCH_3 \qquad 亲电加成$$

$$\xrightarrow[ROOR]{HBr} CH_3CH_2CH_2Br \qquad 自由基加成$$

机理

链引发
$$ROOR \longrightarrow 2RO\cdot$$
$$RO\cdot + HBr \longrightarrow ROH + Br\cdot$$

链传递
$$CH_3CH \!=\! CH_2 + Br\cdot \longrightarrow CH_3\dot{C}HCH_2Br$$
$$CH_3\dot{C}HCH_2Br + HBr \longrightarrow CH_3CH_2CH_2Br + Br\cdot$$

$$CH_3\underset{\overset{|}{Br}}{C}H\dot{C}H_2$$

（稳定性：2°自由基 >1° 自由基）

$$CH_3CH \!=\! CH_2 \xrightarrow[ROOR]{CHCl_3} CH_3CH_2CH_2CCl_3$$

机理

链引发
$$ROOR \longrightarrow 2RO\cdot$$
$$RO\cdot + CHCl_3 \longrightarrow ROH + \cdot CCl_3$$

链传递
$$CH_3CH \!=\! CH_2 + \cdot CCl_3 \longrightarrow CH_3\dot{C}HCH_2CCl_3$$
$$CH_3\dot{C}HCH_2CCl_3 + CHCl_3 \longrightarrow CH_3CH_2CH_2CCl_3 + \cdot CCl_3$$

烯烃的自由基加成虽然从产物角度是反马氏规则的，但是从机理角度仍然是要形成稳定的中间体，仍然是要比较各种可能的中间体的能量，只有那些相对稳定的中间体才更有机会形成并参与下一步的反应。例如：

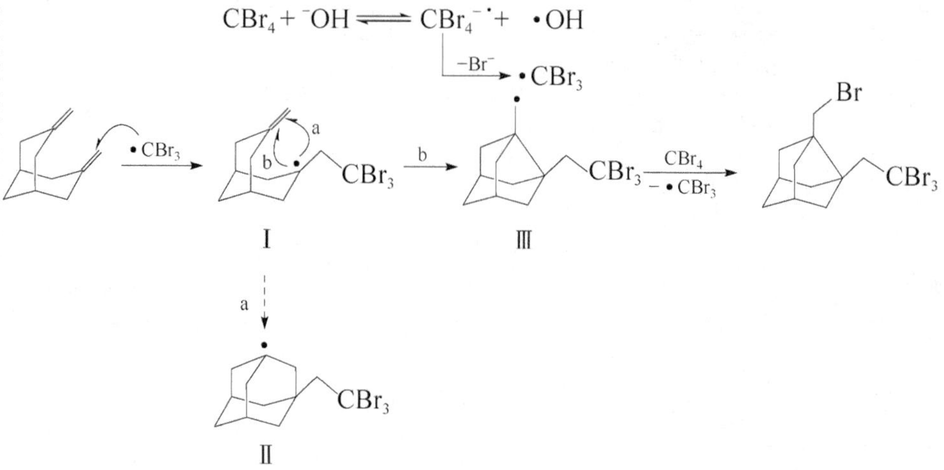

$$CBr_4 + {}^-OH \rightleftharpoons CBr_4^{-\cdot} + \cdot OH$$

$$\xrightarrow{-Br^-} \cdot CBr_3$$

在上述反应中,自由基 I 中的单电子如果按照路线 a 与 CH_2 中的碳原子结合,则生成自由基 II,尽管 II 为 3 级碳原子自由基,但是,金刚烷的刚性结构难以使自由基所在碳原子形成平面构型,该自由基难以形成。因此,反应按照路线 b 进行,生成自由基 III,III 再与 CBr_4 反应生成最终产物。

4.2.2　与卤素加成

卤素 X＝Cl,Br。

1. 在非极性溶剂(CCl_4,CS_2)中的加成

反应 1

$$CH_2{=}CH_2 + Br_2 \longrightarrow BrCH_2CH_2Br$$

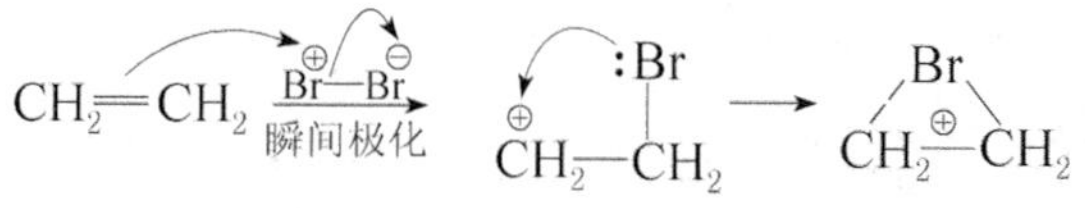

在此过程中,卤素分子瞬间极化,使得一个卤素原子带正电,作为亲电试剂。由于 Br 原子半径大,并且含有孤对电子可以与正碳离子形成键,所形成的三元环称为溴鎓离子;但氯原子半径小,在此过程中不能形成氯鎓离子。

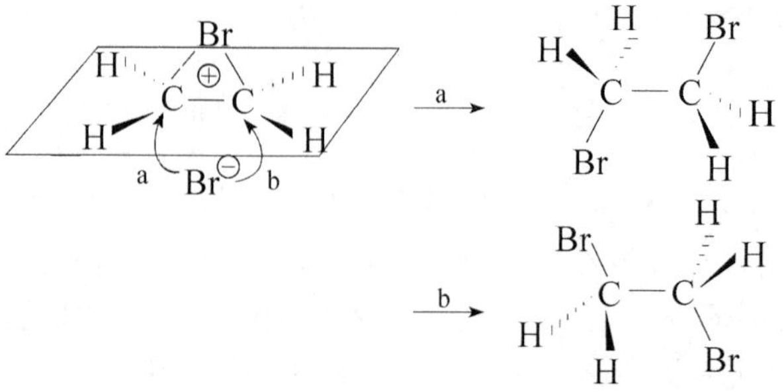

反应 2

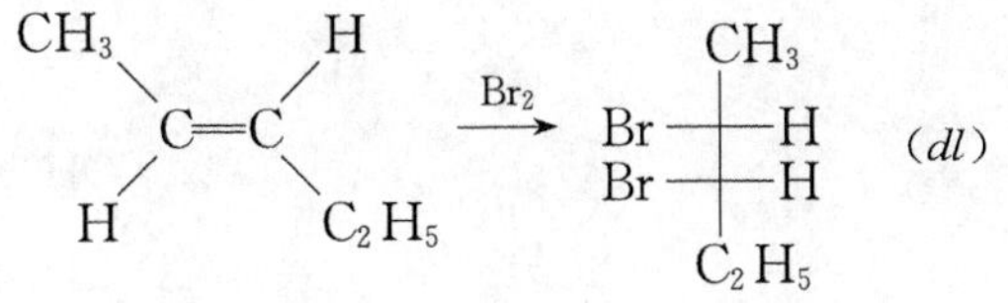

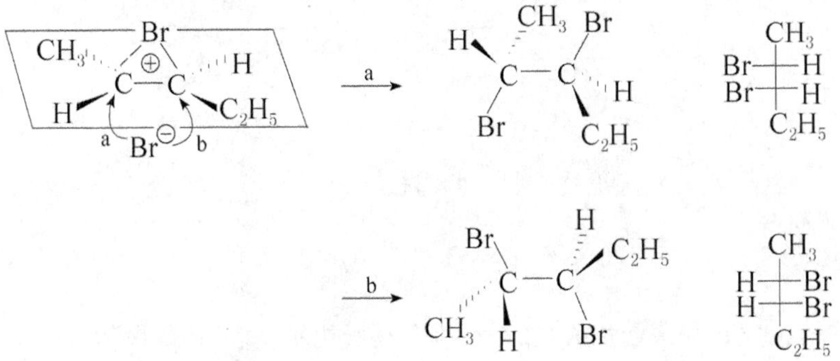

反应 3

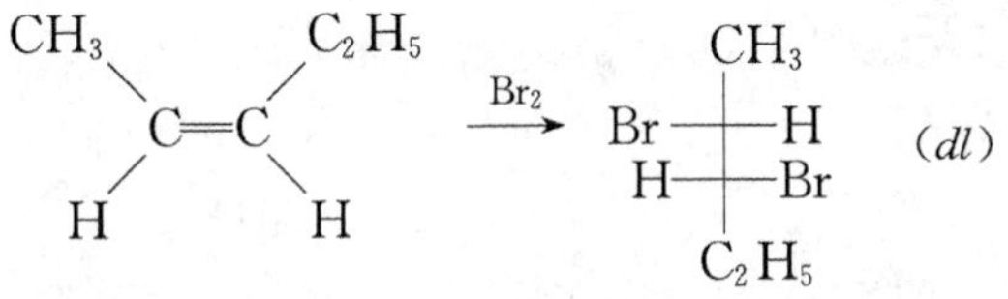

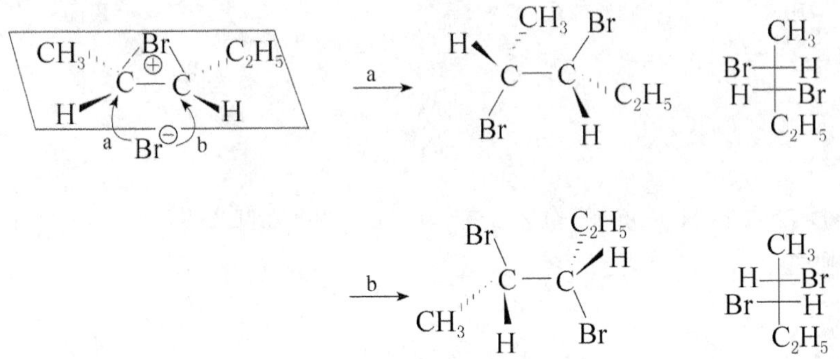

从以上两例可以看出,(E)-2-戊烯和(Z)-2-戊烯与 Br_2 加成的产物是截然不同的,其实,这种现象产生的原因就在于形成溴鎓离子占据了分子平面的一侧,Br^- 只能从分子平面的另侧进攻,导致由于 2-戊烯顺、反式的不同生成了完全不同的产物,说明该反应在立体化学上是具有专一性的,也称为立体专一反应。例如:

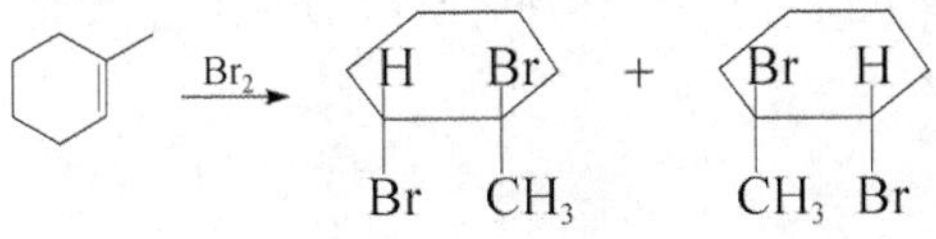

2. 在极性溶剂(H₂O,ROH)中的加成

$$CH_3CH=CH_2 \xrightarrow[\text{H}_2\text{O}]{\text{Cl}_2} \left\{ \begin{array}{c} \overset{\oplus}{CH_3CH}-CH_2 \\ \underset{H_2\ddot{O}}{|} \quad -H^+ \end{array} \overset{Cl}{\underset{}{|}} \right\} \longrightarrow \underset{OH}{CH_3CHCH_2Cl} \quad (dl)$$

$$\xrightarrow[\text{H}_2\text{O}]{\text{Br}_2} \quad (\text{H HO ... Br CH}_3) + (\text{OH H ... CH}_3 \text{ Br})$$

$$\xrightarrow[\text{CH}_3\text{OH}]{\text{Br}_2} \quad (\text{H OCH}_3 ... \text{Br CH}_3) \quad (dl)$$

特点：①反式共平面加成；②产物符合马氏规则；③合成β-卤代醇。

4.2.3　与水加成

1. 与乙酸汞[Hg(OOCCH₃)₂]加成再还原

NaBH₄ 中的 H 是负氢,作还原剂,将 Hg(OOCCH₃)还原为 H,相当于符合马氏规则的、与水的加成。

$$\xrightarrow[\text{2)NaBH}_4/\text{H}_2\text{O}]{\text{1)Hg(OAc)}_2} \quad (\text{D HO ... H CH}_3) \quad (dl) \ (Ac=CH_3CO)$$

$$\xrightarrow[\text{2)NaBH}_4/\text{CH}_3\text{OH}]{\text{1)Hg(OAc)}_2} \quad (\text{D OCH}_3 ... \text{H CH}_3) \quad (dl)$$

特点：①反式共平面加成；②产物符合马氏规则；③无重排产物；④除乙烯外不能合成1°醇。

2. 与硫酸加成——间接水合法

$$CH_3CH = CH_2 \xrightarrow{\quad H-O-\overset{O}{\underset{O}{S}}-OH \quad} CH_3\overset{+}{C}HCH_2 \xrightarrow{\quad H \quad -OSOH \quad}$$

$$\underset{CH_3}{\overset{CH_3}{CH}}-OSOH \xrightarrow{\text{水解}} CH_3\overset{OH}{CH}CH_3$$

硫酸异丙酯

$$\underset{}{\overset{CH_3}{CH_3CHCH}=CH_2} \xrightarrow[H_2O]{H_2SO_4} \underset{}{\overset{CH_3}{CH_3}}\underset{OH}{\overset{}{CCH_2CH_3}}$$

特点:①反式共平面加成;②产物符合马氏规则;③正碳离子重排;④除乙烯外不能合成1°醇。

3. 酸催化与水加成——直接水合法

$$CH_2 = CH_2(气) \xrightarrow[H_3PO_4(硅藻土)]{H_2O(气)} CH_3CH_2OH \quad (单程转化率4\%)$$

$$CH_3CH = CH_2 \xrightarrow[H_3PO_4]{H_2O} CH_3\overset{OH}{CH}CH_3$$

特点:①反式加成;②正碳离子重排;③污染小,适于工业生产。

4. 与乙硼烷(B_2H_6)加成后再氧化

B_2H_6 的结构:B $1s^2 2s^2 2p^1$

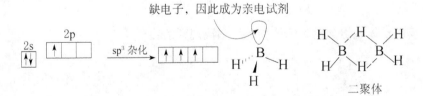

二聚体

用空 p 轨道接受 C=C 双键的电子

在分子平面同侧形成四元环状过渡态，反应是协同的，无中间体

此处仍然可以理解为正碳离子

$$CH_3CH_2CH_2B-H \xrightarrow{2CH_3CH=CH_2} (CH_3CH_2CH_2)_3B \xrightarrow[OH^-]{H_2O_2}$$

剩下的两个 B—H 可以再与新的 C=C 发生上述反应

$$\begin{matrix} CH_3CH_2CH_2 \\ CH_3CH_2CH_2 \end{matrix} BOCH_2CH_2CH_3 \xleftarrow[重排]{-OH^-} \begin{matrix} CH_3CH_2CH_2 \\ CH_3CH_2CH_2 \\ CH_3CH_2CH_2 \end{matrix} B-O-OH$$

$$\xrightarrow[重复两次上述过程]{H_2O_2/OH^-} B(OCH_2CH_2CH_3)_3 \xrightarrow[OH^-]{H_2O} 3 \boxed{CH_3CH_2CH_2OH} + H_3BO_3$$

硼酸丙醇酯　　酯水解

1)B₂H₆
2)H₂O₂/OH⁻

$$\xrightarrow[2) H_2O_2/OH^-]{1) B_2H_6} \quad (dl)$$

特点：①立体专一的顺式加成；②产物反马氏规则；③合成 1° 醇。

通过增加分子一个侧面的空间阻碍，利用 C=C 与乙硼烷的反应为顺式加成的性质，反应可以仅发生在分子平面的另一侧，得到单旋体。例如，在下列反应中，分子的"背面"有 CH₃—、叔丁基二甲基硅氧基$[(CH_3)_3C(CH_3)_2SiO—]$、苄氧基$(PhCH_2O—)$等空间阻碍较大的基团，C=C 与 BH₃ 的反应只能发生在分子的"正面"，生成的—OH 与—H 在分子的同侧（均为指向纸面之外）。

$$\xrightarrow[2)NaOH,H_2O_2,0℃,5h]{1)BH_3\cdot\text{THF}, 0℃,3d}$$

以下反应也体现出该反应的产物为反马氏规则的：

$$\xrightarrow[2)NaOH, H_2O_2]{1)BH_3\cdot O}$$

90%

4.2.4 与卡宾加成

卡宾(carbene)：$:CH_2$ 单线态，能量高，C 为 sp^2 杂化。

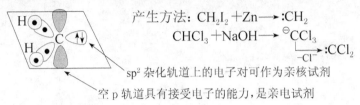

产生方法：$CH_2I_2 + Zn \longrightarrow :CH_2$

$CHCl_3 + NaOH \longrightarrow {}^{\ominus}CCl_3 \xrightarrow{-Cl^-} :CCl_2$

sp^2 杂化轨道上的电子对可作为亲核试剂

空 p 轨道具有接受电子的能力，是亲电试剂

$\cdot CH_2 \cdot$ 三线态，能量低，C 为 sp 杂化。

两个单电子，具有双自由基性质

1. 与单线态卡宾的加成

反应 1

$$CH_3 \overset{CH_3}{\underset{H}{\,}}C = C \overset{CH_3}{\underset{H}{\,}} \xrightarrow[Zn]{CH_2I_2}$$

:CH₂

从烯烃分子平面的一侧直接加成形成三元环；该反应只能是顺式加成，是立体专一的协同反应。

反应 2

$$CH_3 C = C \overset{H}{\underset{CH_3}{\,}} \xrightarrow[Zn]{CH_2I_2} \quad (dl)$$

:CH₂ 从分子·平面前面进攻生成

从分子·平面后面进攻生成

外消旋体

结论

单线态卡宾与烯烃的加成是顺式的立体专一的协同反应。例如，在下列反应中，由于 R 基团指向纸面外，$:CH_2$ 从分子"背面"进攻 $C=C$，形成的三元环指向纸面内。

$$\overset{O—Si(CH_3)_3}{\bigcirc}\!\!-R \xrightarrow[2)NH_4Cl]{1)CH_2I_2} \overset{O—Si(CH_3)_3}{\bigcirc}\!\!-R$$

$:CH_2$ 也可以对 $C=O$ 进行加成，生成环氧键。例如：

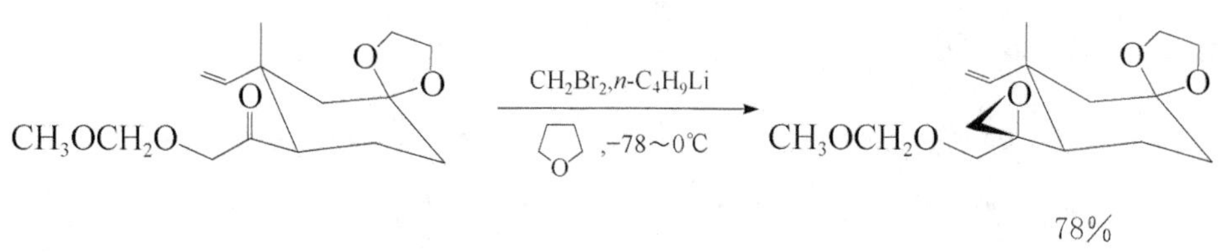

78%

2. 与三线态卡宾的加成

反应 1

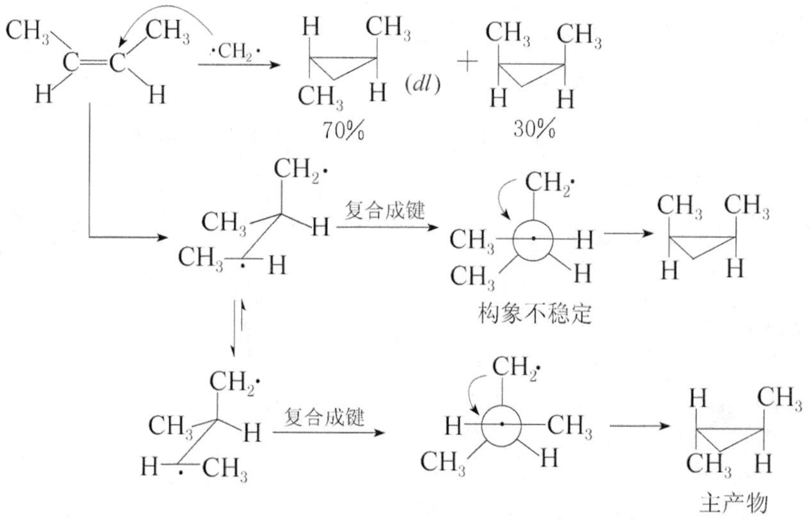

反应 2

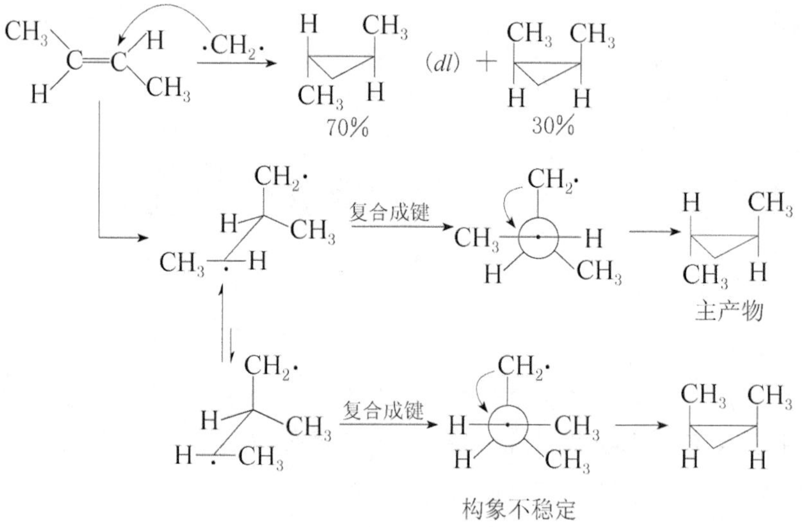

上述两个反应虽然用了不同的烯烃,但得到的产物完全相同。

结论

三线态卡宾与烯烃的加成是无立体选择性的反应。

4.3　烯烃的化学性质Ⅱ——氧化反应

下面按照氧化剂的氧化性从强到弱的顺序介绍烯烃的氧化反应。

1. 酸性 KMnO₄

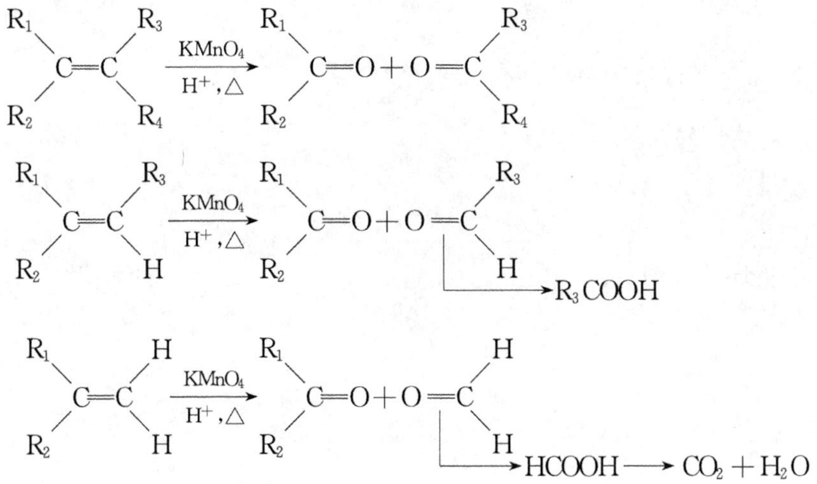

2. 与 O₃ 反应后,还原条件下水解

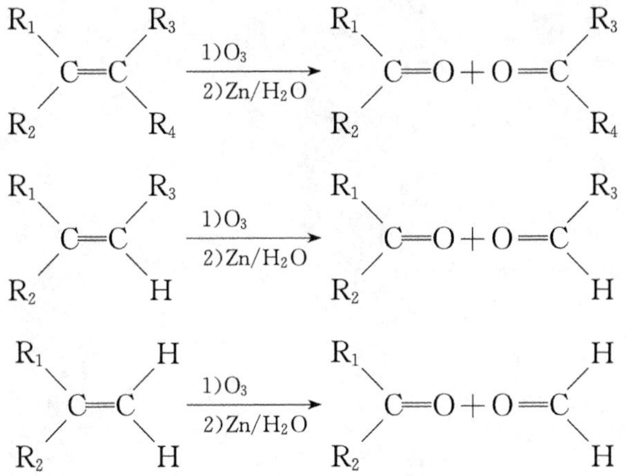

机理

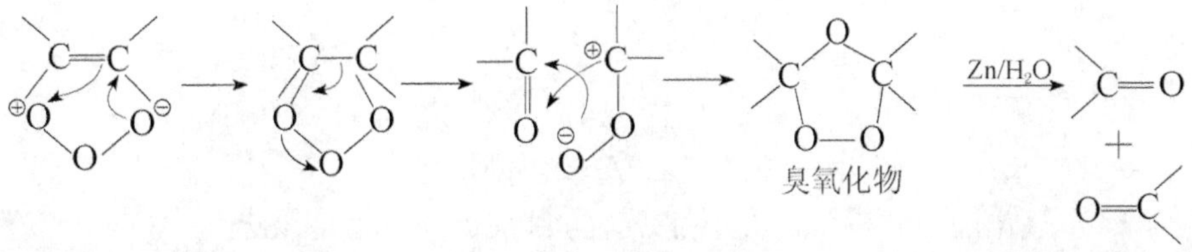

臭氧化物

在山藿香定[(—)-teucvidin]合成中,将端烯转化为醛基就是用 O_3 氧化,然后用$(CH_3)_2S$还原实现的。

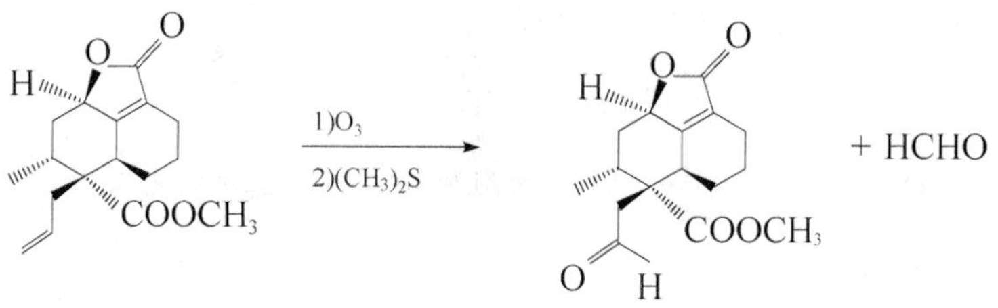

78%

或者用三苯基膦(Ph₃P)还原,也可以得到醛基。

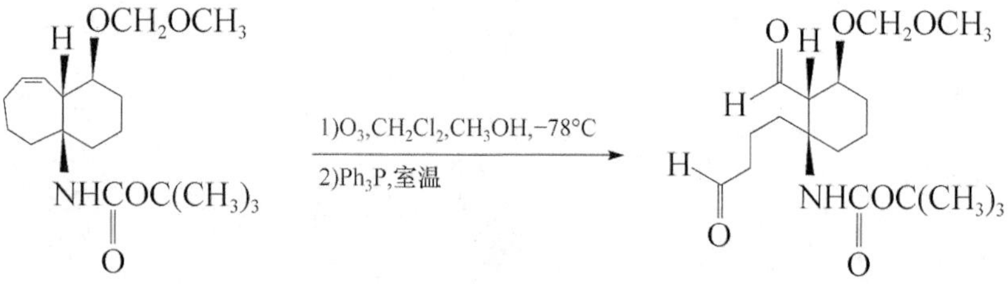

75%

3. 冷稀 KMnO₄(或 OsO₄)——生成顺式连二醇

机理

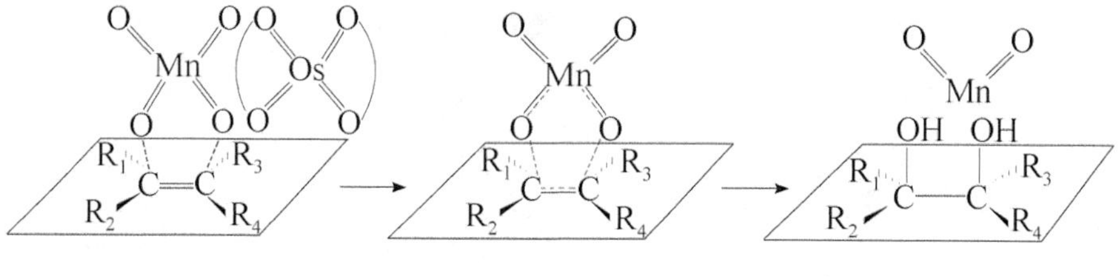

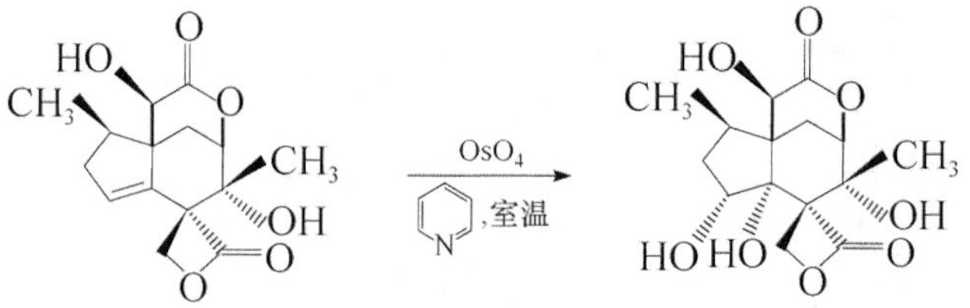

58%

　　　　　　　　(一)-莽草素[(一)-anisatin]

特点:①顺式加成,生成顺式连二醇;②协同反应。

OsO₄ 氧化烯烃时得到的是外消旋体,目前已将 OsO₄ 改进为 AD-min-α 和 AD-mix-β,它们可以在温和条件下氧化烯烃生成单旋体,氧化过程是依靠氧化剂中的配位体——(DHQ)₂PHAL 和(DHQD)₂PHAL 来进行立体控制的,该反应也称 Sharpless 不对称双羟化反应。AD-min-α 由 K₂OsO₄ · 2H₂O、K₂CO₃、K₃Fe(CN)₆、(DHQ)₂PHAL 组成;AD-mix-β 将配体更换为(DHQD)₂PHAL。

该反应一般是在$(CH_3)_3COH-H_2O$(体积比 1:1)、0℃条件下进行,同时在体系内加入一定量的 $CH_3SO_2NH_2$。

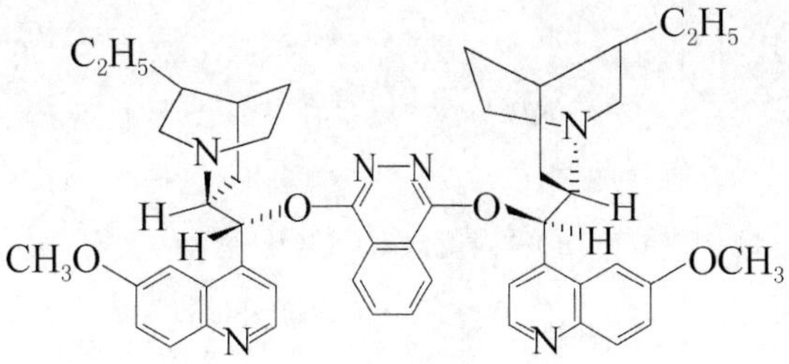

(DHQ)₂PHAL

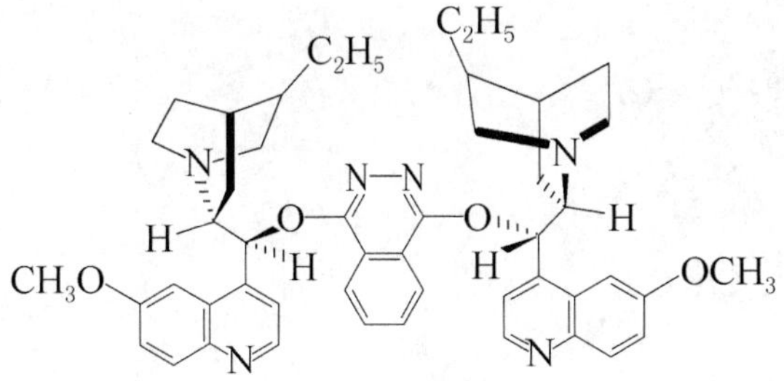

(DHQD)₂PHAL

例如:

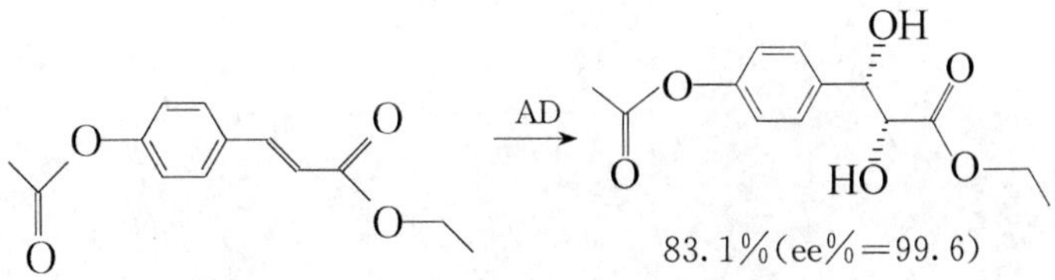

83.1%(ee%=99.6)

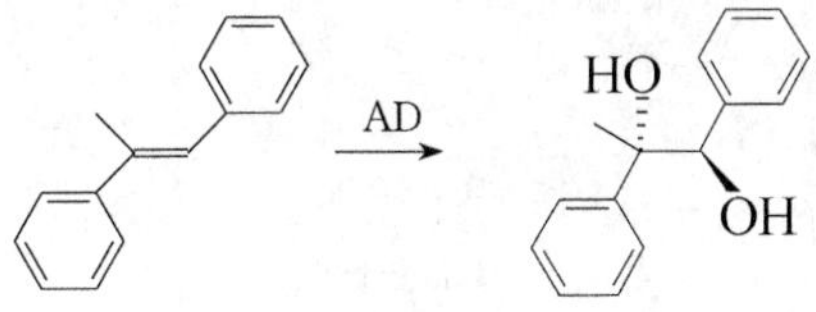

85.7%(ee%=98.0)

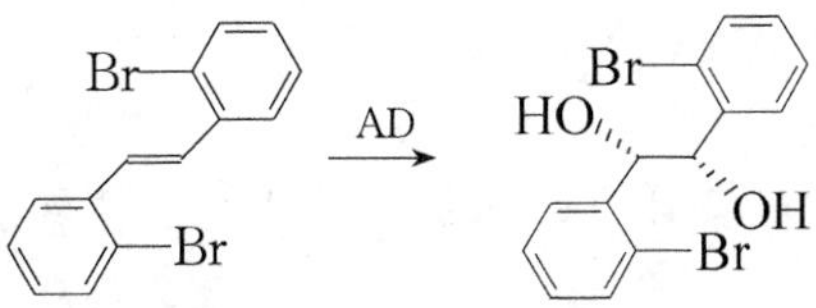

89.6%(ee%=99.8)

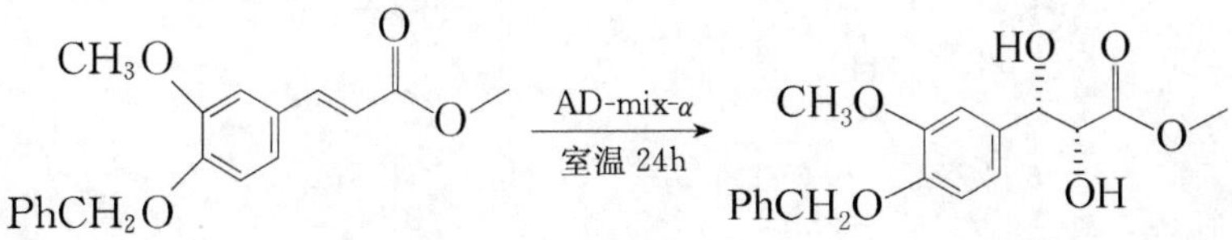

85%

4. 过酸（RCOOOH）氧化——生成环氧化合物（水解后生成反式连二醇）

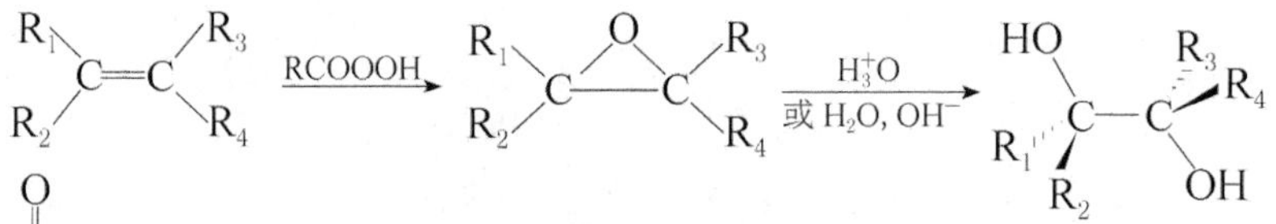

$$RC\overset{O}{-}O\overset{\cdot\cdot}{O}-H: \quad CF_3COOOH \quad CH_3COOOH$$

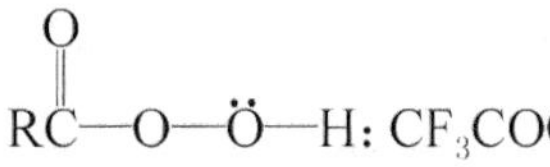

PhCOOOH

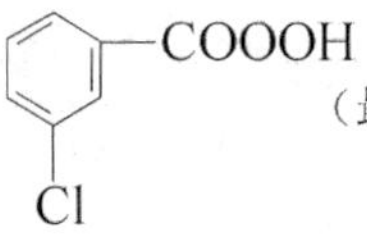

（最安全的过酸, 简称 *m*-CPBA）

机理

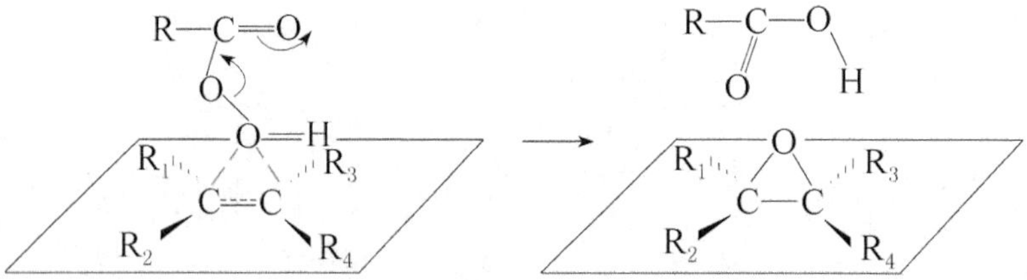

特点：①顺式加成，生成环氧化合物，水解后生成反式连二醇；②协同反应。

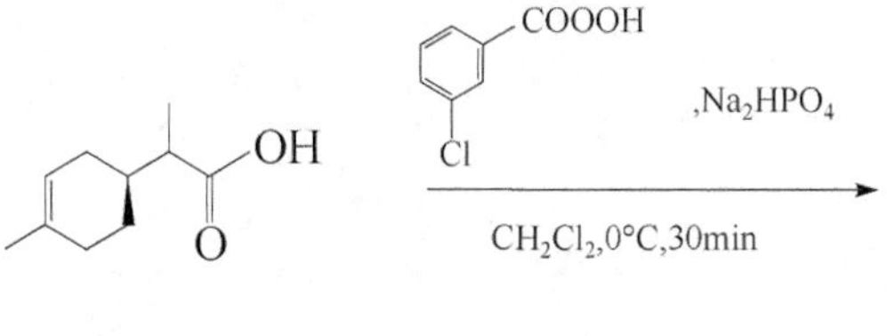

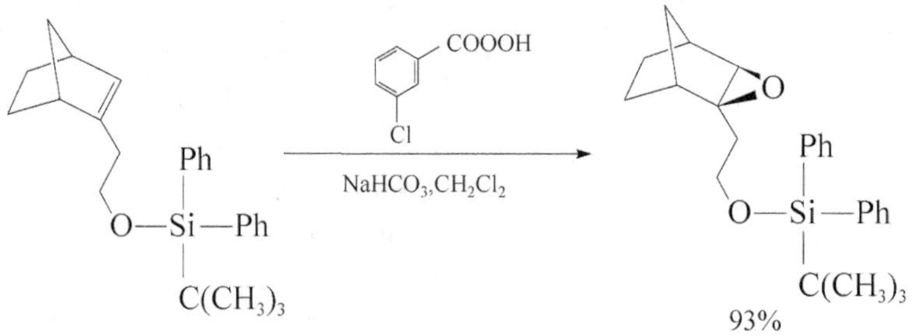

1) 环氧化合物酸性条件下的水解——具有正碳离子性质

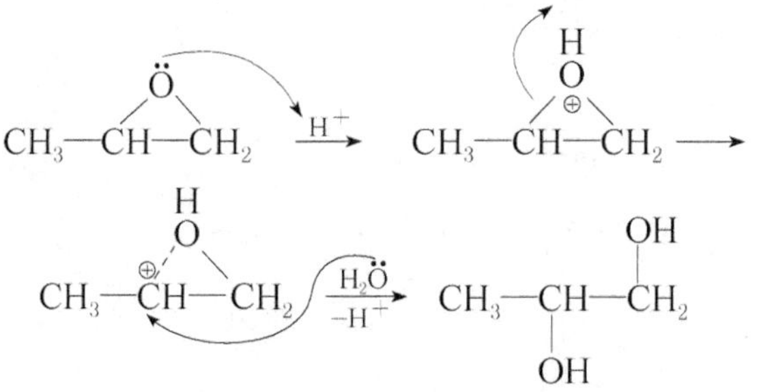

质子化的氧原子吸引电子能力更强，在亲核试剂 H_2O 的进攻下导致 C—O 键断裂，具有正碳离子性质。

2）环氧化合物碱性条件下的水解——进攻空间阻碍小的位置

$$CH_3-CH-CH_2 \xrightarrow{OH^-} CH_3-CH-CH_2 \xrightarrow[-OH^-]{H_2O} CH_3-CH-CH_2$$

OH⁻ 进攻空间阻碍小的位置，导致 C—O 键断裂。

题目

分别用 Fischer 投影式写出（Z）-2-戊烯和（E）-2-戊烯在冷稀KMnO₄及过酸氧化后水解生成的连二醇的结构，并总结规律。

4.4　烯烃的化学性质Ⅲ——还原反应

4.4.1　催化加氢机理

$$CH_2=CH_2 \xrightarrow[H_2]{Pt} CH_3CH_3$$ 催化剂:Pt>Pd>Ni

Raney Ni: 镍 - 铝合金 +NaOH, 铝与 NaOH 反应后，剩余疏松的 Ni, 以此增大 Ni 的表面积

$$H-H \longrightarrow \underset{Ni}{H \quad H} \longrightarrow \underset{Ni}{CH_2=CH_2} \longrightarrow \underset{Ni}{CH_3CH_3}$$ 放热反应

吸附氢气　　将氢气原子化　　吸附乙烯　　将氢原子加成并脱附

特点:顺式加成。例如,下列反应五元环上的 C＝C 被催化加氢后,右侧两个苯环在五元环的同侧。

H₂, Pd/C
C₂H₅OH / CH₃COOC₂H₅/CH₂Cl₂
三种溶剂的体积比为1:1:1
室温, 3h

99%

4.4.2　氢化热与烯烃的稳定性

氢化热:1mol 烯烃催化加氢所放出的热量为氢化热。氢化热越高,说明烯烃越不稳定。

	$CH_3CHCH=CH_2$ 有CH_3	$CH_2=CCH_2CH_3$ 有CH_3	$CH_3C=CHCH_3$ 有CH_3
氢化热 /(kJ/mol)	127	120	113

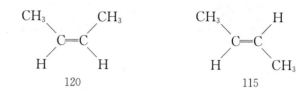

氢化热 /(kJ/mol)　　　　　　　　120　　　　　　　　　115

　　规律:含取代基多的烯烃稳定,反式的烯烃比顺式的稳定。

　　烯烃的稳定性顺序:$R_2C=CR_2 > R_2C=CHR > RHC=CHR > R_2C=CH_2 >$ $RHC=CH_2 > CH_2=CH_2 > CH_2=CHCl$。

　　发现与亲电加成的活性顺序相同,如何理解?

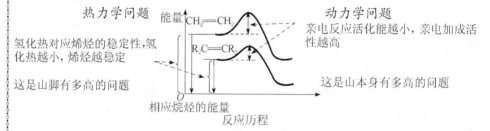

热力学问题　　　　　　　　　　　　　　　　　动力学问题

氢化热对应烯烃的稳定性,氢化热越小,烯烃越稳定　　　　　　　亲电反应活化能越小,亲电加成活性越高

这是山脚有多高的问题　　　　　　　　　　这是山本身有多高的问题

4.5　烯烃的化学性质 Ⅳ —— 聚合反应

1. 自由基聚合

聚苯乙烯

2. 正碳离子聚合

聚异丁烯

3. 负碳离子聚合

聚苯乙烯

4. 配位聚合

甲基在同侧称为"等规立构"

Ziegler-Natta 催化剂

5. 烯烃的合成

(1) 卤代烃碱性条件下脱 HX。
(2) 醇在酸性条件下脱水。
(3) Wittig 反应。

4.6　二烯烃的分类和命名

4.6.1　分类

孤立双烯：C=C 相隔两个以上 C—C 的烯烃，化学性质与单烯烃相同。
共轭双烯：C=C 和 C—C 交替的烯烃。
聚集双烯：两个 C=C 公用一个 C 原子的烯烃，可水解成酮。例如：
$$CH_2=C=CH_2+H_2O \longrightarrow CH_3COCH_3$$

4.6.2　命名

1. 手性聚集双烯的手性轴的 R/S 判断

(1) 沿手性轴选择观察方向。
(2) 排列基团大小，先看到的先比较出第一和第二，后看到的只能排在第三和第四。
(3) 应用 R/S 判断规则。

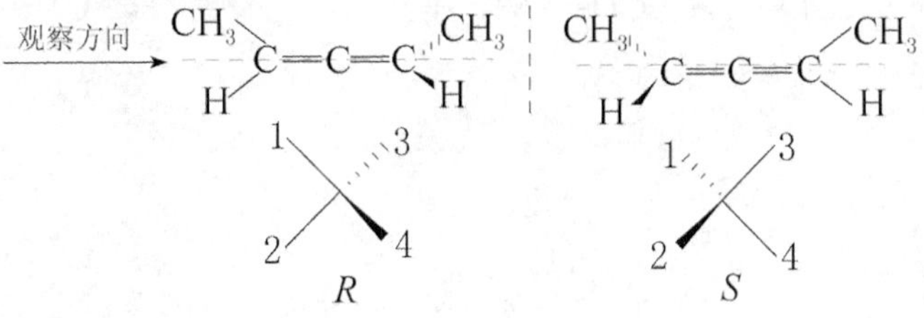

2. 多烯烃的命名

(1) 选择含有所有的双键的最长的碳链作主链。
(2) 使所有双键的位置号码之和最小。
(3) 有几个双键就称为几烯。
(4) 双键位置标在母体名称前，之前是取代基，再前是双键构型。
例如：

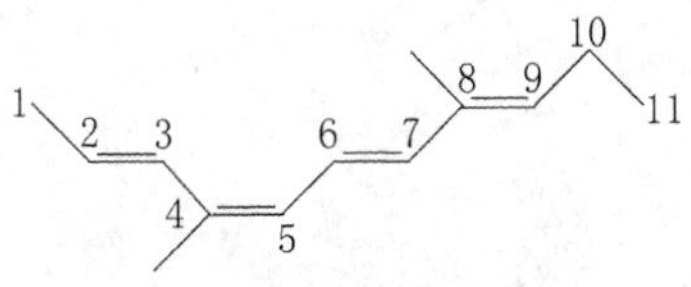

$(2E,4Z,6E,8E)$-4,8-二甲基-2,4,6,8-十一碳四烯

4.6.3 共轭烯烃的结构

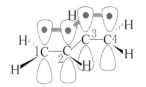

共轭效应使电子离域,C2、C3之间具有了双键的性质,整体电子云密度加大,亲电加成活性提高

4.7 共轭二烯烃的化学性质 I ——亲电加成反应和 Diels-Alder 反应

4.7.1 亲电加成（比单烯烃活性高）

1. 反应事实

$$CH_2=CH-CH=CH_2$$

$$\xrightarrow{Br_2} CH_2-CH-CH=CH_2 + CH_2-CH=CH-CH_2$$

分别带 Br、Br（1,2-加成产物）和 Br、Br（1,4-加成产物）

反应温度	1,2-加成产物	1,4-加成产物
−80℃	80%	20%
40℃	20%	80%

$$CH_2=CH-CH=CH_2$$

$$\xrightarrow{HCl} CH_3-CH-CH=CH_2 + CH_3-CH=CH-CH_2$$

分别带 Cl（1,2-加成产物）和 Cl（1,4-加成产物）

反应温度	1,2-加成产物	1,4-加成产物
−80℃	75%	25%
40℃	25%	75%

$$1,2\text{-加成产物}\xrightarrow{\text{升温}}1,4\text{-加成产物}$$

2. 解释

在较高反应温度下,达到了1,4-加成的活化能,而且1,4-加成的产物在热力学上是稳定的;在较低反应温度下,只能达到1,2-加成的活化能,只好发生1,2-加成。1,2-加成产物在升温后,重新越过能垒Ⅱ,退回正碳离子中间体,再越过能垒Ⅲ,生成稳定的1,4-加成产物。

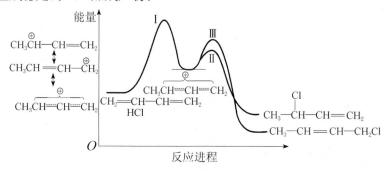

结论

高温下,1,4-加成;低温下,1,2-加成。

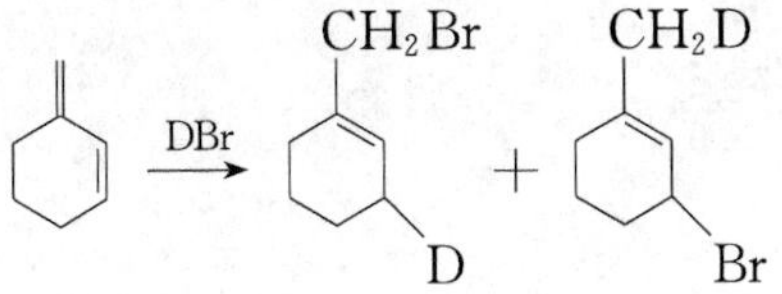

一般只写 1,4-加成产物

4.7.2　Diels-Alder 反应(共轭双烯特有的反应)

1. Diels-Alder 反应的发现

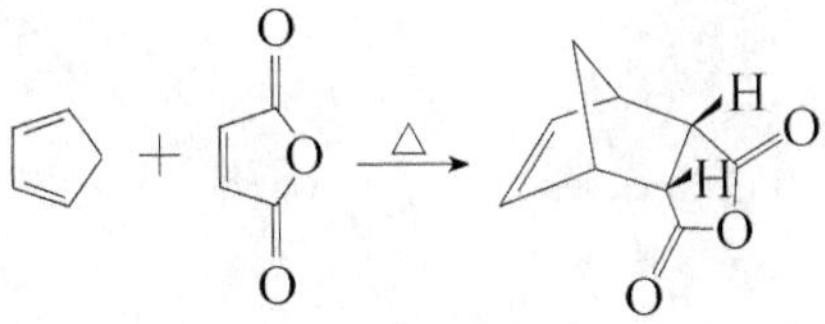

1,3-环戊二烯与顺丁烯二酸酐在加热条件下单键变双键,双键变单键,同时形成两个新的单键。

2. Diels-Alder 反应的机理

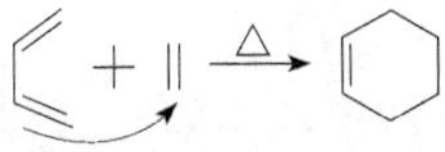

电子从双烯体流入亲双烯体的协同过程,经历环状过渡态,无中间体,立体专一。

3. Diels-Alder 反应的特点

(1) 双烯体上有推电子基团,亲双烯体上有吸电子基团,有利于反应。例如:

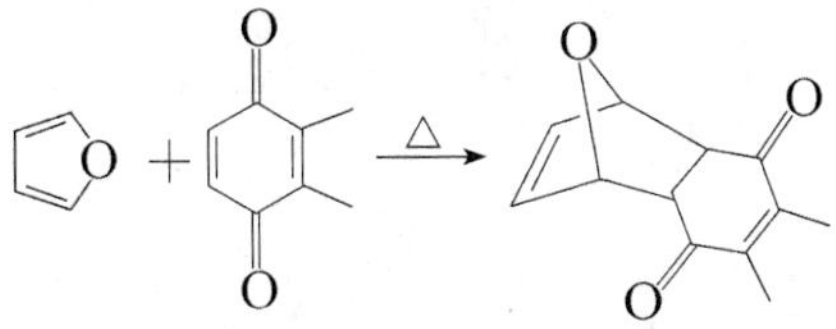

醌的左侧无基团,右侧的两个甲基是推电子基团,所以反应在左侧。

(2) 对于单键来说(这句话可以用 s 来简化表示),顺式的共轭烯烃可以反应。例如:

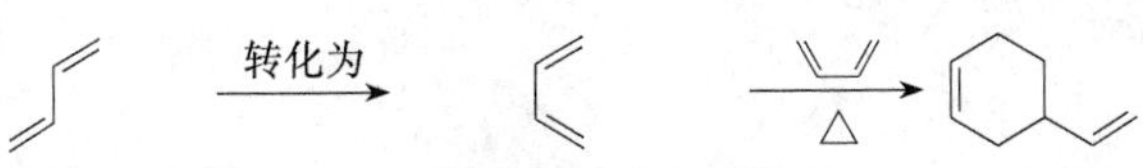

s-反式-1,3-丁二烯　　　　　　s-顺式-1,3-丁二烯

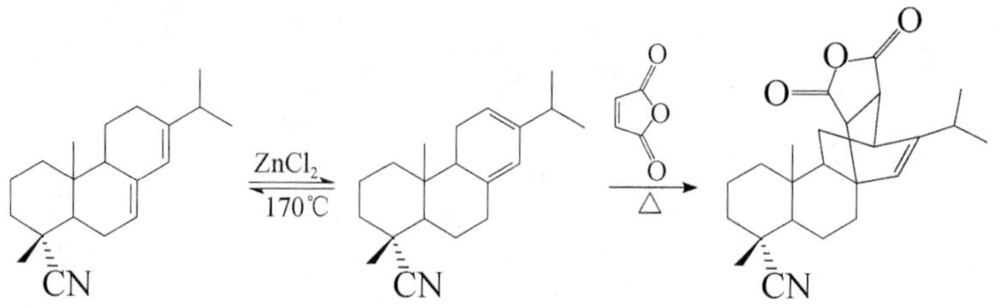

在 ZnCl₂ 存在下，双键异构化为顺式共轭烯烃　　　　马来松香腈（产率 53%）

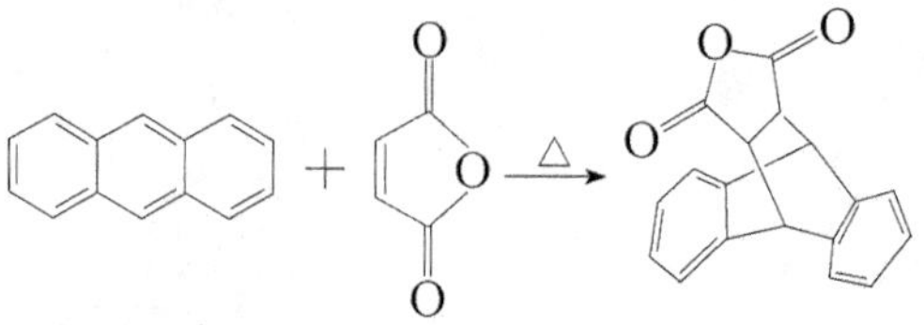

（3）对于炔烃来说也可发生类似反应。例如：

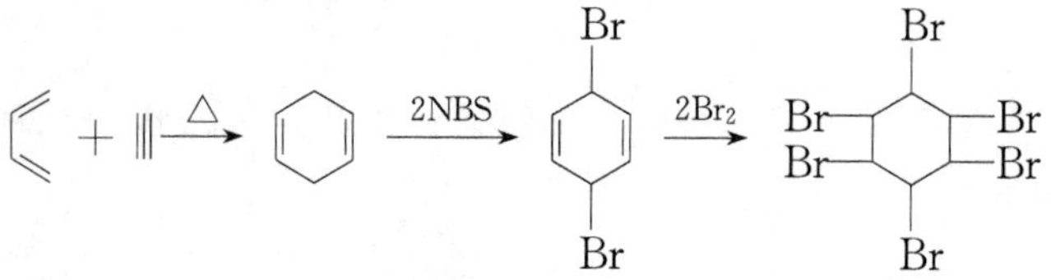

在（一）-莽草素全合成中，利用了丁二烯与炔烃的 Diels-Alder 反应构建分子骨架：

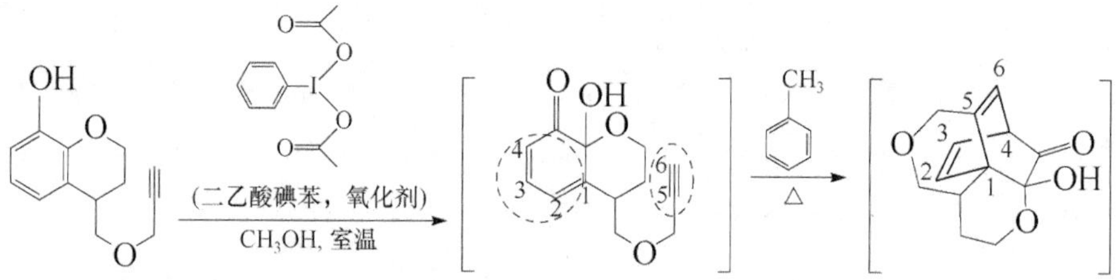

二乙酸碘苯将苯酚氧化为醌，其中的丁二烯结构片段（C-1 到 C-4）与叁键（C-5 到 C-6）发生 Diels-Alder 反应

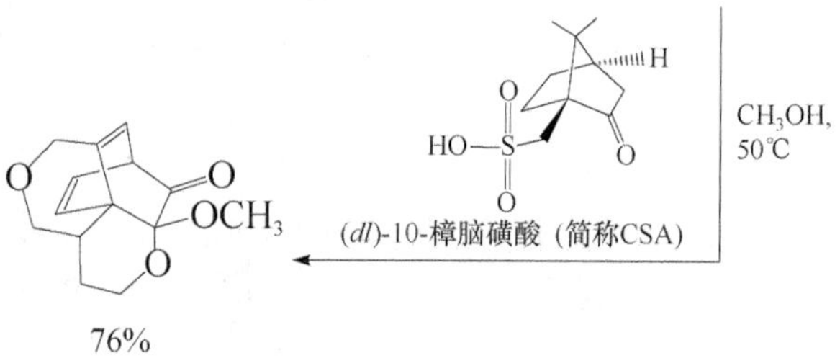

76%

（4）生成物以邻、对位为主。例如：

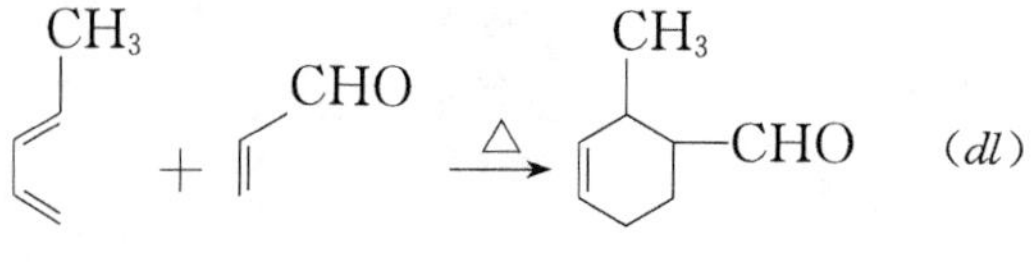

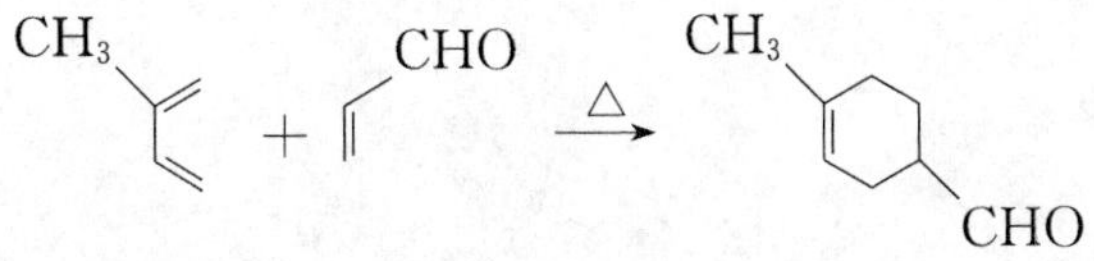

（5）生成物以内式为主。例如：

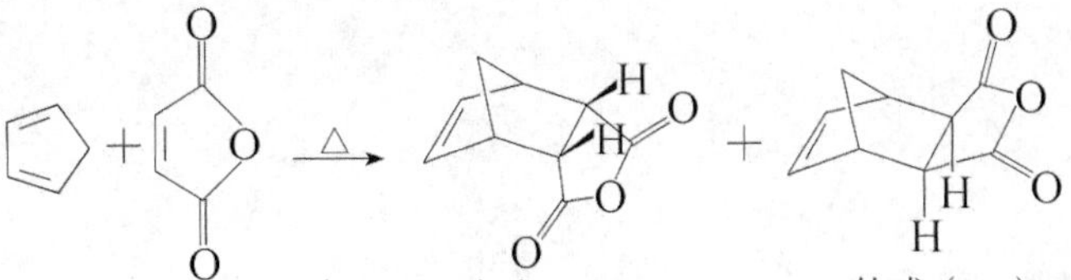

内式（endo）　　　　　外式（exo）

所谓"内式（endo）"产物，即通过 Diels-Alder 反应新形成的 C═C 与亲双烯体结构片段靠近，这样，两个氢原子则远离新形成的 C═C。Diels-Alder 反应自发现以来，人们对其进行了深入研究，并广泛应用于合成中。例如，在天然产物 kingianin A 合成中，人们通过加入催化剂 SbCl₆，促使发生自由基阳离子（radical cation）型 Diels-Alder 反应，构建了 kingianin A 分子中的核心结构。

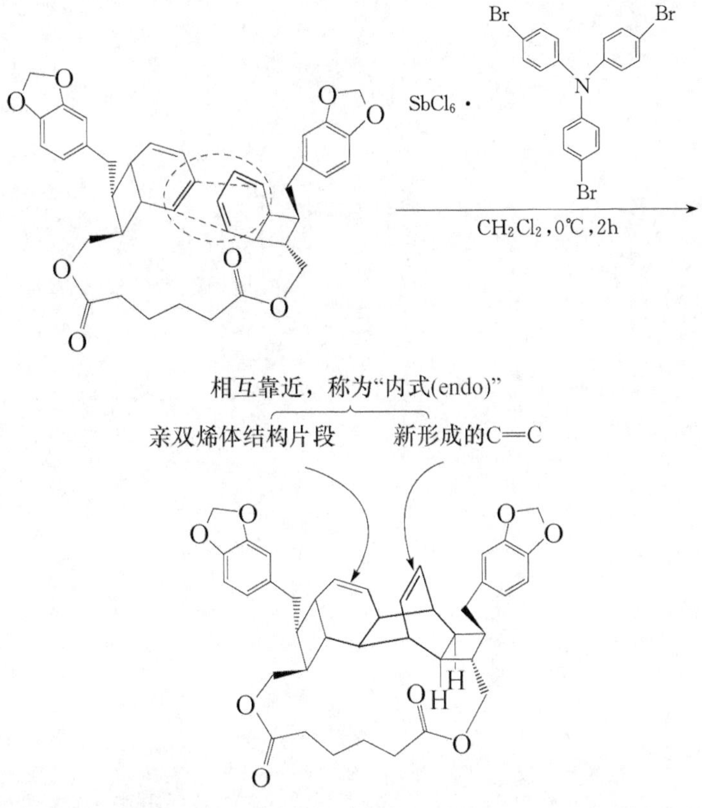

相互靠近，称为"内式（endo）"

亲双烯体结构片段　　　新形成的C═C

（6）C═O 也可作为亲双烯体发生反应。例如，在 Eu（fod）₃ 催化下可发生下列反应，产物内式（endo）与外式（exo）的比例为 97∶3。

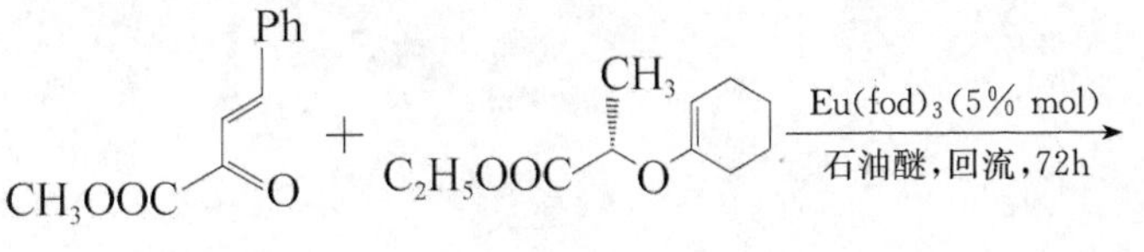

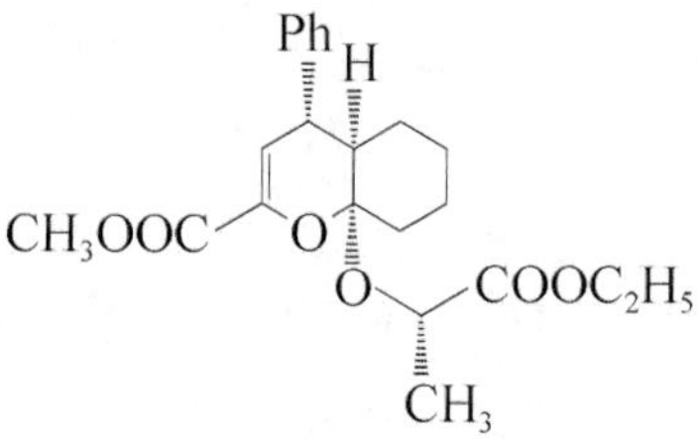

$$75\%$$

$$\text{fod} = \text{CF}_3\text{CF}_2\text{CF}_2\overset{\displaystyle O}{\underset{}{C}}\text{CH}_2\overset{\displaystyle O}{\underset{}{C}}\text{C}(\text{CH}_3)_3$$

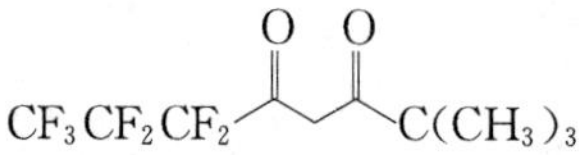

（7）高温下可以发生逆反应。例如：

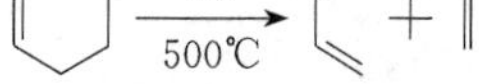

4.8　共轭二烯烃的化学性质Ⅱ——聚合反应

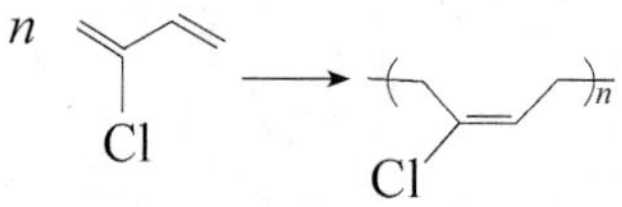

氯丁橡胶

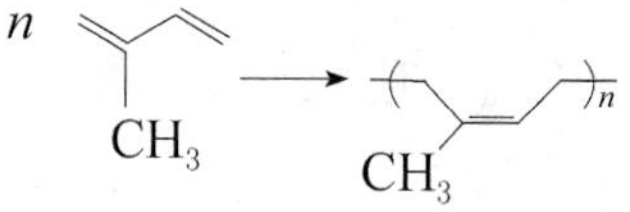

天然橡胶

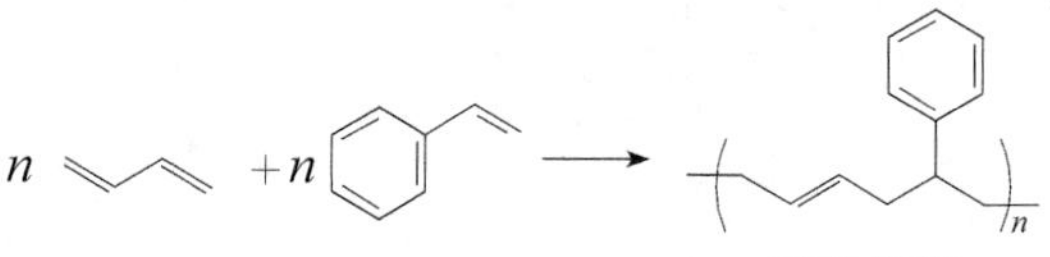

丁苯橡胶

第 5 章　炔　　烃

炔烃是烯烃知识的延续,不同之处在于炔烃的亲电加成活性比烯烃要低,因此炔烃可发生亲核加成反应,同时端炔负碳离子可作为亲核试剂与卤代烃发生亲核取代、与醛(酮)发生亲核加成反应,这样,从炔烃开始,我们将涉及合成问题。

5.1　命名与结构

5.1.1　命名

命名原则与烯烃相同,同时含有 $C=C$ 和 $C\equiv C$ 时:

(1) 选择含有 $C=C$ 和 $C\equiv C$ 最长的碳链作主链。

(2) 在 $C=C$ 和 $C\equiv C$ 之和最小的前提下从 $C=C$ 开始编号。

(3) 命名时先命名烯烃,再命名炔烃。

例如:

$$\overset{1}{C}H_2=\overset{2}{C}H\overset{3}{C}H_2\overset{4}{C}\equiv\overset{5}{C}\overset{6}{C}H_3$$

1-己烯-4-炔

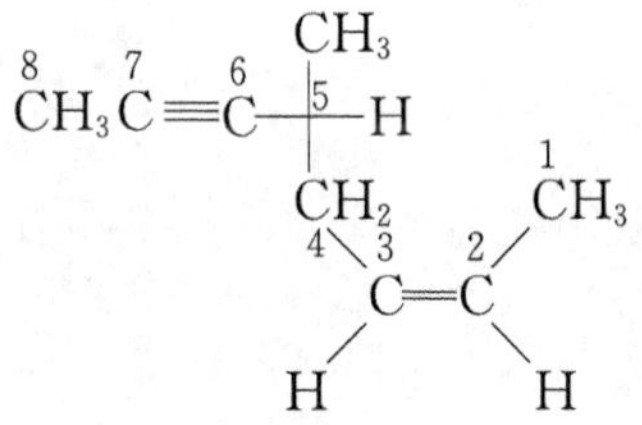

(5R,2Z)-5-甲基-2-辛烯-6-炔

$$\overset{1}{C}H_2=\overset{2}{C}H\overset{3}{C}\equiv\overset{4}{C}H$$

1-丁烯-3-炔

5.1.2　结构

乙炔:

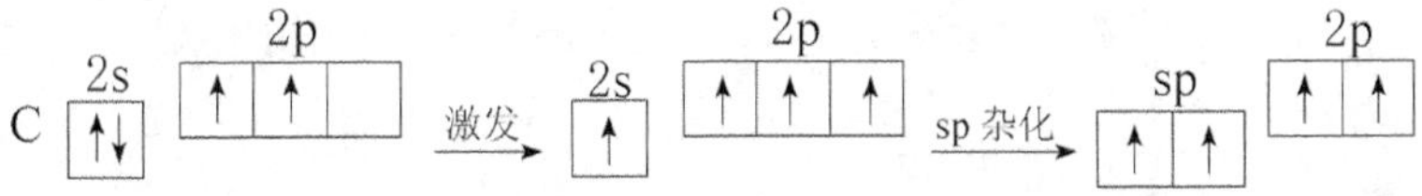

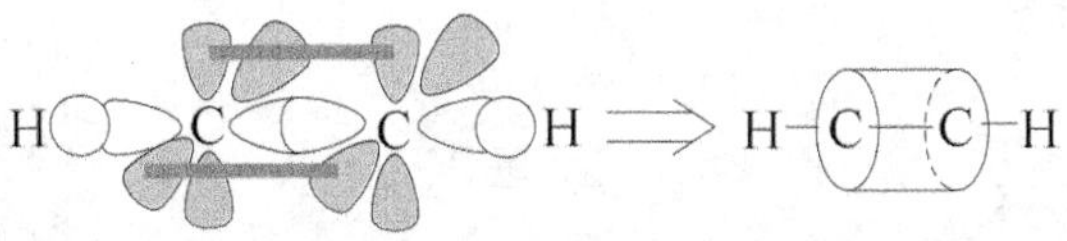

筒形电子云紧密围绕原子核,对 C—H 的 H 控制较弱,导致:①亲电加成活性下降;②氢具有酸性;③易发生亲核加成。

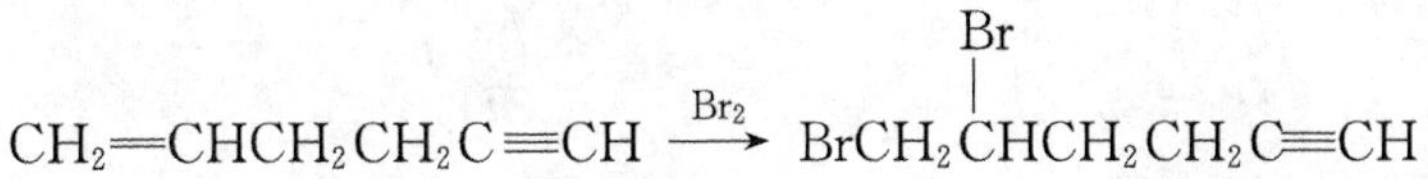

$$CH_2=CHCH_2CH_2C\equiv CH \xrightarrow{Br_2} BrCH_2\overset{\overset{\displaystyle Br}{|}}{C}HCH_2CH_2C\equiv CH$$

烯烃亲电加成反应活性高

$$CH_2{=}CHC{\equiv}CH \xrightarrow{Br_2} CH_2{=}CHC{=}CHBr$$
$$\underset{Br}{|}$$

生成的产物为共轭体系

酸性：$H_2O > CH{\equiv}CH > NH_3$。

5.2　物　理　性　质

1L 水溶解 1.7L 乙炔；1L 丙酮在 $1.013{\times}10^5\,Pa$ 下溶解 30L 乙炔，在 $3.039{\times}10^7\,Pa$ 下溶解 300L 乙炔。氧炔焰温度 3000℃。

5.3　化学性质Ⅰ——端炔氢、端炔负碳离子的反应

1. 端炔氢的酸性

$$CH{\equiv}CH \xrightarrow[NH_3(液)]{NaNH_2} CH{\equiv}CNa \xrightarrow[NH_3(液)]{NaNH_2} NaC{\equiv}CNa$$

2. 端炔氢的成盐反应

$$RC{\equiv}CH \xrightarrow{[Ag(NH_3)_2]^+} RC{\equiv}CAg\downarrow \text{（白色沉淀）}$$
$$RC{\equiv}CH \xrightarrow{[Cu(NH_3)_4]^+} RC{\equiv}CCu\downarrow \text{（红色沉淀）}$$

$\left.\right\}$鉴别端炔

3. 端炔负碳离子的反应

端炔负碳离子是一个强亲核试剂，可以发生亲核取代和亲核加成反应。

$$RC{\equiv}C^{\ominus}\,Na^{\oplus} + \underset{(1°RX)}{RCH_2X} \longrightarrow RC{\equiv}CCH_2R \qquad \text{亲核取代}$$

$$RC{\equiv}C^{\ominus}\,Na^{\oplus} + R_1{-}\overset{O}{\overset{\|}{C}}{-}R_2 \longrightarrow RC{\equiv}C{-}\underset{R_2}{\overset{OH}{\underset{|}{\overset{|}{C}}}}{-}R_1 \qquad \text{亲核加成}$$

合成甲基环己烯。

$$CH{\equiv}CH \xrightarrow[NH_3(液)]{NaNH_2} CH{\equiv}CNa \xrightarrow{CH_3{-}\overset{O}{\overset{\|}{C}}{-}CH_3} CH{\equiv}C{-}\underset{CH_3}{\overset{OH}{\underset{|}{\overset{|}{C}}}}{-}CH_3 \xrightarrow[\triangle]{H^+}$$

$$CH{\equiv}C{-}\underset{CH_3}{\overset{|}{C}}{=}CH_2 \xrightarrow[Pd/BaSO_4]{H_2} CH_2{=}CH{-}\underset{CH_3}{\overset{|}{C}}{=}CH_2 \xrightarrow[\triangle]{CH_2{=}CH_2} \text{〔环己烯〕}$$

5.4 化学性质 Ⅱ —— 加成反应

5.4.1 亲电加成

1. 与卤素加成

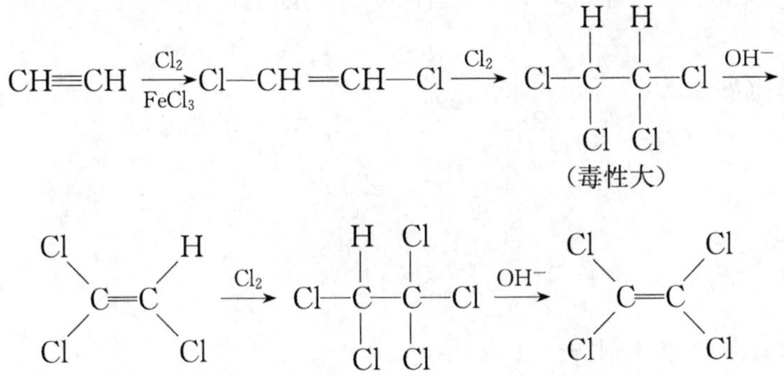

乙炔加 Cl_2 需要催化剂 $FeCl_3$,说明炔烃亲电加成活性明显降低,一旦形成烯烃,加成就变得容易。

2. 与卤化氢加成

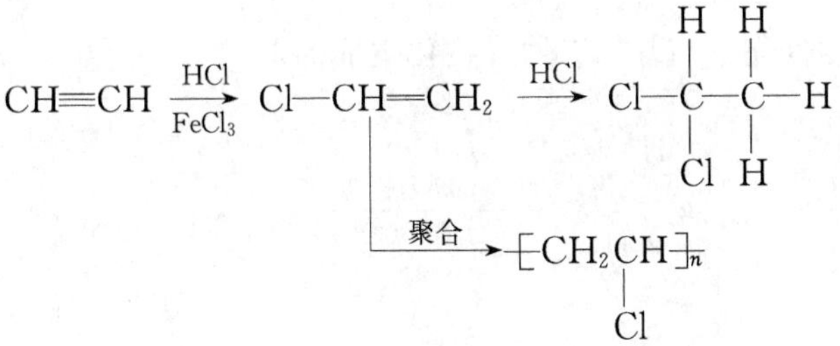

聚氯乙烯

机理

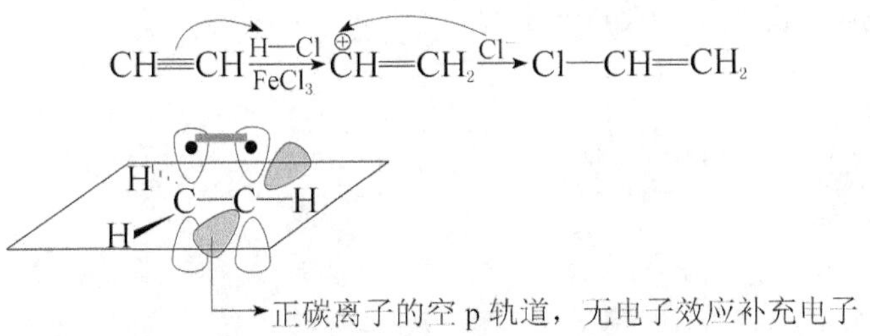

正碳离子的空 p 轨道,无电子效应补充电子

(1) C≡C 的筒形电子云受原子核控制强。

(2) 中间体乙烯基正碳离子没有任何稳定化因素,导致炔烃的亲电加成比烯烃难。

与 HBr 加成时的过氧化物效应

$$CH_3C\equiv CH \xrightarrow[ROOR]{HBr} CH_3CH=CHBr \xrightarrow[ROOR]{HBr} CH_3CHCH_2Br + CH_3CH_2CHBr_2$$

$$\underset{Br}{|}$$

$$>99\%$$

两种产物所对应的中间体——自由基分别如下：

$$\begin{cases} CH_3\dot{C}HCHBr_2 \\ CH_3CH\dot{C}HBr \\ \quad | \\ \quad Br \end{cases}$$

共轭效应

$R=CH_3CH_2$，—Br 通过共轭效应稳定自由基

3. 与水加成

1) 汞盐作为催化剂——生成酮

$$CH_3C\equiv CH \xrightarrow[H_2O]{HgCl_2} \left(CH_3C=CH_2 \atop \underset{:OH}{|} \right) \longrightarrow CH_3\overset{O}{\overset{||}{C}}-CH_3$$

烯醇式不稳定　　　　　酮式稳定

例如,在(＋)-香附醇酮全合成的最后一步中,分子中的甲基酮结构片段是通过 C≡C 在汞盐催化下与水加成后异构化生成的。

$$\xrightarrow[\substack{H_2O, CH_3COCH_3 \\ 23℃}]{HgO, H_2SO_4}$$

（＋）-香附醇酮

30%

2) 与 B_2H_6 反应——端炔生成醛

$$CH_3C\equiv CH \xrightarrow[2)H_2O_2/OH^-]{1)B_2H_6} \left(CH_3CH=CH \atop \underset{:OH}{|} \right) \longrightarrow CH_3CH_2CHO$$

烯醇式不稳定　　　　　酮式稳定

5.4.2 亲核加成

1. 与醇加成

$$CH\equiv CH \xrightarrow[RONa]{ROH} ROCH=CH_2$$

机理

$$CH \!\!\equiv\!\! CH \xrightarrow{RO^{\ominus}} CH \!\!=\!\! \overset{\ominus}{C}HOR \xrightarrow[-RO]{ROH} ROCH \!\!=\!\! CH_2$$

第一步是由带负电的 RO^- 先进攻叁键,然后形成负碳离子中间体,再与氢离子结合。

$$CH \!\!\equiv\!\! CH \xrightarrow[C_2H_5ONa]{C_2H_5OH} C_2H_5OCH \!\!=\!\! CH_2$$
$$\text{乙烯基乙醚}$$

2. 与酸加成

$$CH \!\!\equiv\!\! CH \xrightarrow[Zn(OAc)_2]{CH_3COOH} CH_3COOCH \!\!=\!\! CH_2$$
$$\text{乙酸乙烯酯}$$

$$CH_3COOCH \!\!=\!\! CH_2$$

$$\downarrow \text{聚合} \quad \underset{CH_3COO}{{\Big[}CH\!\!-\!\!CH_2{\Big]}_n} \xrightarrow{\text{水解}} \underset{OH}{{\Big[}CH\!\!-\!\!CH_2{\Big]}_n}$$

$$\text{聚乙酸乙烯酯} \qquad\qquad \text{聚乙烯醇}$$

3. 与 HCN 加成（HCN 是典型的亲核试剂）

$$CH \!\!\equiv\!\! CH \xrightarrow{HCN} CH_2 \!\!=\!\! CHCN \xrightarrow{\text{聚合}} \underset{CN}{{\Big[}CH\!\!-\!\!CH_2{\Big]}_n}$$

$$\qquad\qquad\quad \text{丙烯腈} \qquad\qquad\quad \text{腈纶}$$

目前工业生产丙烯腈的方法如下:

$$CH_3CH \!\!=\!\! CH_2 \xrightarrow[O_2]{NH_3} CH_2 \!\!=\!\! CHCN \qquad \text{主要副产物}: HCN, CH_3CN$$

4. 与乙炔加成

$$CH \!\!\equiv\!\! CH + CH \!\!\equiv\!\! CH \xrightarrow[NH_4Cl]{CuCl} CH \!\!\equiv\!\! CCH \!\!=\!\! CH_2 \xrightarrow[Pd/BaSO_4]{H_2} CH_2 \!\!=\!\! CHCH \!\!=\!\! CH_2$$
$$\text{合成1,3-丁二烯的方法}$$

5.5 化学性质Ⅲ —— 氧化、还原及聚合反应

5.5.1 氧化

1. $KMnO_4/H^+$

$$R_1C \!\!\equiv\!\! CR_2 \xrightarrow[H^+,\triangle]{KMnO_4} R_1COOH + R_2COOH$$

2. O_3

$$R_1C \!\!\equiv\!\! CR_2 \xrightarrow{O_3} R_1COOH + R_2COOH$$

3. 中性 KMnO$_4$

$$R_1C\equiv CR_2 \xrightarrow[\text{中性}]{KMnO_4} R_1\overset{O}{\overset{\|}{C}}-\overset{O}{\overset{\|}{C}}R_2$$

4. 氧化偶联

$$RC\equiv CH + RC\equiv CH \xrightarrow[NH_4Cl/CuCl]{O_2} RC\equiv C-C\equiv CR$$

5.5.2 还原

1. 催化加氢——Lindlar 催化剂（Pd/BaSO$_4$）（生成顺式烯烃）

　　炔烃的活性较低，难以催化加氢，但一旦被催化加氢生成烯烃后，由于烯烃的活性高，很快就被催化加氢生成烷烃，因此炔烃直接催化加氢生成的是烷烃。必须降低催化剂的活性，即将催化剂 Pd 负载在 BaSO$_4$ 上，才能停留在生成烯烃这一步上，而且在立体化学上得到顺式烯烃。

$$R_1C\equiv CR_2 \xrightarrow[Pd/BaSO_4]{H_2} \underset{H}{\overset{R_1}{>}}C=C\underset{H}{\overset{R_2}{<}}$$

98%

2. 化学还原——Na/NH$_3$（液）（生成反式烯烃）

$$R_1C\equiv CR_2 \xrightarrow[NH_3(\text{液})]{Na} \underset{H}{\overset{R_1}{>}}C=C\underset{R_2}{\overset{H}{<}}$$

机理

$$Na + NH_3 \longrightarrow Na^+ + e(NH_3)$$

$$R_1C\equiv CR_2 \xrightarrow{e} \underset{R_2}{\overset{R_1}{C}}=C\cdot \xrightarrow[-NH_2^-]{NH_3} \underset{H}{\overset{R_1}{C}}=C\cdot \xrightarrow{e} \underset{H}{\overset{R_1}{C}}=C\overset{\ominus}{\cdot}$$

提供一个电子，使叁键上的一对电子
转移到 sp^2 杂化轨道形成负碳离子

再次提供一个电子，使另一个
sp^2 杂化轨道也形成负碳离子

$$\xrightarrow[-NH_2^-]{NH_3} \underset{H}{\overset{R_1}{C}}=C\overset{H}{\underset{R_2}{}}$$

5.5.3 聚合

$$CH\equiv CH + CH\equiv CH \xrightarrow[NH_4Cl]{CuCl} CH\equiv CCH=CH_2$$

$$3\ CH\equiv CH \xrightarrow[500℃]{Cu} \bigcirc$$

$$4\ CH\equiv CH \xrightarrow[80℃]{Ni(CN)_4} \bigcirc$$

以亲核取代反应及消除反应为核心的脂肪族化合物

第6章 卤代烃

学习了烷烃、烯烃、炔烃以及立体化学知识之后,我们掌握了学习有机化学的基本工具,通过学习自由基取代反应、自由基加成反应和亲电加成反应,了解了讨论有机化学反应的方法,已经完成了有机化学的入门。现在我们来学习新的反应类型——亲核取代反应和消除反应,另外在本章我们要初步涉及有机金属化合物。

6.1 分类与命名

6.1.1 分类

按照卤素原子个数卤代烃可分为单卤代烃和多卤代烃;按照卤素原子连接的碳原子的级别可分为伯卤代烃(1°RX)、仲卤代烃(2°RX)和叔卤代烃(3°RX)。

6.1.2 命名

级别	卤代烃	普通命名法	IUPAC 命名法
1°RX	$CH_3CH_2CH_2Br$	正丙基溴	1-溴丙烷
2°RX	$\underset{CH_3CHCH_3}{\overset{Br}{\mid}}$	异丙基溴	2-溴丙烷
3°RX	$CH_3\underset{CH_3}{\overset{CH_3}{\underset{\mid}{\overset{\mid}{C}}}}Br$	叔丁基溴	2-溴-2-甲基丙烷

6.2 化学性质Ⅰ——亲核取代反应

6.2.1 亲核取代反应事实

$$R{-}X + Nu^- \longrightarrow R{-}Nu + X^-$$

亲核试剂 Nu^- 进攻带部分正电的烃基,卤素原子离去,形成 R—Nu。

1. 水解反应

2. 醇解反应——合成醚的方法

Williamson 法合成醚。

$$1°RX + R'ONa \longrightarrow R-O-R'$$

N,N-二甲基甲酰胺,简称 DMF,与水互溶的有机溶剂。常压加热至沸腾即分解为 CO 和 $(CH_3)_2NH$,提纯时需减压蒸馏

:四氢呋喃,简称 THF

—SH 的亲核性很强,α-溴代酸酯是一个活泼卤代烃,有利于亲核取代反应。

3. 酸解反应——合成酯的方法

4. 与含氮亲核试剂的反应

1) 氨解反应

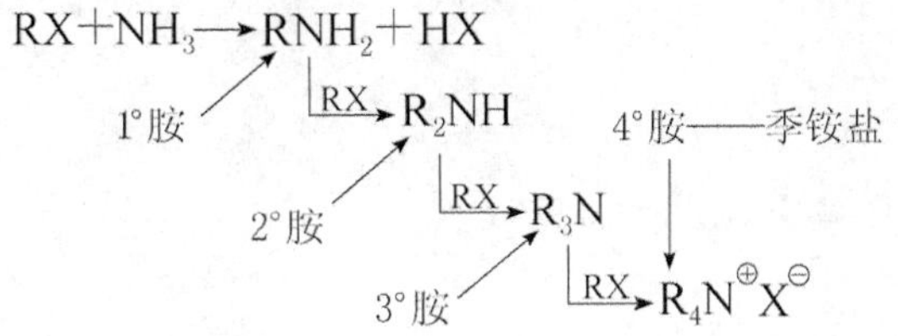

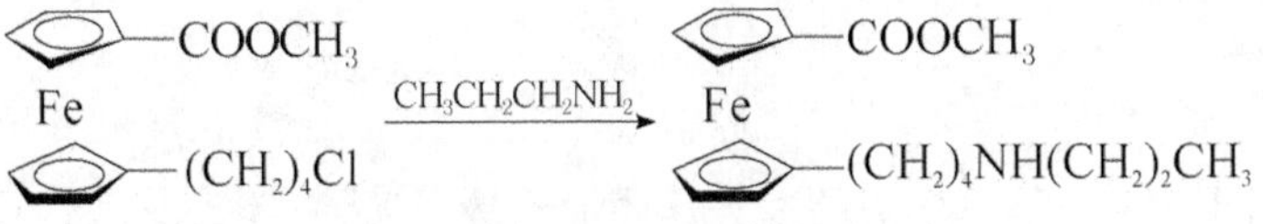

$$RX + NH_3 \longrightarrow RNH_2 + HX$$

1°胺 $\xrightarrow{RX}$ R_2NH

2°胺 $\xrightarrow{RX}$ R_3N

4°胺——季铵盐

3°胺 $\xrightarrow{RX}$ $R_4N^{\oplus}X^{\ominus}$

2) 与叠氮化钠的反应——经还原生成—NH$_2$

NaN$_3$ 中的 $^-$N$_3$ 是亲核试剂,与卤代烃反应生成的叠氮化物 RN$_3$ 的结构如下,经还原可以生成 1°胺。

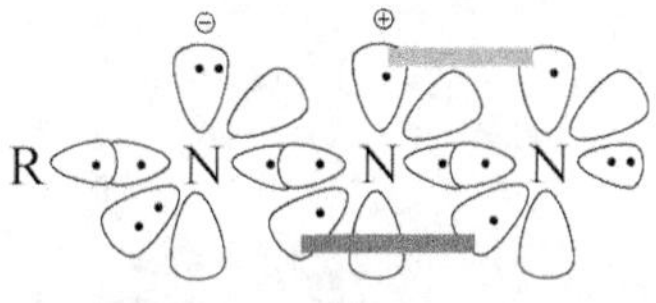

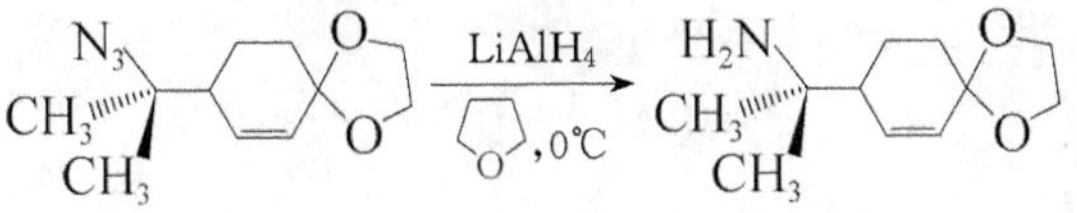

87%

此外,$^-$N$_3$ 中的 N≡N 可以以 N$_2$ 的形式脱除,剩余的 N$^-$(氮宾)具有卡宾($:CH_2$)的性质。在下面的合成中,N$^-$ 作为亲电试剂先从分子正面与 C^1═C^2 发生亲电加成反应形成三元环,然后 NaN$_3$ 进攻 C^1,发生亲核取代反应,这样就将 N$_3$ 引入分子骨架。H$_2$O$_2$ 将酰胺中的 N 氧化为氮氧化物(参见 8.4 节),然后通过催化加氢还原 N$_3$ 为—NH$_2$,同时氮氧化物也被还原,分子中的—CN 被还原为—CONH$_2$(参见 14.4.1 节)。

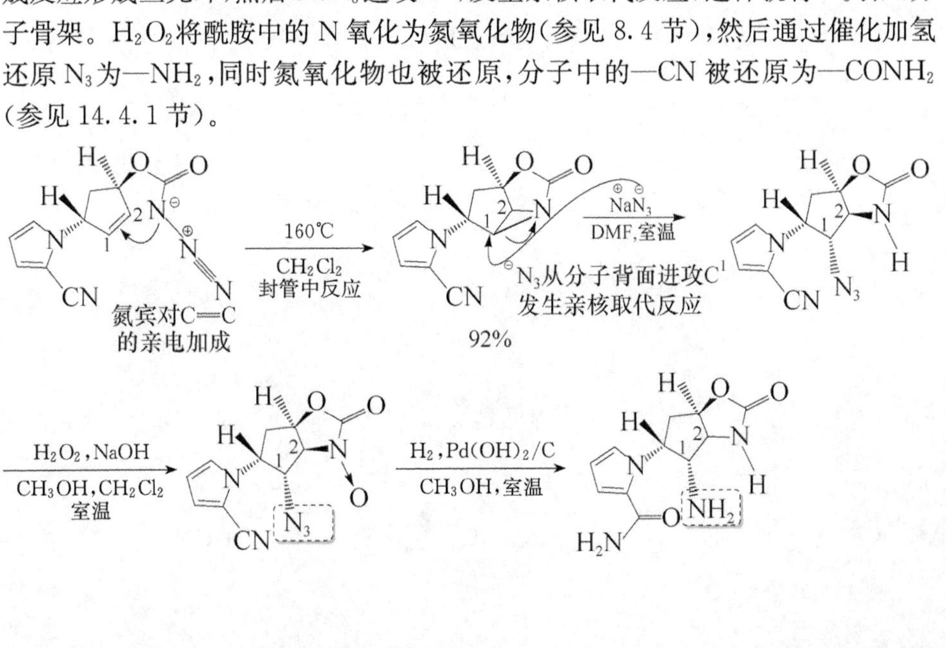

3）与邻-苯二甲酰亚胺阴离子的反应——Gabriel 法合成胺

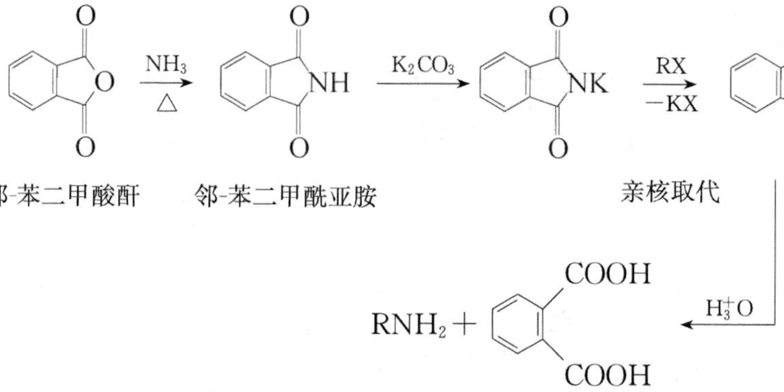

邻-苯二甲酸酐　　　邻-苯二甲酰亚胺　　　　　　　　亲核取代

利用 CH_3SO_3——是一个好的离去基团的性质,使下一步亲核取代反应更为容易。

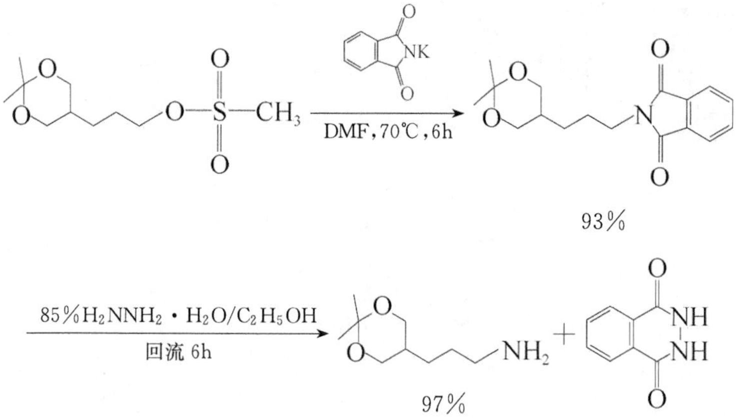

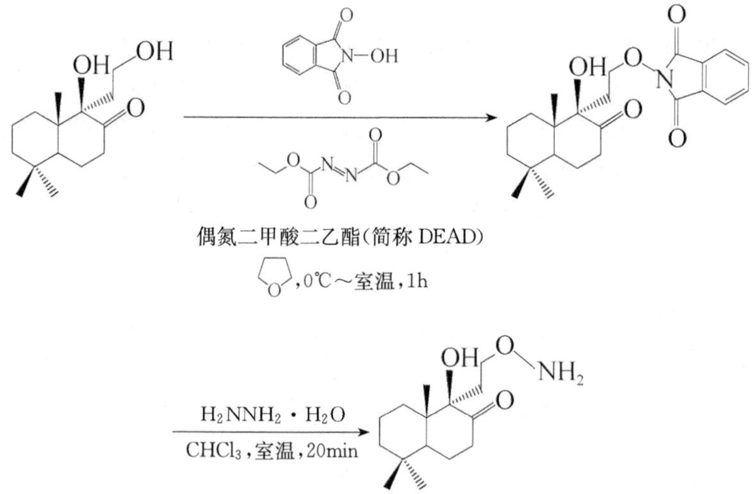

93％

97％

偶氮二甲酸二乙酯(简称 DEAD)

$\bigcirc$,0℃～室温,1h

5. 氰解反应——增加一个碳原子的方法

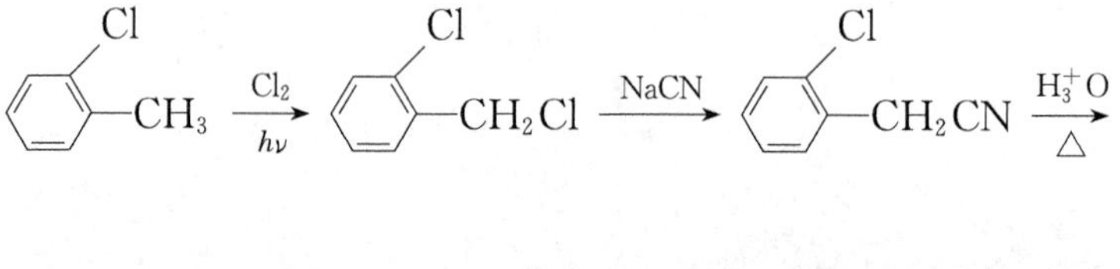

邻-氯苯乙酸的合成利用了腈的水解反应   双氯芬酸(diclofenac acid)

6.2.2 亲核取代反应机理

1. 动力学结果

$$CH_3CH_2Br \xrightarrow{OH^{\ominus}} CH_3CH_2OH + Br^{\ominus}$$

$$反应速率 = k[CH_3CH_2Br][OH^-]$$

反应速率同时与两个反应物的浓度相关,称该反应为双分子取代,其机理为 S_N2 机理。

$$(CH_3)_3CBr \xrightarrow{OH^{\ominus}} (CH_3)_3COH + Br^{\ominus}$$

$$反应速率 = k[(CH_3)_3CBr]$$

反应速率只与一个反应物的浓度相关,称该反应为单分子取代,其机理为 S_N1 机理。

2. S_N2 机理

OH^- 沿 C—Br 键轴,从背面进攻中心碳原子

C—Br 键即将断裂,C—OH 即将形成,中心碳原子 sp^2 杂化,五个基团连在同一碳原子上,空间比较拥挤;由亲核试剂带来的负电荷被分散

C—Br 键彻底断裂,C—OH 完全形成,产物的中心碳原子构型发生翻转

3. S_N1 机理

C—Br 首先断裂,生成正碳离子

亲核试剂从正碳离子两面进攻的概率相等,生成两种结构的产物,为对映体关系

4. S_N2 机理和 S_N1 机理的比较

可以将亲核取代反应的 S_N2 机理和 S_N1 机理对比如下：

S_N2 机理	S_N1 机理
亲核试剂进攻中心碳原子，才导致 C—X 断裂	C—X 键首先发生断裂，形成正碳离子，才给亲核试剂创造了与中心碳原子结合的机会
在过渡态，中心碳原子杂化状态由 sp^3 转化为 sp^2，但连有五个基团，空间拥挤	正碳离子中间体，杂化状态为 sp^2，但只连有三个基团，空间不拥挤
亲核试剂带来的负电荷被分散	形成正碳离子
产物构型翻转	产物外消旋化

6.2.3 影响亲核取代反应的因素

影响亲核取代反应的因素可概括为内在因素和外在因素。包括烃基、离去基团在内的因素称为内在因素；试剂亲核性、溶剂效应称为外在因素。

1. 烃基的影响

对于 S_N2 机理的反应来说，由于反应过程涉及中心碳原子构型的翻转，这样就要求烃基的体积不应太大，否则对于翻转不利，因此，$1°RX$ 以及 $CH_2\!=\!CHCH_2X$，$PhCH_2X$ 容易按照 S_N2 机理发生亲核取代。

对于 S_N1 机理的反应来说，由于反应过程首先发生的是 C—X 断裂，生成正碳离子，因此，$3°RX$ 以及 $CH_2\!=\!CHCH_2X$，$PhCH_2X$ 容易按照 S_N1 机理发生亲核取代，因为它们对应的正碳离子是稳定的。

$$CH_3\!-\!\overset{\underset{\displaystyle CH_3}{|}}{\underset{\underset{\displaystyle CH_3}{|}}{C}}\!-\!CH_2Br \xrightarrow{OH^-}$$
很难发生反应。因为按照 S_N2 机理，它的体积太大，构型翻转不容易；按照 S_N1 机理，所生成的是 $1°$ 正碳离子，不稳定

2. 离去基团的影响

基团的离去速率：

$$O_2N\!-\!\langle\rangle\!-\!SO_3^{\ominus} > \langle\rangle\!-\!SO_3^{\ominus} > CH_3\!-\!\langle\rangle\!-\!SO_3^{\ominus} >$$
$$(p\text{-}NO_2\text{-}OTs) \quad (\text{—}OTs) \quad (p\text{-}CH_3OTs)$$
$$I^{\ominus} > H_2O(OH^-) > Br^{\ominus} > Cl^{\ominus} > F^{\ominus}$$

既然是亲核取代反应，总的结果是某个基团被取代了，这个被取代的基团就是离去基团，它的离去性能越好对反应越有利，所以，无论对于 S_N2 还是 S_N1 机理，离去性能好的基团总是有利于反应的顺利进行。

$$CH_3CH_2CH_2CH_2OH \xrightarrow{HBr} CH_3CH_2CH_2CH_2Br + H_2O$$

在实验过程中，采用 H_2SO_4+NaBr 生成 HBr，一方面提高了 HBr 的浓度，另一方面通过 H_2SO_4 对—OH 的质子化作用，使其转化为更容易离去的 H_2O，即

$$CH_3CH_2CH_2CH_2\overset{..}{O}H \xrightarrow{H^+} CH_3CH_2CH_2CH_2 \overset{\oplus}{\underset{Br^{\ominus}}{}}\overset{\oplus}{O}H_2$$

下述反应是通过将—OH 转化为极易离去的磺酸类基团,然后以对-苯二酚为亲核试剂,发生了 S_N2 亲核取代反应,所以产物的构型发生翻转。

$$CH_3-\underset{\underset{O}{\overset{O}{\|}}}{\overset{O}{\|}}-Cl + HO-\underset{CH_3}{\overset{COOCH_3}{|}}H \xrightarrow[\triangle]{NaOH}$$

不涉及手性中心的反应,所以产物构型保持

$$CH_3-\underset{\underset{O}{\overset{O}{\|}}}{\overset{O}{\|}}-O-\underset{CH_3}{\overset{COOCH_3}{|}}H \xrightarrow[NaOH,\triangle]{HO-\langle\ \rangle-OH} \underset{CH_3}{\overset{CH_3OOC}{H-C-O-\langle\ \rangle-OH}}$$

84%　　　　　　　　　　　　　　　　　　80%

在下面的反应中,也是利用 Br^- 的离去性能比 Cl^- 好,采用 $BrCH_2CH_2Cl$ 为原料,使 Br 一端优先反应,然后另一种原料再与 Cl 一端反应,得到不对称的产物。

3. 试剂亲核性的影响

亲核性:试剂的亲正电性就是亲核性;其中正电包括了一般的正电中心,如 R—X 中的烃基和 C═O 中的 C 原子等,此时我们称试剂发挥的是它的亲核性;正电还包括了最小的正电物种即 H^+,此时我们称试剂发挥的是它的碱性。

1) 亲核性受到电子效应和空间效应的影响

电子效应:推电子基团有利于负电荷的集中,可以提高试剂的亲核性及碱性;吸电子基团使电荷分散,则试剂亲核性下降。

亲核性:$RO^{\ominus} > OH^{\ominus} > ArO^{\ominus} > RCOO^{\ominus} > ROH > H_2O$

空间效应:体积大不利于试剂发挥亲核性,使亲核性下降,但碱性提高;这是因为亲核性表现在进攻中心原子时的性能,体积大不利于"运动";碱性表现在结合最小的 H^+ 上,与亲核试剂本身的体积关系不大。

亲核性:$CH_3O^{\ominus} > CH_3CH_2O^{\ominus} > (CH_3)_2CHO^{\ominus} > (CH_3)_3CO^{\ominus}$

碱性:$CH_3O^{\ominus} < CH_3CH_2O^{\ominus} < (CH_3)_2CHO^{\ominus} < (CH_3)_3CO^{\ominus}$

2) 亲核性及碱性在周期表中的规律

$$R_3C^- > R_2N^- > RO^- > F^- \qquad H_2N^- > HO^- > F^-$$

同周期中电负性越小的原子亲核性及碱性强。

亲核性：$I^- > Br^- > Cl^- > F^-$

同族中体积越大变形性越好，亲核性就越强。

碱性：$I^- < Br^- < Cl^- < F^-$

同族中共轭酸的酸性越弱，其碱性就越强。

3）亲核性及碱性受到溶剂效应的影响

$$
\text{溶剂}
\begin{cases}
\text{极性溶剂}
\begin{cases}
\text{质子型：醇、酸、水、氨等可以电离 } H^+ \\
\text{偶极型：二甲基亚砜（DMSO）、} \\
\qquad\qquad N,N\text{-二甲基甲酰胺（DMF）、吡啶}
\end{cases} \\
\text{非极性溶剂}
\end{cases}
$$

在质子型溶剂中，亲核试剂首先与 H^+ 结合，发挥的是它的碱性，而不是亲核性；在非极性溶剂中，亲核试剂的溶解度很低，不利于发挥亲核性，所以偶极型溶剂有利于亲核性。在丙酮这一非质子型偶极溶剂中溶解 NaI，I^- 显示很强的亲核性，完全按照 S_N2 机理发生亲核取代反应，生成碘代产物。

对于 S_N2 机理的反应来说，是由于亲核试剂的进攻才导致 C—X 的断裂，因此亲核性强对反应的发生有利；但对于 S_N1 机理的反应来说，是由于 C—X 的断裂才给亲核试剂创造了与正碳离子结合的机会，因此亲核试剂的亲核性对反应影响不大。

4. 溶剂效应

对于 S_N2 反应来说，一般是电荷分散的过程，这样的过程需要极性低的溶剂才能稳定过渡态。对于 S_N1 反应来说，由于产生的是正碳离子，因此电荷是从无到有的过程，宜采用极性溶剂有利于稳定中间体。

总结

影响 S_N2 和 S_N1 机理的因素如下：

因素	S_N2 机理	S_N1 机理
烃基	$1°RX$；$CH_2 = CHCH_2X$，$PhCH_2X$。体积小，利于翻转	$3°RX$；$CH_2 = CHCH_2X$，$PhCH_2X$。生成稳定的正碳离子
离去基团	离去性能好对反应有利	离去性能好对反应有利
亲核性	亲核性强对反应有利	亲核性强弱与反应关系不大
溶剂	弱极性溶剂有利	强极性溶剂有利

6.3 化学性质Ⅱ——消除反应

6.3.1 消除反应的事实

$$CH_3CH_2CH_2CH_2Br \xrightarrow[C_2H_5OH]{C_2H_5ONa} CH_3CH_2CH=CH_2$$

$$\begin{matrix} & CH_3 \\ CH_3 & | \\ & CBr \\ & | \\ & CH_3 \end{matrix} \xrightarrow[C_2H_5OH]{C_2H_5ONa} \begin{matrix} CH_3 \\ | \\ CH_3C=CH_2 \end{matrix}$$

$$CH_3CH_2\underset{\underset{Br}{|}}{C}HCH_3 \xrightarrow[C_2H_5OH]{C_2H_5ONa} CH_3CH=CHCH_3$$

主产物   次产物

次产物   主产物

生成取代多的烯烃为   生成取代少的烯烃为
Saytzerff 消除方向   Hofmann 消除方向

6.3.2 消除反应机理

动力学研究表明,卤代烃的消除反应也分为两种情况:一种是消除反应速率与卤代烃和碱的浓度同时相关,称为双分子消除,其机理为 E2 机理;消除反应速率仅与卤代烃浓度相关时,称为单分子消除,其机理为 E1 机理。

1. E1 机理

E1 机理遵循一级反应动力学,反应速率$=k[RX]$。

$$RX \xrightarrow[慢反应步骤]{异裂} R^{\oplus}+X^{-} \xrightarrow{-H^+} \begin{matrix} \ \\ C=C \\ \ \end{matrix}$$

卤代烃直接脱去卤素原子生成正碳离子是比较困难的,所以 E1 机理比较少见,且伴随正碳离子重排。

【例 6.1】

取代过程中正碳离子重排   消除过程中正碳离子重排

H_2O 表现亲核性 OH^- 表现为碱性

2. E2 机理

E2 机理遵循二级反应动力学,反应速率=$k[\text{RX}][\text{B}^-]$。

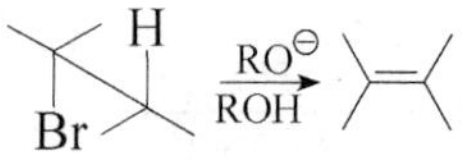

消除方向分为 Hofmann 和 Saytzerff:强碱条件、氟代烃是 Hofmann 消除;一般碱性、其他卤代烃是 Saytzerff 消除。强碱:$(\text{CH}_3)_3\text{COK}$、$\text{NaH}$、$\text{NaNH}_2$。一般碱性:$\text{NaOC}_2\text{H}_5$、$\text{NaOH}$。

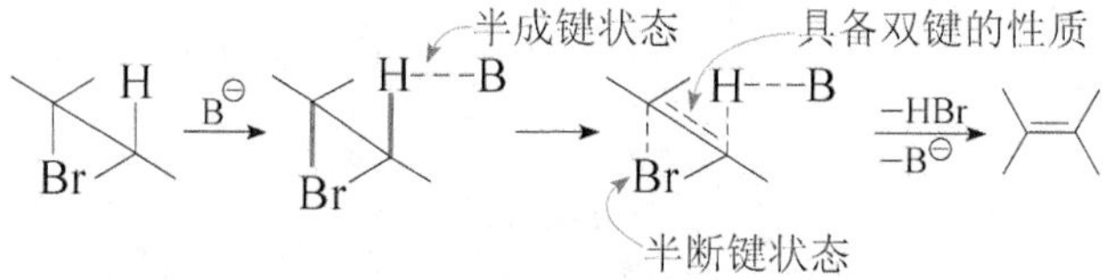

消除的立体化学为反式共平面消除

【例 6. 2】

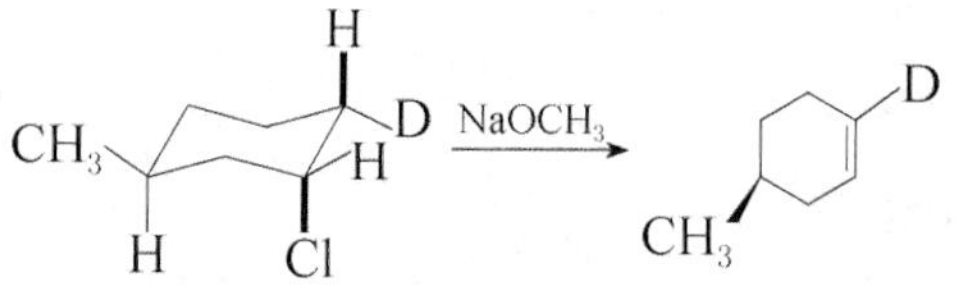

反式共平面消除,消除的是处在反式的 HCl

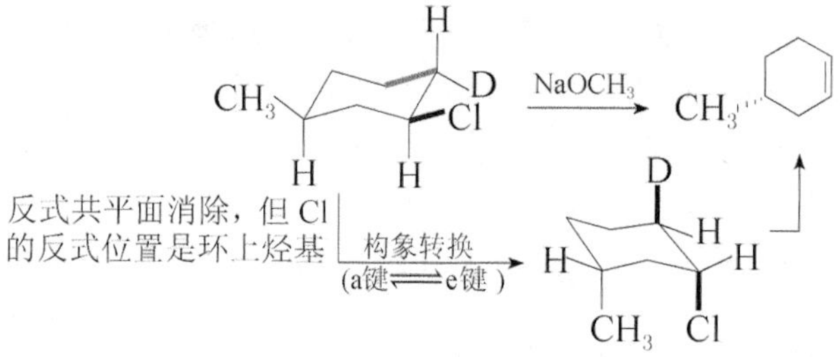

反式共平面消除,但 Cl 的反式位置是环上烃基

尽管此构象不稳定,但解决了 Cl 反式共平面是氢原子的问题,所以消除的是 DCl。

在稳定构象中,从反式共平面消除 HX。

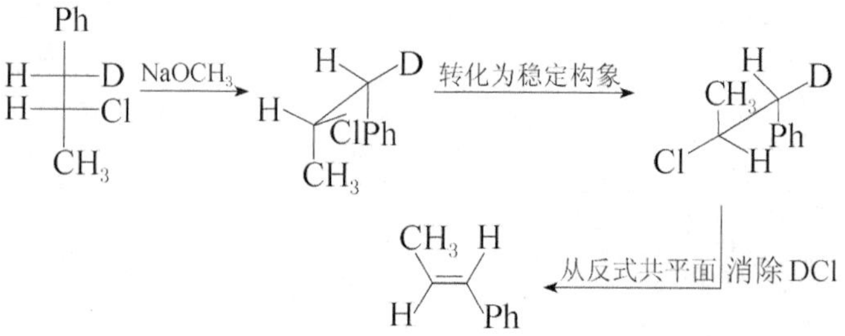

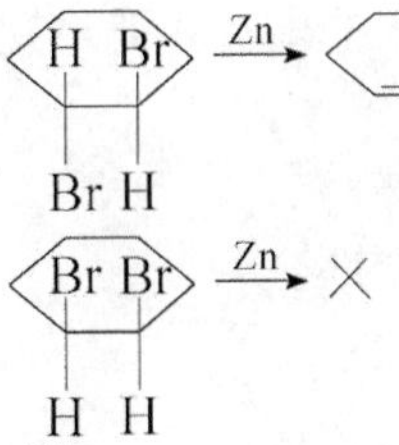

反式消除，如果两个溴原子不处在反式，则不反应

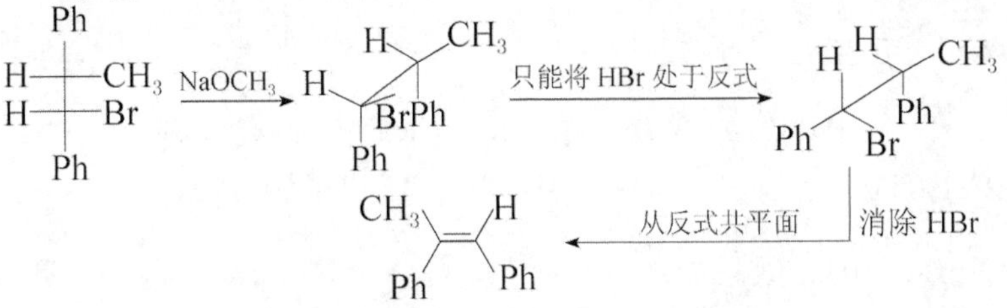

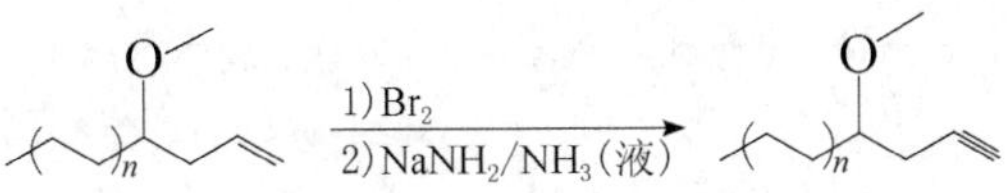

只能将 HBr 处于反式

从反式共平面 消除 HBr

$n=2$ 或 6

以强碱 NaNH$_2$ 消除 2 个 HBr 得到叁键

6.3.3 消除方向的解释

X=Cl,Br,I,并且在一般碱性(NaOCH$_3$ 等)条件下⇒Saytzerff 消除方向。

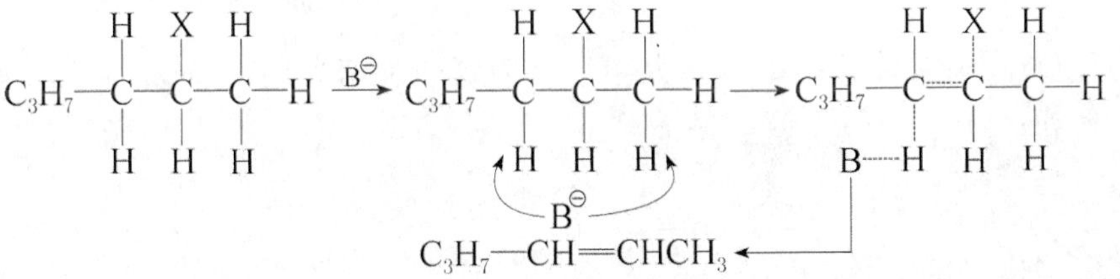

$$C_3H_7-CH=CHCH_3$$

C—H 断键程度<C—X 断键程度,具有正碳离子性质,生成稳定的烯烃,即取代多的烯烃。

X=F,或者在强碱性[NaOC(CH$_3$)$_3$ 等]条件下⇒ Hofmann 消除方向。

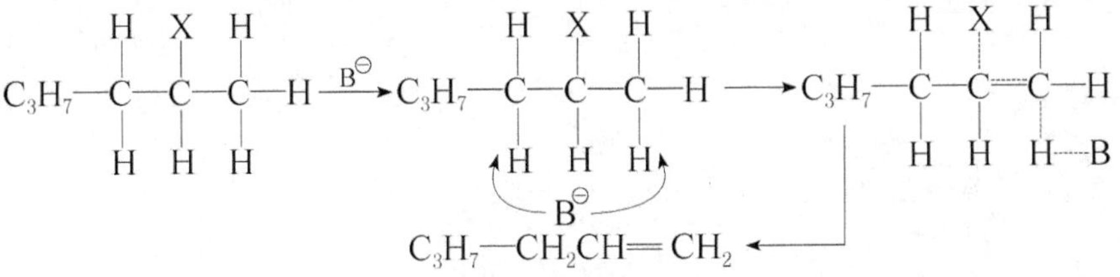

$$C_3H_7-CH_2CH=CH_2$$

C—H 断键程度>C—X 断键程度,具有负碳离子性质,只能在能够使负碳离子稳定的位置,即有吸电子基团或是离推电子基团远的地方消除,最终生成取代少的烯烃。

氟原子电负性大,吸引电子能力强,有利于生成稳定的负碳离子;强碱优先与酸性强的氢原子反应生成负碳离子,所以上述两种情况下,发生的是 Hofmann 方向的消除反应,也称 Hofmann 消除。

总结

伯卤代烃优先发生取代反应;叔卤代烃优先发生消除反应;S$_N$2 反应产物构

型翻转;S_N1 反应产物外消旋化;E1 消除伴随正碳离子重排;E2 消除立体化学为反式共平面。

6.4　化学性质Ⅲ——与金属的反应

6.4.1　合成烷烃的反应

1. Wurtz 反应

$$1°RX + 2Na \longrightarrow R—R \quad 合成烷烃,但产率不高$$

$$2CH_3CH_2CH_2Br + Na \longrightarrow CH_3CH_2CH_2CH_2CH_2CH_3$$

2. Wurtz-Fitting 反应

$$1°RX + PhX + 2Na \longrightarrow R—Ph + 2NaX \quad 部分代替 Friedel-Crafts$$
烷基化反应,产率不高

$$PhBr + CH_3CH_2CH_2Br + Na \longrightarrow PhCH_2CH_2CH_3$$

3. R_2CuLi 与 RX 偶联生成烷烃

$$RX \xrightarrow[-LiX]{2Li} RLi \xrightarrow{CuX} R_2CuLi \xrightarrow{各种 R'X} R—R' \quad 二烷基铜锂可以与各种卤代烃偶联$$
生成烷烃,这是合成烷烃的方法

R_2CuLi 中的烃基带负电,因此可以作为亲核试剂与 C≡C 发生亲核加成反应。例如:

将离去性能不好的—OH 转化为离去性能好的 CH_3SO_3— 　71%

6.4.2　与 Mg、Li 的反应

1. 制备

制备有机锂试剂　　$RX \xrightarrow[\substack{绝对乙醚\\或绝对四氢呋喃}]{2Li} RLi + LiX$

制备 Grignard 试剂　$RX \xrightarrow[\substack{绝对乙醚\\或绝对四氢呋喃}]{Mg} RMgX$

二者性质是一样的,只是 RLi 比 Grignard 试剂更活泼,反应活性更高。

2. 反应

1) 与活泼氢的反应

$$RMgX + HY \longrightarrow RH + MgXY$$

HY＝各种含活泼氢的化合物,如酸、醇、水、氨、端炔等

$$C_4H_9MgBr + H_2O \longrightarrow C_4H_{10}$$

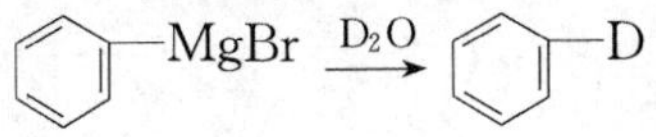

2) 与 CO_2 和 O_2 的反应

$$RMgX + CO_2 \longrightarrow RCOOMgX \xrightarrow{H_3^+O} RCOOH \quad 增加一个碳的方法$$

$$RMgX + O_2 \longrightarrow ROOMgX \xrightarrow{H_3^+O} ROOH$$

RLi 与 Grignard 试剂要在无水无氧条件下操作使用。

3) 与活泼卤代烃的偶联反应

$$RMgX + R'X \longrightarrow R—R'$$

$R' = RCH=CHCH_2—$、$PhCH_2—$、$1°RX$ 等活泼卤代烃

4) 与醛(酮)反应——生成醇

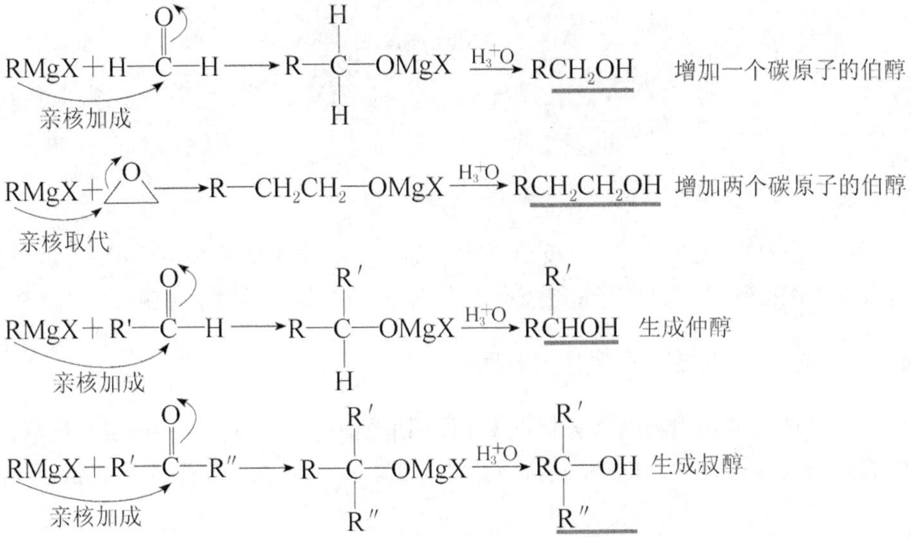

【例 6.3】

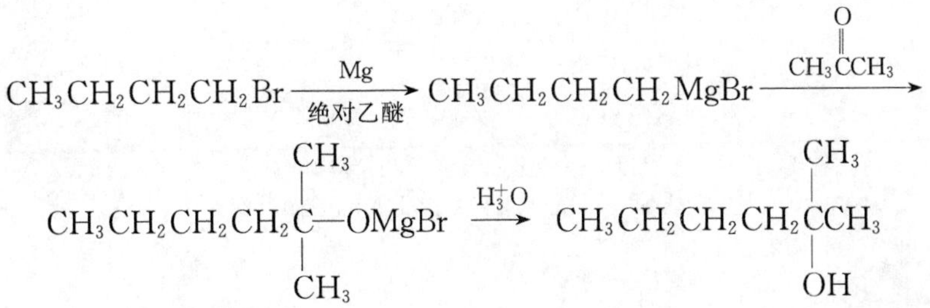

总结

RLi 和 RMgX 与 HCHO 反应生成增加一个碳原子的伯醇；与环氧乙烷反应生成增加两个碳原子的伯醇；与醛反应生成仲醇；与酮反应生成叔醇。

6.4.3　与 Cu 的反应——吸电子基团有利

含有吸电子基团的卤代芳烃在 Cu 作用下的偶联反应称为 Ullmann 反应，是生成联苯的一种方法。此外，制备联苯还有重氮盐偶联法和联苯胺重排法。

以 Ullmann 反应为基础，目前人们拓展了如下偶联反应，丰富了增长碳链的反应类型。

1. Suzuki 反应

$$R-X+R_1B(R^2)_2 \xrightarrow[\text{碱性}]{Pd(\text{或 Pd 的盐})} R-R^1$$
$$R^2=OH$$

该反应采用了芳基硼酸与芳基卤代烃偶联,丰富了合成联苯类化合物的方法。例如:

$$CH_3O-\text{苯环}-Br + \text{苯环}-B(OH)_2 \xrightarrow[(n-C_4H_9)_4NF, 40℃]{PdCl_2} CH_3O-\text{联苯}$$
98%

$R=C_2H_5, n-C_6H_{13}$

$Pd(PPh_3)_4, K_2CO_3(1mol/L), DMF$

2. Heck 反应

$$R-X+CH_2=CH-G \xrightarrow{Pd(\text{或 Pd 的盐})} R-CH=CH-G$$

$X=I, Br, CF_3SO_3$

$G=H, R, Ar, CN, COOR, OR, OAc$ 等

该反应是将卤代烃与烯烃偶联,可用于在端烯上连接各种烃基。例如:

$$R^1-\text{苯环}-X + \begin{matrix} H & H \\ = \\ H & R^2 \end{matrix} \xrightarrow[H_2O, 100℃]{\text{碱}, L^*} R^1-\text{苯环}-CH=CH-R^2$$

$R^1=H, NO_2, OCH_3$

$R^2=CH_3, C_2H_5, n-C_4H_9$

$X=I, Br, Cl$

$L^*=$

$X=Cl, I$ 　　　 $X=Cl, I$

3. Sonogashira 反应

$$R-X+HC\equiv C-G \xrightarrow[CuI, (C_2H_5)_3N]{PdCl_2 \cdot (PPh_3)_2} R-C\equiv C-G$$

在 Heck 反应的基础上,Sonogashira 反应将卤代烃与端炔偶联,生成取代炔烃。例如:

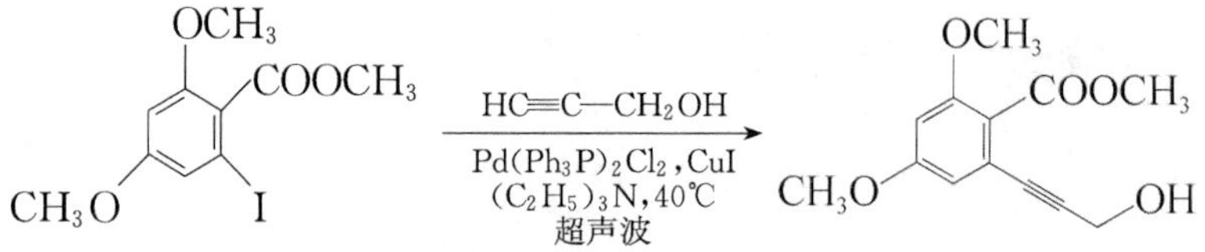

94%

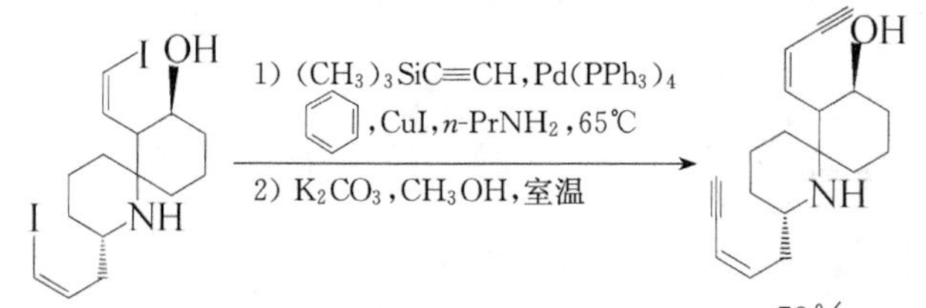

78%

碱性条件下脱除 $(CH_3)_3Si—$，$(CH_3)_3SiC≡CH$ 相当于 $CH≡CH$

6.5 化学性质Ⅳ——还原反应

$RX \xrightarrow[Pt]{H_2} RH$　催化加氢条件下卤代烃可以被还原为相应的烷烃

$RX \xrightarrow{\text{还原剂}} RH$　还原剂：Na/ROH；$NaBH_4$；$LiAlH_4$；Na/NH_3

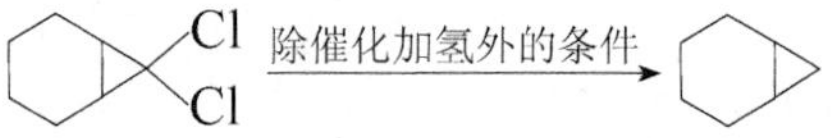

$CH_3CH=CHCH_2CH_2Br \xrightarrow{\text{除催化加氢外的条件}} CH_3CH=CHCH_2CH_3$

$CH≡CCH_2CH_2Br \xrightarrow{\text{除催化加氢外的条件}} CH≡CCH_2CH_3$

6.6 化学性质Ⅴ——卤代芳烃的亲核取代反应

6.6.1 加成-消除机理

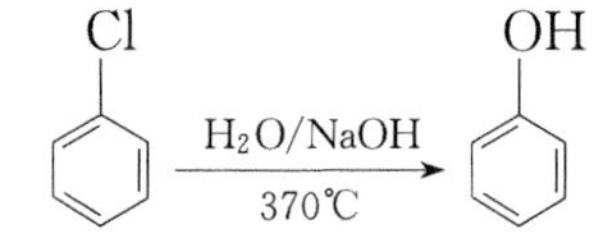

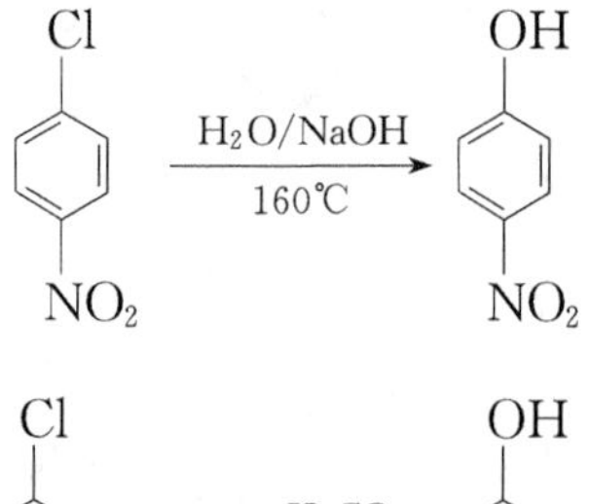

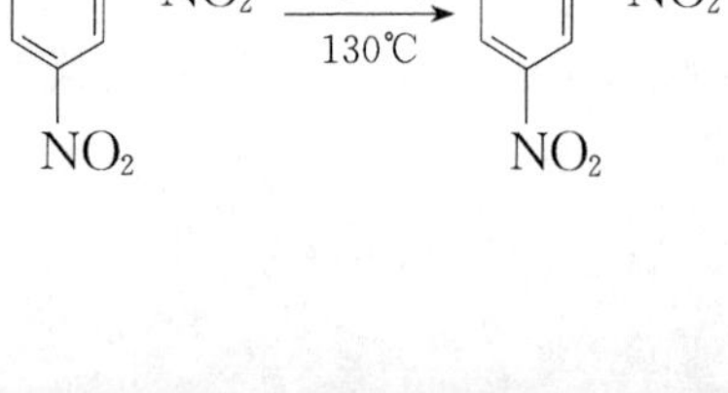

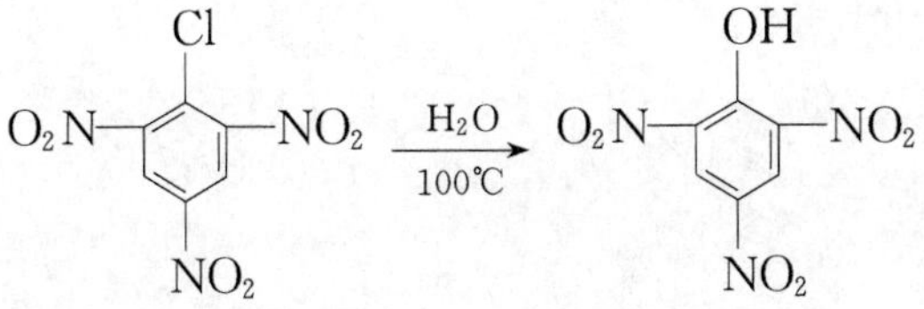

随着吸电子基团数量的增加,反应变得容易。

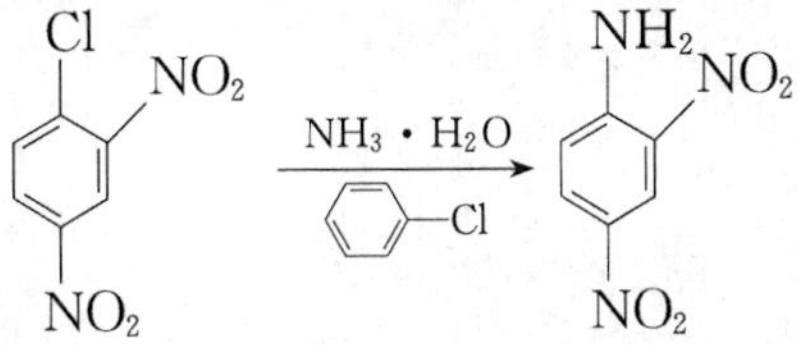

该反应以氯苯为溶剂,氯苯中的 Cl 不会被 NH₃ 所取代,反应发生在 2,4-二硝基氯苯上,说明吸电子基团有利于卤代芳烃的亲核取代反应

机理

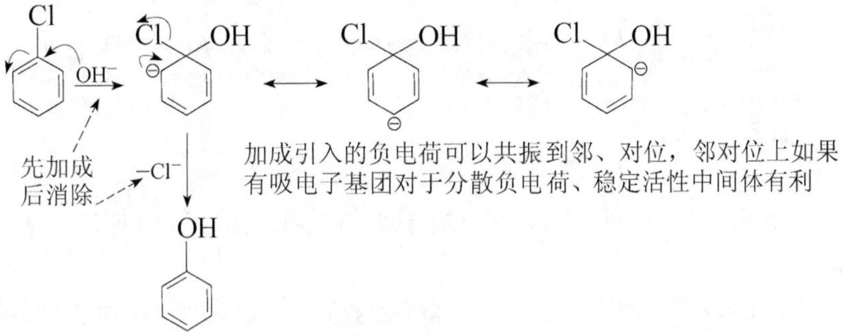

加成引入的负电荷可以共振到邻、对位,邻对位上如果有吸电子基团对于分散负电荷、稳定活性中间体有利

6.6.2 消除-加成机理——苯炔中间体

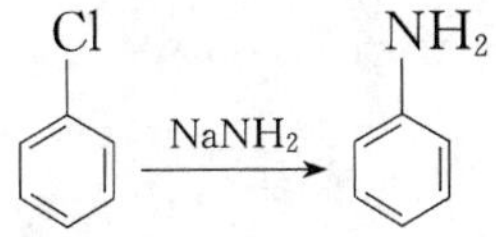

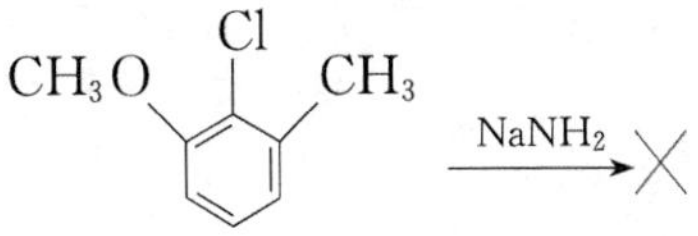

机理

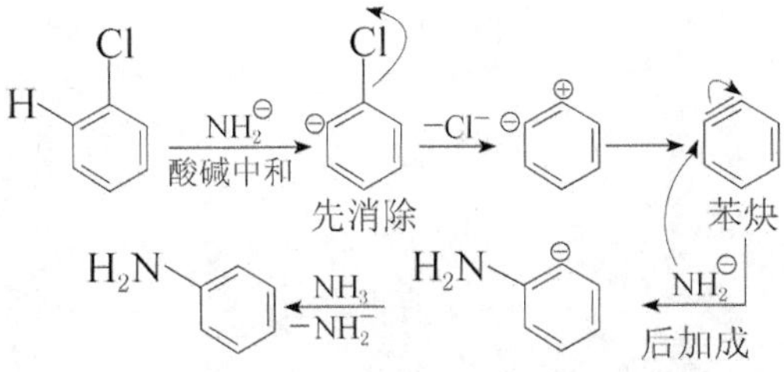

一个是带有负电荷的 sp² 杂化轨道,一个是空 sp² 杂化轨道,大致肩并肩重叠成键,形成苯炔

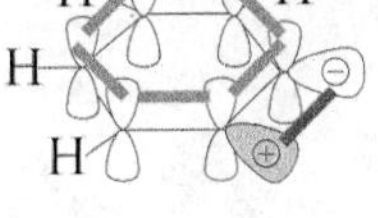

解释下列反应机理：

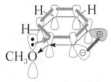

机理

CH₃O 推电子的共轭效应使环上的 p 轨道受益，CH₃O 吸电子的诱导效应使平面内苯炔的键极化，导致 NH₂⁻ 加成具有方向性，即加成到正电荷上

上述两个反应所生成的苯炔中间体是相同的，所以加成产物也是完全相同的。

卤代烃中的理论问题较多，理解起来似乎不太容易，在解决问题时就更加难以把握，但一般情况下，伯卤代烃倾向于发生亲核取代反应，叔卤代烃倾向于消除反应，而卤代芳烃在无吸电子取代基及一般的碱性条件下不发生取代反应，下面的例子综合说明了这三种情况：

第7章 醇 与 醚

醇的性质类似于卤代烃——取代反应和消除反应,另外,醇可以氧化为醛(酮)或羧酸,应用 Grignard 试剂或有机锂(RLi)合成各级醇的方法也要求掌握。醚的性质包括了醚的合成和分解。

7.1 结构与命名

7.1.1 结构

将 H_2O 中的一个 H 用烃基取代生成的是醇;两个 H 用烃基取代生成的是醚,它们的结构与水有密切的关系。

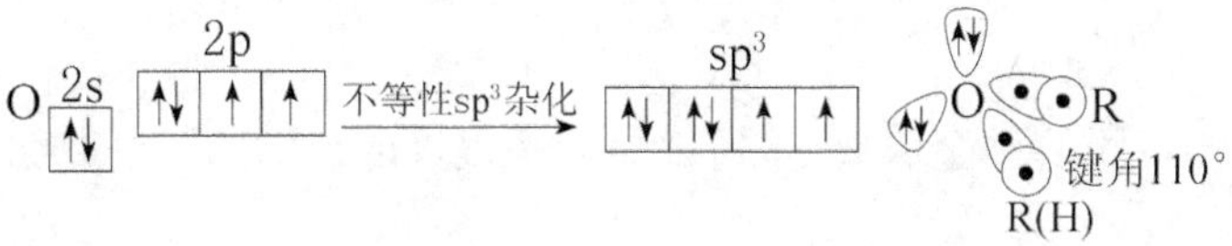

7.1.2 命名

1. 醇的命名

选择含有羟基的最长的碳链作主链;编号使羟基的号码最小;母体化合物名称为醇,其他取代基名称在前。例如:

4-甲基-5-庚烯-2-醇   环己醇 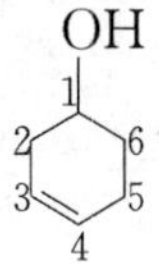   3-环己烯醇

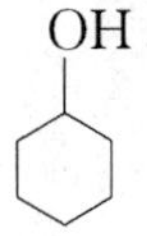

2. 醚的命名

两个烃基名称列在母体化合物名称"醚"前,复杂的烃基上连有简单的醚键则称为"烃氧基",作为取代基。

1) 单醚

$$CH_3OCH_3 \qquad C_2H_5OC_2H_5 \qquad$$

甲醚   乙醚   二苯醚

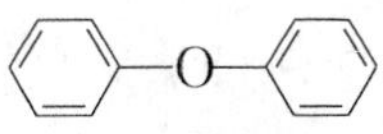

2) 混醚

$$CH_3OC_2H_5 \qquad CH_3O- \qquad CH_3OC(CH_3)_3$$

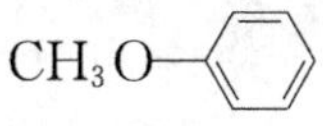

甲乙醚   苯甲醚   甲基叔丁基醚

3) 环醚

四氢呋喃　　　　二氧六环

4) 环氧化合物

环氧丙烷(b. p. 34℃)　　　环氧氯丙烷(b. p. 115～117℃)

5) 冠醚

18-冠醚-6

中间的空腔可容纳金属离子,所以冠醚是很好的金属离子萃取剂,有毒。

7.2　物 理 性 质

从沸点角度看,$CH_3CH_2OCH_2CH_3$ 为 34℃,而 $CH_3CH_2CH_2CH_2OH$ 为 118℃,这是由于醇能形成分子间氢键,因此沸点高。从溶解度角度看,C1～C3 的醇与水互溶;C4 的醇溶解度约为 8%;高碳醇不溶于水。醚类当中,CH_3OCH_3 与水互溶;$CH_3CH_2OCH_2CH_3$ 则微溶于水。从相对密度角度看,醇和醚的相对密度<1。醇和醚具有很强的生理作用,如 CH_3OH 可致盲,$CH_3CH_2OCH_2CH_3$ 则为麻醉剂。

7.3　化学性质 I——氢、氧原子的性质

7.3.1　羟基氢的酸性

$$ROH + M \longrightarrow ROM + H_2 \uparrow \quad M = K,Na,Mg,Al$$
$$CH_3CH_2OH + Na \longrightarrow CH_3CH_2ONa + H_2 \uparrow$$
$$(CH_3)_3COH + K \longrightarrow (CH_3)_3COK + H_2 \uparrow$$
$$CH_3CH(OH)CH_3 + Al \longrightarrow [(CH_3)_2CHO]_3Al + H_2 \uparrow$$

异丙醇铝 $(i\text{-PrO})_3Al$

7.3.2　氧原子的配位性

醇与 $CaCl_2$ 和 $MgCl_2$ 等形成配合物 $CaCl_2 \cdot 4C_2H_5OH$、$MgCl_2 \cdot 6C_2H_5OH$,所以醇不能用 $CaCl_2$ 干燥。醚可与 BF_3、$RMgX$ 形成配合物 $R_2O \rightarrow BF_3$、$(R_2O)_2 \rightarrow MgXR$。生成 Grignard 试剂时,醚不仅起到溶剂作用,而且作为配位体

稳定 Grignard 试剂。由于空间阻碍，醚不能与 $CaCl_2$ 和 $MgCl_2$ 等形成配合物，因此醚可以用 $CaCl_2$ 干燥。

7.3.3　酯化反应

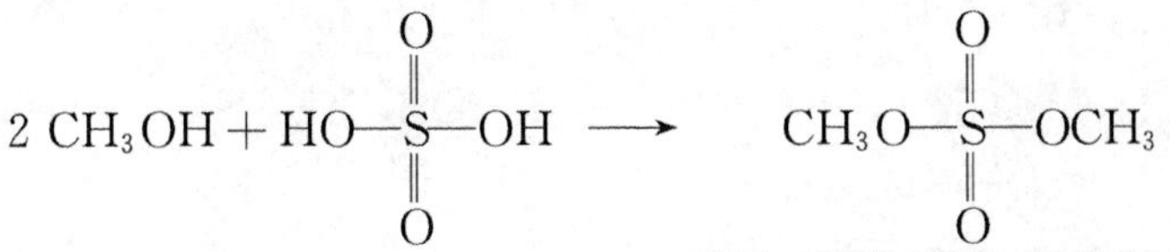

$$2\ CH_3OH + HO-\underset{\underset{O}{\|}}{\overset{\overset{O}{\|}}{S}}-OH \longrightarrow CH_3O-\underset{\underset{O}{\|}}{\overset{\overset{O}{\|}}{S}}-OCH_3$$

硫酸二甲酯（剧毒，甲基化试剂）

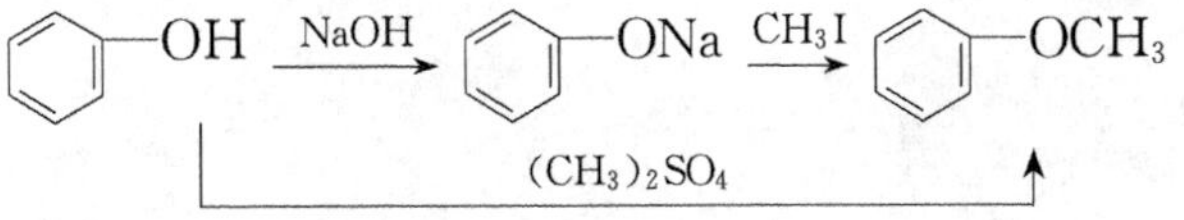

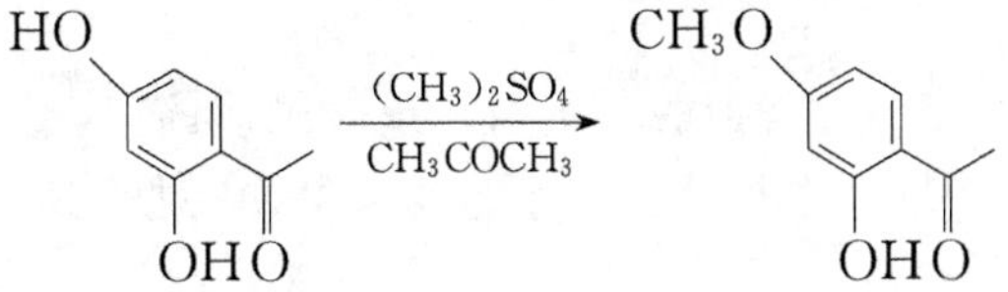

92%

$$3\ C_2H_5OH + POCl_3 \longrightarrow PO(OC_2H_5)_3$$

磷酸三乙酯

$$3\ C_2H_5OH + PCl_3 \longrightarrow P(OC_2H_5)_3$$

亚磷酸三乙酯

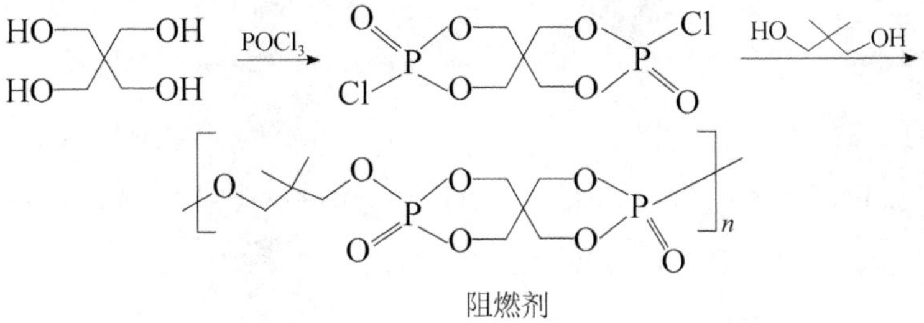

阻燃剂

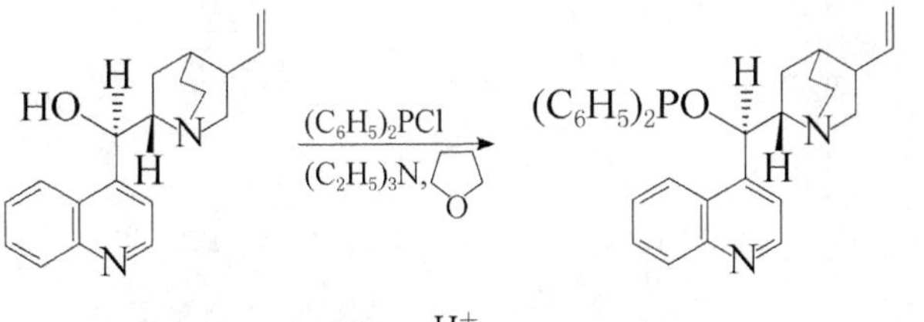

$$RCOOH + R'OH \xrightarrow{H^+} RCOOR' + H_2O$$

$$CH_3COOH + C_2H_5OH \xrightarrow{H^+} CH_3COOC_2H_5 + H_2O$$

乙酸乙酯沸点低，蒸除酯推移平衡

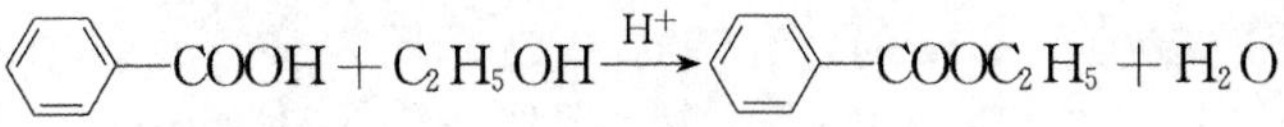

苯甲酸乙酯沸点高，分出水推移平衡

7.4　化学性质Ⅱ——将—OH 转化为—X

7.4.1　与 HX 反应

活性：HCl＜HBr＜HI。

$$CH_3CH_2CH_2CH_2OH + HBr \longrightarrow CH_3CH_2CH_2CH_2Br + H_2O$$

机理

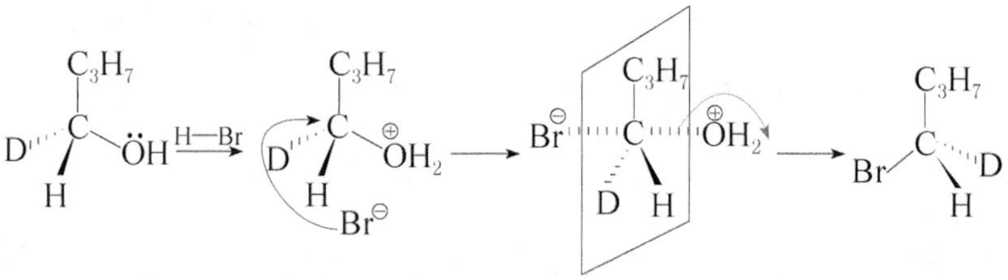

对于 1°醇来说，经历了类似 S_N2 的取代反应机理，而且比卤代烃更容易发生反应，这是因为 H_2O 是一个比 X^- 更好的离去基团；对于其他的醇则发生类似 S_N1 的取代反应。例如：

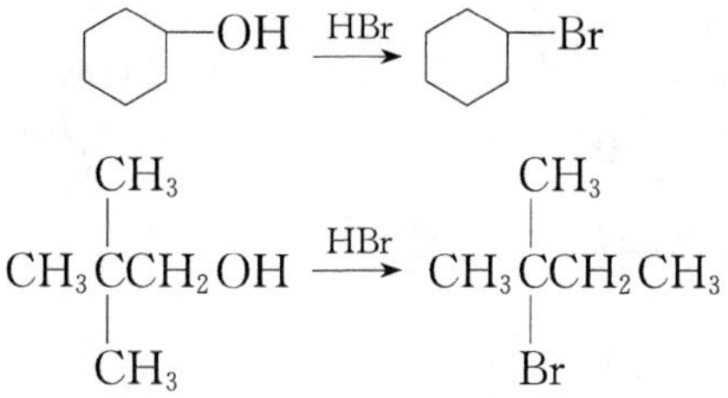

机理

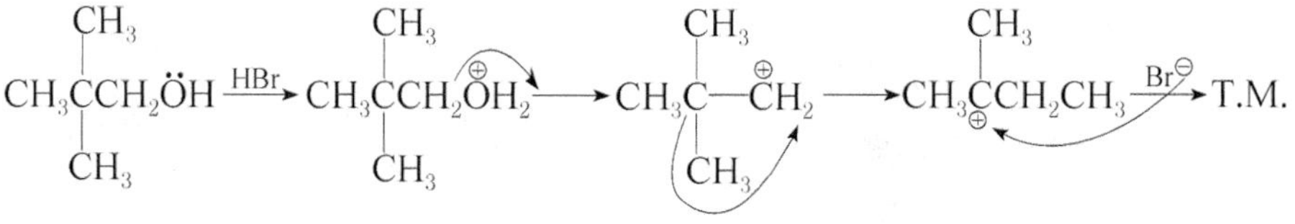

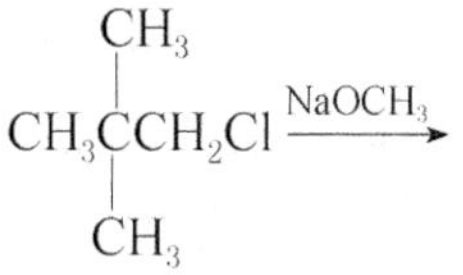

发生 S_N2 反应构型翻转困难；发生 S_N1 反应难以生成正碳离子

以上两种情况的对比可以发现：在酸性条件下，醇容易发生 C—O 断键，生成正碳离子。

醇与 HX 反应的活性顺序：

$$\begin{matrix} PhCH_2OH \\ CH_2=CHCH_2OH \end{matrix} \quad 3° > 2° > 1° < CH_3OH$$

邻位基团效应：当—OH 的邻位有亲核性基团(—X、—OH、—OR、—SH、—SR、—Ph 等)时，醇与 HX 反应时产物发生外消旋化，这是由于这些基团从反式共平面参与了对中间体——正碳离子的稳定作用，这种效应称为邻位基团效应。例如：

机理

特点：直链伯醇不重排，类似 S_N2 反应机理；其他醇重排，并且有邻位基团效应。

7.4.2　与 PX₃ 反应

$$ROH + PCl_3 \xrightarrow{\triangle} RCl + H_3PO_3$$

$$ROH + POCl_3 \xrightarrow{\triangle} RCl + H_3PO_4$$

$$ROH + PBr_3 \xrightarrow{\triangle} RBr + H_3PO_3$$

特点：不重排。

缺点：生成的磷酸、亚磷酸难以分离。

$$P + Br_2 \xrightarrow{\triangle} PBr_3 + H_3PO_3$$

$$CH_3(CH_2)_{11}OH \xrightarrow[\triangle]{PBr_3} CH_3(CH_2)_{11}Br$$

Lucas 试剂——$ZnCl_2/HCl$：鉴别醇的级别，反应式如下：

$$ROH + HCl \xrightarrow{ZnCl_2} RCl + H_2O$$

醇的相对密度<1；相应卤代烃的相对密度>1。观察浮在上层的醇沉入下层的时间即可判断醇的级别：

PhCH₂OH

CH₂＝CHCH₂OH　　　　　$3° > 2° > 1°$

　　很快　　　　　　　　很慢，且需加热

7.4.3　与 SOCl₂ 反应

二氯亚砜

b. p. 78℃

机理

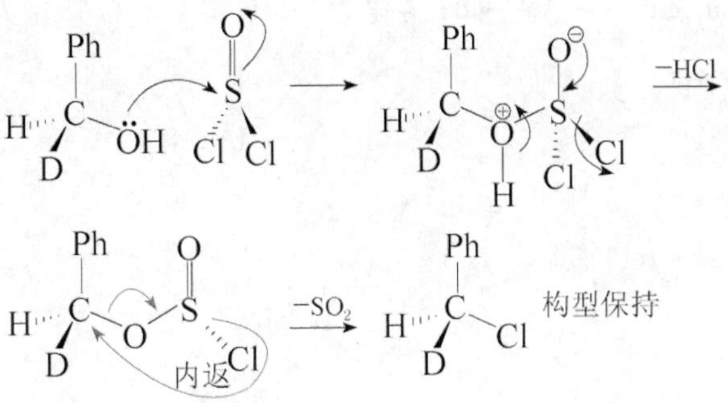

氯代亚硫酸酯

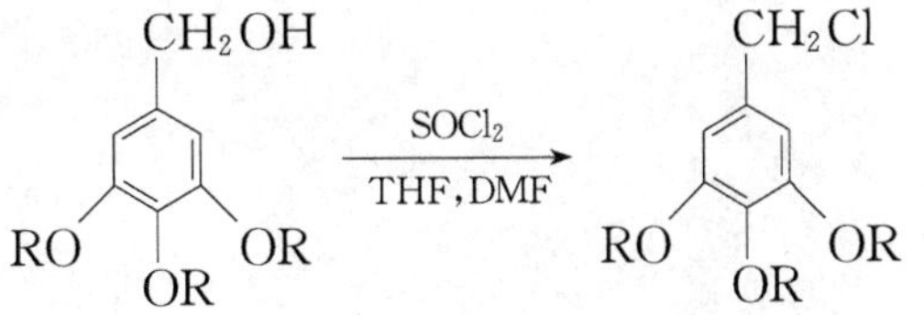

$$R=CH_3(CH_2)_{11}$$

如果在上述反应体系中加入吡啶,在生成氯代亚硫酸酯后,进一步生成吡啶盐,由于空间阻碍,并且氯以离子形式游离于反应体系中,则反应机理变为

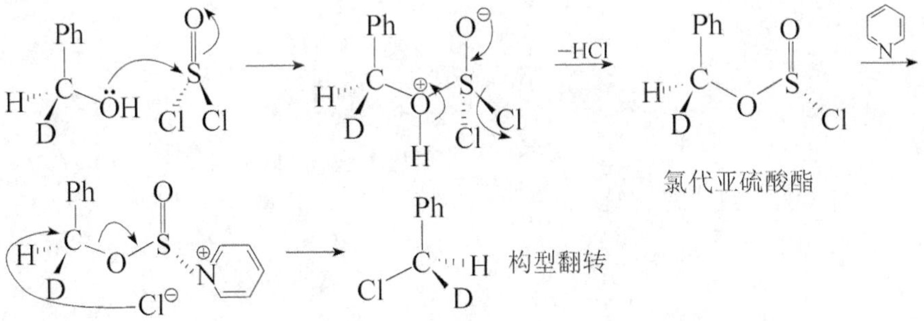

氯代亚硫酸酯

结论

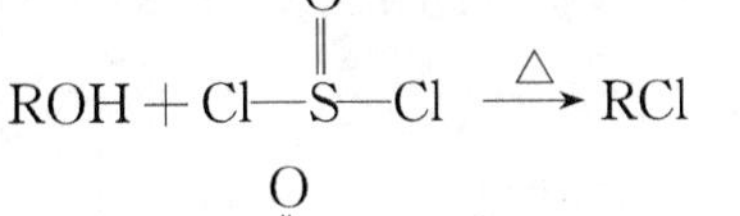

烃基构型保持

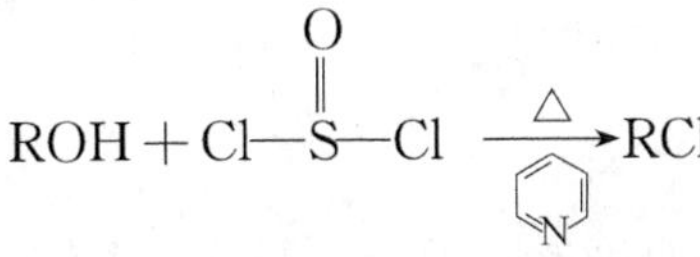

烃基构型翻转

—COOH 中的—OH 也可以在 $SOCl_2$ 作用下转化为—Cl,即羧酸转化为酰氯。如果该反应是在醇体系内进行,那么生成的酰氯直接醇解为酯。例如:

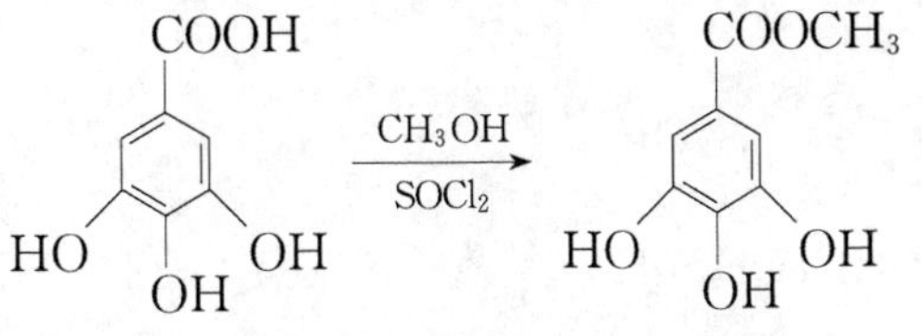

82%

$SOCl_2$ 是将醇、羧酸的—OH 转化为—Cl 的试剂。

7.4.4　Lawesson 试剂——将—OH 转化为—SH；将 C ═O 转化为 C ═S

Lawesson 试剂：

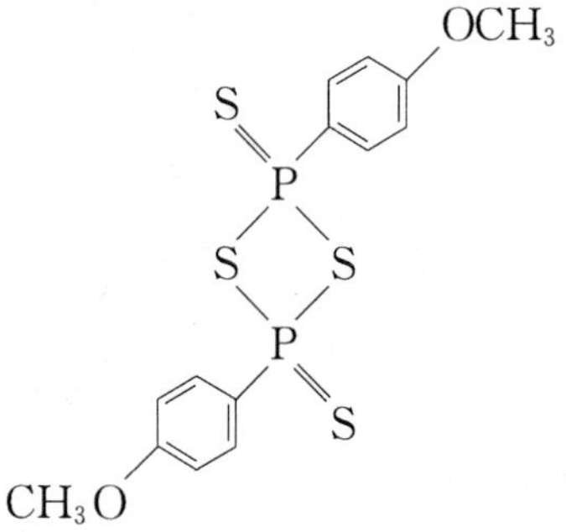

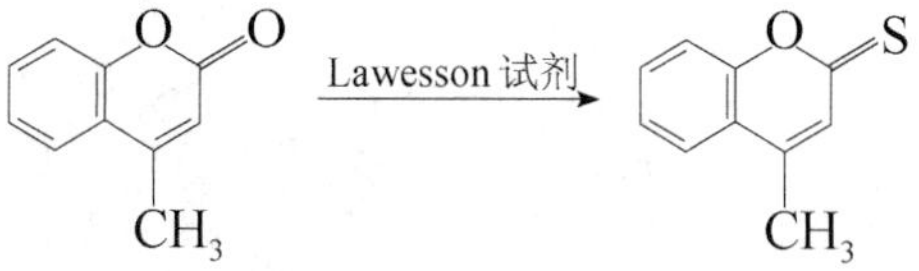

7.5　化学性质Ⅲ——消除与重排

7.5.1　消除反应

1. 分子内脱水

$$CH_3CH_2OH \xrightarrow[170℃]{H_2SO_4} CH_2 \!=\! CH_2 + H_2O$$

$$CH_3CH_2CH_2CH_2OH \xrightarrow[170℃]{75\%H_2SO_4} \begin{cases} CH_3CH_2CH\!=\!CH_2 + H_2O \\ \qquad\qquad 次产物 \\ CH_3CH\!=\!CHCH_3 + H_2O \\ \qquad\qquad 主产物 \end{cases}$$

$$\underset{\overset{|}{OH}}{CH_3CH_2CHCH_3} \xrightarrow[100℃]{60\%H_2SO_4} CH_3CH\!=\!CHCH_3 + H_2O$$

$$\underset{\overset{|}{CH_3}}{\overset{\overset{CH_3}{|}}{CH_3-C-OH}} \xrightarrow[90℃]{20\%H_2SO_4} \underset{}{\overset{\overset{CH_3}{|}}{CH_3-C\!=\!CH_2}}$$

醇的级别越高越容易脱水，脱水的过程首先是 H^+ 与—OH 结合，生成钅羊盐，脱水生成正碳离子，然后发生正碳离子的消除反应，生成烯烃。

2. 分子间脱水

$$CH_3CH_2OH \xrightarrow[140℃]{H_2SO_4} CH_3CH_2OCH_2CH_3 + H_2O$$

$$CH_3CH_2CH_2CH_2OH \xrightarrow[140℃]{75\%H_2SO_4} C_4H_9OC_4H_9 + H_2O$$

$$HOCH_2CH_2CH_2CH_2OH \xrightarrow{H_3PO_4} \;\text{（环）}\; + H_2O$$

分子间脱水是指断裂 C—OH 和另一个分子的 O—H 键生成水。

分子间脱水比分子内脱水容易,是因为 O—H 的键能比 C—H 键能小,使 O—H 更易断键。

3. 脱水伴随正碳离子重排

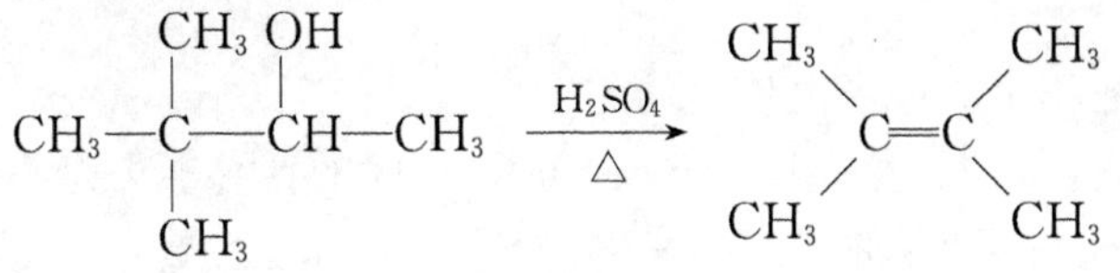

机理

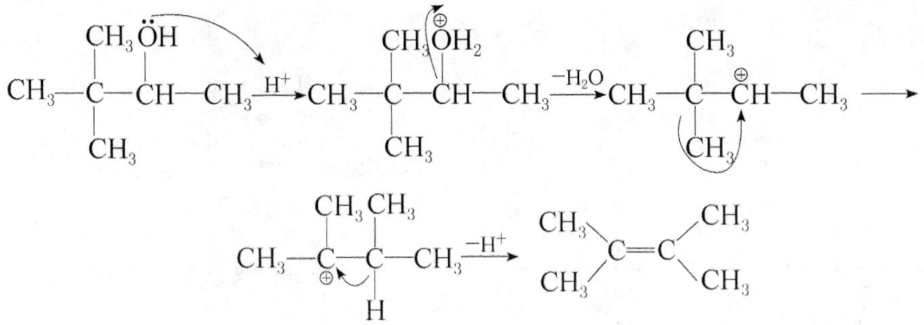

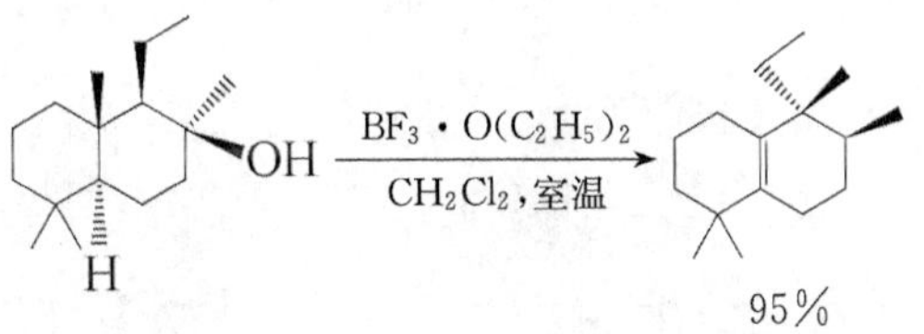

95%

机理

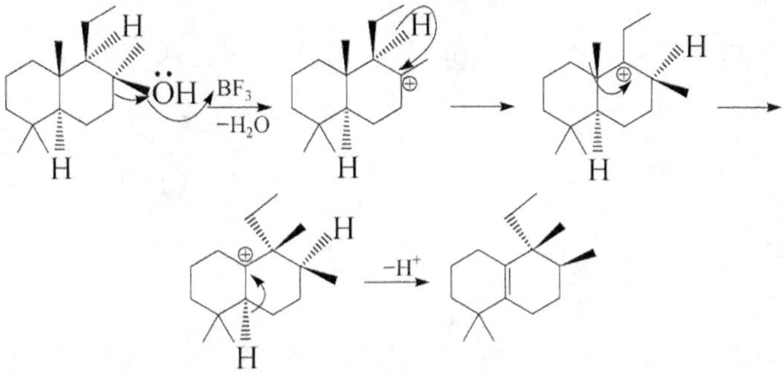

7.5.2 频哪醇重排

频哪醇重排是典型的正碳离子重排,分为三种情况:①邻二醇在酸性条件下重排,首先要找到生成稳定的正碳离子的位置,而后再进行基团迁移;②β-卤代醇在 Ag^+ 存在下重排,则正碳离子生成在卤素原子处;③β-氨基醇在 HNO_2 存在下重排,则正碳离子生成在氨基处,后两种情况相对较简单。

1. 邻二醇在酸性条件下重排

邻二醇可以通过酮的双分子还原生成。

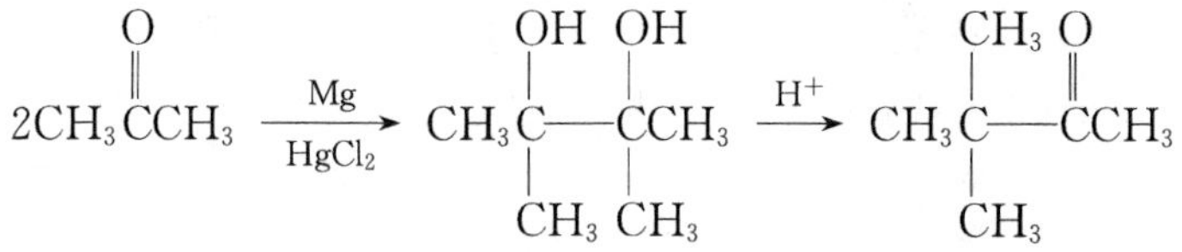

频哪醇　　　　　　　　频哪酮

要点：

（1）判断在哪个碳原子上生成的正碳离子更稳定。

（2）烃基的迁移能力一般是—Ar＞—R；—H 的迁移能力是不确定的。

（3）迁移的立体化学是反式共平面的。

【例 7.1】 生成稳定的正碳离子。

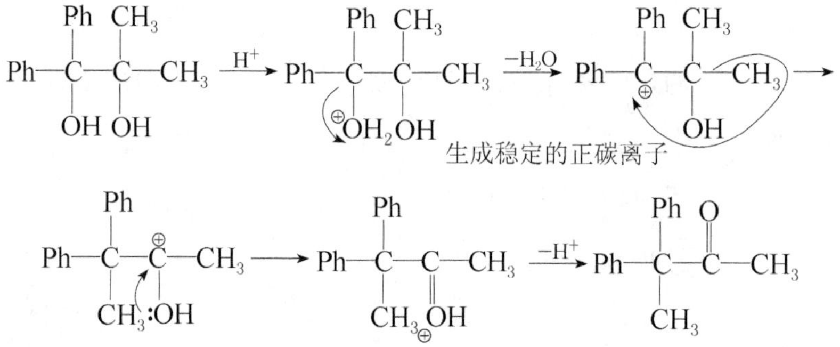

生成稳定的正碳离子

【例 7.2】 芳香基团迁移能力大于脂肪基团。

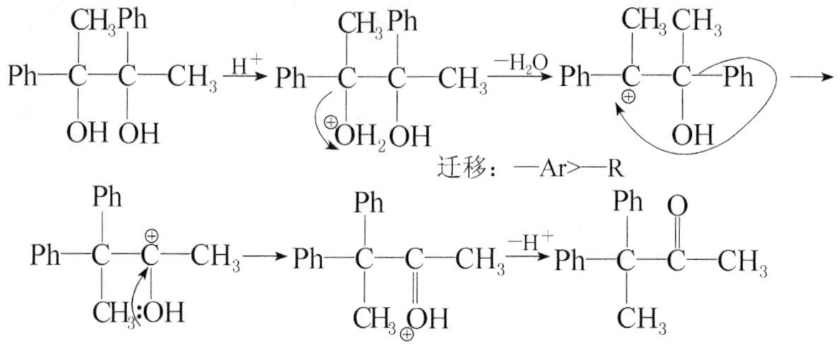

迁移：—Ar＞—R

【例 7.3】 反式共平面迁移。

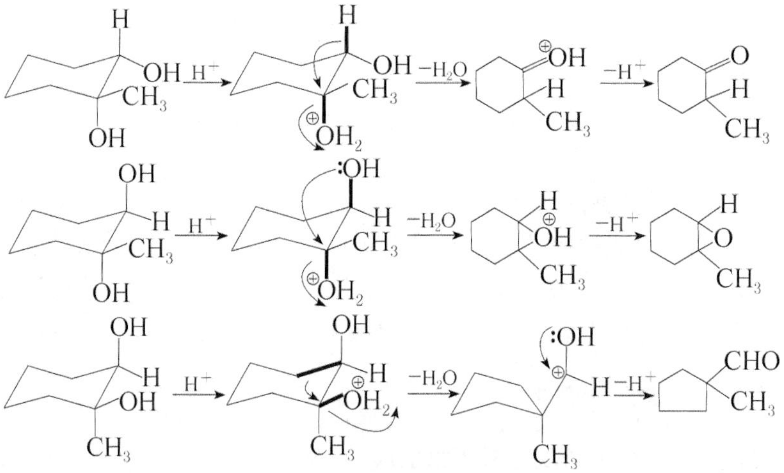

　　在 hopeanol 全合成的中间步骤中生成了化合物Ⅰ和化合物Ⅱ,利用频哪醇重排将苯环 A 连接到七元环上。首先,C-1 为 B 和 C 苯环共同的苄基位置,在此处形成的正碳离子比较稳定。然后,苯环 A 从 C^1—C^2 键的"背面"迁移至 C-1 上,C^1—C^2 键则指向纸面外。由于化合物Ⅱ中迁移基团(苯环 A)与 C-1 上的—OH处于顺式,生成的次产物的量仅为主产物的 1/18。同时,检测到痕量化合物Ⅲ,即化合物Ⅱ中处于 C-2 上的—OH 形成正碳离子,C-1 上的—OH 与该正碳离子结合的产物,由此说明频哪醇重排的立体化学是处于反式共平面的基团发生迁移。

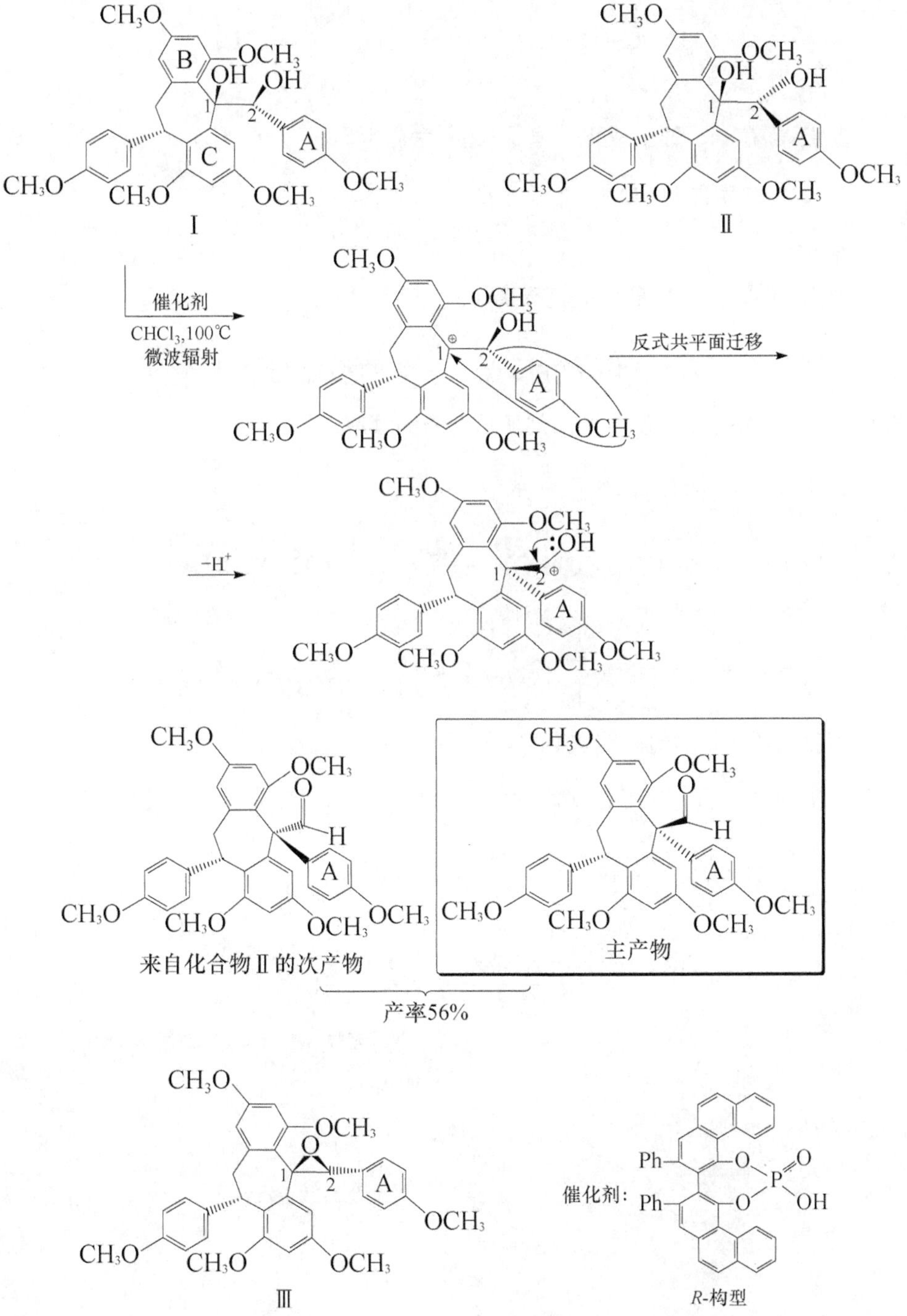

来自化合物Ⅱ的次产物　　　　　　　主产物

产率56%

Ⅲ

催化剂:

R-构型

2. β-卤代醇在 Ag^+ 存在下重排

在—X 处生成正碳离子

要点:①在—X 处生成正碳离子;②其余同上。

3. β-氨基醇在 HNO_2 存在下重排

见 8.5.3 节。

要点:①在—NH_2 处生成正碳离子;②其余同上。

7.6　化学性质Ⅳ——醇的氧化与合成

7.6.1　醇的氧化——按照氧化剂从强到弱的顺序

1. HNO_3——氧化醇及环醇开环成酸

$$ClCH_2CH_2CH_2OH \xrightarrow[\triangle]{HNO_3} ClCH_2CH_2COOH$$

氧化到环己酮后进一步氧化开环成酸。

2. $KMnO_4/H^+$ 和 $K_2Cr_2O_7/H^+$——氧化醇成酸(酮)

这种氧化方法存在的缺点:氧化剂的用量是反应剂量的,后处理困难。现在发展了催化氧化法代替上述氧化剂法,即用 $Co(OAc)_2$ 为催化剂,以空气中的氧气为氧化剂来实现上述氧化。

$$CH_3(CH_2)_5OH \xrightarrow[O_2,\triangle]{Co(OAc)_2} CH_3(CH_2)_4COOH$$

3. CrO_3、SO_3、高价态碘——氧化醇成醛(酮)

CrO_3 分别与稀 H_2SO_4 和吡啶配合,称为 Jones 试剂和 Sarrett 试剂;SO_3 与吡啶的配合物以及高价态有机碘盐均可将 1°醇氧化为醛,将 2°醇氧化为酮,分子内其他官能团不被氧化。

4. 新制 MnO_2——氧化烯丙基位的羟基

5. Al(i-PrO)$_3$/CH$_3$COCH$_3$——氧化仲醇成酮

Al(i-PrO)$_3$/CH$_3$COCH$_3$ 是氧化仲醇成酮的条件。如果将丙酮换成异丙醇，即 Al(i-PrO)$_3$/ i-PrOH 则是将酮还原为醇的条件，由此可见，异丙醇铝起到的是催化作用。

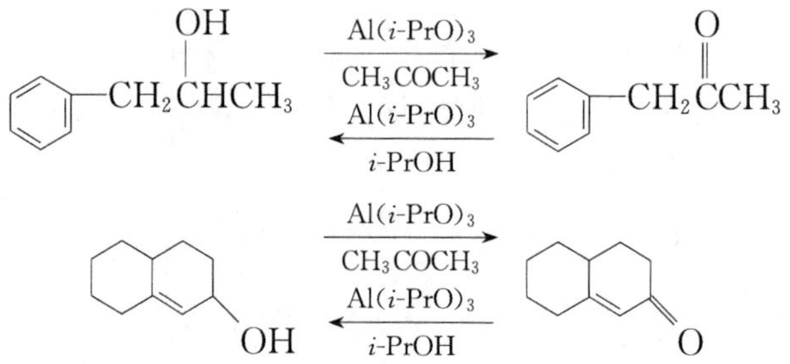

6. DMSO、(COCl)$_2$——氧化醇成醛(酮)

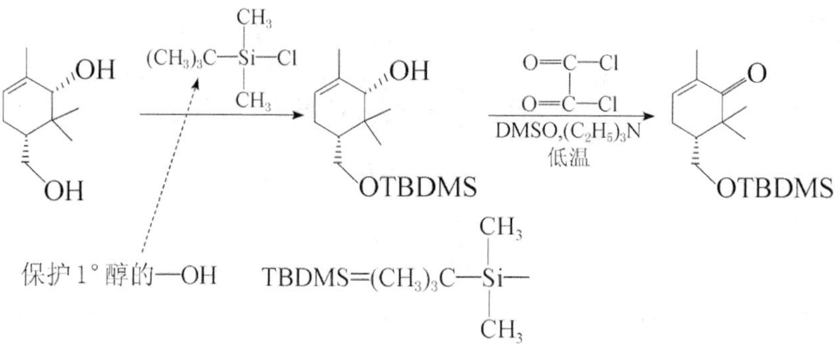

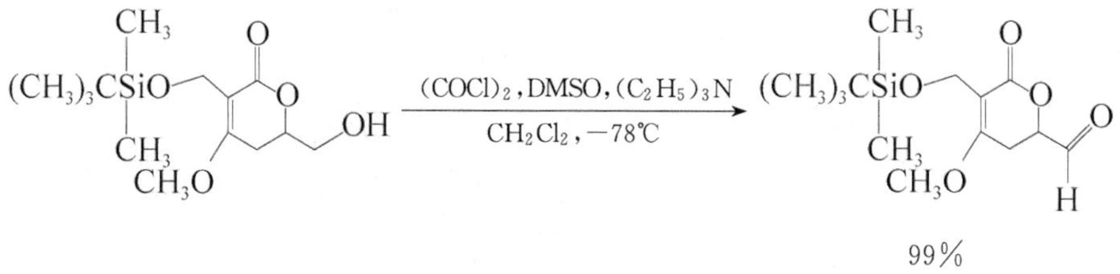

7. H$_5$IO$_6$——氧化连二醇

高碘酸与连二醇类化合物的反应是定量的，将连二醇断开生成醛或甲酸，由此可以断定连二醇的结构。例如：

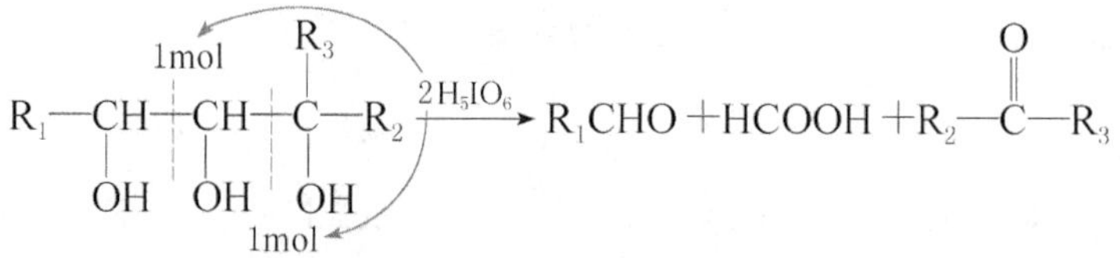

NaIO$_4$ 与 OsO$_4$ 两种氧化剂混合使用，可以将 C＝C 先由 OsO$_4$ 氧化为连二醇，然后由 NaIO$_4$ 氧化断键生成 C＝O，称为 Johnson-Lemieux 氧化，其效果与烯烃的臭氧化相同。例如：

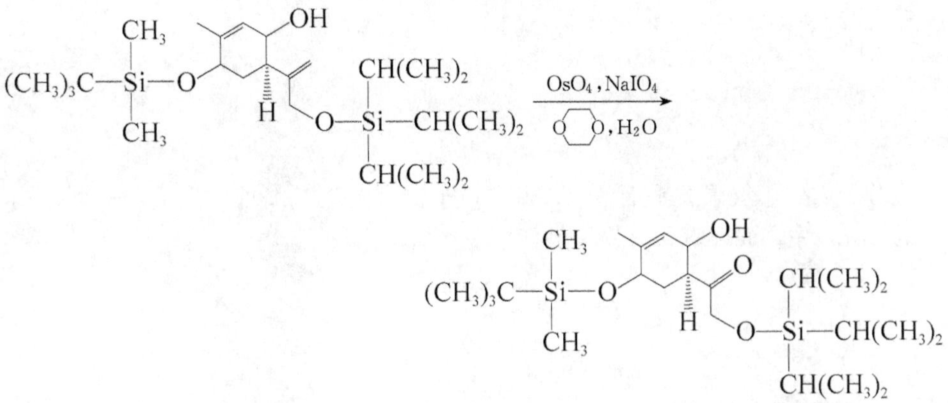

45%

端烯中的CH$_2$以HCHO形式被除去

8. Pb(OAc)$_4$——氧化顺式连二醇

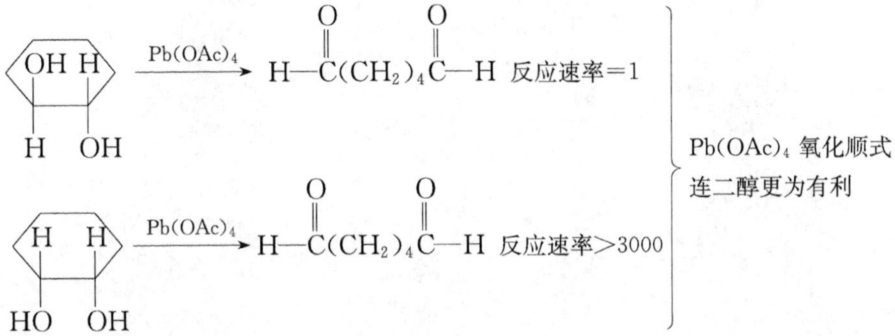

7.6.2 　醇的合成方法总结

(1) 烯烃加水［酸催化；Hg(OAc)$_2$；B$_2$H$_6$］。

(2) 卤代烃水解(OH$^-$；Ag$^+$/H$_2$O)。

(3) Grignard 试剂。

7.7 　醚的化学性质

7.7.1 　醚的氧化

　　醚在空气中容易发生自动氧化反应,生成的过氧化物容易爆炸。所以,要用淀粉-KI试纸检验有无过氧化物存在,一旦发现醚中含有过氧化物,应用 FeSO$_4$ 溶液洗涤除去。

$$CH_3CH_2OCH_2CH_3 \xrightarrow{O_2} CH_3CH_2OCHCH_3$$
$$\qquad\qquad\qquad\qquad\quad OOH$$

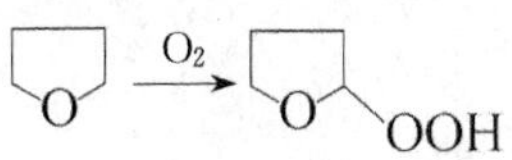

7.7.2　醚的合成

1. Williamson 法合成醚

参见 6.2.1 节。

分子内处于反式共平面的—X 和—OH 也可发生 S_N2 取代反应——分子内 Willamson 法合成环氧化合物。例如：

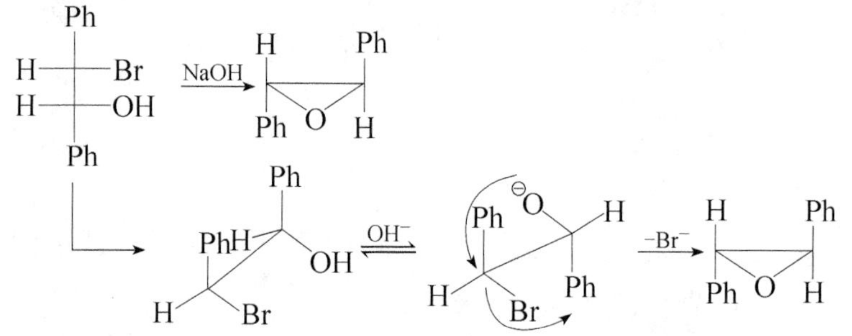

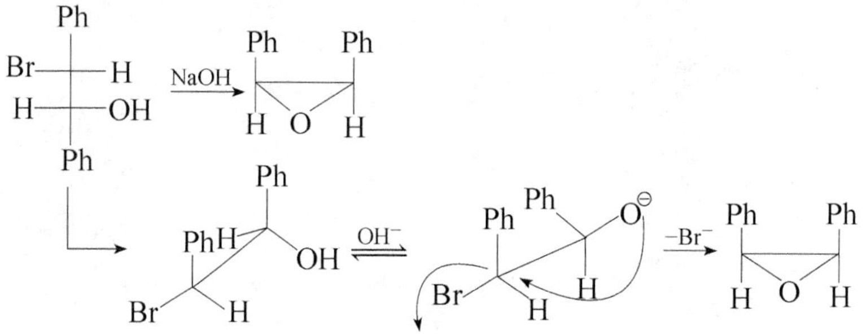

总结

分子内 S_N2 取代反应的立体化学是反式共平面的。

2. 醇分子间脱水法合成醚

参见 7.5.1 节。

3. 烯烃与 $Hg(OAc)_2$ 反应后再用 $NaBH_4/ROH$ 还原法合成醚

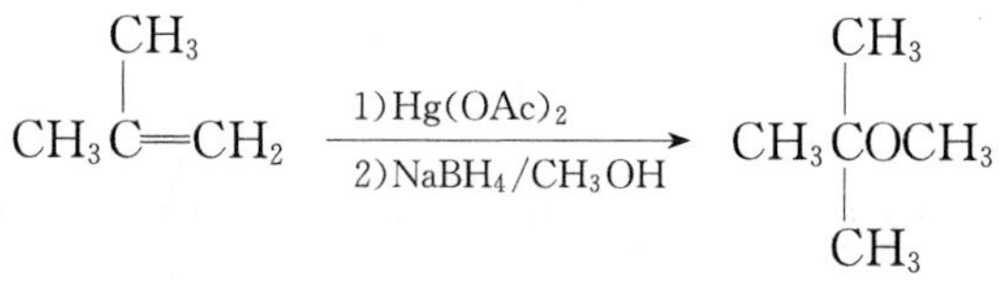

4. 苯酚的甲基化合成苯甲醚

参见 7.3.3 节。

5. 环氧化合物在醇存在条件下的开环反应

参见 7.8.2 节。

7.7.3 醚的分解

$$R_1-O-R_2 \xrightarrow{HX} R_1-OH + R_2X$$

关键在于哪部分烃基接受 X 形成卤代烃,哪部分形成醇。

HX 的活性顺序:HI>HBr>HCl。

由此将醚的分解反应机理分为类 S_N2 机理和类 S_N1 机理。

1. 类 S_N2 机理

$$CH_3CH_2CH_2OCH_3 \xrightarrow{HBr} CH_3CH_2CH_2OH + CH_3Br$$

机理

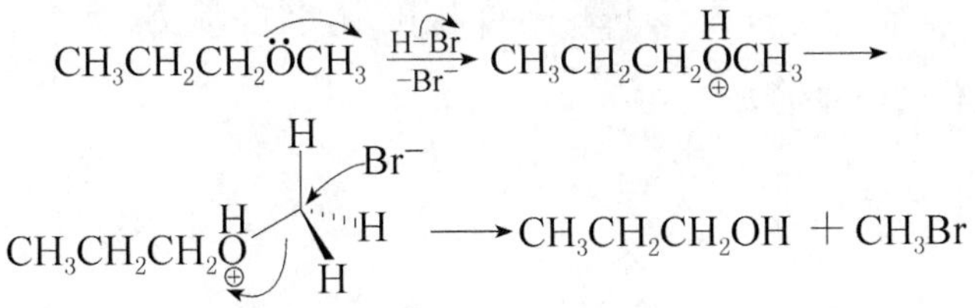

空间阻碍小有利于反应的进行

2. 类 S_N1 机理

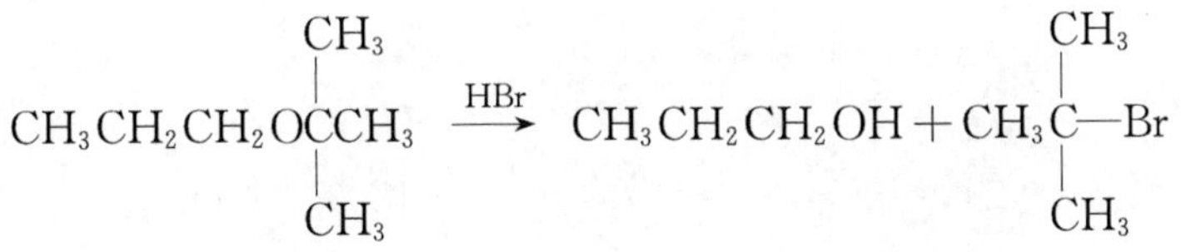

机理

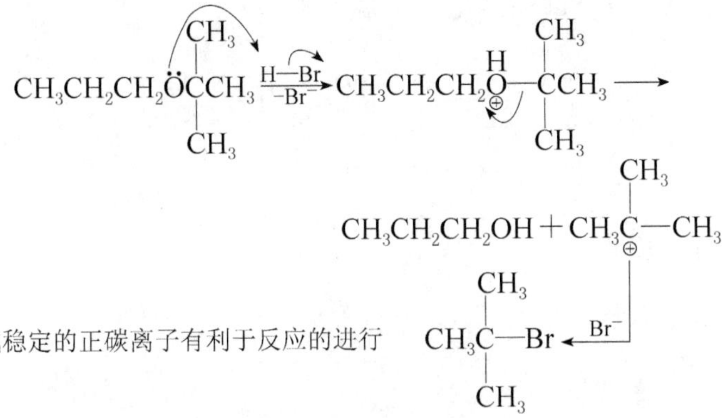

形成稳定的正碳离子有利于反应的进行

3. 苯基烃基醚的分解——生成苯酚和卤代烃

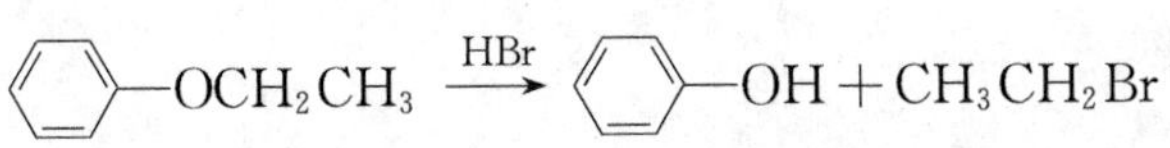

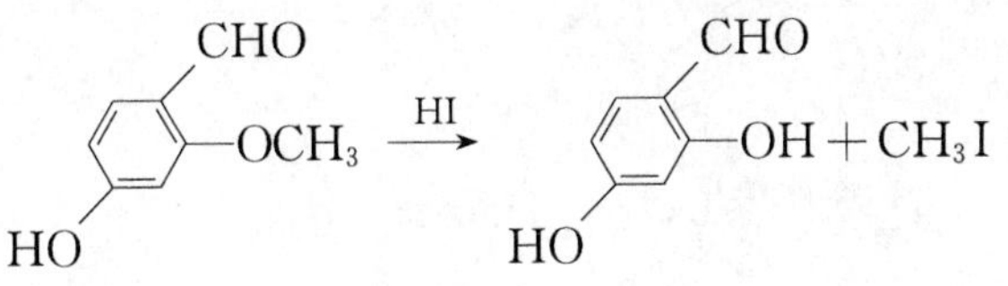

化学法测定烷氧基的原理

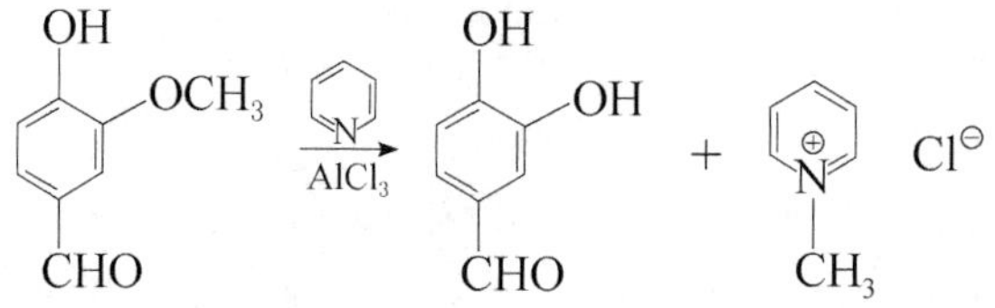

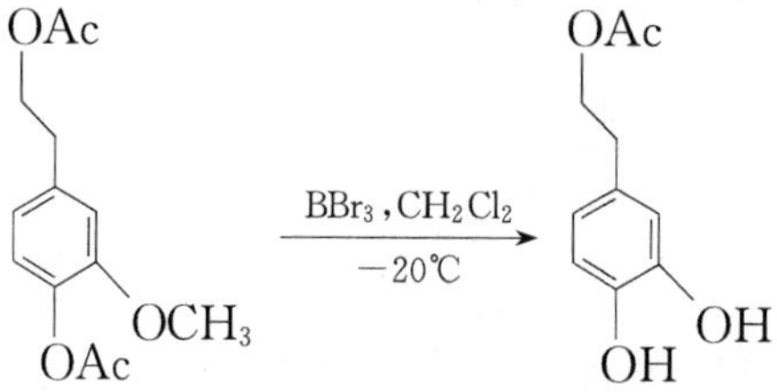

7.8 环氧化合物的化学性质

7.8.1 环氧化合物的合成

1. 烯烃的过酸氧化

2. 烯烃在 Ag^+ 催化下的氧化

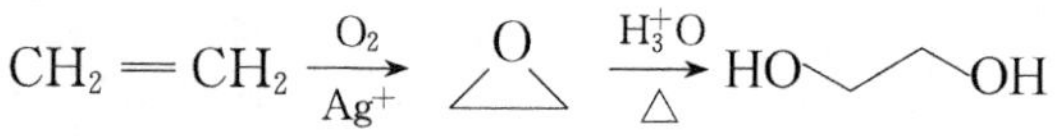

3. β-卤代醇在 NaOH 存在下的脱 HX

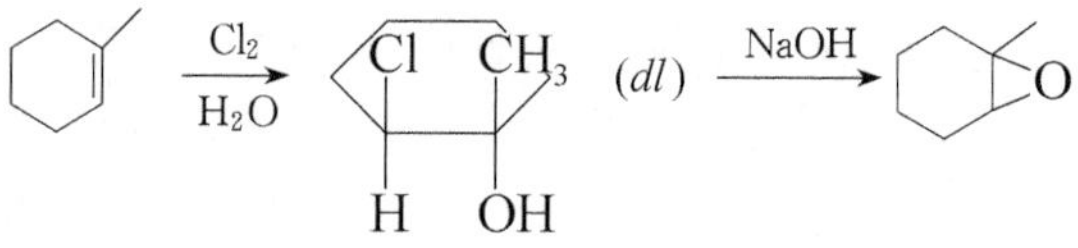

4. Darzen 缩合

参见 15.2.5 节。

5. 硫 ylide 的 Wittig 反应

参见 15.3.4 节。

7.8.2 环氧化合物的分解

1. 碱性条件下的开环反应——类 S_N2 机理

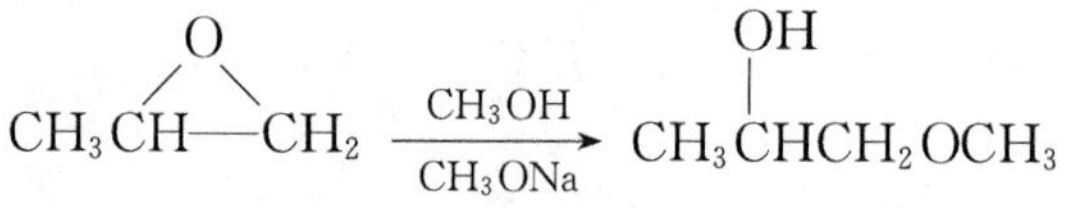

机理

$$CH_3CH\!-\!CH_2 \xrightarrow{CH_3O^{\ominus}} CH_3CH\!-\!CH_2OCH_3 \xrightarrow[-CH_3O^{\ominus}]{CH_3OH} CH_3CH\!-\!CH_2OCH_3$$

进攻空间阻碍小的位置

【例 7.4】

$$\xrightarrow[\text{THF}, -78\sim0℃]{n\text{-}C_4H_9Li, BF_3\cdot O(C_2H_5)_2}$$

在碱性介质中形成端炔负碳离子进攻环氧键空间阻碍小的位置

99%

$$\xrightarrow[\text{THF}, 65℃]{LiAlH_4}$$

91%

LiAlH$_4$ 中的 H 为 H$^-$，从空间阻碍小的位置进攻环氧键

$$\xrightarrow{\text{CH}_2\text{NH}_2}$$

R=H,F,Cl,NO$_2$,OH,OCH$_3$

2. 酸性条件下的开环反应——类 S$_N$1 机理

$$CH_3CH\!-\!CH_2 \xrightarrow[H^+]{CH_3OH} CH_3CHCH_2OH \quad (dl)$$

$$\overset{OCH_3}{}$$

机理

$$CH_3CH\!-\!CH_2 \xrightarrow[H^+]{CH_3OH} CH_3CH\!-\!CH_2 \xrightarrow{CH_3OH} CH_3CHCH_2OH$$

【例 7.5】 环氧键在酸性条件下的开环反应历经正碳离子,以及从立体化学角度为反式开环等,可以从下面的巨大戟烷(ingenane)的合成中加以证实。

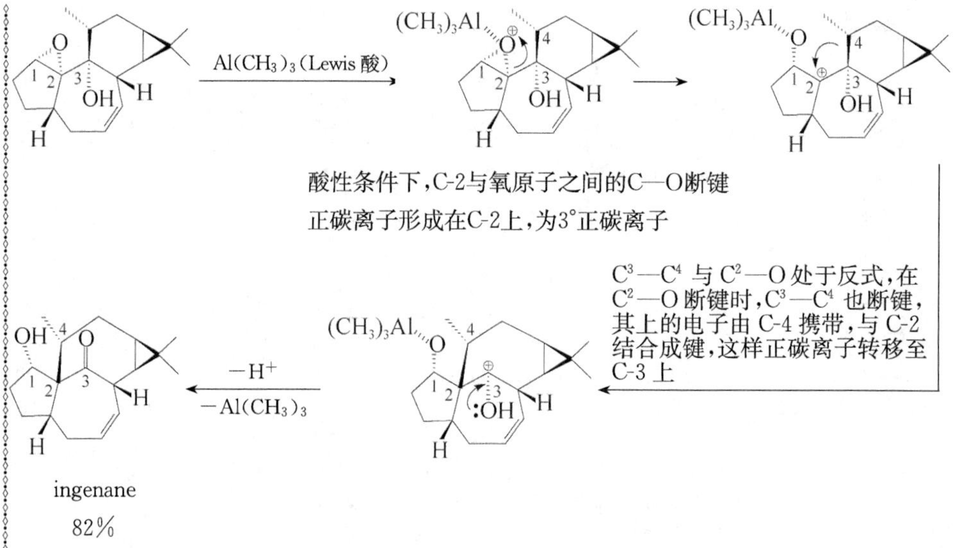

Al(CH3)3(Lewis 酸)
(CH3)3Al
酸性条件下，C-2与氧原子之间的C—O断键
正碳离子形成在C-2上，为3°正碳离子
C3—C4 与 C2—O 处于反式，在 C2—O 断键时，C3—C4 也断键，其上的电子由 C-4 携带，与 C-2 结合成键，这样正碳离子转移至 C-3 上
−H+
−Al(CH3)3
ingenane
82%

第8章 脂肪胺

　　胺分为脂肪胺和芳香胺,特征官能团为氨基(—NH₂),包括烃基取代的氨基(—NHR,—NR₂)。氨基作为亲核试剂可与卤代烃发生亲核取代反应,或与羰基化合物发生亲核加成反应,这些是胺的共性。为了讨论方便,我们将脂肪胺和芳香胺分开,在本章中着重讨论与脂肪胺相关的问题,特别强调季铵碱和氮氧化物的热消除反应。

8.1　结构与命名

8.1.1　结构

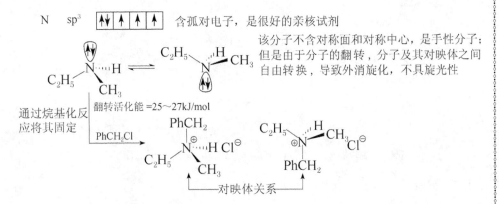

8.1.2　命名(包括芳香胺的命名)

　　胺的分级:NH_3 中一个氢原子被烃基取代后,形成的 RNH_2 称为 1 级胺;两个氢原子被烃基取代形成的 R_1R_2NH 称为 2 级胺;三个氢原子被烃基取代形成的 $R_1R_2R_3N$ 称为 3 级胺;3 级胺与卤代烃反应生成的 $R_1R_2R_3R_4N^+X^-$ 称为季铵盐;当 X^- 被 OH^- 取代后生成的 $R_1R_2R_3R_4N^+OH^-$ 称为季铵碱。

　　1. 1°胺

$$CH_3NH_2 \qquad CH_3-\underset{\underset{CH_3}{|}}{\overset{\overset{CH_3}{|}}{C}}-NH_2 \qquad \bigcirc-NH_2$$

甲胺　　　　　叔丁胺　　　　　　环己胺

$$H_2NCH_2CH_2NH_2$$

乙二胺

$$\bigcirc-NH_2$$

苯胺

2. 2°胺

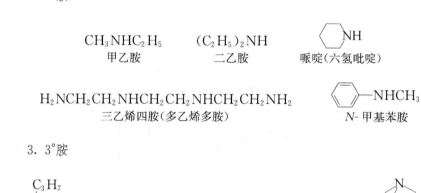

$$CH_3NHC_2H_5 \qquad (C_2H_5)_2NH$$
甲乙胺   二乙胺   哌啶(六氢吡啶)

$$H_2NCH_2CH_2NHCH_2CH_2NHCH_2CH_2NH_2$$
三乙烯四胺(多乙烯多胺)   N-甲基苯胺

3. 3°胺

$$CH_3NC_2H_5 \atop C_3H_7 \qquad (C_2H_5)_3N$$
甲乙丙胺   三乙胺   N,N-二甲基苯胺   六次甲基四胺（乌洛托品）

4. 季铵盐(碱)

$$(CH_3)_4\overset{\oplus}{N}OH^{\ominus} \qquad C_{16}H_{33}\overset{\oplus}{N}(CH_3)_3Br^{\ominus}$$
氢氧化四甲基铵   十六烷基三甲基溴化铵(CTAB)

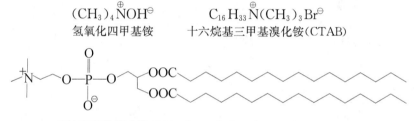

双棕榈酰磷脂酰胆碱(dipalmitoyl phosphatidylcholine,DPPC)

8.1.3 酸碱性

1. 酸性

$$(CH_3CH)_2NH + n\text{-}C_4H_9Li \longrightarrow (CH_3CH)_2NLi + n\text{-}C_4H_{10}$$
（式中两个CH基团上各带 CH_3）

胺的氢的酸性仅比烷烃氢的酸性强，$(i\text{-}Pr)_2NLi$ 简称 LDA。

2. 碱性

$$RNH_2 + H^+ \longrightarrow RNH_3^+$$

影响碱性的因素:电子效应、空间效应、溶剂效应。

电子效应:推电子基团有利于 N 原子电子云密度升高,对提高碱性有利。

空间效应:空间阻碍大对提高碱性不利。

溶剂效应:生成的 RNH_3^+ 易溶于水有利于提高碱性。

总之,脂肪胺的碱性:2 级＞3 级＞1 级＞NH_3＞芳香胺(芳香胺的碱性见 10.1.2 节)。

8.2 物 理 性 质

胺也可形成分子间氢键,但形成分子间氢键的能力为酸>醇>胺。相同相对分子质量的胺的沸点为 1 级胺>2 级胺>3 级胺。胺的溶解度为:C1～C4 脂肪胺与水互溶,如甲胺、乙胺、二甲胺为气体;C5 以上则微溶于水。一般的胺有毒,并且气味极难闻。$(HOCH_2)_3CNH_2$(三羟甲基氨基甲烷,Tris)是生物实验常用试剂,用于配制缓冲溶液。

8.3 化学性质 I——烷(酰)基化

(1) 烷基化所用卤代烃为 1 级和 2 级,不能用 $RCH\!=\!CHX$ 和 PhX,参见 6.2.1 节的 4. 中"1)氨解反应"。

(2) 酰基化试剂活性为酰卤>酸酐>羧酸。

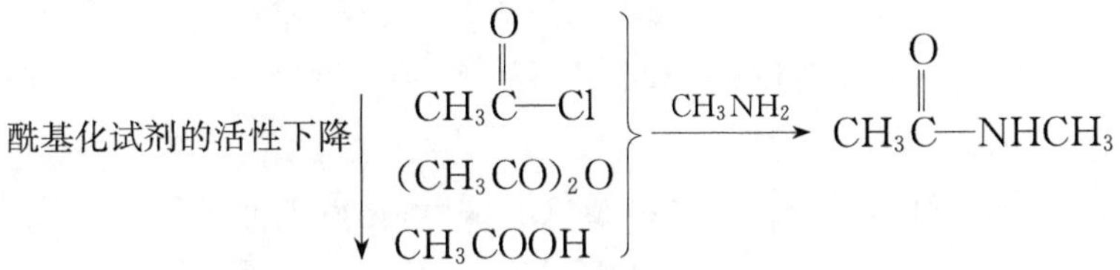

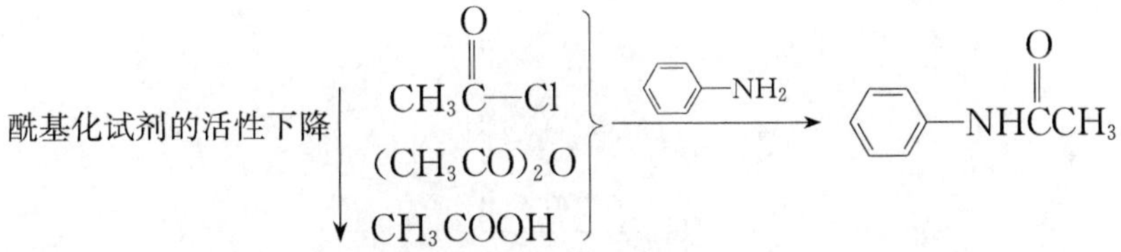

(3) Hinsberg 反应——鉴别胺的级别。

① 1°胺与对-甲基苯磺酰氯反应。

由于磺酸基吸电子,NHR 中的 H 具有酸性

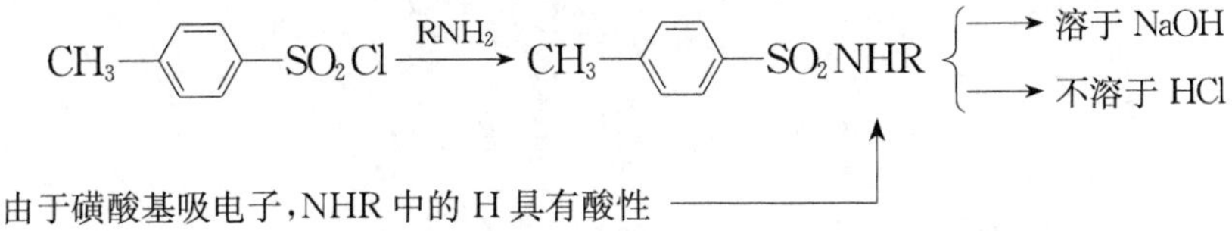

② 2°胺与对-甲基苯磺酰氯反应。

由于无 H 原子可与 NaOH 反应,不溶于碱;
N 原子碱性不够强,不溶于酸

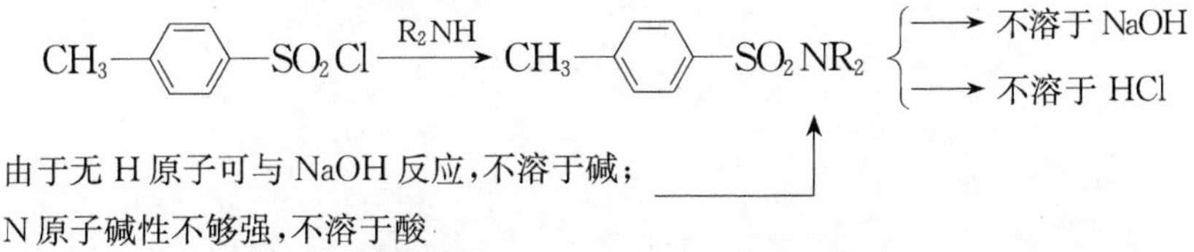

③ 3°胺与对-甲基苯磺酰氯反应。

生成离子型化合物可溶于水

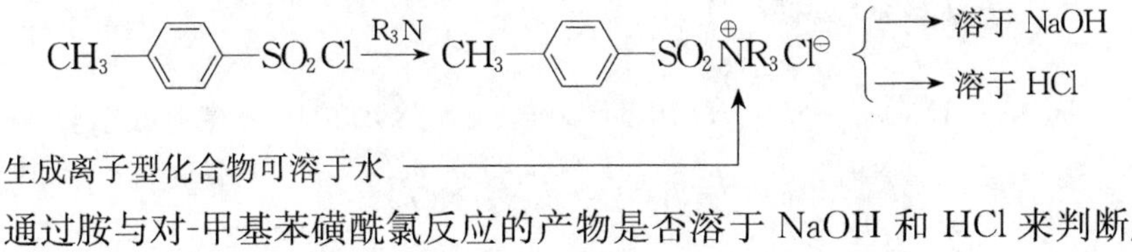

通过胺与对-甲基苯磺酰氯反应的产物是否溶于 NaOH 和 HCl 来判断胺的

级别。

（4）Leuckart 反应。

$$\text{苯基-C(=O)-CH}_3 \xrightarrow[185℃]{\text{H-C(=O)-ONH}_4} \text{苯基-CH(NH}_2)\text{CH}_3 \quad (dl)$$

（5）Eschweiler-Clarke 反应（氨基的甲基化反应）。

$$\text{苯基-CH}_2\text{CH}_2\text{NH}_2 \xrightarrow[\text{HCOOH}]{2 \text{ H-C(=O)-H}} \text{苯基-CH}_2\text{CH}_2\text{N(CH}_3)_2$$

$$\text{CH}_3\text{-苯基-哌啶-N-H} \xrightarrow[\text{HCOOH}]{\text{H-C(=O)-H}} \text{CH}_3\text{-苯基-哌啶-N-CH}_3$$

8.4　化学性质Ⅱ——氧化反应

胺非常容易被氧化，暴露在空气中颜色加深，氧化产物非常复杂。通常的氧化剂有 H_2O_2、CH_3COOOH、CF_3COOOH、MnO_2、$K_2Cr_2O_7$、O_2 等。

$$CH_3NH_2 \xrightarrow{CH_3COOOH} CH_3NO$$

$$CH_3NH_2 \xrightarrow{CF_3COOOH} CH_3NO_2$$

$$CH_3\text{-苯基-NH}_2 \xrightarrow{CH_3COOOH} CH_3\text{-苯基-NO}$$

$$CH_3\text{-苯基-NH}_2 \xrightarrow{CF_3COOOH} CH_3\text{-苯基-NO}_2$$

$$\text{苯基-NH}_2 \xrightarrow{MnO_2} O=\text{环己二烯}=O$$

$$\text{苯基-NH}_2 \xrightarrow{K_2Cr_2O_7} \text{苯胺黑}$$

$$\text{哌啶-N-H} \xrightarrow{H_2O_2} \text{哌啶-N-OH}$$

N-羟基化合物

$$(C_2H_5)_3N \xrightarrow{H_2O_2} (C_2H_5)_3N \rightarrow O$$

N-氧化物

8.5　化学性质Ⅲ——与亚硝酸反应

8.5.1　3 级胺与 HNO₂ 反应

$$R_3N + HNO_2 \longrightarrow R_3\overset{\oplus}{N}H \; \overset{\ominus}{N}O_2 \quad \text{利用 HNO}_2 \text{ 的弱酸性，酸碱中和提纯 3°脂肪胺}$$

与芳香胺发生亲电取代反应，亚硝化

$$(CH_3)_2N\text{-苯基} \xrightarrow[\text{HCl}]{NaNO_2} (CH_3)_2N\text{-苯基-NO}$$

8.5.2 2 级胺与 HNO₂ 反应——生成 N-亚硝基化合物

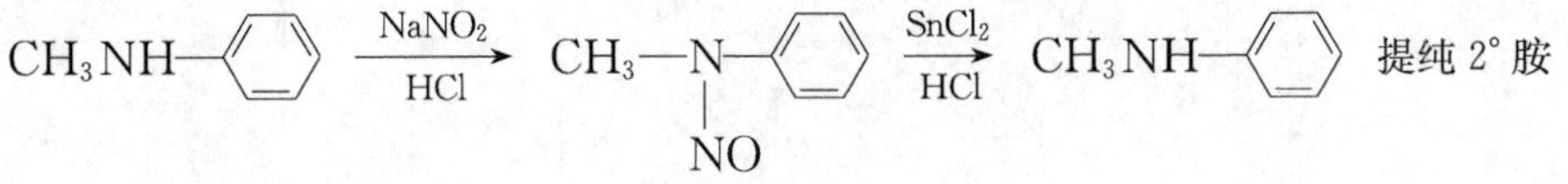

$$CH_3NH-\bigcirc \xrightarrow[HCl]{NaNO_2} CH_3-\underset{\underset{NO}{|}}{N}-\bigcirc \xrightarrow[HCl]{SnCl_2} CH_3NH-\bigcirc \quad 提纯\ 2°\ 胺$$

8.5.3 1 级胺与 HNO₂ 反应——生成重氮盐

脂肪族及芳香族胺在 HNO₂ 作用（5℃）下，均可生成重氮盐，但脂肪族重氮盐不稳定，极易分解放出 N₂，同时生成正碳离子；芳香族重氮盐相对稳定，可发生取代反应和偶联反应（见 10.7 节）。在此，仅讨论脂肪族重氮盐。

$$RNH_2 \xrightarrow[HCl]{NaNO_2} R-\overset{\oplus}{N}\!\!\equiv\!\!NCl \xrightarrow{-N_2} R^{\oplus}$$

生成重氮盐的机理如下：

$$HON\!=\!O \overset{H^+}{\rightleftharpoons} H_2^{\oplus}ON\!=\!O \overset{-H_2O}{\rightleftharpoons} \overset{\oplus}{N}O \overset{RNH_2}{\longrightarrow} R\overset{\oplus}{\underset{H_2}{N}}\!-\!NO \rightleftharpoons$$

$$RNH\!-\!N\!=\!O \overset{H^+}{\rightleftharpoons} RNH\!-\!\overset{\oplus}{N}\!=\!OH \overset{-H^+}{\rightleftharpoons} RN\!=\!N\!-\!OH \overset{H^+}{\rightleftharpoons}$$
重氮酸

$$RN\!=\!N\!-\!\overset{\oplus}{O}H_2 \overset{-H_2O}{\rightleftharpoons} R\!-\!\overset{\oplus}{N}\!\equiv\!N$$

NO⁺ 作为亲电试剂与 NH₂ 结合后质子化脱水，生成重氮酸，再脱水得到重氮盐。

Tiffeneau-Demjanov 反应（β-氨基醇的频哪醇重排）：

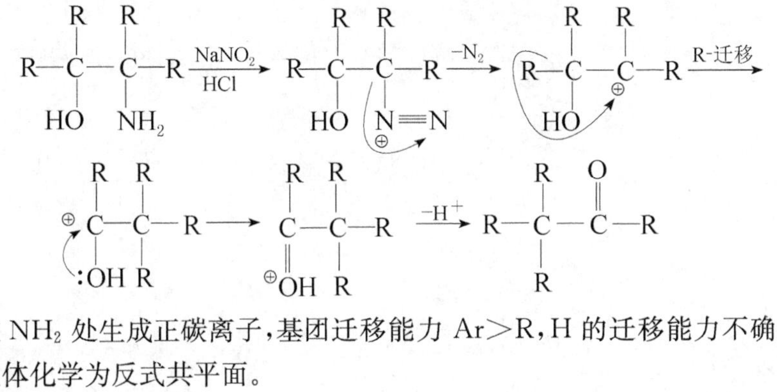

在 NH₂ 处生成正碳离子，基团迁移能力 Ar＞R，H 的迁移能力不确定。迁移的立体化学为反式共平面。

【例 8.1】

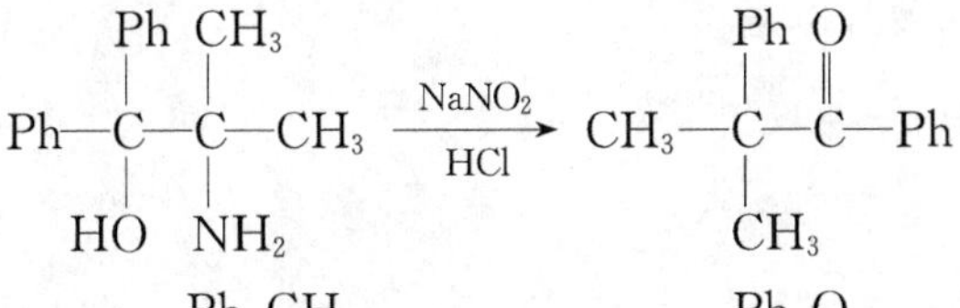

对比

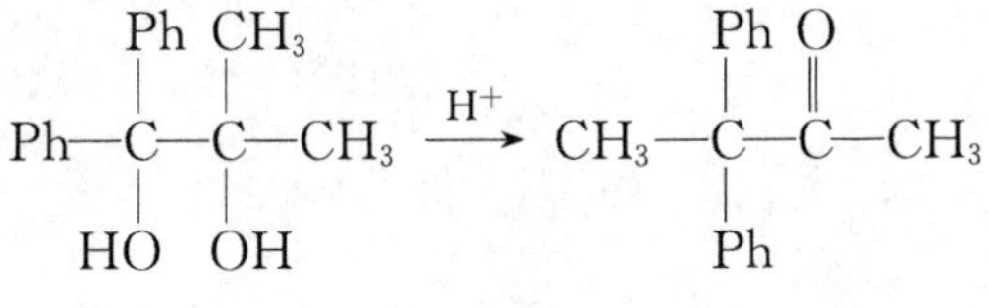

【例 8.2】

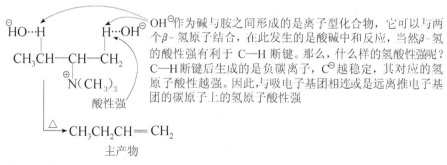

【例 8.3】 在下列反应中 $C^1—C^2$ 或 $C^2—C^3$ 均可能处于 C—N 的反式共平面的位置,均有机会发生迁移,生成的两种产物比例近似。

a. $C^1—C^2$ 迁移
$-H^+$

42%

b. $C^2—C^3$ 迁移
$-H^+$

58%

8.6　化学性质Ⅳ——消除反应

8.6.1　季铵碱的热消除

$$CH_3CH_2CHCH_3 \xrightarrow{\triangle} CH_3CH_2CH=CH_2 + CH_3CH=CHCH_3$$
$$\underset{\overset{|}{N(CH_3)_3 OH^\ominus}}{}$$

主产物　　　　　　　　　次产物

$$+ (CH_3)_3N + H_2O$$

机理

$HO^\ominus$···H　　H···$OH^\ominus$　　　OH⊖作为碱与胺之间形成的是离子型化合物,它可以与两
CH_3CH—CH—CH_2　　　　个 β-氢原子结合,在此发生的是酸碱中和反应,当然 β-氢
$\overset{|}{N(CH_3)_3}$　　　　　的酸性强有利于 C—H 断键。那么,什么样的氢酸性强呢?
酸性强　　　　　　　C—H 断键后生成的是负碳离子,$C^\ominus$ 越稳定,其对应的氢
　　　　　　　　　　　原子酸性越强。因此,与吸电子基团相连或是远离推电子基
　　　　　　　　　　　团的碳原子上的氢原子酸性强

$\xrightarrow{\triangle} CH_3CH_2CH=CH_2$
主产物

【例 8.4】

$\xrightarrow{\triangle}$ 　　　 $\longrightarrow$ 　　 +HDO+$(CH_3)_3N$

由于 OH$^{\ominus}$ 以离子形式存在，从降低空间阻碍的角度，它应从$^{\oplus}$N(CH$_3$)$_3$基团的反式共平面的位置与 β-氢原子结合。

【例 8.5】

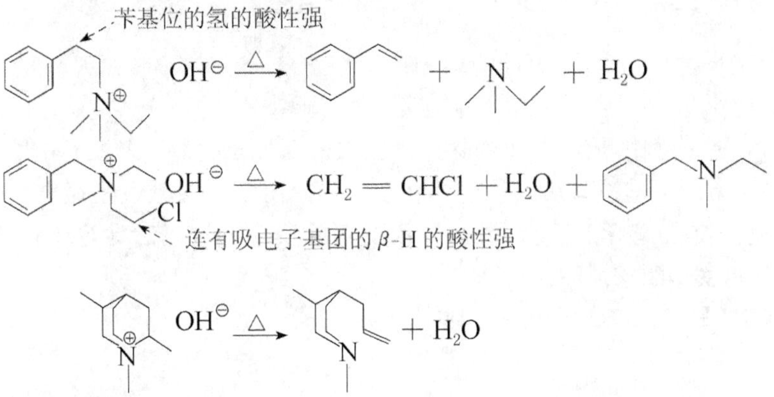

苯基位的氢的酸性强

连有吸电子基团的 β-H 的酸性强

【例 8.6】

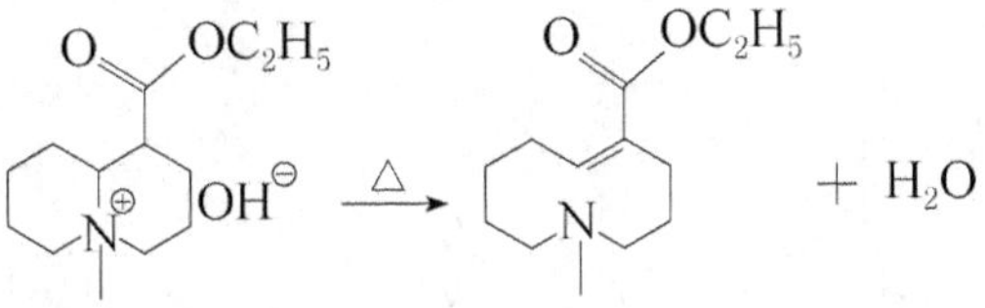

【例 8.7】

稳定构象上的反式消除

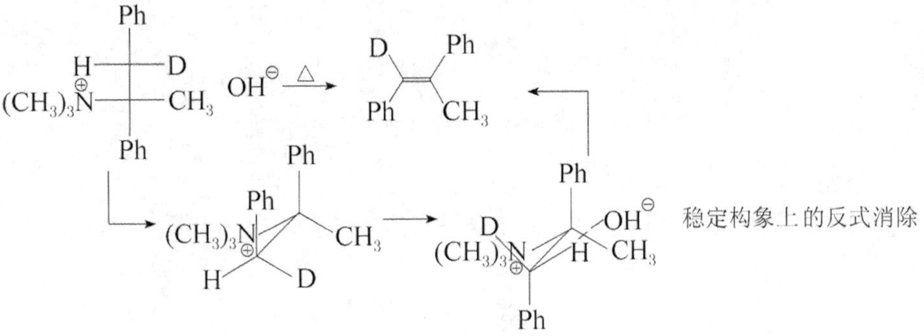

结论

①Hofmann 消除，生成取代少的烯烃；②反式共平面。

8.6.2 氮氧化物的热消除——Cope 消除

$$CH_3CH_2CHCH_3 \xrightarrow{H_2O_2} CH_3CH_2CHCH_3 \xrightarrow{\triangle}$$

$$\underset{N(CH_3)_2}{} \qquad \underset{O \leftarrow N(CH_3)_2}{}$$

3级胺的氮氧化物

$$CH_3CH_2CH = CH_2 + CH_3CH = CHCH_3 + (CH_3)_2NOH$$

主产物 次产物

机理

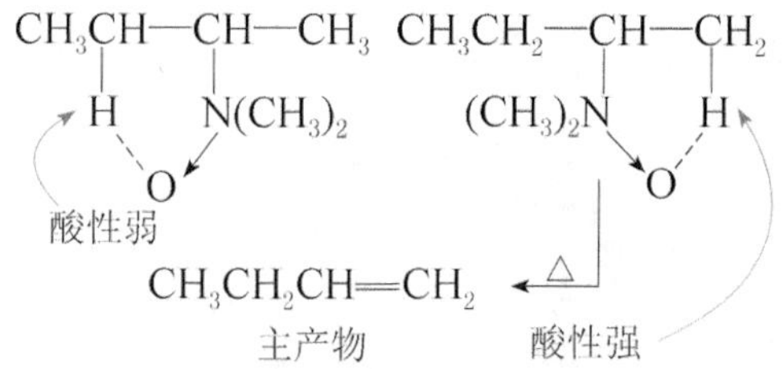

在 Cope 消除中,同样是要消除掉酸性强的氢原子,因此消除方向也是 Hofmann 的。不同于季铵碱热消除之处在于:Cope 消除中的碱就是氮氧化物中的氧原子,它不能游离于整个分子之外,因此消除反应的过渡态具有环状结构,从立体化学角度是顺式消除。

【例 8.8】

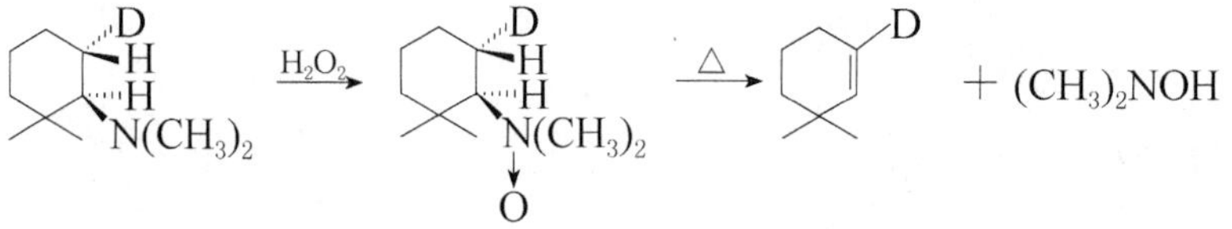

【例 8.9】

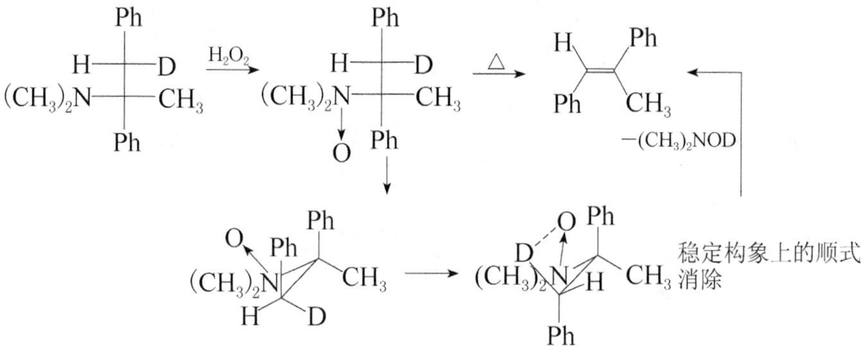

结论

Hofmann 消除方向生成取代少的烯烃;消除的立体化学为顺式消除。

8.7 重氮甲烷的性质

8.7.1 制备

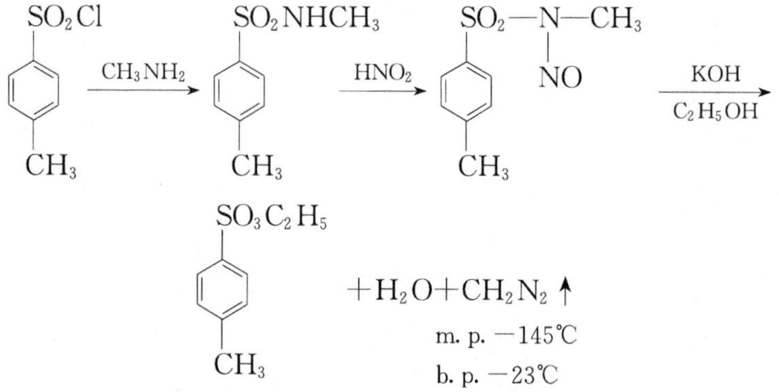

8.7.2 结构

$$\overset{\ominus}{C}H_2-\overset{\oplus}{N}\equiv N \longleftrightarrow CH_2=\overset{\oplus}{N}=\overset{\ominus}{N} \longleftrightarrow CH_2-N=\overset{\ominus}{N}$$

具有 $C^{\ominus}$ 性质　　　　具有卡宾性质　　　　具有 $C^{\oplus}$ 性质

详细结构见例 1.2。

8.7.3 反应

1. 与活泼氢的反应——甲基化

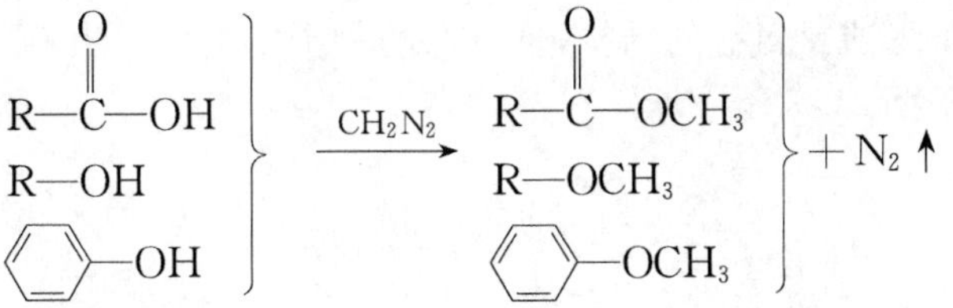

CH_2N_2 可作为甲基化试剂

【例 8.10】

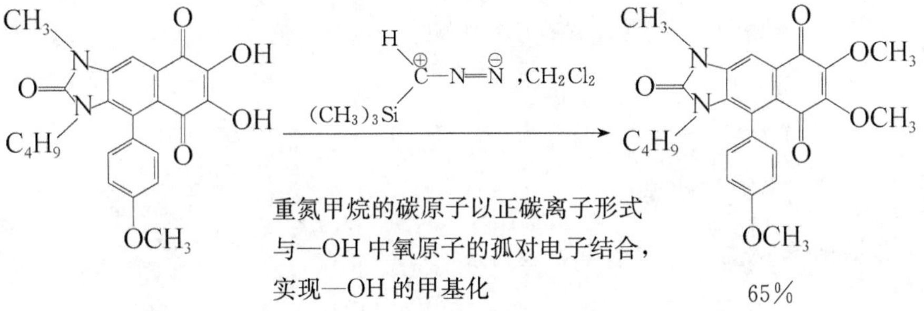

重氮甲烷的碳原子以正碳离子形式
与—OH 中氧原子的孤对电子结合，
实现—OH 的甲基化

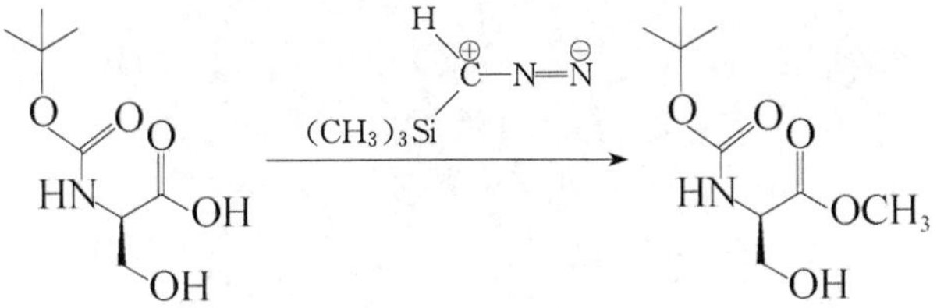

65%

重氮甲烷作为—OH 的甲基化　95%
试剂与羧酸中的—OH 反应比
与醇中的—OH 反应更容易

2. 与醛、酮的反应——增加一个碳的酮

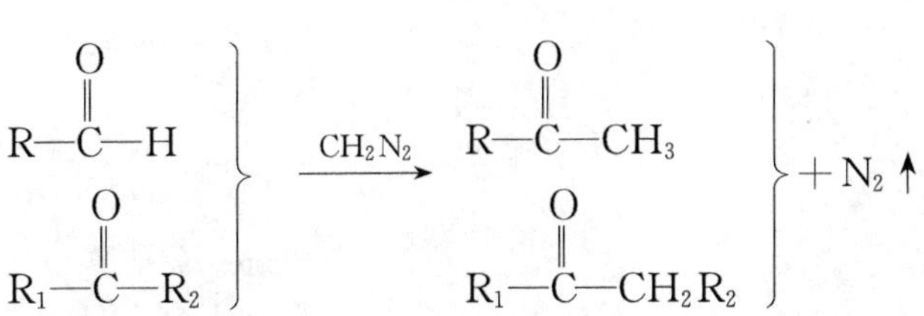

$+ N_2 \uparrow$

机理

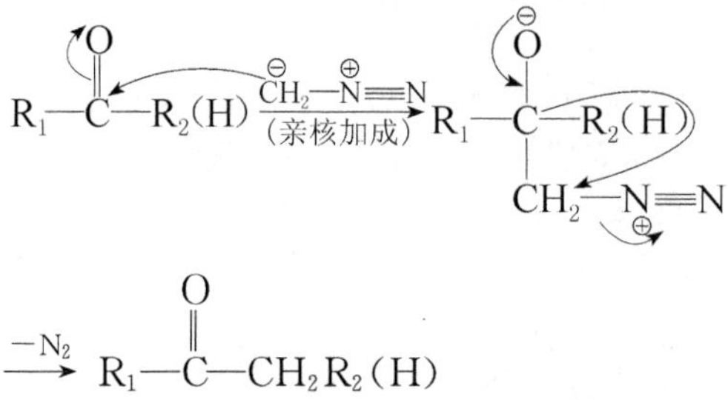

氧负离子的电荷恢复形成C＝O；C—N键一对电子与N正离子形成N₂；R₂(H)基团迁移至C—N的带正电的C上

$$\xrightarrow{-N_2} \quad R_1-\overset{O}{\underset{}{C}}-CH_2R_2(H)$$

采用含有取代基的重氮甲烷为原料，利用重氮甲烷中 CH₂ 为负碳离子的性质，与 C＝O 中的碳原子亲核加成，形成的产物相当于 Tiffeneau-Demjanov 反应中 β-氨基醇在 HNO₂ 作用下形成重氮盐的结构，从下面的例子中可以看出 N₂ 脱出与迁移基团处于反式共平面。

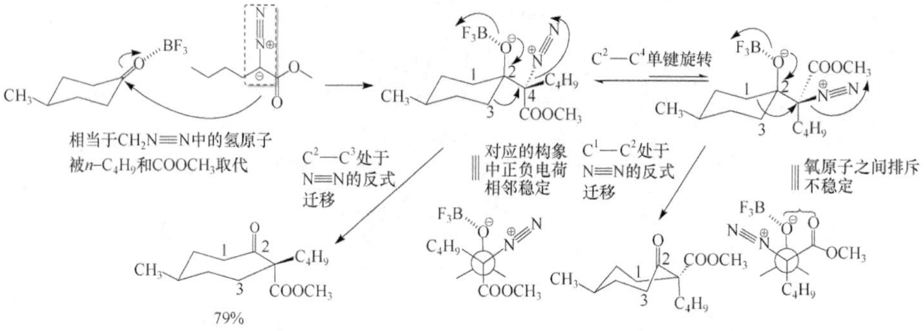

3. 与酰氯反应——增加一个碳的羧酸(酯)

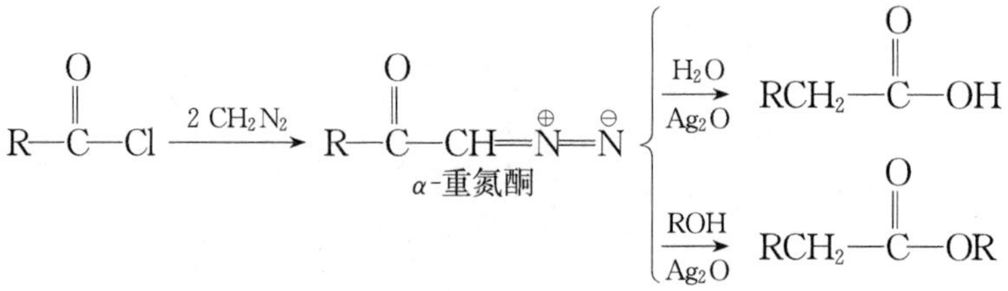

机理

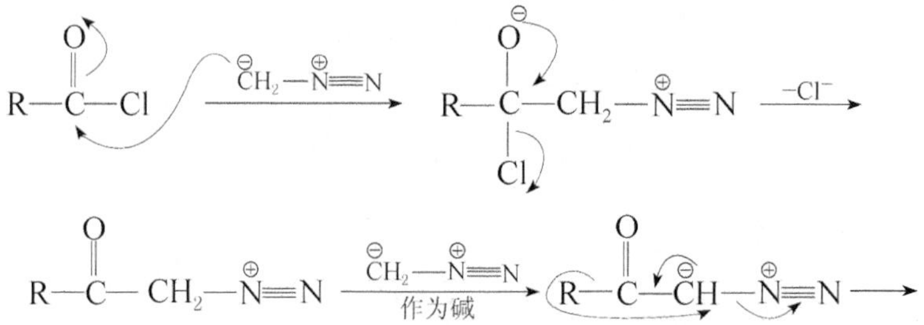

同步完成 { C＝C 的形成　N₂ 的脱出　R—的迁移

$$O = C = C - R \begin{cases} \xrightarrow[Ag_2O]{H_2O} RCH_2 - \overset{O}{\overset{\|}{C}} - OH \\[2em] \xrightarrow[Ag_2O]{ROH} RCH_2 - \overset{O}{\overset{\|}{C}} - OR \end{cases}$$

烯酮

烯酮是一种重要的活性中间体,可在 Ag_2O 存在下水解成为羧酸,或醇解成为酯(见 14.3.5 节)。

4. 1,3-偶极环加成

$$CH_2 = CH_2 \xrightarrow{\overset{\ominus}{CH_2} - \overset{\oplus}{N} \equiv N} \left(\begin{array}{c} CH_2 = CH_2 \\ \vert \qquad \vert \\ CH_2 - N = N \end{array} \right) \longrightarrow \overset{N}{\underset{N}{\diagdown}}$$

8.8　胺 的 合 成

胺的合成见 6.2.1 节中的 4.,还可以通过—NO_2、—CN、—$CONH_2$ 以及 $C = N$ 的催化加氢生成。

$$\left. \begin{array}{l} RNO_2 \\ RCN \\ \overset{O}{\overset{\|}{R - C} - NH_2} \end{array} \right\} \xrightarrow[Pt]{H_2} \left\{ \begin{array}{l} RNH_2 \\ RCH_2NH_2 \\ RCH_2NH_2 \end{array} \right.$$

芳香族硝基化合物的还原是合成芳香胺的重要方法。

酸性介质中金属还原硝基是将芳香族硝基化合物转变为芳香胺的常用方法,但选择性不好且污染严重。Na_2S 只还原一个硝基,选择性好。

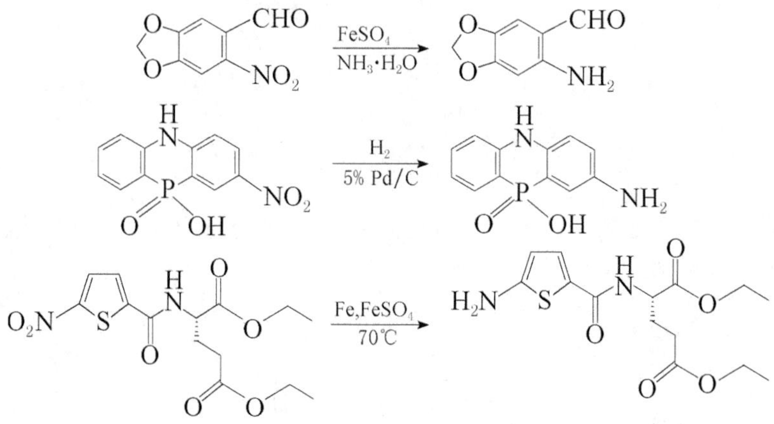
CHO
NO2
FeSO4
NH3·H2O
NH2
H2
5% Pd/C
OH
Fe,FeSO4
70℃
O2N
H2N

以亲电取代反应为核心的芳香族化合物

第9章 芳 香 烃

从反应类型上讲,亲电取代是芳香族化合物的核心反应,这与芳香族化合物的芳香性密切相关。芳香族化合物的内容分为三个部分:第一部分包括苯和萘的结构与性质;第二部分包括酚和芳香胺这两个活化芳环的实例;第三部分是杂环化合物。核心内容包括亲电取代反应、基团定位效应和重氮盐合成法。

9.1 结构与命名

9.1.1 结构

1. 芳香性

难氧化、难加成、易亲电取代、高度不饱和的性质称为芳香性。芳香族化合物指难氧化、难加成、易亲电取代、高度不饱和的化合物。

不饱和度(Ω)的计算公式为

$$\Omega = 1 + n_4 + (n_3 - n_1)/2$$

式中:n_4 为四价原子数量;n_3 为三价原子数量;n_1 为一价原子数量。

2. 芳香性的判断

(1) 环状连续共轭体系。
(2) 整个分子共平面。
(3) π 电子数符合 $4n+2$。

【例 9.1】

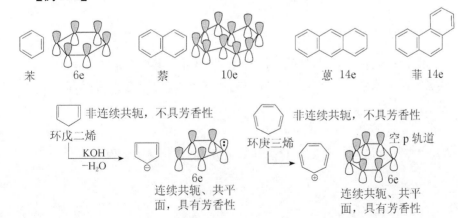

苯　6e　　　萘　10e　　　蒽 14e　　　菲 14e

环戊二烯 非连续共轭,不具芳香性
环庚三烯 非连续共轭,不具芳香性
空 p 轨道
$\xrightarrow[-H_2O]{KOH}$ 6e 连续共轭、共平面,具有芳香性
6e 连续共轭、共平面,具有芳香性

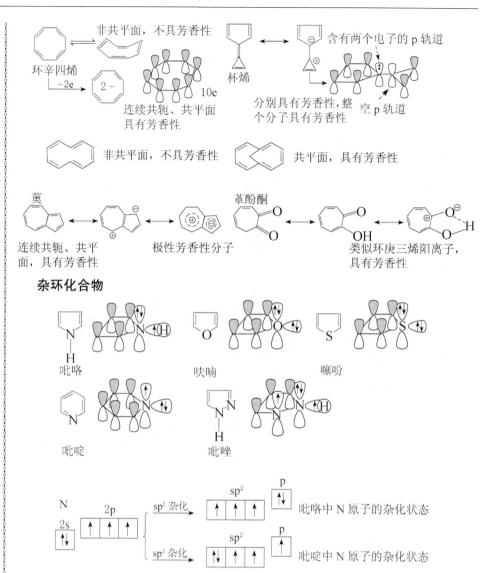

杂环化合物

9.1.2 共振能

共振能＝典型的能量低的共振极限式的能量－共振杂化体的能量

共振能反映出由于电子离域造成的能量的下降,说明电子离域有利于该结构的稳定。

苯的共振能的测定——氢化热法。

测定"环己三烯" ⬡ 的氢化热与苯 ⌬ 的氢化热的差值如下:

测定 ⬡ $\xrightarrow[\text{Pt}]{H_2}$ ⬡ ＋119.3kJ/mol

计算 ⬡ ＝3× ⬡ ＝357.9kJ/mol

测定 ⌬ $\xrightarrow[\text{Pt}]{H_2}$ ⬡ ＋208.5kJ/mol

计算 苯的共振能＝357.9－208.5＝149.4(kJ/mol)

说明由于电子离域使苯的分子能量比电子定域时的能量降低了 149.4kJ/mol。因此,电子离域有利于分子能量的降低。

9.1.3 命名

1. 以苯为母体的简单芳烃的命名

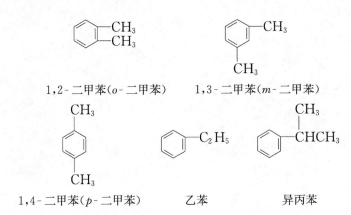

1,2-二甲苯(*o*-二甲苯) 1,3-二甲苯(*m*-二甲苯)

1,4-二甲苯(*p*-二甲苯) 乙苯 异丙苯

2. 以苯作为取代基的命名

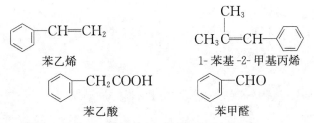

苯乙烯 1-苯基-2-甲基丙烯

苯乙酸 苯甲醛

各种取代基在苯环上作为母体命名时的优先顺序:

$$—COOH \quad —SO_3H \quad —\overset{\displaystyle O}{\overset{\|}{C}}—OR \quad —\overset{\displaystyle O}{\overset{\|}{C}}—NH_2 \quad —\overset{\displaystyle O}{\overset{\|}{C}}—X \quad —CN$$

$$—\overset{\displaystyle O}{\overset{\|}{C}}—H \quad —\overset{\displaystyle O}{\overset{\|}{C}}—R \quad —OH \quad —NH_2 \quad —OR \quad —R \quad —X \quad —NO_2$$

例如:

对-硝基氯苯 对-氯甲苯 对-甲基苯胺 对-氨基苯酚

$$—\overset{\displaystyle O}{\overset{\|}{C}}—H \quad \begin{cases} \text{作为母体时称为"醛"} \\ \text{作为取代基时称为"甲酰基"} \end{cases}$$

对-羟基苯甲醛 对-甲酰基苯甲酸

3. 稠环芳烃的命名

萘的碳原子分为两类:1,4,5,8 位称为 α-位;2,3,6,7 位称为 β-位。

蒽的碳原子分为三类:1,4,5,8 位称为 α-位;2,3,6,7 位称为 β-位;9,10 位称为 γ-位。

α-萘酚　　　β-萘磺酸

4. 联苯类化合物手性轴的 R/S 标识

视点 👁
沿手性轴方向从左到右或从右到左

此结构为 S 型

先看到的基团比较出1和2,后看到的基团后比较大小,排在3和4。然后做成伞式,应用 R/S 规则判断

复习

$$
\left.\begin{array}{l}
\text{螺环类化合物} \\
\text{聚集双键类化合物} \\
\text{联苯类化合物}
\end{array}\right\} \text{手性轴的 } R/S \text{ 判断}
$$

9.2　物　理　性　质

芳香烃一般不溶于水,可与水共沸,因此可用作脱水剂;相对密度小于1;有毒。例如:

苯并芘(最强的致癌物)

9.3　化学性质Ⅰ——亲电取代反应

9.3.1　硝化

机理

产生亲电试剂　$HNO_3 + H_2SO_4 \longrightarrow \overset{\oplus}{N}O_2 + H_3^+O + 2HSO_4^-$
　　　　　　　　　　　　　　　　　亲电试剂

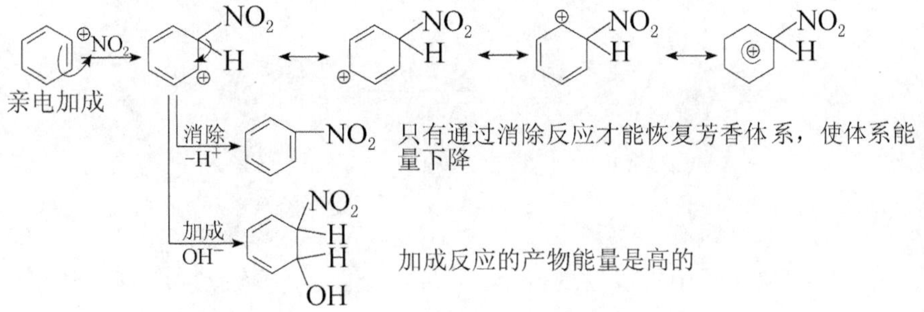

亲电加成

消除 $-H^+$：只有通过消除反应才能恢复芳香体系，使体系能量下降

加成 OH^-：加成反应的产物能量是高的

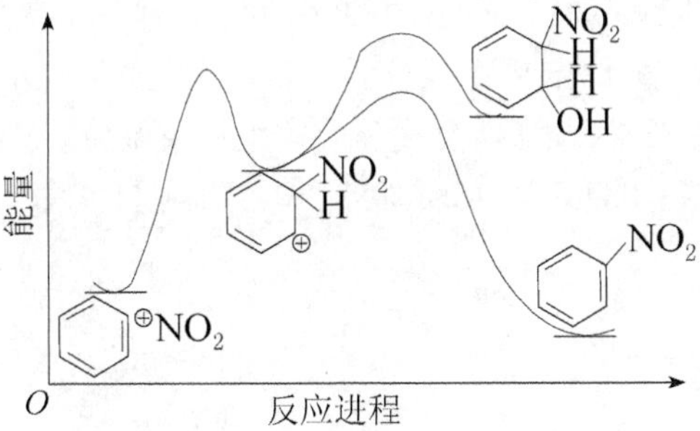

总结

芳香亲电取代反应的步骤：①产生亲电试剂；②亲电加成；③通过消除反应恢复芳香体系。

9.3.2 卤代

1. 氯代和溴代

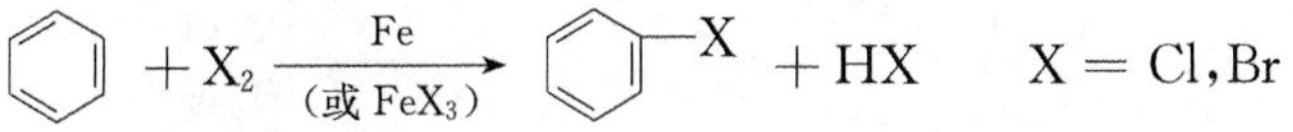

$$+X_2 \xrightarrow[(\text{或 FeX}_3)]{\text{Fe}} \text{—X} + HX \qquad X = Cl, Br$$

机理

$$X_2 + FeX_3 \longrightarrow {}^{\oplus}X + FeX_4^-$$

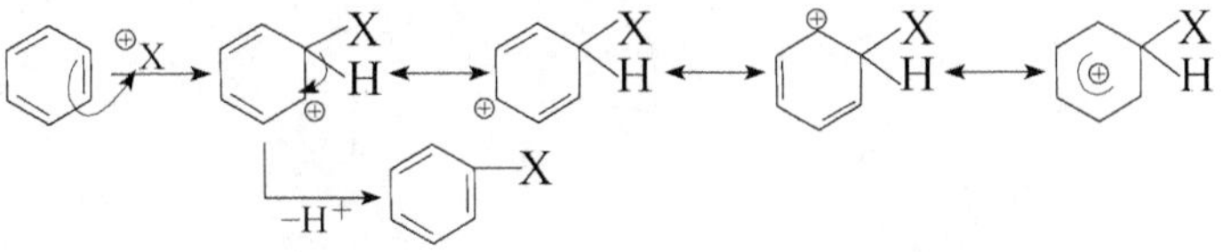

对比

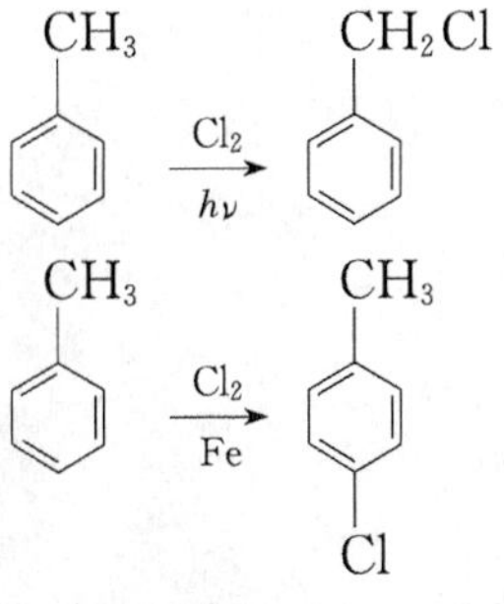

当苯环上连有活化基团时,烯丙基位和苄基位的溴代试剂 NBS 也可以为苯环引入溴原子。例如:

$$\text{（结构式）} \xrightarrow[\text{室温，4h}]{\text{NBS，CH}_2\text{Cl}_2} \text{（结构式）} \quad 86\%$$

从下面的例子中可以发现，NBS 对烯丙基位或苄基位发生自由基溴代反应的条件与对苯环发生溴代反应的条件的差别在于前者需要加入自由基引发剂。例如，在下列反应中，直接与 NBS 反应，溴代反应发生在苯环上；加入自由基引发剂——偶氮异丁腈（AIBN）之后，溴代反应发生在苄基位。

$$\xrightarrow[\text{CHCl}_3, -60℃]{\text{NBS}} \quad 94\% \xrightarrow[\text{CF}_3\text{SO}_3\text{H, CH}_2\text{Cl}_2, -78℃]{}$$

$$92\% \xrightarrow[\text{CCl}_4, h\nu, 77℃]{\text{NBS, AIBN}} \quad 73\%$$

2. 氟代和碘代

$$\xrightarrow[\text{HF/CCl}_4]{\text{XeF}_2} \text{—F} \quad \text{（直接氟代，XeF}_2 \text{ 昂贵，且毒性大）}$$

$$\xrightarrow[\text{HNO}_3]{\text{I}_2} \text{—I} \quad \text{（氧化碘代）}$$

$$\xrightarrow{\text{ICl}} \text{—I} \quad \text{（ICl 中的碘带正电，作为亲电试剂）}$$

$$\xrightarrow[\text{CF}_3\text{COOH}]{(\text{CF}_3\text{COO})_3\text{Tl}} \text{—Tl(OOCCF}_3)_2 \xrightarrow{\text{KI}} \text{—I} \quad \text{（通过铊化反应碘代）}$$

通过重氮盐进行芳香烃的氟代和碘代。

$$\xrightarrow[\text{H}_2\text{SO}_4]{\text{HNO}_3} \text{—NO}_2 \xrightarrow[\text{H}^+]{\text{Fe}} \text{—NH}_2 \xrightarrow[\text{HCl}]{\text{NaNO}_2} \text{—}\overset{\oplus}{\text{N}}\text{=NCl}^{\ominus}$$

重氮盐

$$\text{—}\overset{\oplus}{\text{N}}\text{=NCl}^{\ominus} \begin{cases} \xrightarrow{\text{KI}} \text{—I} \\ \xrightarrow{\text{NaBF}_4} \text{—}\overset{\oplus}{\text{N}}\text{=NBF}_4^{\ominus} \xrightarrow[-\text{BF}_3]{\triangle} \text{—F} \end{cases}$$

9.3.3 磺化

$$\bigcirc + H_2SO_4 \xrightarrow{\triangle} \bigcirc-SO_3H$$

机理

$$HO-\overset{\overset{\displaystyle O}{\|}}{\underset{\underset{\displaystyle O}{\|}}{S}}-OH + H_2SO_4 \longrightarrow SO_3$$

缺电子试剂

该反应可以用于引导其他基团进入指定位置后,水解除去磺酸基。

9.3.4 Friedel-Crafts 烷(酰)基化

1. 烷基化

$$\bigcirc + RX \xrightarrow{AlCl_3} \bigcirc-R + HX$$

机理

$$RX + AlCl_3 \longrightarrow R^+ + AlCl_3X^- \text{(实质上是正碳离子作为亲电试剂)}$$

酸作为催化剂,如 $AlCl_3$、BF_3、$FeCl_3$、H_2SO_4、H_3PO_4 等生成正碳离子。

$$CH_2=\overset{\overset{\displaystyle CH_3}{|}}{C}-CH_3 \xrightarrow{H_2SO_4} CH_3-\overset{\overset{\displaystyle CH_3}{|}}{\underset{\underset{\displaystyle \oplus}{}}{C}}-CH_3$$

采用各种方法生成正碳离子,作为亲电试剂

$$CH_3-\overset{\overset{\displaystyle CH_3}{|}}{\underset{\underset{\displaystyle OH}{|}}{C}}-CH_3 \xrightarrow[-H_2O]{H_2SO_4} CH_3-\overset{\overset{\displaystyle CH_3}{|}}{\underset{\underset{\displaystyle \oplus}{}}{C}}-CH_3$$

$$\triangle\!\!\!\!O \xrightarrow{AlCl_3} {}^{\oplus}CH_2CH_2OAlCl_3^{\ominus}$$

$$\bigcirc + CH_3CH_2CH_2CH_2Cl \xrightarrow{AlCl_3} \bigcirc\text{-}CHCH_2CH_3 / CH_3$$

$$\xrightarrow{AlCl_3} CH_3CH_2CH_2CH_2^{\oplus} \qquad \uparrow 主产物$$

$$重排 \to {}^{\oplus}CHCH_2CH_3 / CH_3$$

次产物

$$\bigcirc\text{-}CH_2CH_2CH_2CH_3$$

$$\bigcirc + FCH_2CH_2CH_2Cl \xrightarrow{AlCl_3} \bigcirc\text{-}CH_2CH_2CH_2Cl$$

$$\bigcirc \xrightarrow[AlCl_3,0℃]{CH_3Br} \bigcirc\text{-}CH_3 \xrightarrow[AlCl_3,0℃]{CH_3Br} \bigcirc(CH_3)(CH_3) \xrightarrow[AlCl_3,0℃]{CH_3Br}$$

反应会越来越容易

生成动力学产物 $\xrightarrow[\triangle]{AlCl_3}$ 热力学稳定产物

$$2\ \bigcirc \xrightarrow{CH_2Cl_2 / AlCl_3} \bigcirc\text{-}CH_2\text{-}\bigcirc$$

$$3\ \bigcirc \xrightarrow{CCl_4 / AlCl_3} (C_6H_5)_3C\text{-}Cl$$ 空间阻碍大,只能生成三芳基化产物

$$3\ \bigcirc \xrightarrow{CHCl_3 / AlCl_3} (C_6H_5)_2CH\text{-}$$

$$\bigcirc\text{-}NH_2\ 和\ \bigcirc\text{-}OH \xrightarrow[AlCl_3]{RX}$$ 不反应,因为 N 和 O 的孤对电子与 AlCl_3 配合,使 AlCl_3 失效

但可采用下列方法发生此类反应:

$$\bigcirc\text{-}NH_2 \xrightarrow[保护氨基]{R\text{-}C(=O)\text{-}X} \bigcirc\text{-}NH\text{-}C(=O)\text{-}R \xrightarrow[AlCl_3]{RX} R\text{-}\bigcirc\text{-}NH\text{-}C(=O)\text{-}R \xrightarrow[\triangle 水解脱保护]{H_3^+O} R\text{-}\bigcirc\text{-}NH_2$$

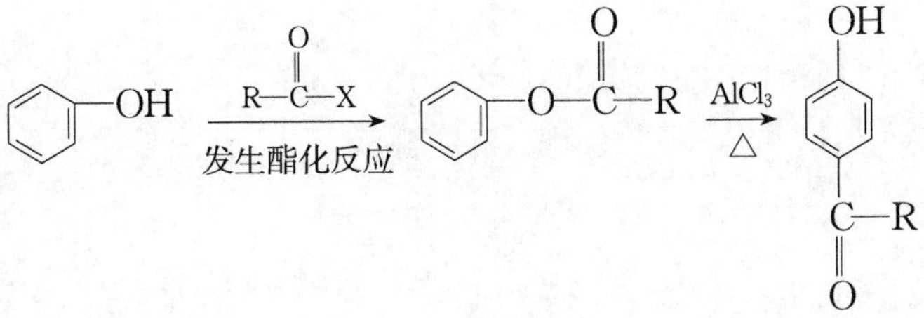

酚的 Fries 重排

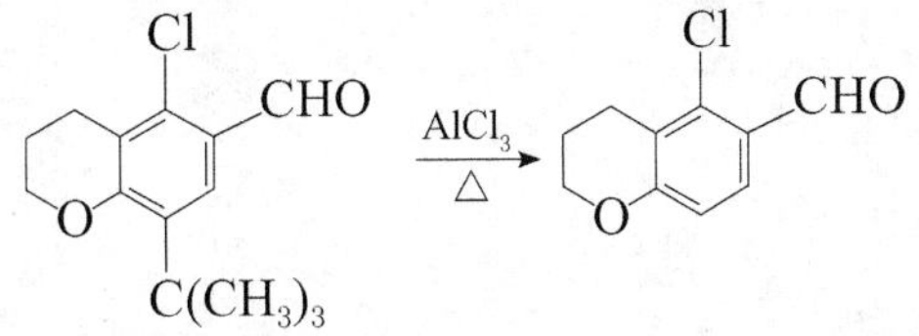

在无RX存在下，AlCl$_3$可催化烷基化的逆反应，即将芳环上的烃基脱去

特点：

(1) 正碳离子是亲电试剂，要重排，不能得到直碳链的烷基化产物。

(2) 卤代烃的活性为 RF＞RCl＞RBr＞RI（芳基卤代烃和双键卤代烃不能做此试剂）。

(3) 苯环上含有比卤素更强的吸电子基团时，不发生此反应。

(4) 容易生成多烷基化和多芳基化产物。

(5) 苯环上带有—NH$_2$ 及—OH 等基团时，它们与 AlCl$_3$ 络合，影响反应的进行。

2. 酰基化

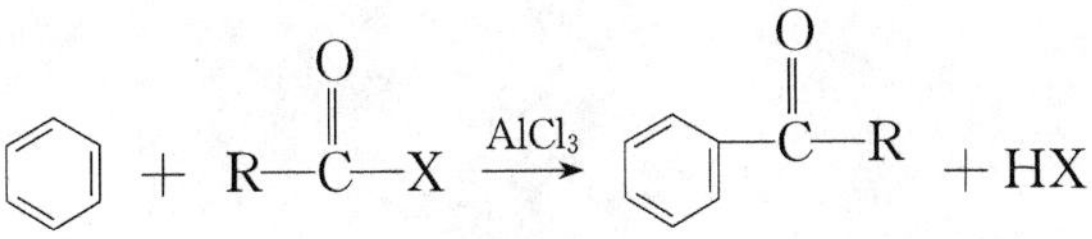

机理

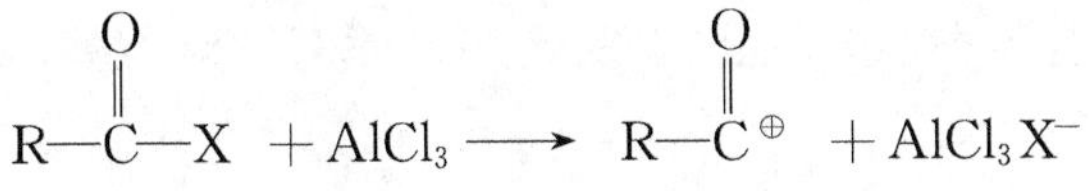

（实质上是羰基正碳离子作为亲电试剂）

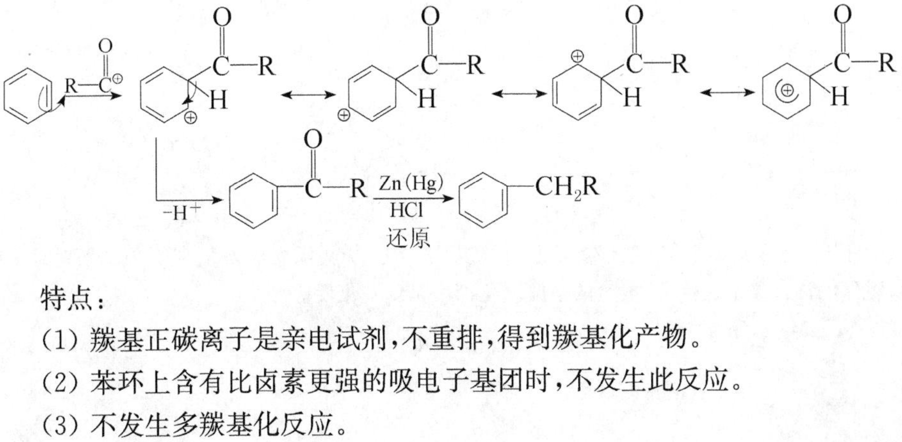

特点：

(1) 羰基正碳离子是亲电试剂，不重排，得到羰基化产物。

(2) 苯环上含有比卤素更强的吸电子基团时，不发生此反应。

(3) 不发生多羰基化反应。

(4) 苯环上带有—NH$_2$ 及—OH 等基团时，它们与 AlCl$_3$ 络合，影响反应的进行。

（5）酰化试剂的活性为 RCOX＞(RCO)₂O＞RCOOH。

酰基化反应后再还原，可以得到直链取代的烷基苯。

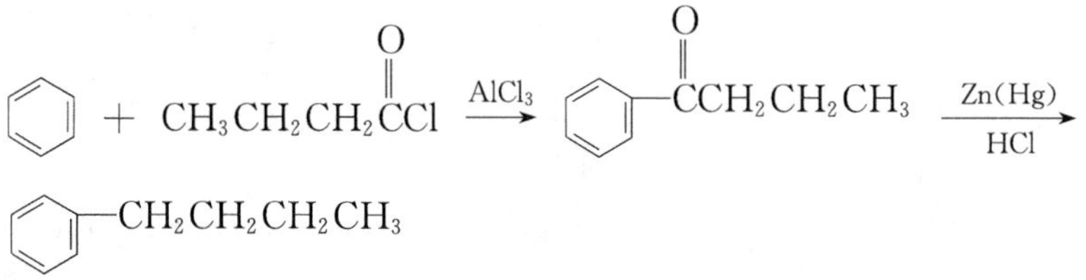

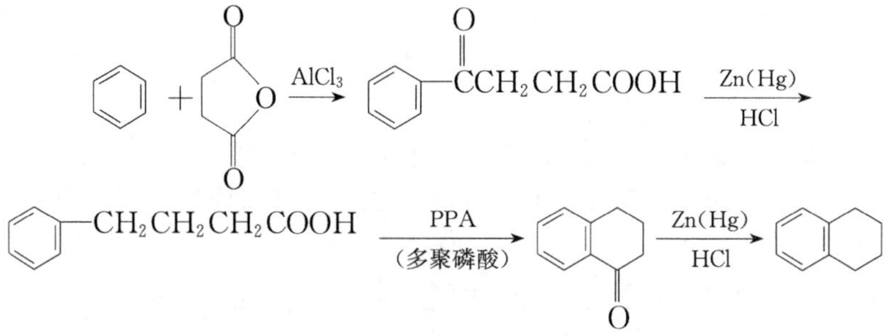

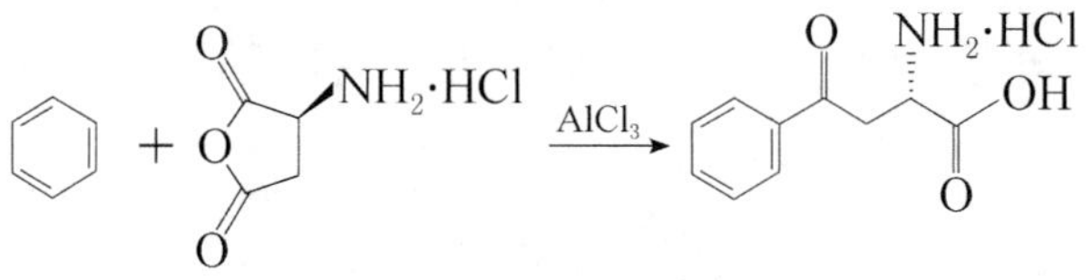

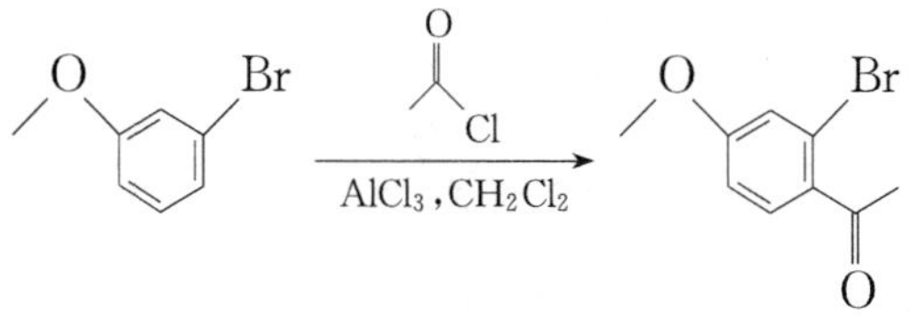

二茂铁是具有芳香性的，也可以发生 Friedel-Crafts 酰基化反应。例如：

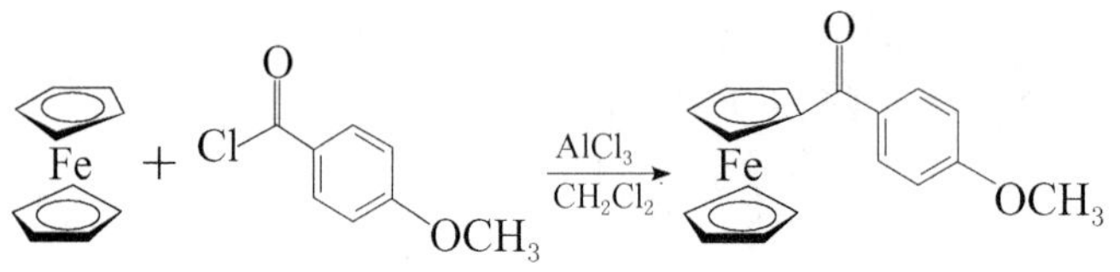

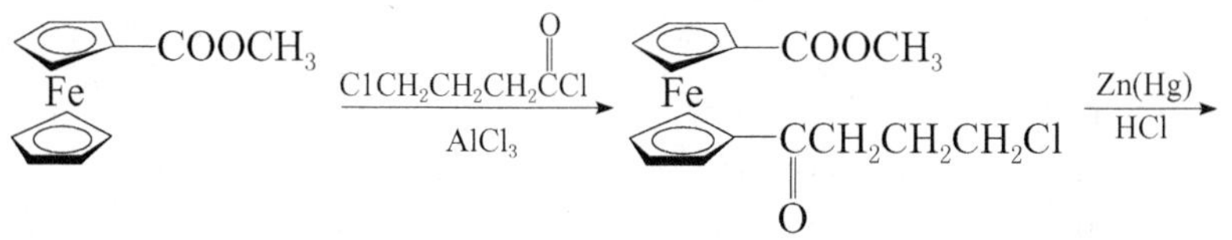

—COOCH₃ 是第二类定位基，钝化了上面的茂环，所以酰基化反应发生在下面的茂环上；同时，酰氯的活性高于氯代烃，发生的是酰基化而不是烷基化反应

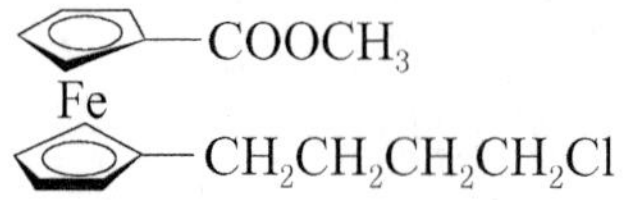

Zn(Hg)/HCl 是还原醛、酮 C＝O 为 CH₂ 的条件，酯的 C＝O 不反应

分子内含有酰化试剂时,可发生分子内的 Friedel-Crafts 酰基化反应。例如:

多聚磷酸
145℃

82%

TiCl₄

酸性条件下脱 C_2H_5OH,形成共轭体系

66%

CH_3—⬡—SO_3H
CH_3—⬡—,室温,4h

73%

C=C在Lewis酸作用下形成正碳离子,发生 Friedel-Crafts反应

CH_2Cl_2
室温,3h
$FeCl_3·6H_2O$

CH_3—⬡—SO_3H CH_3—⬡—,120℃,18h
一步操作,产率43%

79%

脱 H_2 形成共轭体系

由于此反应中 $AlCl_3$ 的用量是反应剂量,因此开发其他类型催化剂也是该反应的研究方向。例如:

Fe

$\dfrac{n\text{-}C_5H_{10}CCl}{ZrO_2/SO_4^{2-}}$

C—C_5H_{10}-n
Fe

R^1—⬡—OCH_3 + R^2—C—Cl $\xrightarrow[CH_3CN]{10\%\,mol\,SmI_3^{①}}$ R^1—⬡—OCH_3 , COR^2

R^1=H, m-OCH_3, p-OCH_3, m-CH_3, m-Cl
R^2=CH_3, C_2H_5, Ph

50%~82%

⬡ + Cl—C—C—O—C_2H_5 $\xrightarrow[\text{无溶剂}]{AlCl_3}$

---

① 10% mol SmI_3 指的是 SmI_3 的物质的量是原料物质的量的 10%,下同。

9.3.5　苯的氯甲基化反应

9.3.6　苯的 Gattermann-Koch 反应

总结

芳香烃的亲电取代反应——硝化、卤代、磺化、烷(酰)基化。

9.4　化学性质Ⅱ——基团的定位效应

苯环上的基团对后续基团进入的位置和难易程度的影响称为基团的定位效应。

9.4.1　反应事实及基团分类

$$CH_3 \text{—} \bigcirc \text{—O—SO}_2 \text{—} \bigcirc \xrightarrow[\text{H}_2\text{SO}_4]{\text{发烟 HNO}_3} O_2N\text{—} CH_3 \bigcirc \text{—O—SO}_2 \text{—} \bigcirc$$

从以上的事实中得出结论:某些基团会使亲电取代反应更容易(称为活化苯环),如甲基等;另外的基团会使其更难(称为钝化苯环),如硝基和氯原子等。某些基团会使后续基团进入邻、对位,如甲基和氯原子等;另外的基团会使后续基团进入间位,如硝基等。由此可将基团分为两类:邻、对位定位基(或称第一类定位基)和间位定位基(或称第二类定位基)。

$$
\begin{array}{lll}
-O^{\ominus} & -NH_2 & -OH & -O-\overset{O}{\overset{\|}{C}}-R & -Ar & -X \\
-NHR & -OR & & -CH_3 & -CH=CHCOOH \\
-NR_2 & & -NH-\overset{O}{\overset{\|}{C}}-R & -CR_3 & -CH=CHNO_2 \\
& & & & -CH_2X
\end{array}
\qquad
\begin{array}{ll}
-\overset{O}{\overset{\|}{C}}-H & -COOH & -NO_2 & -\overset{\oplus}{N}H_3 \\
& -SO_3H & -CN & -\overset{\oplus}{N}R_3 \\
-\overset{O}{\overset{\|}{C}}-R & & -CCl_3 \\
& & -CF_3 \\
-\overset{O}{\overset{\|}{C}}-OR \\
-\overset{O}{\overset{\|}{C}}-NH_2
\end{array}
$$

致活定位基 \qquad 致钝定位基

第一类定位基(邻、对位定位基) \qquad 第二类定位基(间位定位基)

结构特点:致活的定位基都可以通过推电子的共轭效应使苯环电子云密度升高,有利于亲电取代反应的进行;致钝的定位基都是通过吸电子的诱导效应使苯环电子云密度下降,不利于亲电取代反应的进行。

9.4.2 定位效应原理

为什么第一类定位基使后续基团进入邻、对位,而第二类定位基使后续基团进入间位? 应从反应过程的中间体——正碳离子——的稳定性加以解释。

1. 第一类定位基(邻、对位定位基)

以甲苯硝化为例。

$$\underset{}{\bigcirc}CH_3 \xrightarrow[30℃]{HNO_3/H_2SO_4} \quad \overset{CH_3}{\bigcirc}NO_2 \quad + \quad \overset{CH_3}{\underset{NO_2}{\bigcirc}} \quad + \quad \overset{CH_3}{\underset{NO_2}{\bigcirc}}$$

$$58\% \qquad\qquad 38\% \qquad\qquad 4\%$$

机理

1）取代邻位

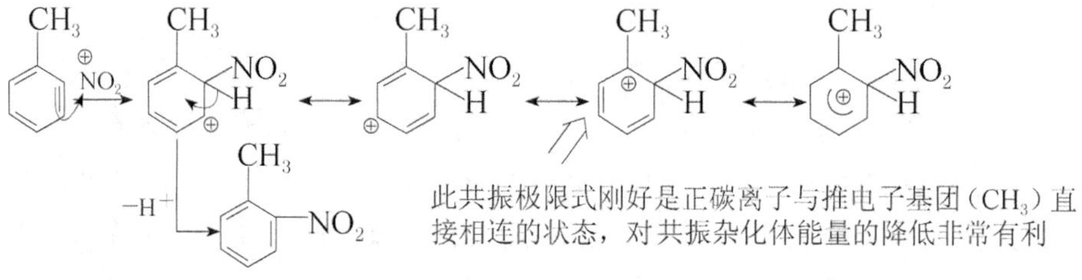

此共振极限式刚好是正碳离子与推电子基团（CH₃）直接相连的状态，对共振杂化体能量的降低非常有利

2）取代对位

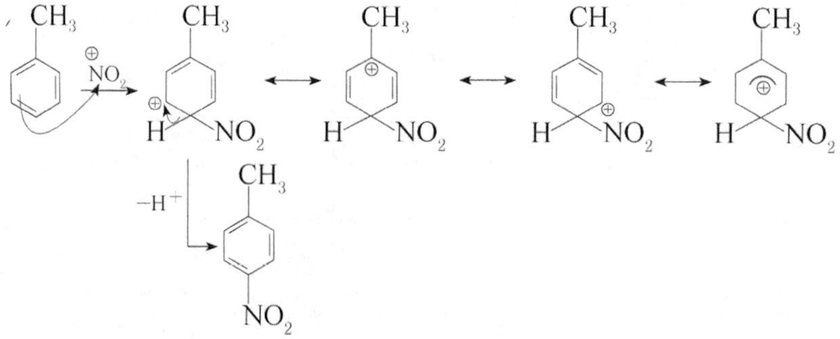

3）取代间位

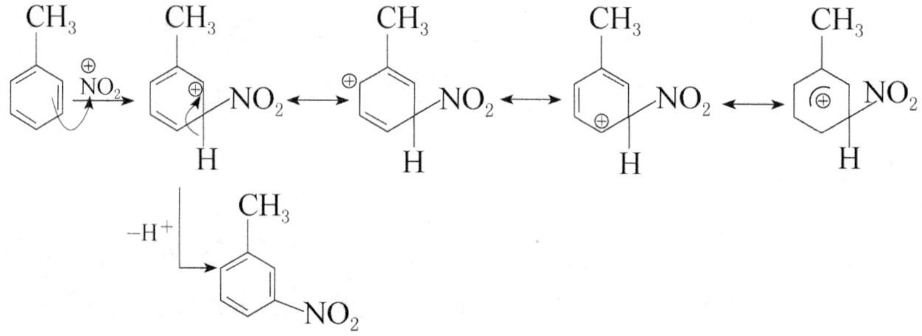

在此过程中，没有出现正碳离子与推电子基团直接相连的情况，这样，它的共振杂化体的能量要比取代邻、对位时高，所以取代间位不利。

第一类定位基分为两类，即致活定位基和致钝定位基。致活定位基都具备以上特点，即通过推电子的共轭效应使苯环电子云密度加大，使亲电取代反应更为容易，而且只有在取代邻位和对位时，生成的中间体正碳离子的共振式中，刚好有一个是正碳离子与取代基直接相连的状态，这样该推电子取代基就可将电子直接给与正碳离子，对稳定正碳离子、降低共振杂化体的能量起到了重要作用。

再以氯苯硝化为例。

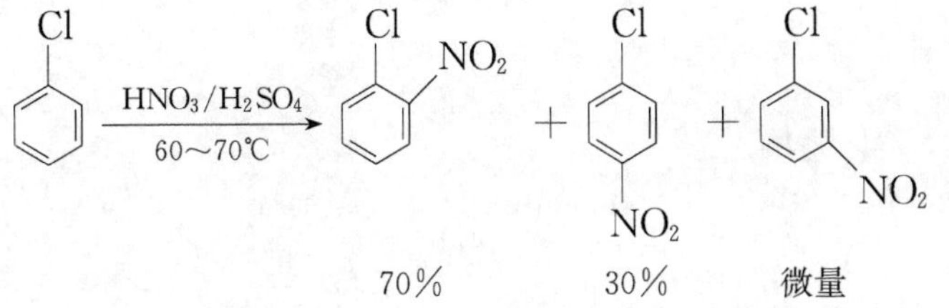
Cl
HNO₃/H₂SO₄
60～70℃
NO₂
70%
30%
微量

机理

1）取代邻位

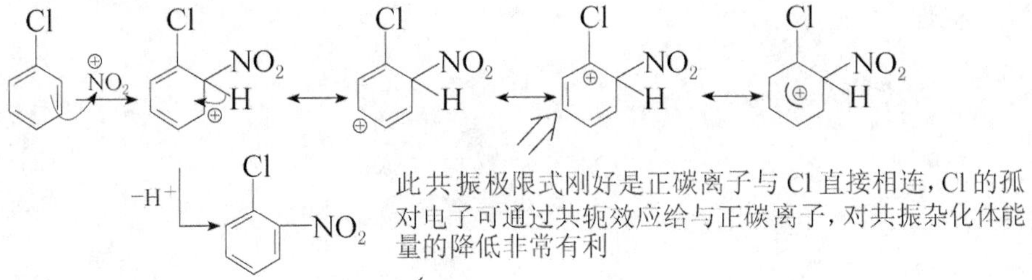
此共振极限式刚好是正碳离子与Cl直接相连，Cl的孤对电子可通过共轭效应给与正碳离子，对共振杂化体能量的降低非常有利

2）取代对位

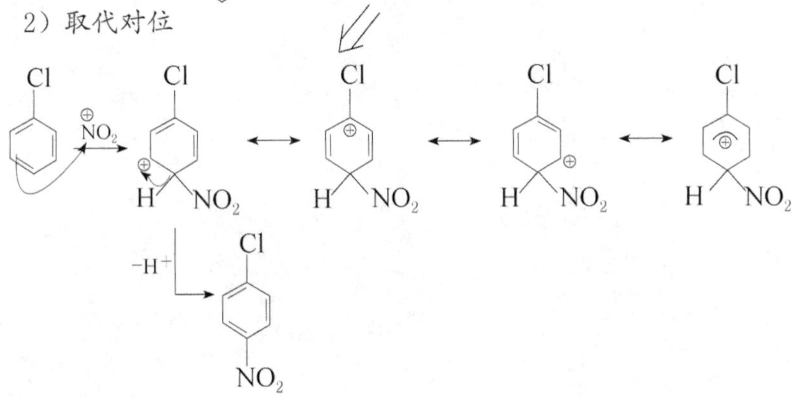

3）取代间位

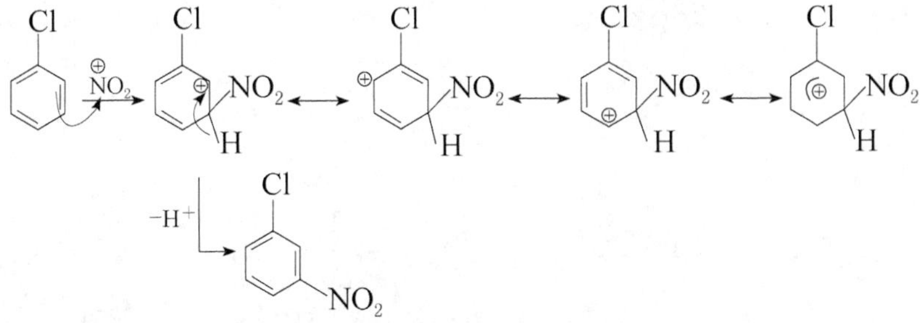

在此过程中，没有出现正碳离子与氯原子直接相连的情况，这样，它的共振杂化体的能量要比取代邻、对位时高，所以取代间位不利。

以卤素原子为代表的致钝的第一类定位基由于其吸电子的诱导效应（－I）使苯环电子云密度下降，对亲电取代反应不利；但此反应一旦发生在邻、对位，卤素原子可以通过推电子的共轭效应（＋C），将电子给与中间体正碳离子，对于稳定正碳离子非常有利，取代间位时无此情况。所以，－I＞＋C使得氯苯的亲电取代反应难，但卤素原子还是邻、对位定位基。

2. 第二类定位基(间位定位基)

以硝基苯硝化为例。

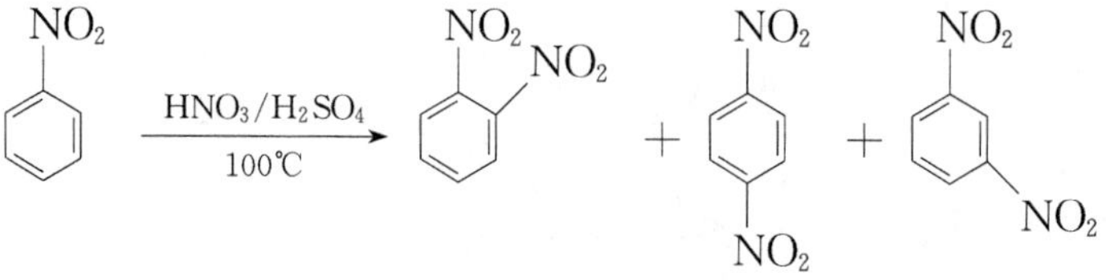

6%   1%   93%

机理

1) 取代邻位

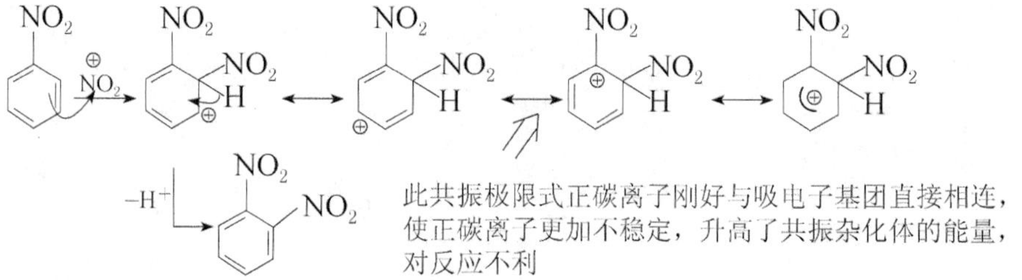

此共振极限式正碳离子刚好与吸电子基团直接相连，使正碳离子更加不稳定，升高了共振杂化体的能量，对反应不利

2) 取代对位

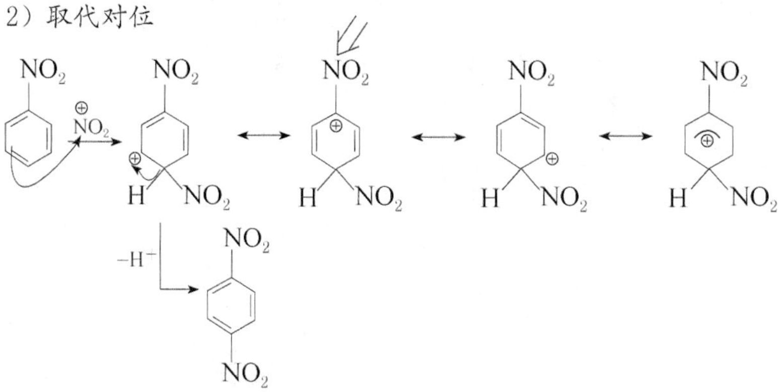

3) 取代间位

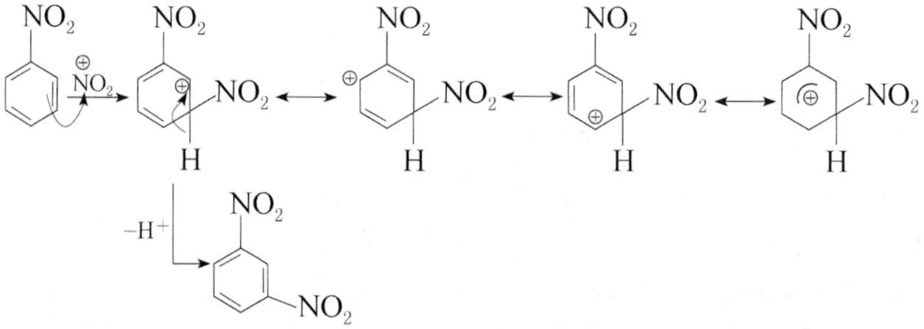

在此过程中,避开了正碳离子与吸电子基团直接相连的情况,这样,它的共振杂化体的能量要比取代邻、对位时低,所以只有取代间位才能避免不利情况的发生。

第二类定位基都是吸电子基团,降低了苯环的电子云密度,对亲电取代反应不利,而且如果反应发生在邻、对位,则刚好出现了正碳离子与吸电子基团直接相连的情况,对中间体正碳离子的稳定极其不利。所以,反应只好发生在间位才能避免正碳离子直接与吸电子基团相遇的情况。

9.4.3 二取代苯的定位效应

苯环上已经有的两个取代基对后续基团进入的位置的影响称为二取代苯的定位效应。

1. 两个基团的定位指向相同时,第三基团进入共同指向的位置

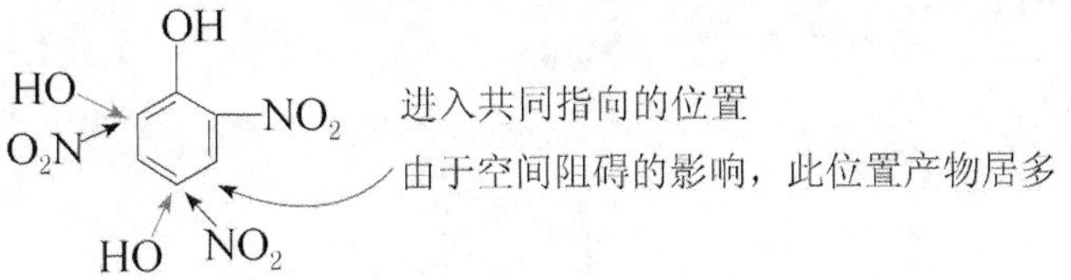

进入共同指向的位置
由于空间阻碍的影响,此位置产物居多

2. 两个基团的定位指向不同时

1) 按照第一类定位基指向的位置

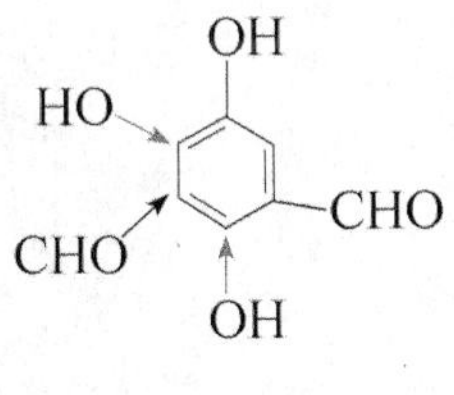

进入 OH 指向的位置

2) 按照定位效应强的定位基指向的位置

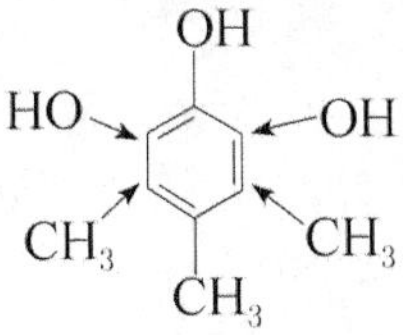

虽然 OH 和 CH_3 同属第一类定位基,但 OH 定位效应强,后续基团进入 OH 指向的位置

3) 定位强度类似时,则会出现所有可能的情况

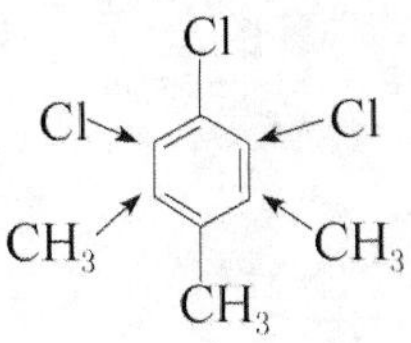

Cl 和 CH_3 同属第一类定位基,定位强度接近,后续基团进入所有可能的位置

9.4.4 定位效应在合成中的应用

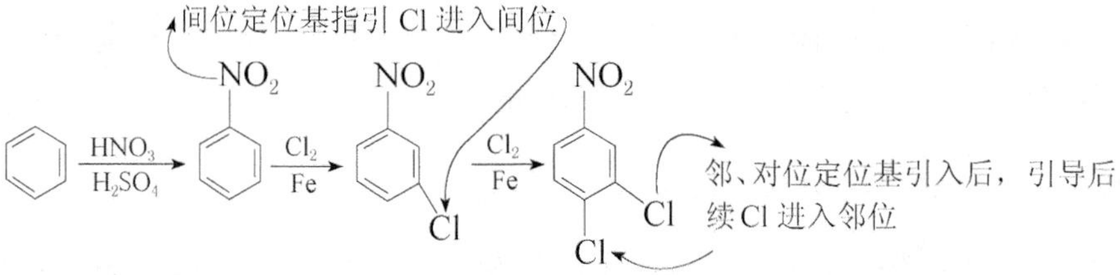

间位定位基指引 Cl 进入间位

邻、对位定位基引入后，引导后续 Cl 进入邻位

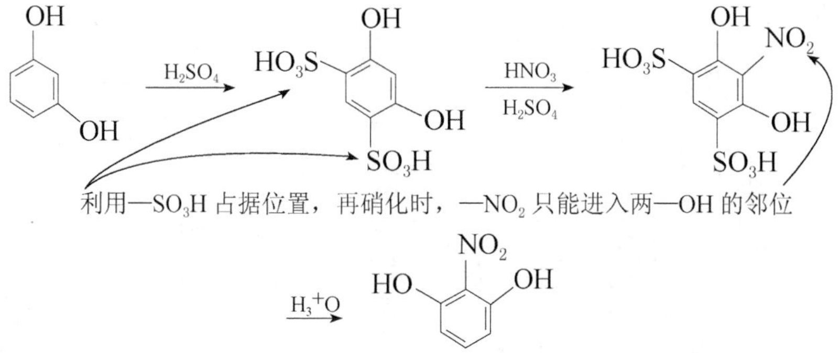

利用—SO₃H 占据位置，再硝化时，—NO₂ 只能进入两—OH 的邻位

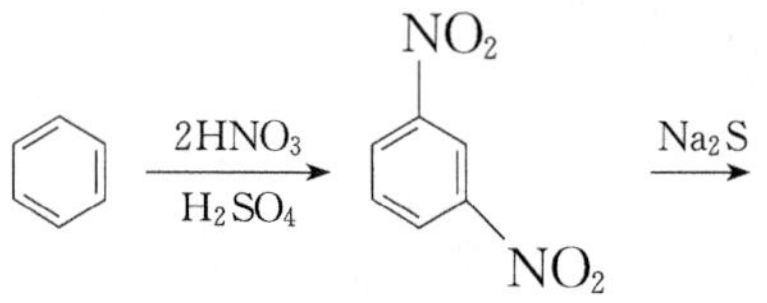

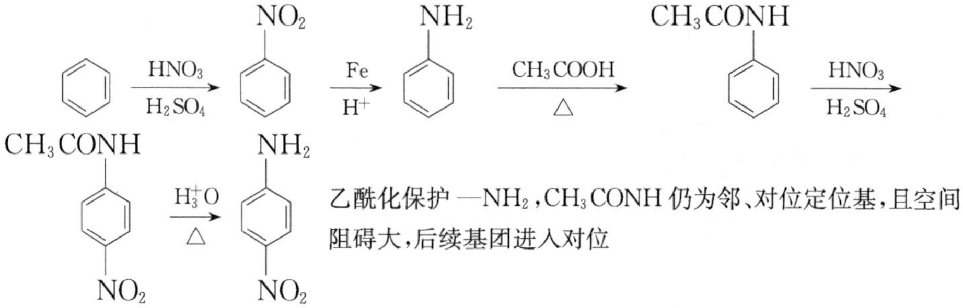

乙酰化保护 —NH₂，CH₃CONH 仍为邻、对位定位基，且空间阻碍大，后续基团进入对位

目前氨基保护多采用氯甲酸叔丁酯。

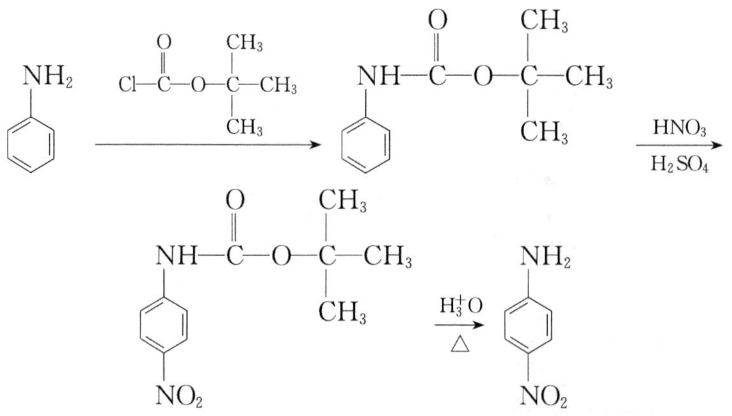

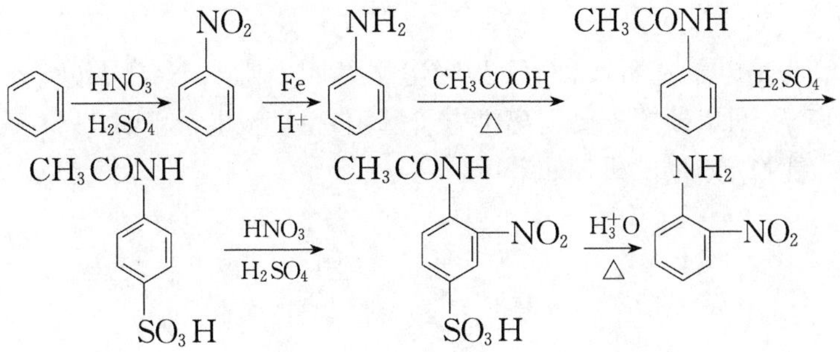

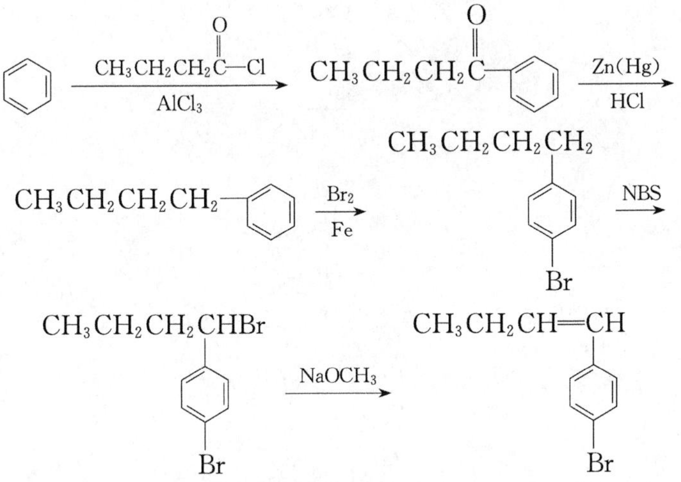

要求:利用基团的定位效应和重氮盐合成法(见 10.7.1 节)合成带有各种取代基的苯。

9.5 化学性质Ⅲ——还原、氧化、加成和侧链上的反应

9.5.1 还原反应

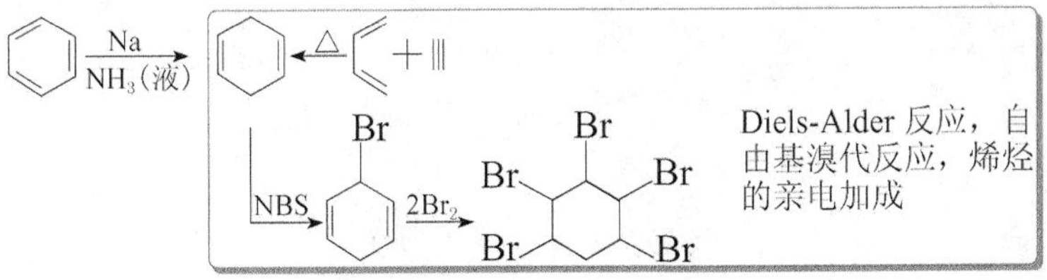

机理

$$Na + NH_3(液) \longrightarrow Na^+ + e(NH_3)$$

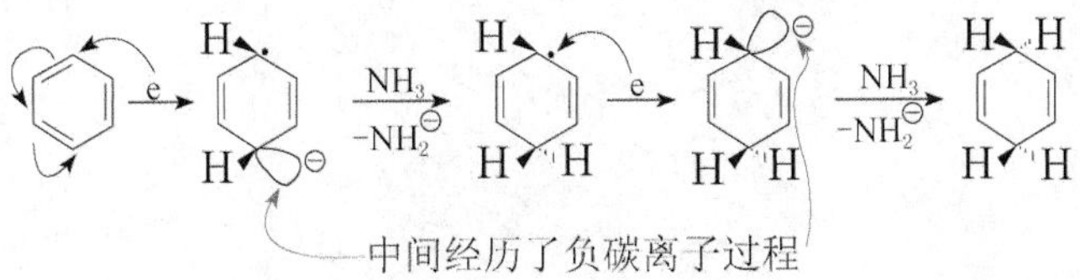

中间经历了负碳离子过程

问题

苯甲醚和苯甲酸在 Na/NH_3(液)下还原生成什么?

分析

CH_3O 为推电子基团，COOH 为吸电子基团。既然 Na/NH_3(液)还原中生成了负碳离子，则负碳离子要远离推电子基团，接近吸电子基团，只有这样负碳离子中间体才能稳定。因此机理如下：

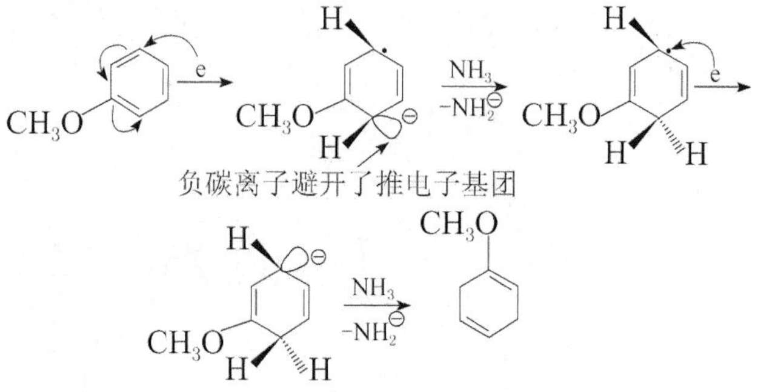
负碳离子避开了推电子基团

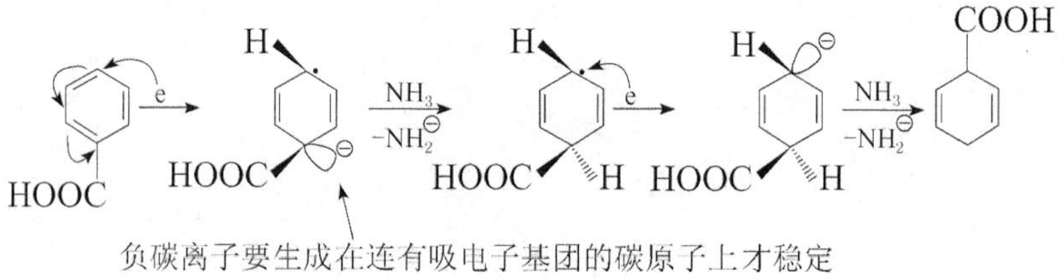
负碳离子要生成在连有吸电子基团的碳原子上才稳定

结论

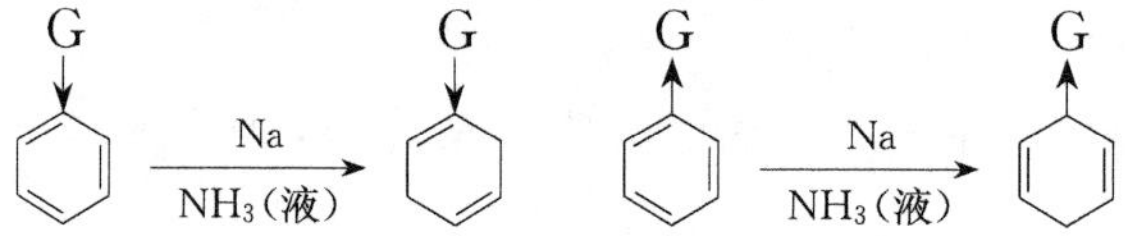

9.5.2 氧化反应

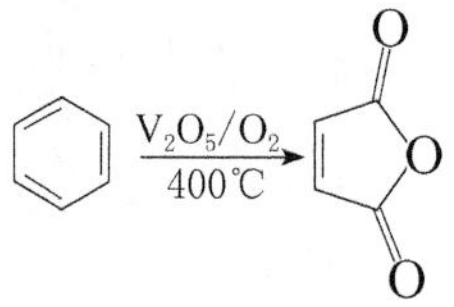

9.5.3 加成反应

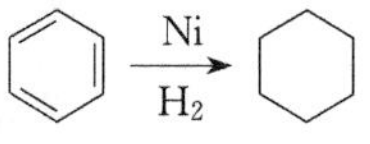

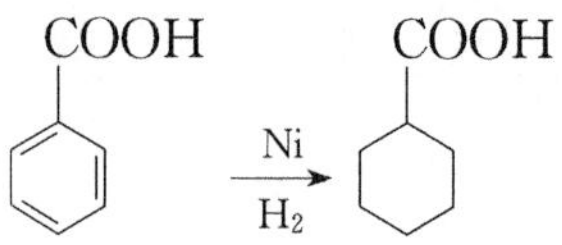

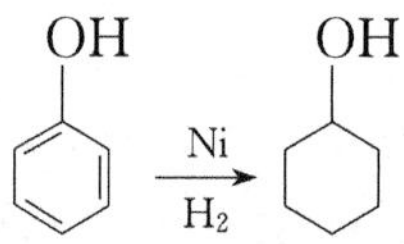

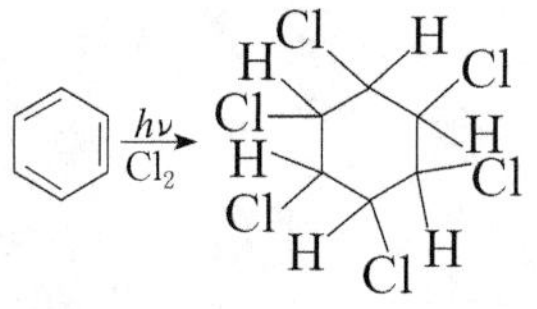
$C_6H_6Cl_6$

9.5.4 侧链上的反应

1. α-位卤代反应——自由基机理

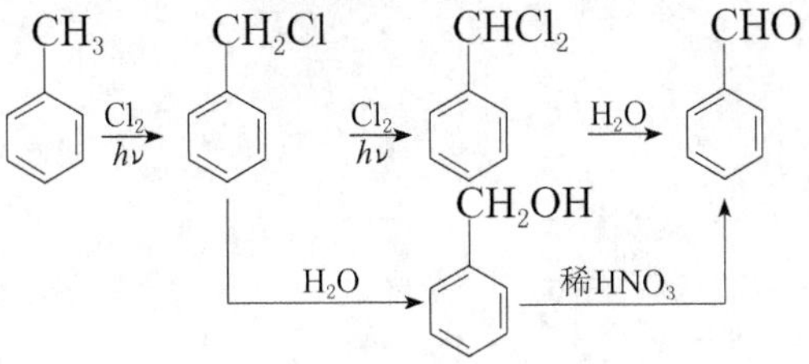

生产苯甲醛的另一种方法

2. 含 α-H 的侧链的氧化

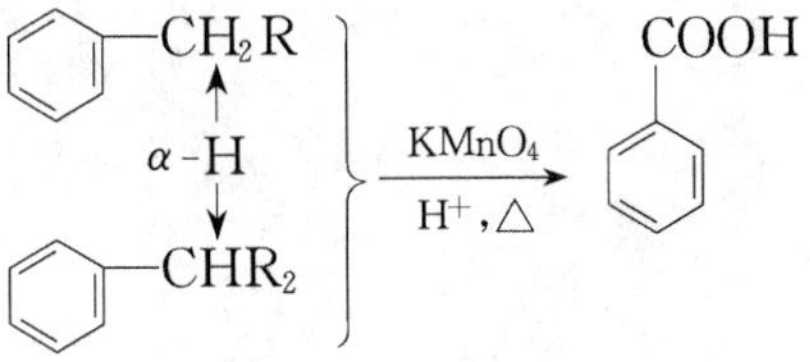

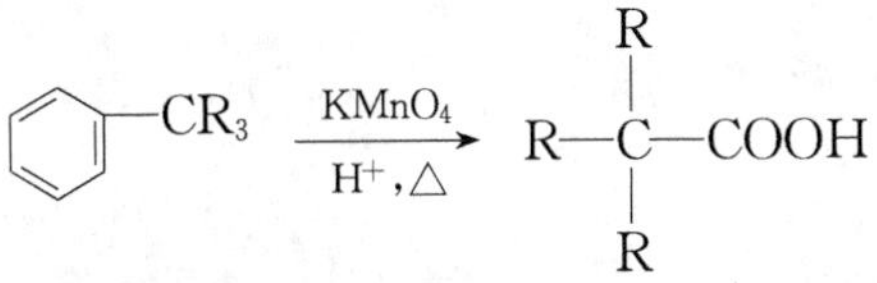

无 α-H 的烃基取代苯,苯环被氧化生成 COOH

【例 9.2】

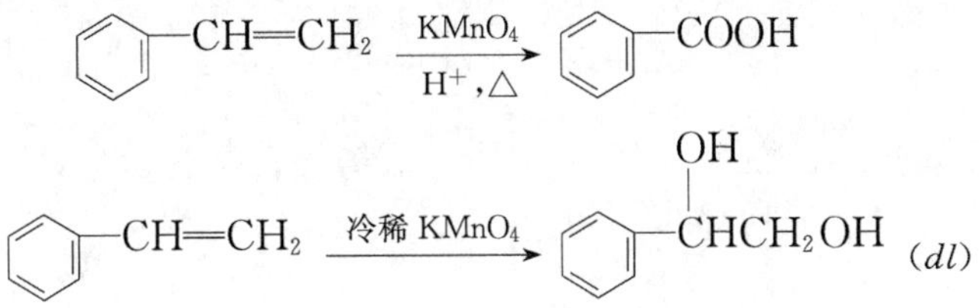

9.6　萘的化学性质 I ——亲电取代反应

萘的亲电取代反应活性比苯高,可发生在 α-位或 β-位。

9.6.1 硝化

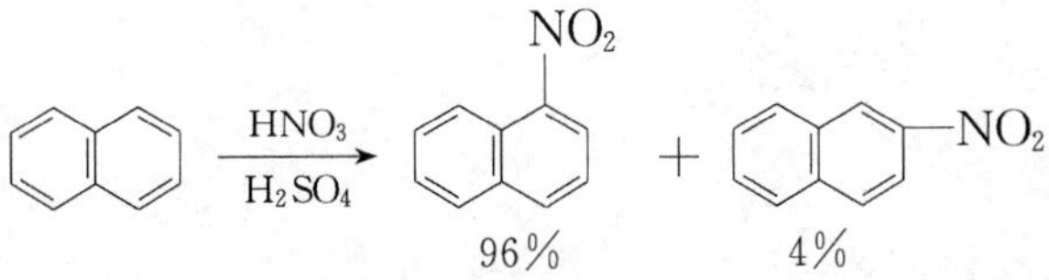

9.6.2 卤代

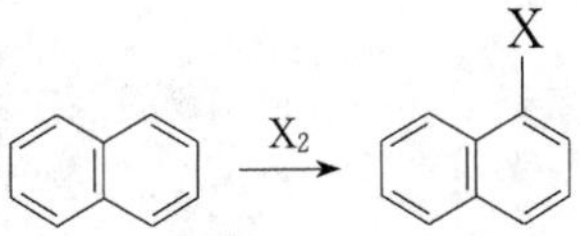

$X = Cl, Br$

9.6.3 磺化

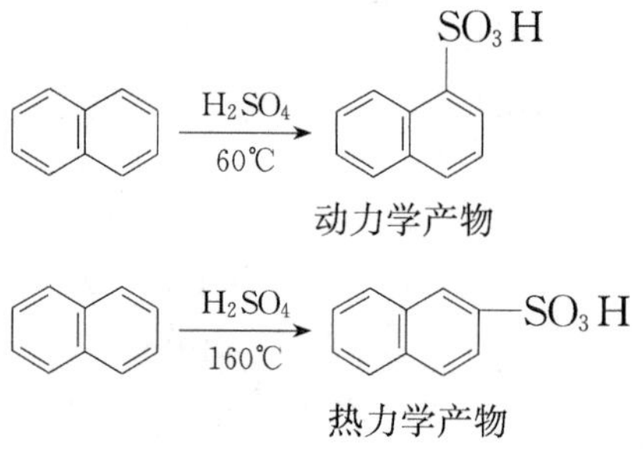

动力学产物

热力学产物

9.6.4 Friedel-Crafts 酰基化

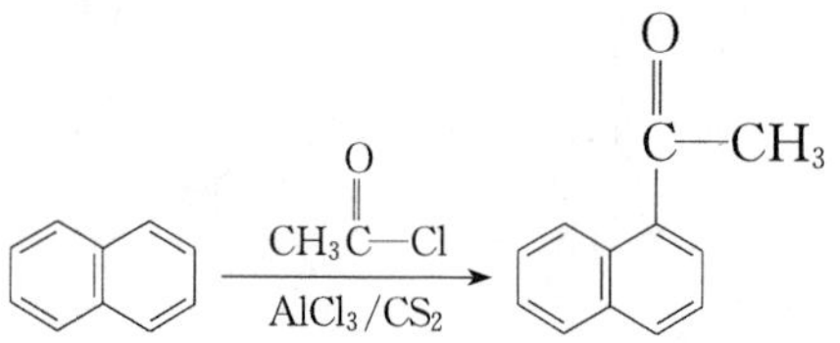

在 CS_2 这种非极性溶剂中,反应物不存在溶剂络合现象,体积小,亲电取代反应发生在活性较高的 α-位。

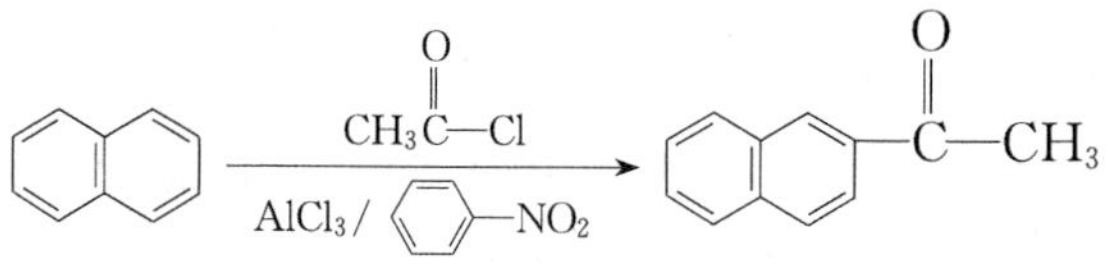

在硝基苯这种极性溶剂中,反应物与溶剂存在络合现象,体积大,亲电取代反应发生在 β-位,而且空间阻碍也小。

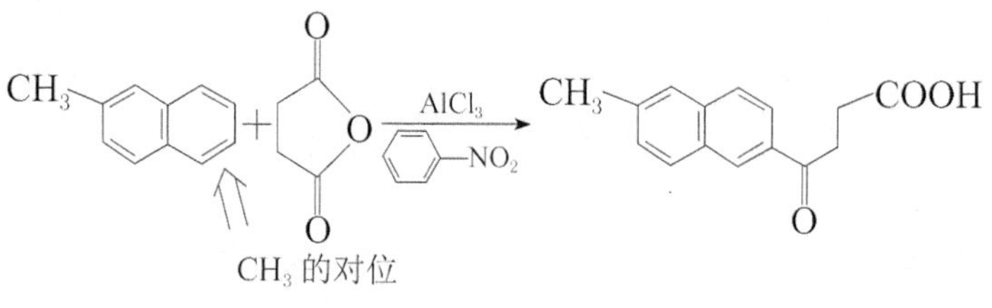

CH_3 的对位

丁二酸酐的体积大,反应只好发生在 CH_3 的对位,即 6-位。

9.6.5 对于萘的亲电取代反应的解释

问题

为什么萘的 α-位的亲电取代反应活性比 β-位高?

1. 从共振式角度的解释

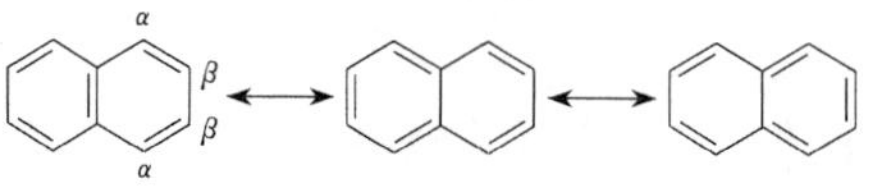

C_α-C_β 曾出现过两次双键,键长 0.136nm
C_β-C_β 只出现过一次双键,键长 0.140nm

2. 从中间体角度的解释

取代 α-位(在不破坏另一苯环前提下)有两个共振式,取代 β-位只有一个共振式。

共振式越多越稳定,而且 α-位更具双键的性质,所以 α-位的亲电取代活性更高。

9.6.6 萘的亲电取代反应中的基团定位效应

从以下事实中总结萘的亲电取代反应中的基团定位效应。

结论

(1) 第一类定位基引导后续基团进入同环(相邻的)α-位。

(2) 第二类定位基引导后续基团进入异环(两个)α-位。

9.7　萘的化学性质Ⅱ——氧化、加成、还原反应

9.7.1　氧化

萘连有钝化基团时，氧化异环生成二酸；连有活化基团时，氧化同环生成二酸。

9.7.2　还原

9.7.3　加成

萘具有烯烃的性质，它的双键可以发生加成反应，事实上，与卤素的亲电取代反应就是经历了亲电加成再消除的过程。

具有双键的性质 ← → 相当于共轭烯烃的 1,4-加成

9.8 蒽的化学性质

蒽不仅具有芳香性,同时 9,10-位的双键更具烯烃性质。

9.8.1 氧化

9,10-蒽醌

9.8.2 还原

9.8.3 加成

9.8.4 Friedel-Crafts 酰基化

第 10 章　酚与芳香胺

　　苯环上连有羟基称为酚,连有氨基(包括烃基取代的氨基)称为苯胺。由于羟基和氨基都带有孤对电子,尽管从诱导效应上讲,羟基和氨基是吸电子的,但从共轭效应上讲,它们是推电子的,而且推电子的共轭效应大于吸电子的诱导效应,总体结果使苯环上电子云密度上升,有利于亲电取代反应的发生,因此将苯酚和苯胺合并为一章是基于它们是两个活化芳环的实例。本章中同时要求掌握的是重氮盐合成法,它是对取代基定位效应的补充,拓宽了合成取代苯的路线。

10.1　结　　构

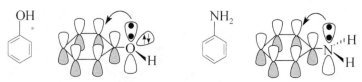

　　可以认为 O 和 N 为 sp^2 杂化,它们的孤对电子通过共轭效应离域到苯环上,增加了苯环的电子云密度,提高了亲电取代反应活性。

10.1.1　酚的酸性

　　酸性顺序:

$$RCOOH > \underset{O^\ominus}{\text{（苯酚）}} > H_2O > ROH > CH\equiv CH > NH_3 > RH$$

（苯酚）$\longrightarrow$（苯氧阴离子）$+ H^+$（相当于弱酸）

　　吸电子基团有利于增强酚的酸性。例如:

（苦味酸 > 2,4-二硝基苯酚 > 对硝基苯酚 > 苯酚 > 对甲基苯酚 > 对甲氧基苯酚）

　　采用共振论解释上述酚的酸性:

（苯酚 $\rightleftharpoons$ 苯氧阴离子 $+ H^+$）　　酚呈酸性是因为电离出 H^+,酚氧阴离子越稳定越有利于电离,氧负离子的负电荷越分散,酚氧阴离子就越稳定,因此,吸电子基团处于邻、对位,有利于负电荷的分散

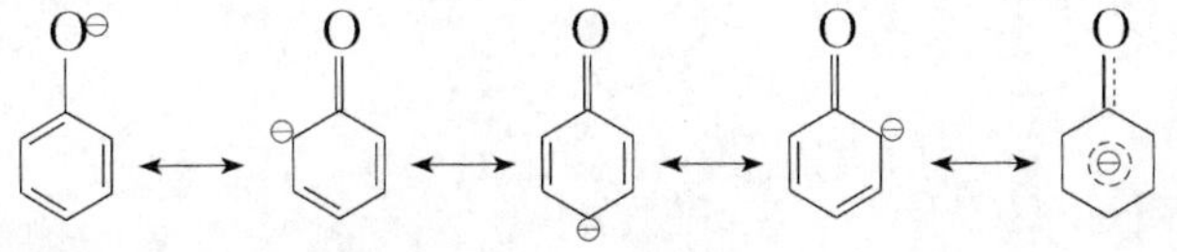

邻、对位上有吸电子基团,可直接分散负电荷

10.1.2　芳香胺的碱性

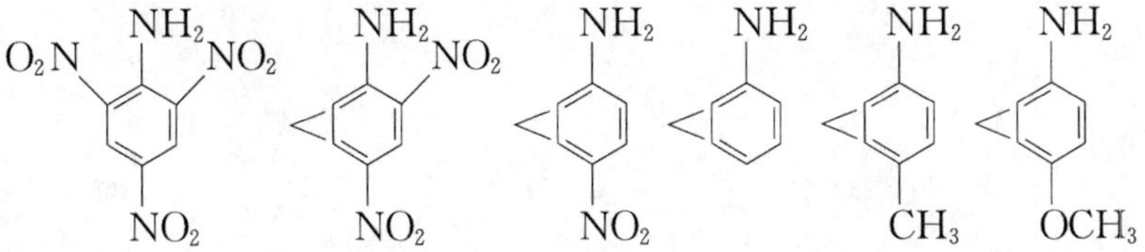

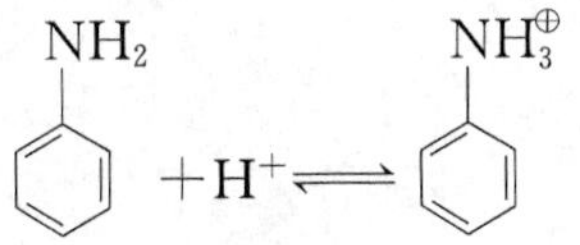

芳香胺的碱性是因为它的 N 上的孤对电子可以结合 H^+,因此,邻、对位上的推电子基团有利于 N 原子电子云密度升高,芳香胺的碱性增强

10.2　酚 的 合 成

10.2.1　磺酸盐碱融法

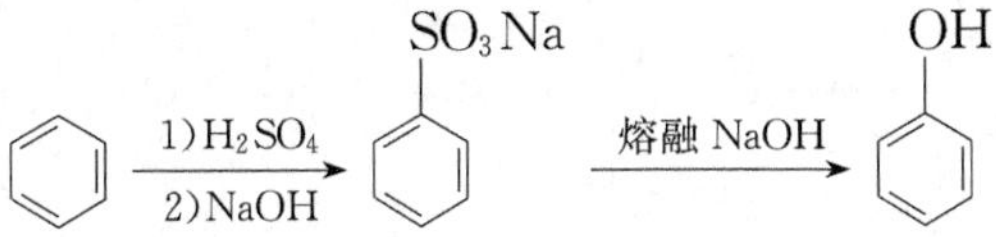

该方法污染严重,产率不高

10.2.2　卤代芳烃水解法

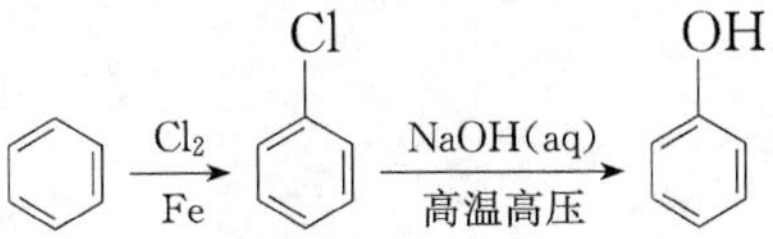

苯环上带有吸电子基团时有利于该反应的进行。由于在高温高压下反应,对设备的要求较高

10.2.3　重氮盐水解法

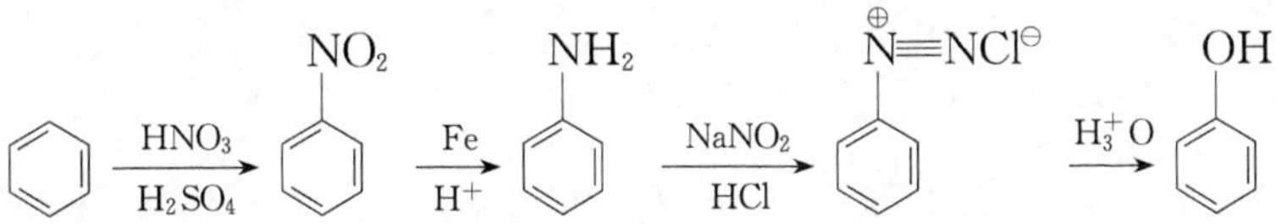

重氮盐水解法非常适合带有取代基的苯酚的合成,如木酚(2-羟基苯甲醚)的合成。

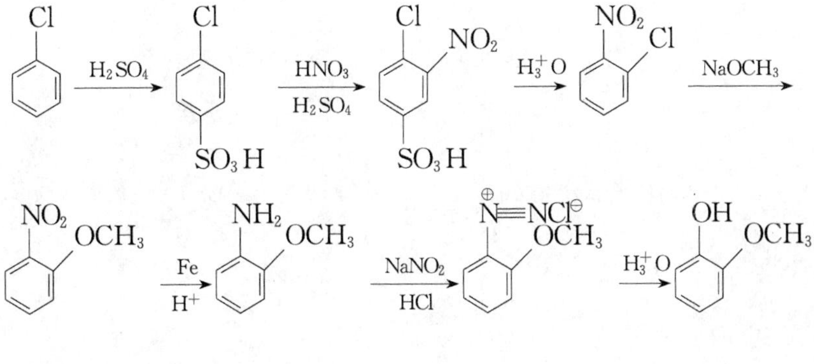

10.2.4　异丙苯氧化水解法

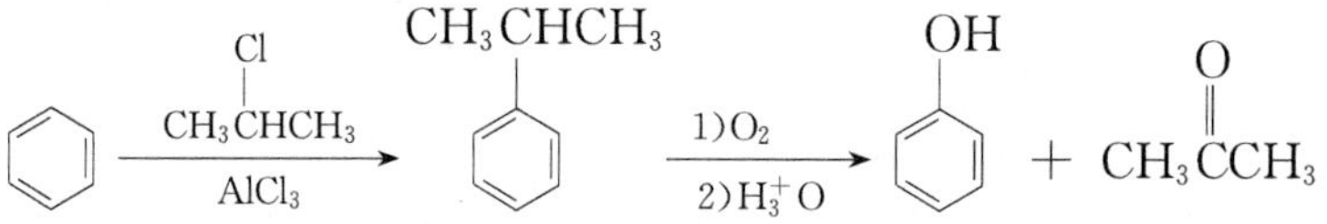

机理

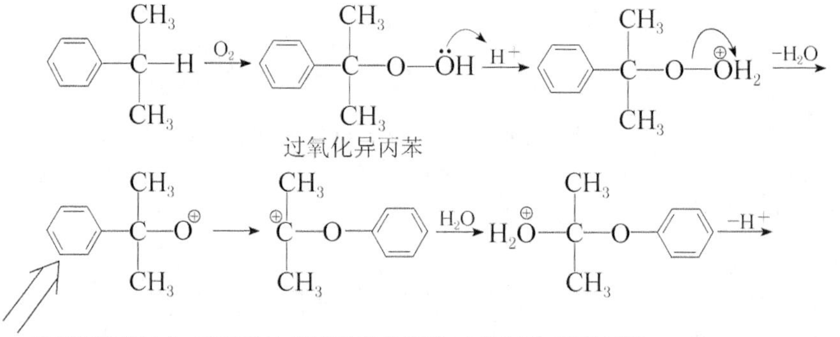

过氧化异丙苯

氧正离子不稳定,需要通过基团迁移重排为正碳离子,迁移活性：—Ar＞—R

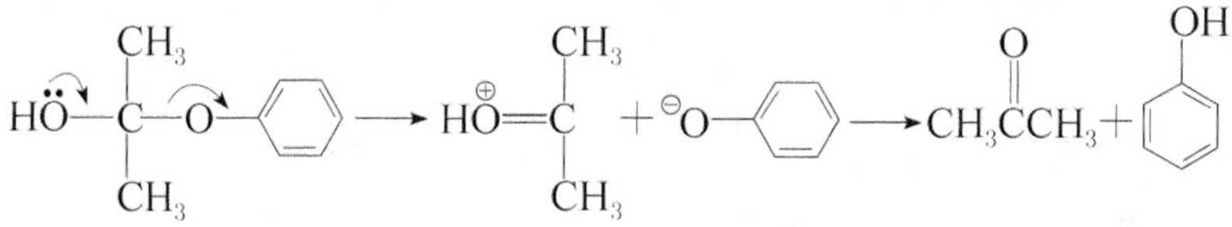

10.3　酚的化学性质Ⅰ——亲电取代反应(1)

10.3.1　硝化

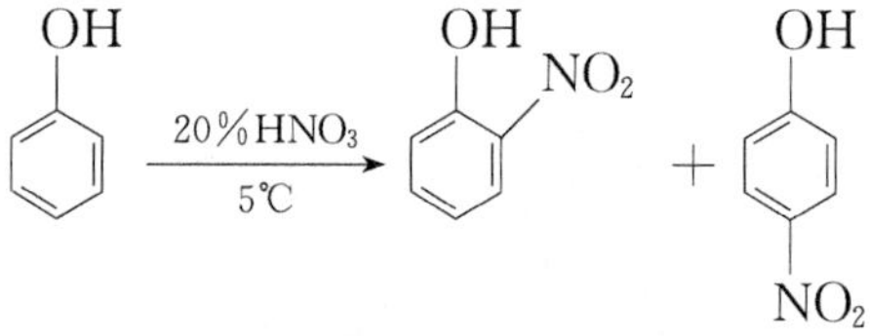

比苯的硝化容易,两种产物可采用水蒸气蒸馏法分离

水蒸气蒸馏原理:与水不反应、不互溶的、具有一定蒸气压的有机物与水共沸,在水蒸气作用下被分离的方法称为水蒸气蒸馏。

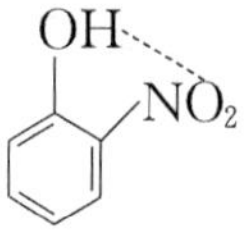

形成分子内氢键,使其蒸气压升高,可以被水蒸气蒸馏

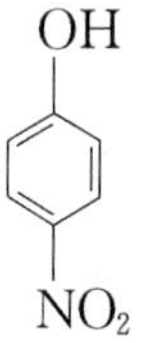

只能形成分子间氢键,蒸气压下降,水蒸气蒸馏时不能被水蒸气带出

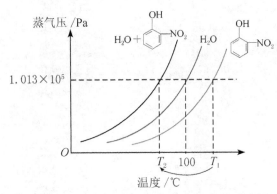

从图中可以看出,与水共沸使邻-硝基苯酚的沸点降低了。

10.3.2　亚硝化

与弱亲电试剂亚硝基阳离子($\overset{\oplus}{N}O$)反应

10.3.3　卤代

2,4,4,6-四溴-2,5-环己二烯酮

酚类化合物溴代之后,可在 CuBr 催化下与 CH_3ONa 反应,将 Br 转化为 CH_3O。例如:

由于羟基对苯环的活化作用,可以发生氧化碘代反应。例如:

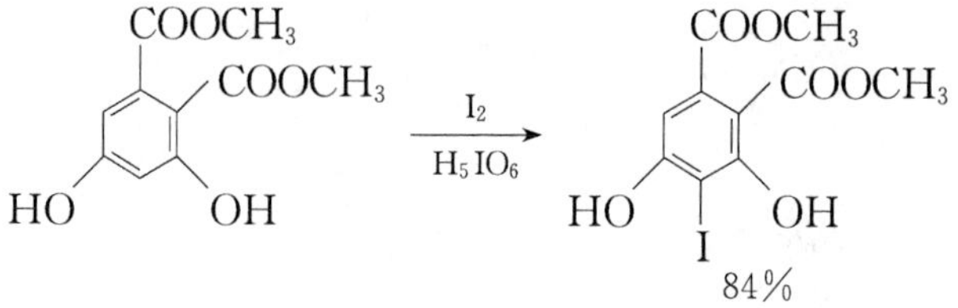

10.3.4 磺化

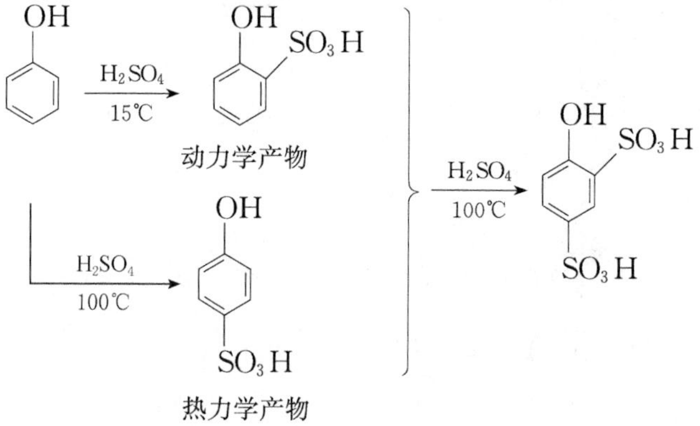

10.3.5 Friedel-Crafts 酰基化

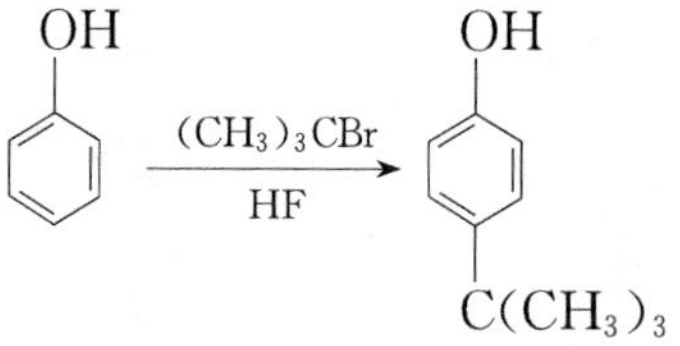

活泼卤代烃可以在弱酸催化下与苯酚发生 Friedel-Crafts 烷基化反应

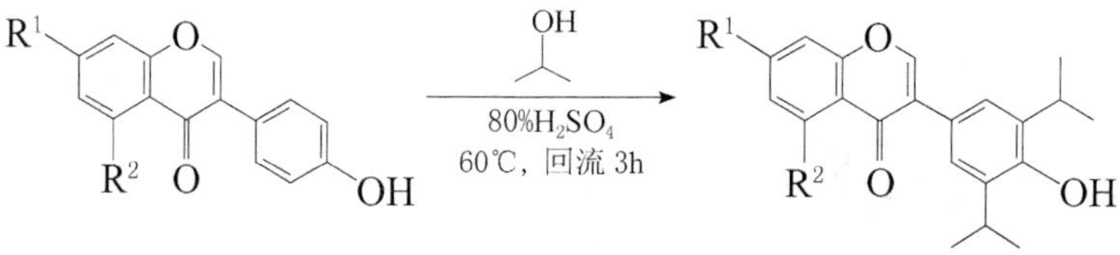

大豆异黄酮 { Ⅰ　R^1＝OH；R^2＝H
Ⅱ　R^1＝H；R^2＝OH
Ⅲ　R^1＝OCH$_3$；R^2＝H

10.4　酚的化学性质Ⅰ——亲电取代反应(2)

　　酚的酸性较强,可与 NaHCO$_3$ 反应生成钠盐,得到酚氧阴离子,使苯环发生亲电取代反应的活性更高,即碱性条件下苯酚可以与弱亲电试剂发生亲电取代反应。

10.4.1　酚氧负离子与甲醛反应

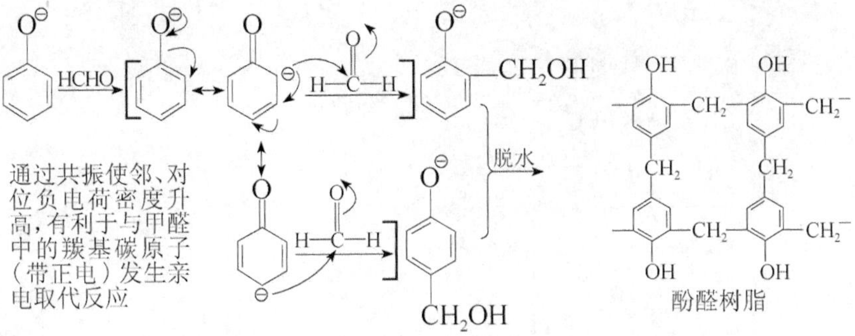

通过共振使邻、对位负电荷密度升高,有利于与甲醛中的羰基碳原子(带正电)发生亲电取代反应

脱水

酚醛树脂

10.4.2　Kolbe 反应

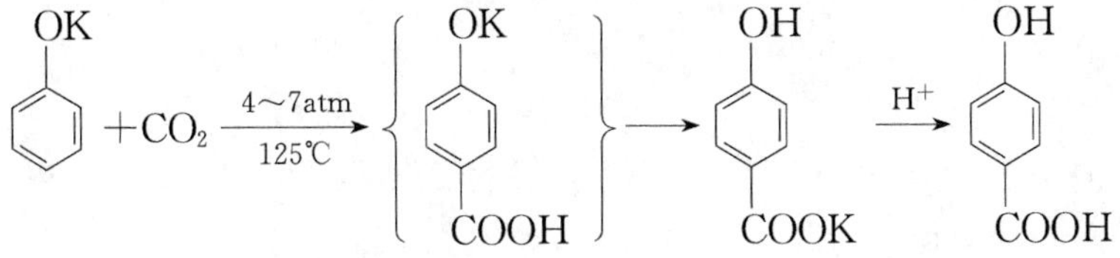

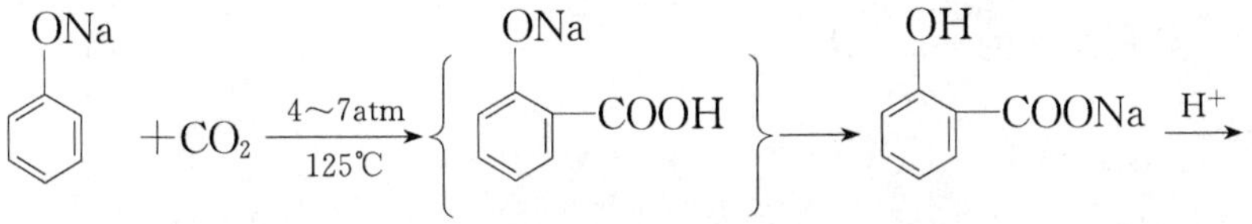

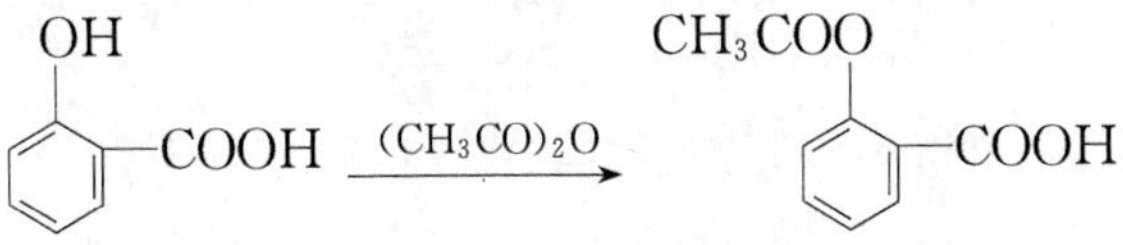

水杨酸　　　　乙酰水杨酸(阿司匹林)

注意:酚的钾盐和钠盐在发生 Kolbe 反应时的产物不同。

10.4.3　Reimer-Tiemann 反应

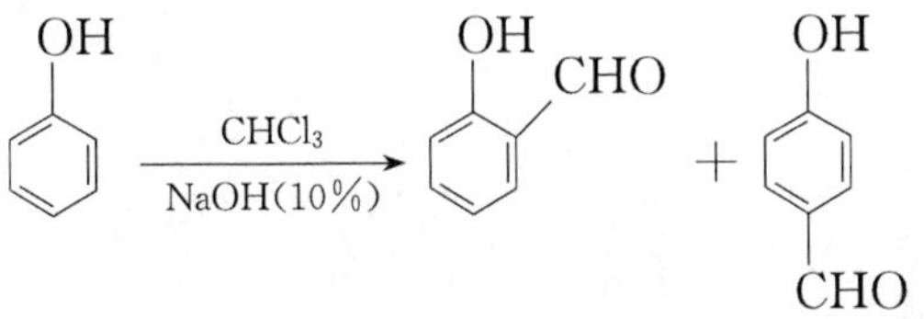

20%～35%　　8%～12%

尽管产率较低,但这是一个酚环直接醛基化的反应。

二氯卡宾(:CCl_2)的芳香亲电取代反应机理如下:

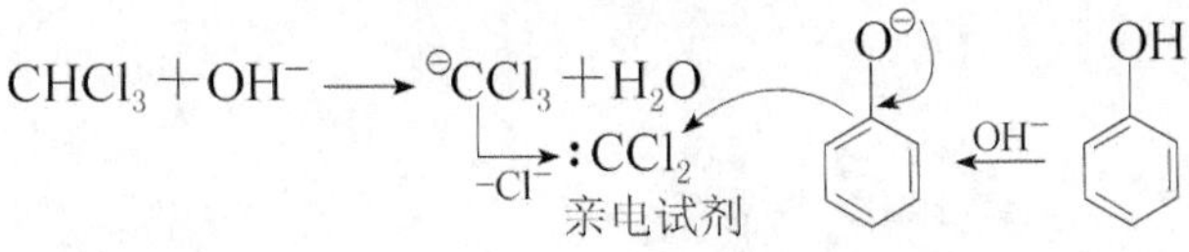

$$CHCl_3 + OH^- \longrightarrow {}^{\ominus}CCl_3 + H_2O$$

亲电试剂

在碱性介质中，—OH 转化为—O$^\ominus$，其定位效应强于—OCH$_3$，所以，反应优先发生在—OH 对位。

10.4.4　与重氮盐的偶联反应

重氮盐作为弱亲电试剂的芳香亲电取代反应机理如下：

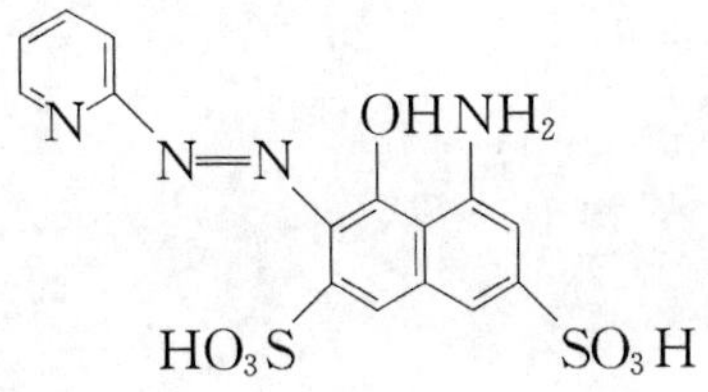

碱性条件下，重氮盐与酚一侧偶联

10.4.5 与丙酮反应

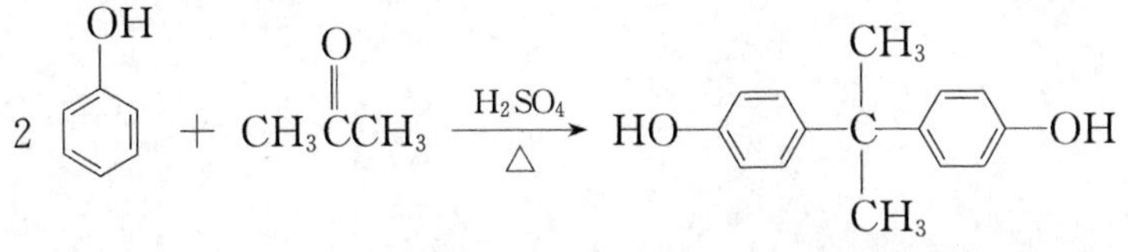

双酚A

10.4.6 多酚的反应

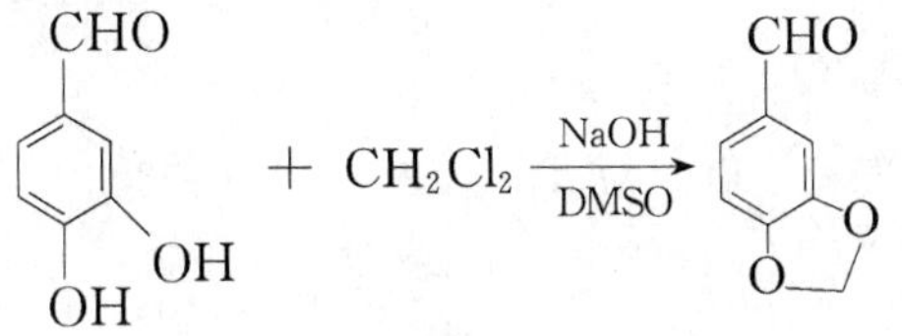

保护多酚的反应

10.5 酚的化学性质Ⅱ——重排反应

10.5.1 酚酯的 Fries 重排

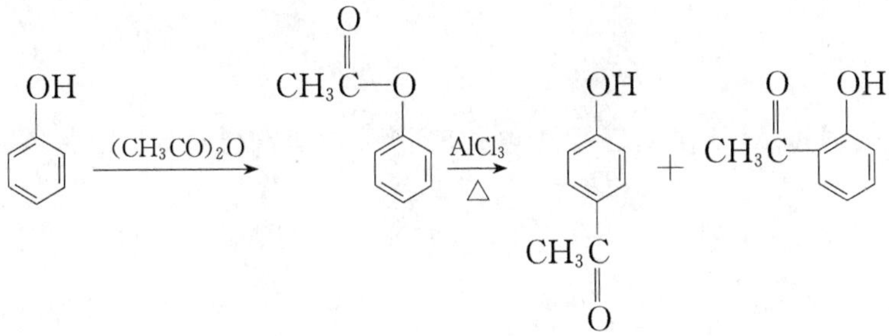

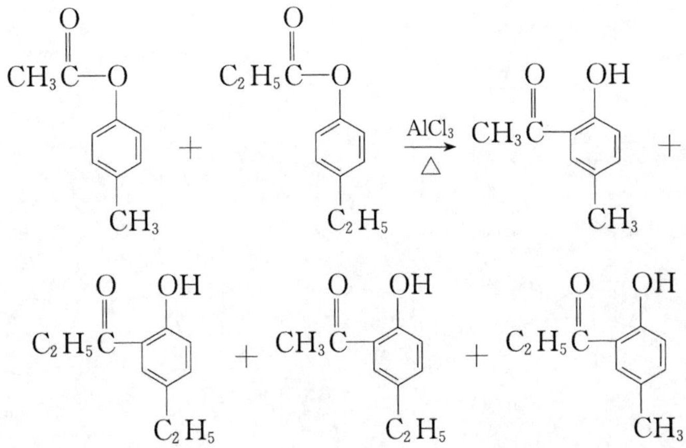

产生交叉产物,说明该反应是分子间的反应。

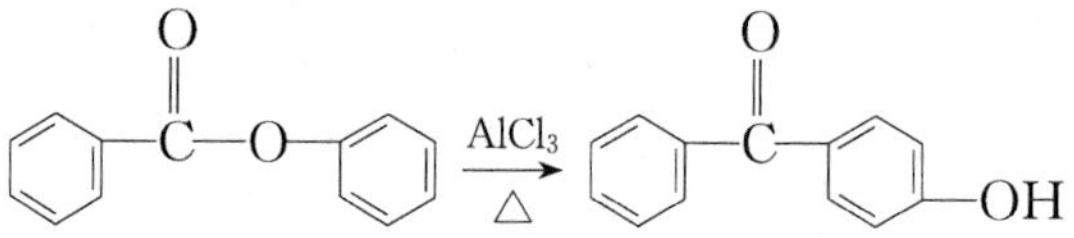

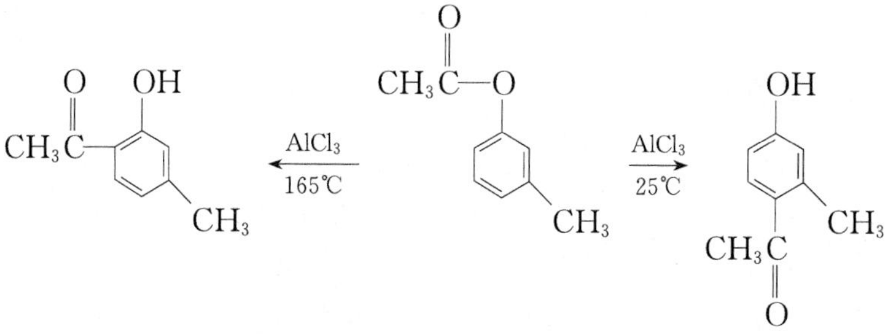

95%

可水蒸气蒸馏蒸出

80%

不可水蒸气蒸馏蒸出

可以采用以下机理来理解酚酯 Fries 重排这一发生在分子间的反应。

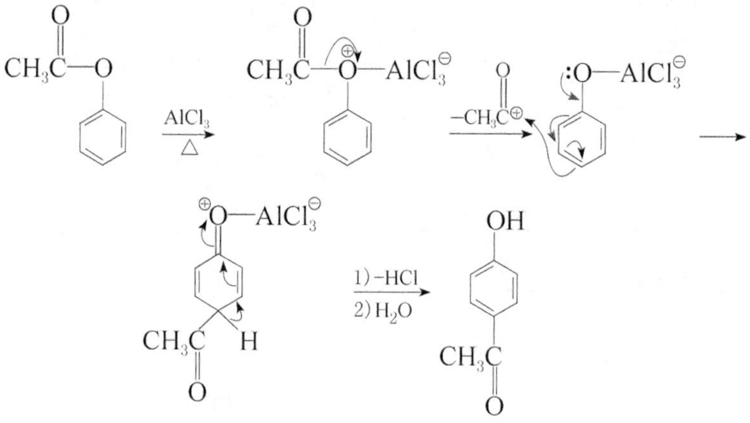

实际上是通过 AlCl₃ 产生一个亲电试剂,该亲电试剂再对苯酚的芳环发生亲电取代反应。

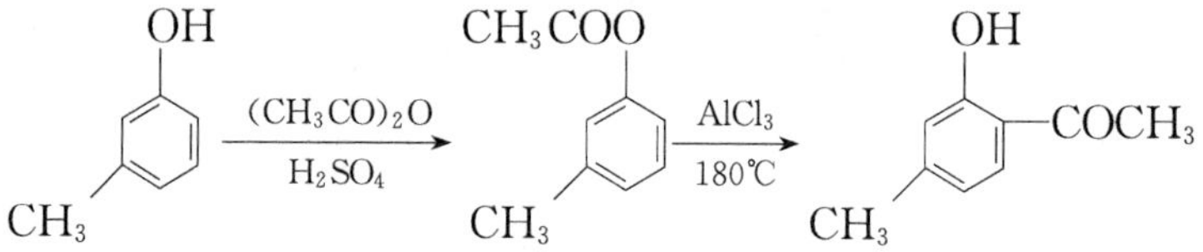

100%

80%

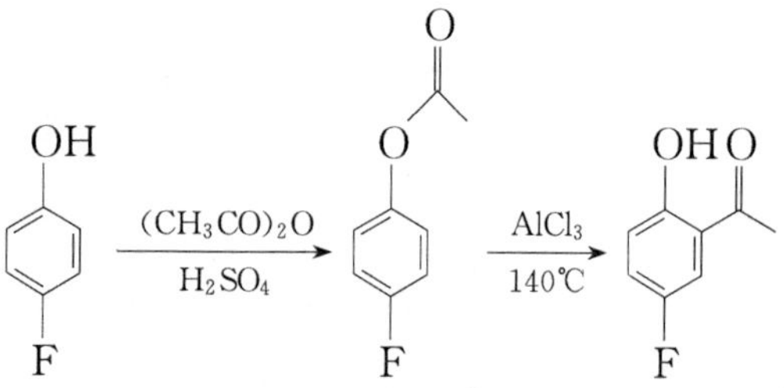

97%

85%

10.5.2　苯基烯丙基醚(酚醚)的 Claisen 重排

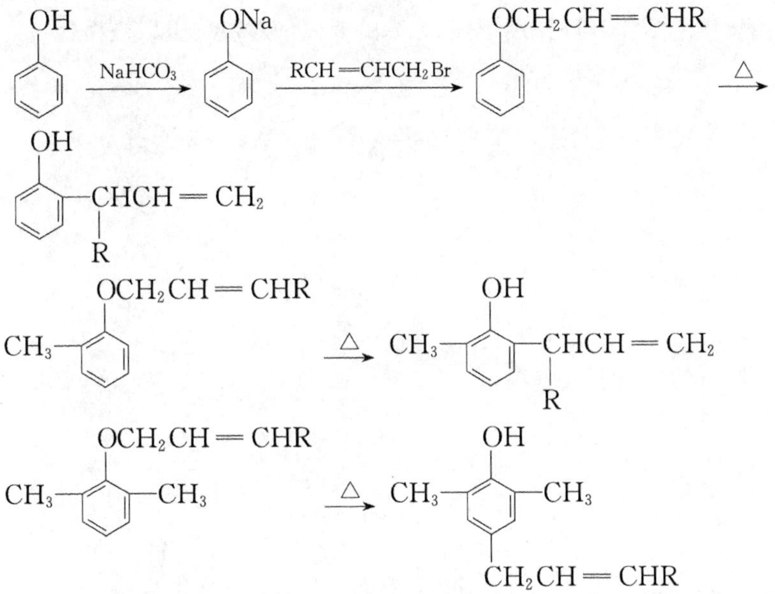

烯丙基"头"变"尾"重排到酚羟基的邻位,如果两个邻位均有基团,则再次"头"变"尾"重排到对位,结果相当于直接接到对位。其机理为[3,3]-σ 迁移(见18.3.2 节)。

10.6　芳香胺的化学性质Ⅰ——亲电取代反应

因为氨基是活化基团,芳香胺的亲电取代反应活性与苯酚类似,比苯的亲电取代反应活性高。

10.6.1　硝化

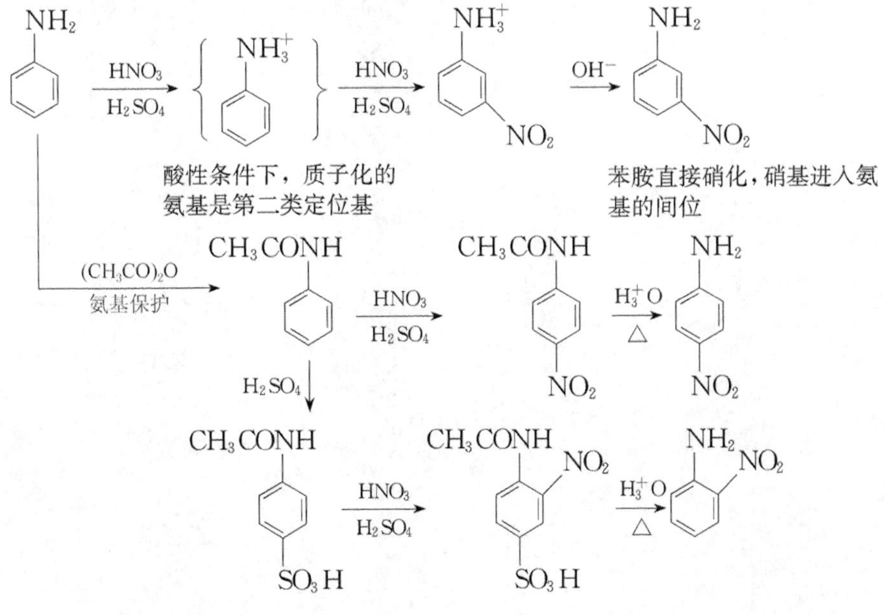

酸性条件下,质子化的氨基是第二类定位基

苯胺直接硝化,硝基进入氨基的间位

10.6.2　卤代

由于氨基活化苯环作用很强，氨基的邻位和对位均可以被卤代。

10.6.3　磺化

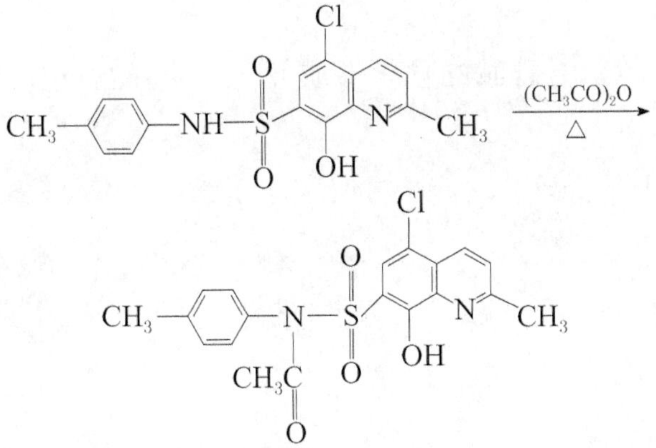

10.6.4　Friedel-Crafts 酰基化

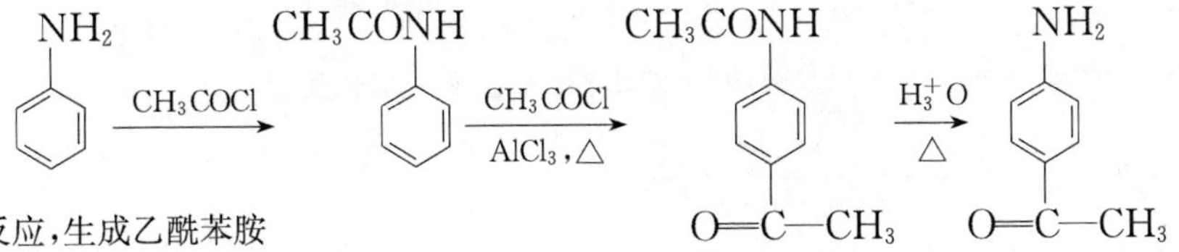

直接反应,生成乙酰苯胺

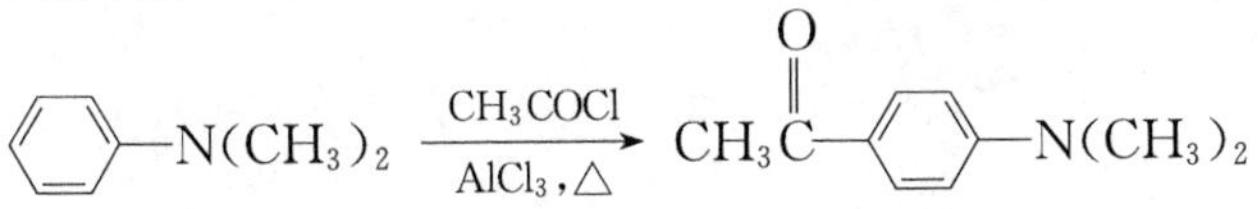

10.6.5　Vilsmeier 反应——叔芳胺的醛基化

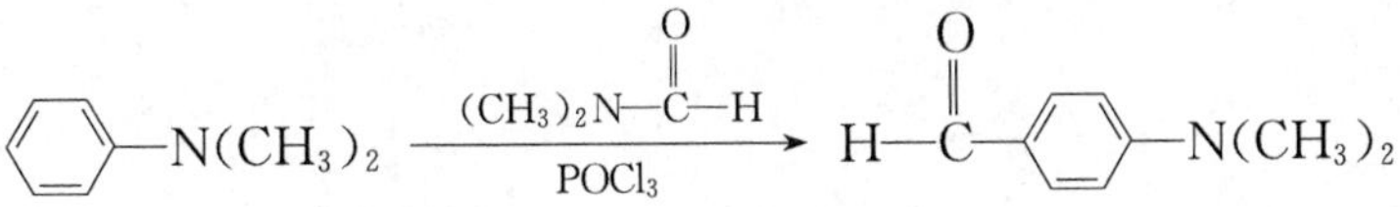

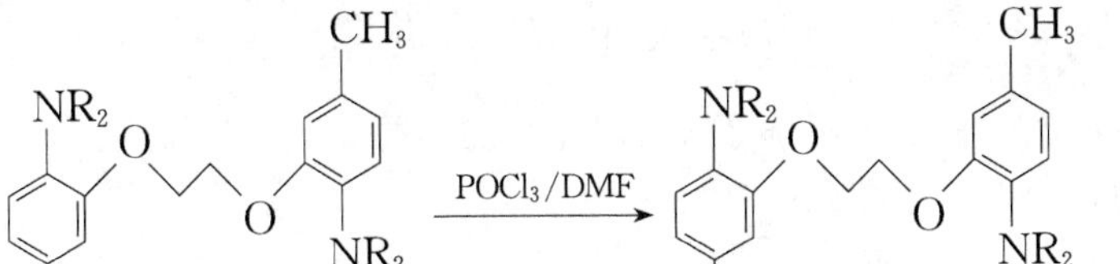

$R=CH_2COOCH_3$

香豆素的内酯环也可发生醛基化反应。

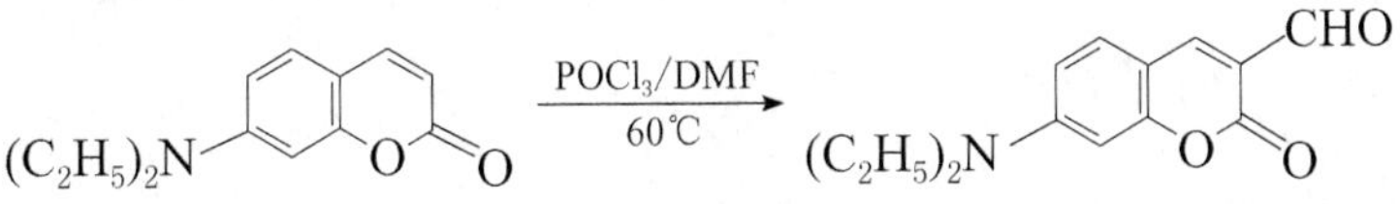

73%

复习

芳香环直接醛基化反应:苯的 Gattermann-Koch 反应;酚的 Reimer-Tiemann 反应;叔芳胺的 Vilsmeier 反应。

总结

芳香胺的亲电取代反应活性高,氨基又容易被氧化,所以,一般要先将氨基乙酰化保护[乙酰化试剂活性:$CH_3COCl > (CH_3CO)_2O > CH_3COOH$],然后再做其他的亲电取代反应,最后通过酸性条件下的水解反应除去保护基团。

10.7　芳香胺的化学性质Ⅱ——重氮盐的反应

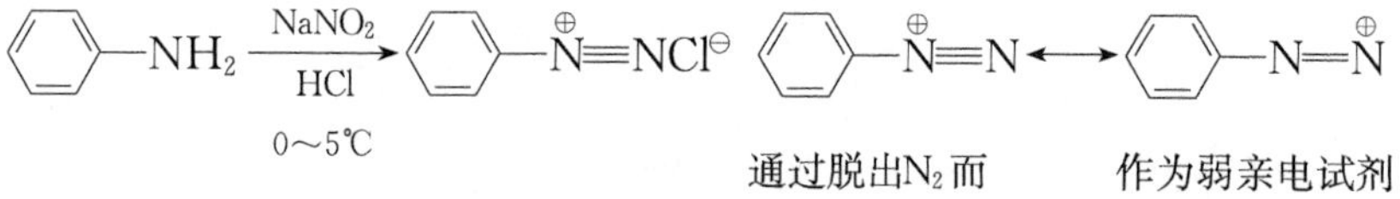

通过脱出N_2而　　作为弱亲电试剂
发生取代反应　　　而发生偶联反应

10.7.1　取代反应

1. Sandmeyer 反应

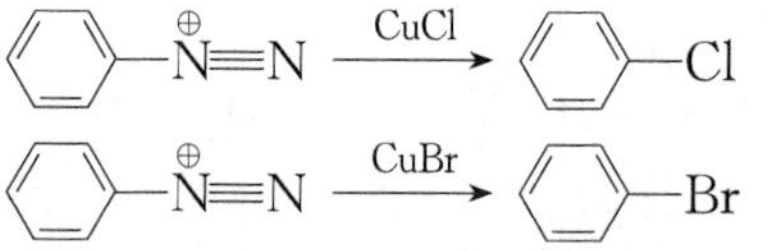

Gattermann 改进了反应条件：将 CuCl 和 CuBr 分别改为 Cu/HCl 和 Cu/HBr 使操作更为容易，并发展了硝化、氰基化、硫氰基化反应

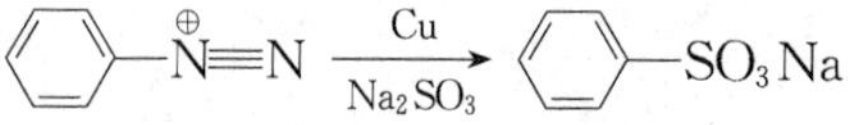

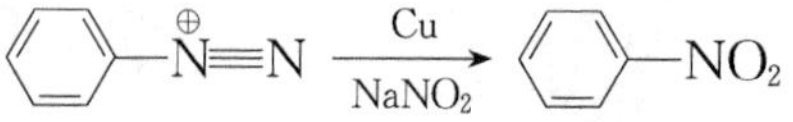

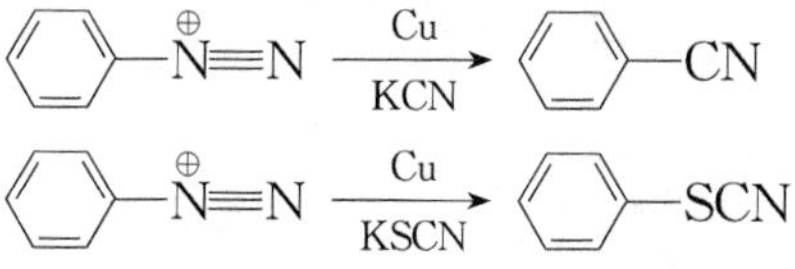

不能采用亲电取代法直接合成，只能采取重氮盐取代方法合成

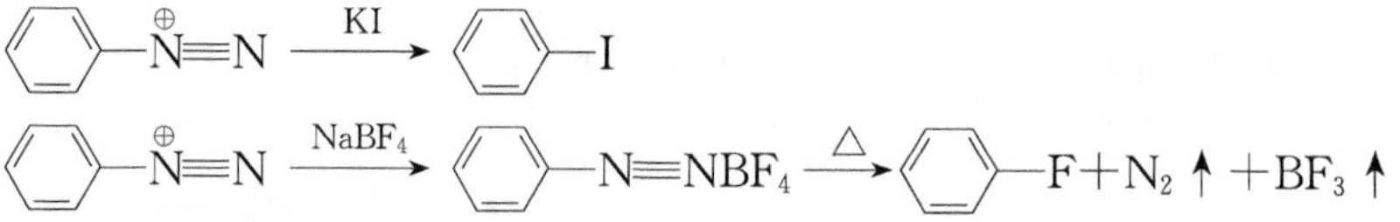

合成碘苯、氟苯的方法

　　氟硼酸重氮盐是一种不溶于水的沉淀，性质稳定，可以分离出来加以保存。该方法氟的利用率并不高。

　　3-氟苯胺的合成如下：

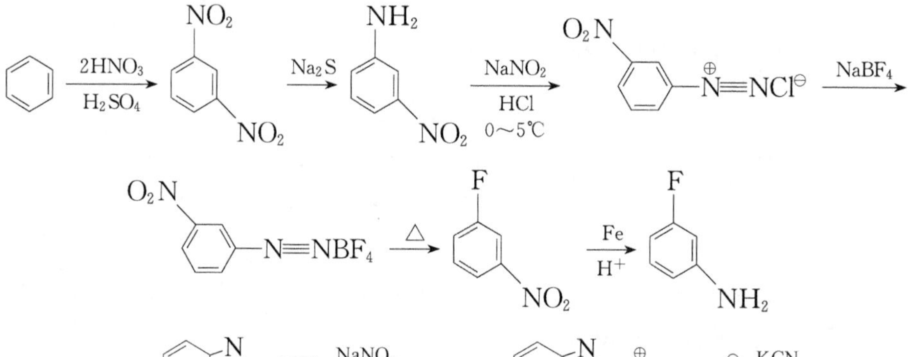

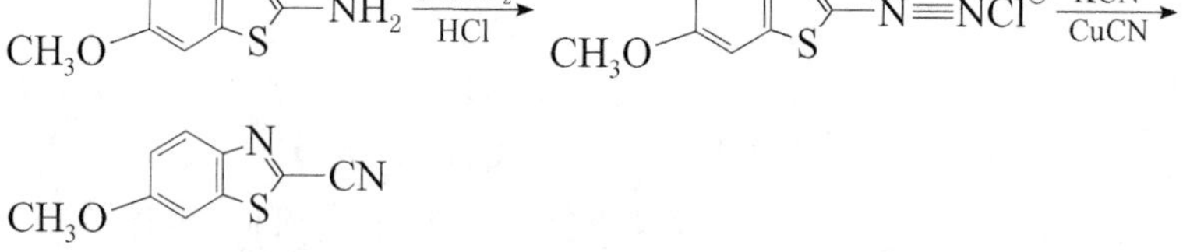

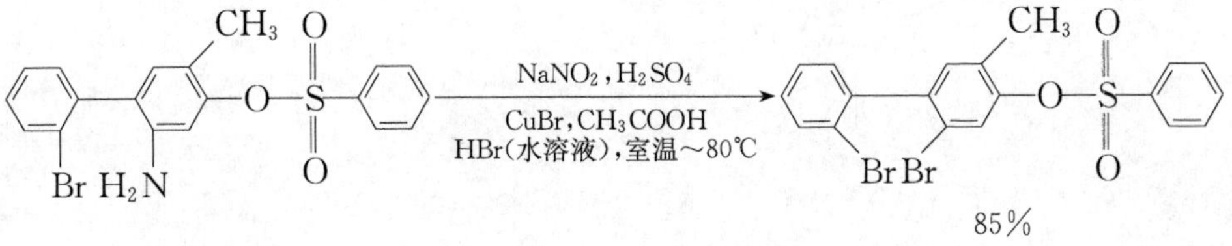

（结构式）$NaNO_2, H_2SO_4$
$CuBr, CH_3COOH$
HBr（水溶液），室温～80℃
85%

2. 羟基化

（结构式）$\xrightarrow{H_3^+O}$（苯酚）

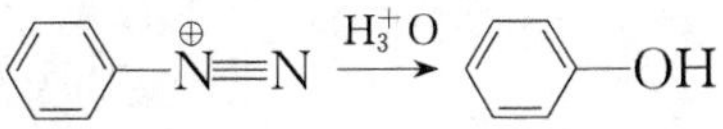

复习

合成苯酚的方法：氯苯在碱性介质中高温高压水解；苯磺酸钠与氢氧化钠碱融法；异丙苯氧化水解法；重氮盐水解法。

3. 氢化

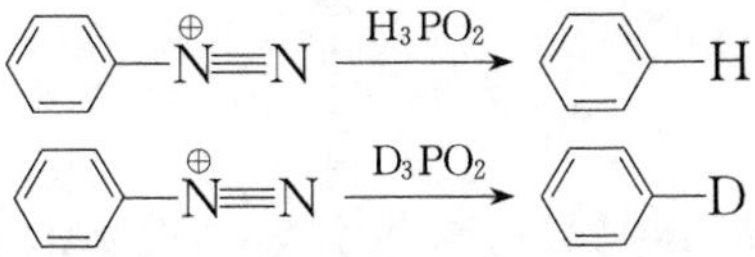

（结构式）$\xrightarrow{H_3PO_2}$（苯）

（结构式）$\xrightarrow{D_3PO_2}$（氘代苯）

CH_3CH_2OH 也可起到还原作用，被氧化为 CH_3CHO，但产率低。

合成 1,3,5-三溴苯：

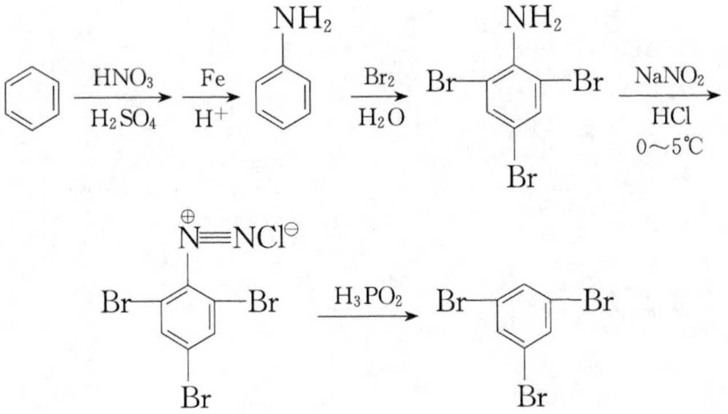

（结构式）$\xrightarrow[H_2SO_4]{HNO_3}$ $\xrightarrow[H^+]{Fe}$ （苯胺）$\xrightarrow[H_2O]{Br_2}$ （2,4,6-三溴苯胺）$\xrightarrow[\substack{HCl\\0\sim5℃}]{NaNO_2}$

（结构式）$\xrightarrow{H_3PO_2}$ （1,3,5-三溴苯）

合成 3-溴甲苯：

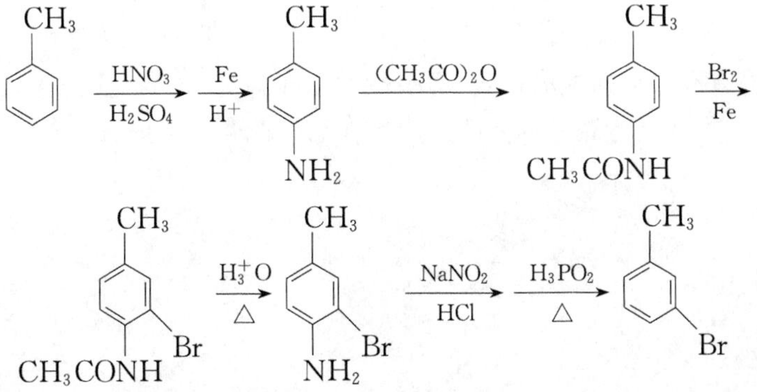

（结构式）$\xrightarrow[H_2SO_4]{HNO_3}$ $\xrightarrow[H^+]{Fe}$ （对甲基苯胺）$\xrightarrow{(CH_3CO)_2O}$ （乙酰化物）$\xrightarrow[Fe]{Br_2}$

（结构式）$\xrightarrow[\triangle]{H_3^+O}$ （结构式）$\xrightarrow[HCl]{NaNO_2}$ $\xrightarrow[\triangle]{H_3PO_2}$ （3-溴甲苯）

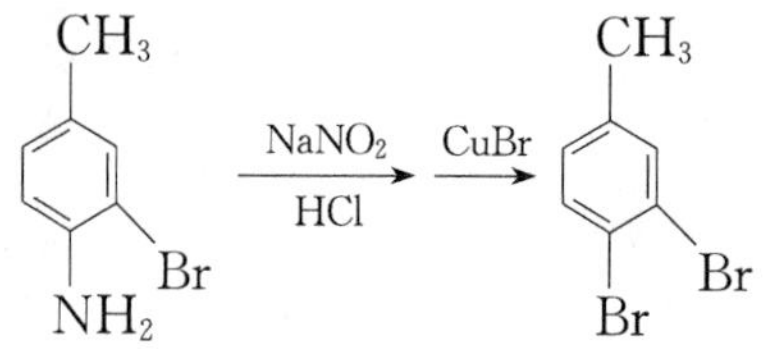

要求

利用定位效应和重氮盐合成法合成带有各种取代基的苯。

4. 芳基化

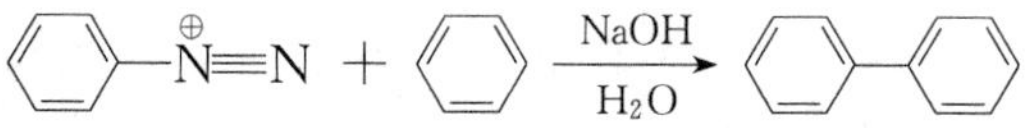

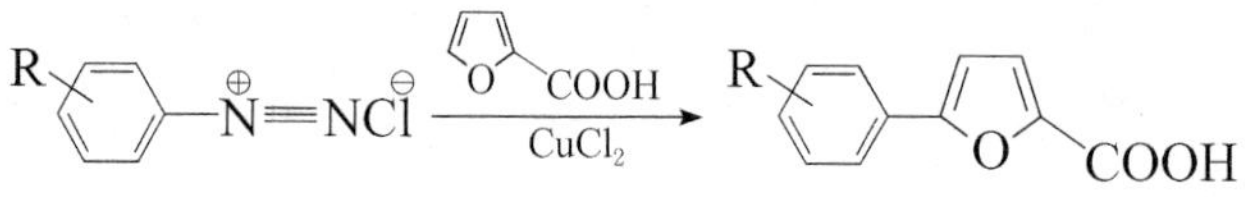

10.7.2 偶联反应

重氮盐可以作为弱亲电试剂与活化芳环发生亲电取代反应。其机理如下（G＝—NH$_2$，—NHR，—NR$_2$，—OH）：

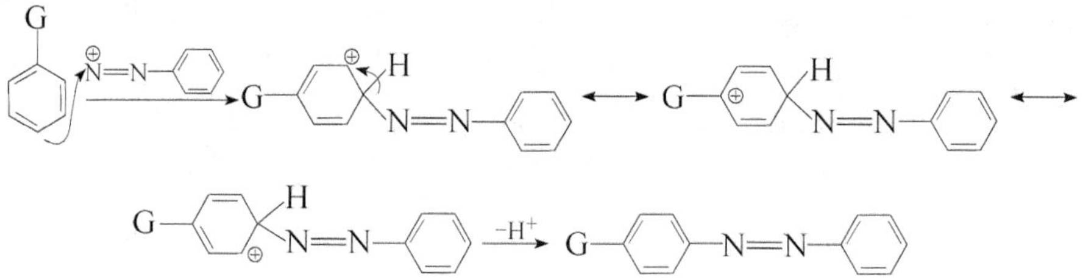

取代偶氮苯

1. 与芳香胺偶联（pH＝5～7）

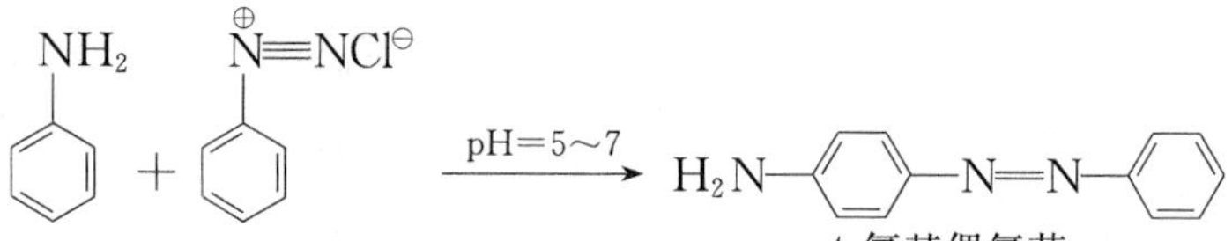

4-氨基偶氮苯

酸性强有利于重氮盐的稳定，但酸性太强则会使—NH$_2$质子化，转化为钝化基团，所以重氮盐与芳香胺的偶联反应应在弱酸性介质中进行。

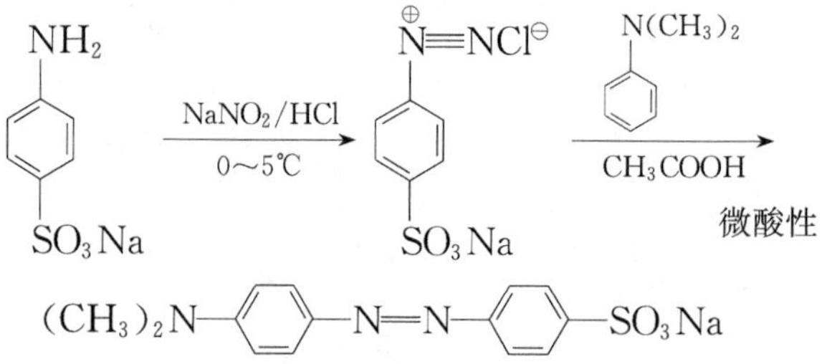

$(CH_3)_2N$—⬡—N＝N—⬡—SO_3Na

4′-(N,N-二甲基氨基)偶氮苯-4-磺酸钠（甲基橙）

2. 与酚偶联(pH＝8～10)

4-羟基偶氮苯

碱性强酚羟基转化为酚氧负离子,强烈活化苯环,有利于亲电取代反应,但碱性太强,重氮盐转化为重氮酸 Ph—N＝N—OH,无正电中心则无偶联活性,所以,重氮盐与酚的偶联反应要在弱碱性中进行。

10.7.3　还原反应

还原剂:Na_2SO_3、$NaHSO_3$、$Na_2S_2O_3$、$SnCl_2$ 等。

在 Zn/HCl 体系中可以断开 N＝N,将重氮盐还原为—NH_2。例如:

10.8 联苯胺重排反应

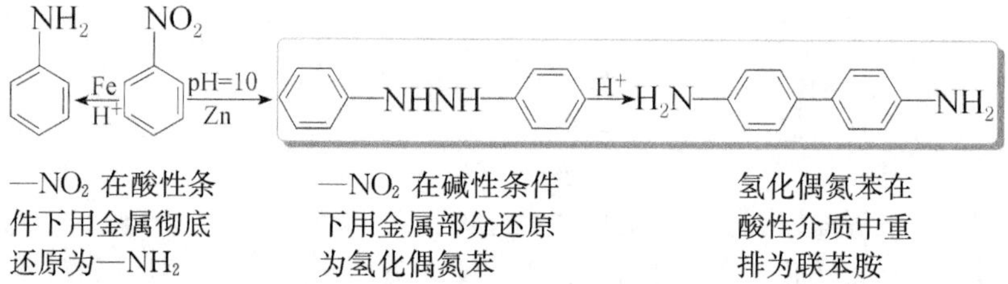
NH2
NO2
Fe
H+
pH=10
Zn
NHNH
H+
H2N
NH2
—NO2 在酸性条件下用金属彻底还原为—NH2
—NO2 在碱性条件下用金属部分还原为氢化偶氮苯
氢化偶氮苯在酸性介质中重排为联苯胺

机理

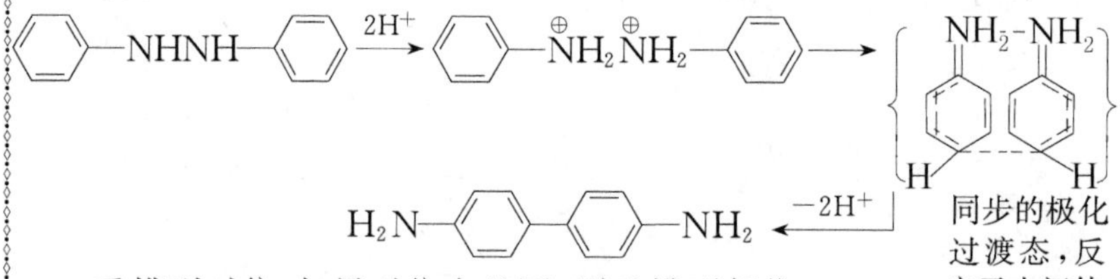
NHNH
2H+
NH2 NH2
NH2-NH2
H
H
−2H+
H2N
NH2
同步的极化过渡态，反应无中间体

重排到对位，如果对位有基团，则重排到邻位。

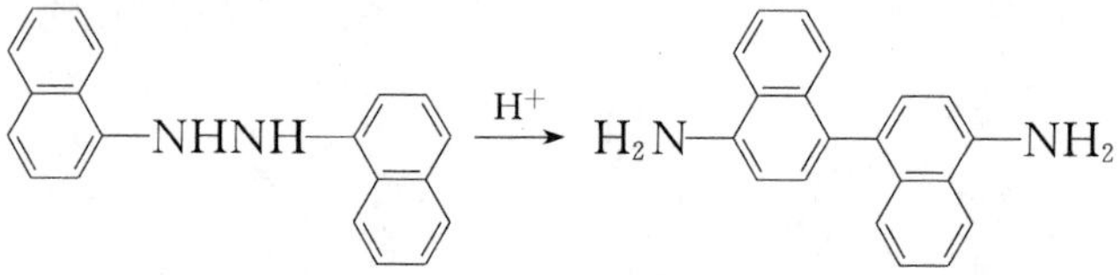
NHNH
H+
H2N
NH2

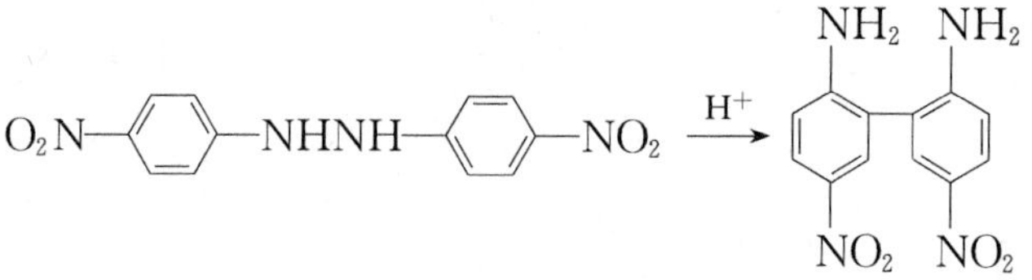
O2N
NHNH
NO2
H+
NH2 NH2
NO2 NO2

复习

合成联苯的方法：带有吸电子基团的卤代苯的偶联反应；重氮盐的芳基化；联苯胺重排。

第 11 章　杂环化合物

11.1　结　　构

11.1.1　分类

含有非碳原子的环状化合物称为杂环化合物,分为非芳香杂环化合物和芳香性杂环化合物。非芳香性杂环化合物分属各类化合物。例如:

四氢呋喃（醚类）　四氢吡咯（仲胺）　四氢噻吩（硫醚类）　哌啶（仲胺）

所以,杂环化合物特指芳香性杂环化合物。按照环上原子数分为五元杂环、六元杂环和稠杂环化合物。最具代表性的五元杂环化合物为吡咯、呋喃、噻吩;六元杂环化合物为吡啶;稠杂环化合物为喹啉、异喹啉。例如:

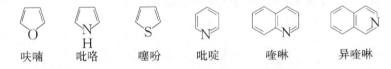

呋喃　　吡咯　　噻吩　　吡啶　　　喹啉　　　异喹啉

11.1.2　结构

杂原子的引入必然带来不同于碳原子的电子效应,即诱导效应和共轭效应。作为非芳香性的杂环化合物,其杂原子仅表现诱导效应,而芳香性杂环中的杂原子同时表现诱导效应和共轭效应,这样就造成了芳香性杂环与其对应的非芳香性杂环化合物的偶极矩的差异,这种差异可以理解为共轭效应的结果。

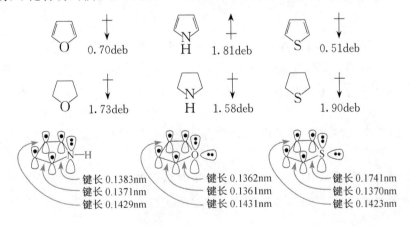

　　五元杂环形成了五中心六电子的 Ⅱ 键(Π_5^6),整体电子云密度升高,使亲电取代反应更为容易,而且键长并未完全平均化,这样电子云密度就不是完全平均分布,使得亲电取代反应发生的位置具有选择性。其中 2,5-位称为 α-位;3,4-位称为 β-位。

$$
\begin{array}{c}
{}^{4}\diagdown\ {}^{3} \\
{}^{5}\diagup_{Z}\diagdown_{2} \\
{}_{1}
\end{array}
\qquad Z=N,O,S
$$

　　如果以苯的硝化反应速率为 1,噻吩的 β-位硝化速率为 1.9×10^4,α-位为 3.2×10^7,可见 α-位更容易发生亲电取代反应。

11.2　吡咯、呋喃、噻吩的性质与合成

亲电取代反应活性:

$$
\underset{H}{\underset{N}{\bigcirc}} > \underset{O}{\bigcirc} > \underset{S}{\bigcirc} > \bigcirc > \underset{N}{\bigcirc}
$$

11.2.1　五元杂环化合物的亲电取代反应机理

亲电试剂
进攻 3,4-位
Z=N,O,S

两个共振式

杂原子利用其孤对电子来稳定正碳离子

亲电试剂
进攻 2,5-位
Z=N,O,S

生成烯丙基位正碳离子

三个共振式

　　由于杂原子孤对电子在共振式中对正碳离子稳定作用较大,因此五元杂环亲电取代反应的中间体正碳离子比苯在发生亲电取代反应时的正碳离子要稳定。所以,中间体正碳离子稳定及五元杂环电子云密度大两个方面原因决定了其亲电取代反应活性比苯高。由于取代 β-位时,中间体仅有两个共振式,而取代 α-位时有三个共振式,说明其电荷分散性能更好,能量更低,因此取代 α-位的活性高于取代 β-位。

　　既然五元杂环亲电取代反应活性高,亲电试剂的活性就应适当降低,否则会发生诸如氧化等副反应,使亲电取代反应产率降低。

11. 2. 2 五元杂环化合物的亲电取代反应

1. 硝化

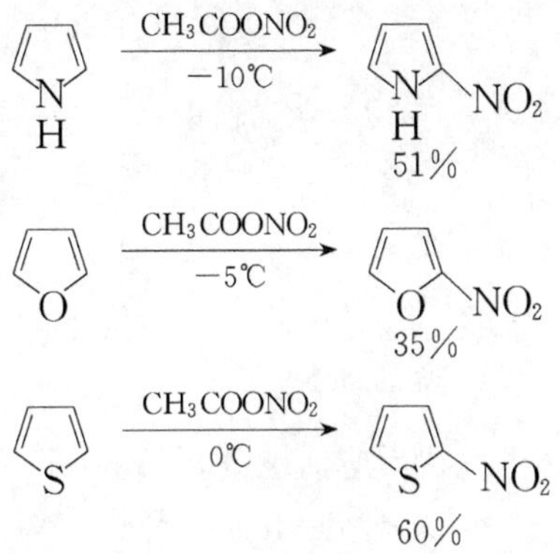

硝化试剂为温和的硝酸乙酰酯,防止在硝化过程中氧化五元杂环化合物。

$$(CH_3CO)_2O + HNO_3 \longrightarrow CH_3COONO_2$$

2. 卤代

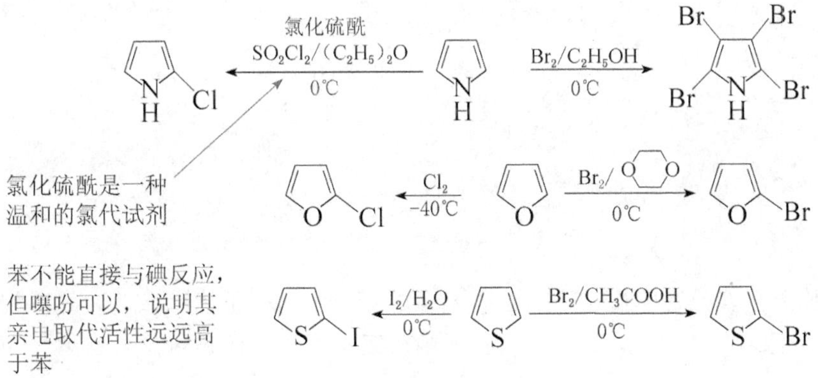

氯化硫酰是一种温和的氯代试剂

苯不能直接与碘反应,但噻吩可以,说明其亲电取代活性远远高于苯

3. 磺化

温和的磺化试剂 $SO_3 \cdot$ 。

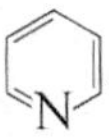

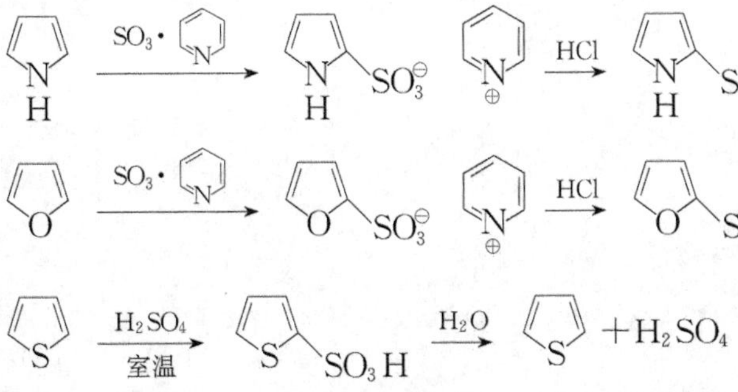

苯中含有少量噻吩,可以用浓硫酸萃取除去

噻吩磺酸可以水解再得到噻吩

4. Friedel-Crafts 酰基化

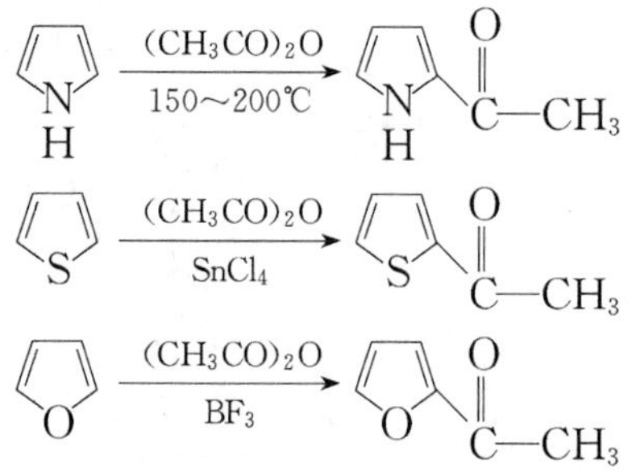

结论

五元杂环化合物的亲电取代反应活性高，所以一般选用弱的亲电试剂，在低温条件下，采用溶剂稀释下反应，以防止五元杂环化合物氧化或聚合。

11.2.3　五元杂环化合物亲电取代反应中的基团定位效应

1. β-位有取代基

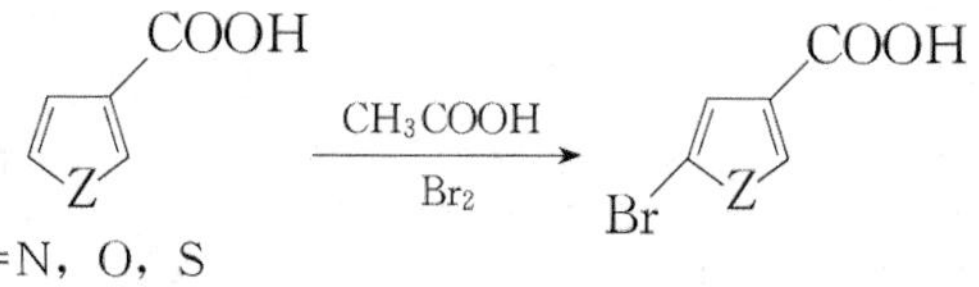

Z=N, O, S

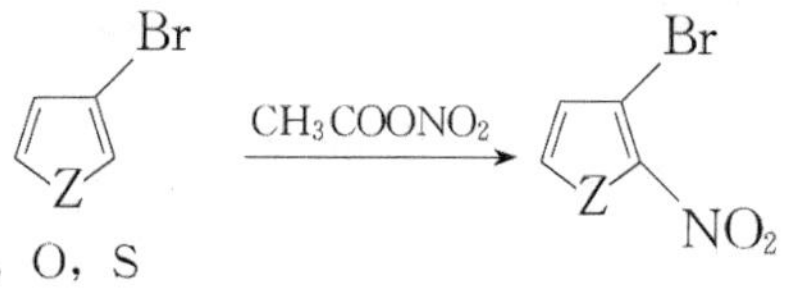

Z=N, O, S

如果在五元杂环化合物的 β-位有第二类定位基，则后续基团进入不相邻的 α-位；如果在 β-位的是第一类定位基，则后续基团进入相邻的 α-位。解释如下：

1) G 为第二类定位基

Z=N,O,S

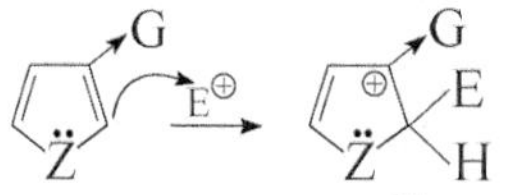

亲电试剂进攻 2-位，则导致正碳离子直接与吸电子基团相连，不稳定

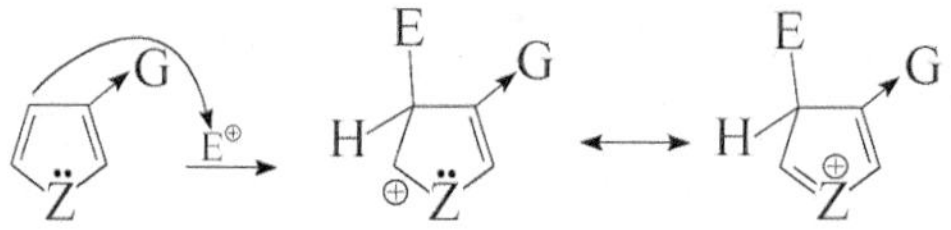

如果进攻 4-位，不仅其本身活性低，而且也不如进攻 5-位时产生的共振式多

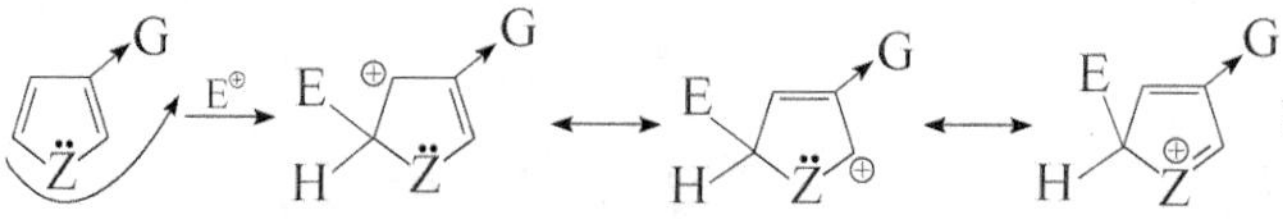

进攻 5-位最有利

2) G 为第一类定位基

Z＝N,O,S

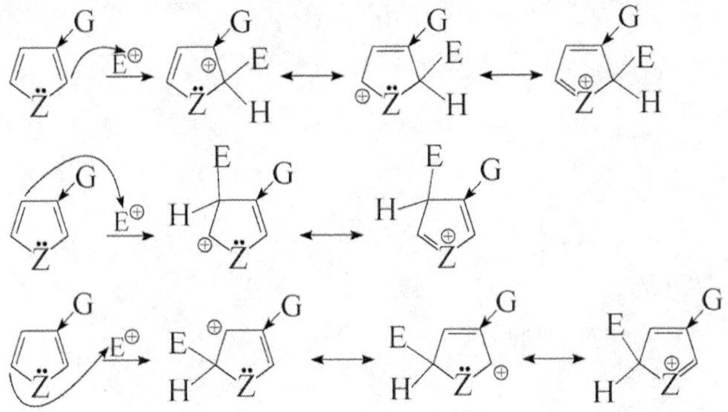

亲电试剂进攻2-位，则导致正碳离子直接与推电子基团相连，这样的正碳离子稳定

亲电试剂进攻这两个位置时则无此共振式

2. α-位有取代基

1) 当 Z＝N,S 时

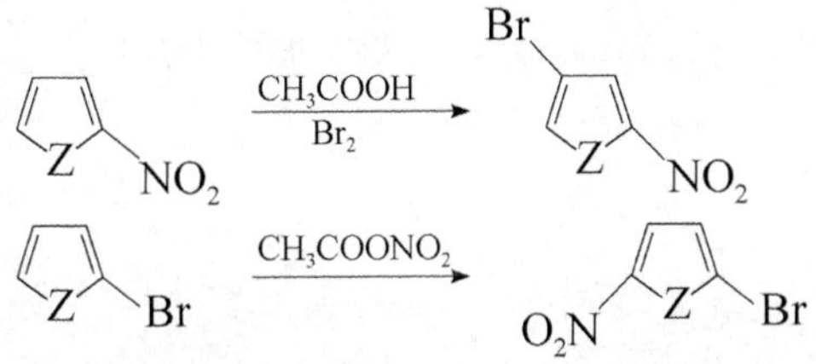

如果吡咯和噻吩的 α-位有第二类定位基，则后续基团进入不相邻的 β-位；如果 α-位的是第一类定位基，则后续基团进入另一 α-位。解释如下：

(1) G 为第二类定位基，Z＝N,S。

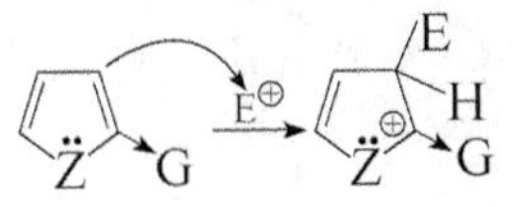

亲电试剂进攻 3-位，则导致正碳离子直接与吸电子基团相连，这样的正碳离子不稳定

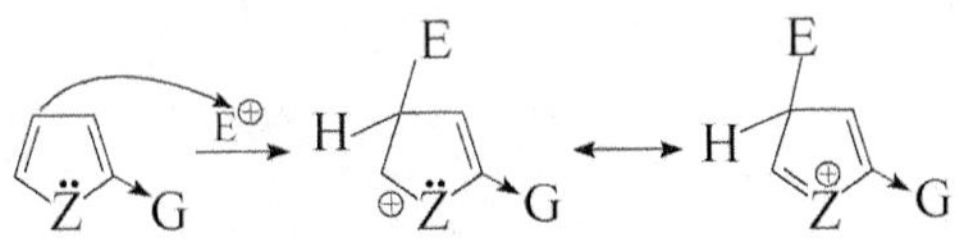

亲电试剂进攻 5-位时，也可导致正碳离子与吸电子基团相连，只有进攻4-位时方可避开这种情况，所以，当2-位为吸电子基团时，后续基团进入4-位

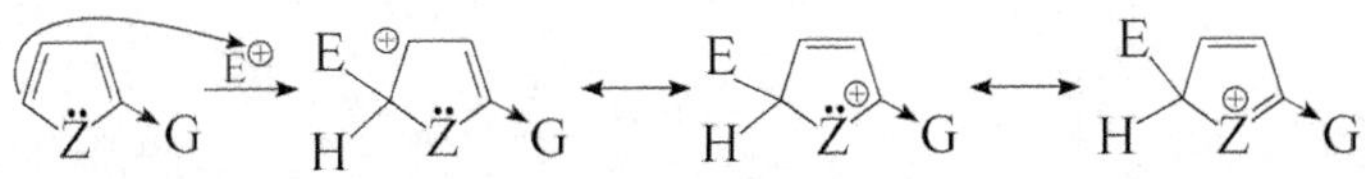

(2) G 为第一类定位基，Z＝N,S。

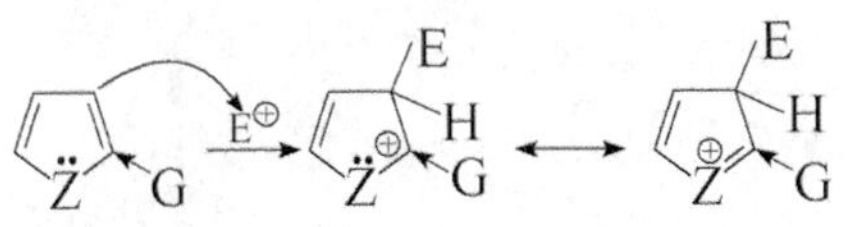

虽然亲电试剂进攻 3-位和 5-位均能产生正碳离子与推电子基团相连的情况，但是，进攻5-位时产生三个共振式，而且 5-位的反应活性比 3-位高

2）当 Z＝O 时

无论呋喃的 α-位是何种类型定位基，后续基团均进入另一 α-位。

11.2.4　五元杂环化合物的加成反应

五元杂环具有共轭双烯的性质，可以发生加成反应。例如：

呋喃具有共轭双烯的性质，可以发生 Diels-Alder 反应

吡咯的 N—H 上的 H 具有酸性，发生的是加成反应。但是将 N—H 烷基化后，则表现共轭双烯的性质

噻吩中的 p 电子分散得好，具有很强的芳香性，但 S 氧化后则破坏了芳香性，表现出共轭双烯的性质

11.2.5　吡咯的特殊反应

1. 酸性

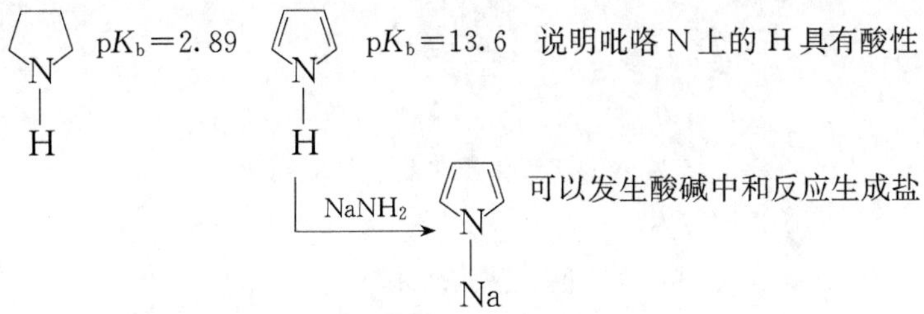
pK_b=2.89
pK_b=13.6　说明吡咯 N 上的 H 具有酸性
NaNH₂
可以发生酸碱中和反应生成盐

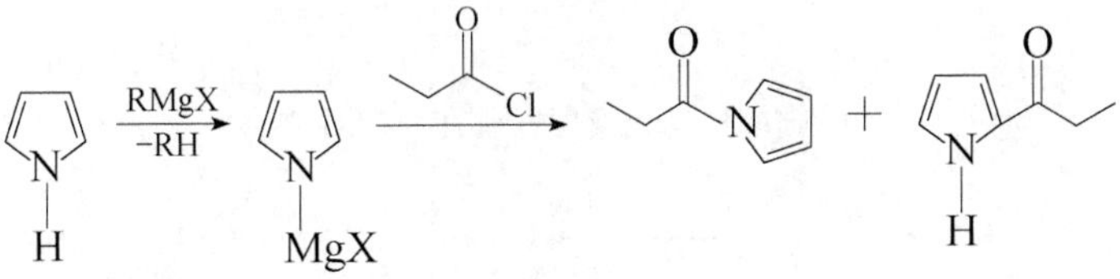
RMgX
-RH
MgX
Cl

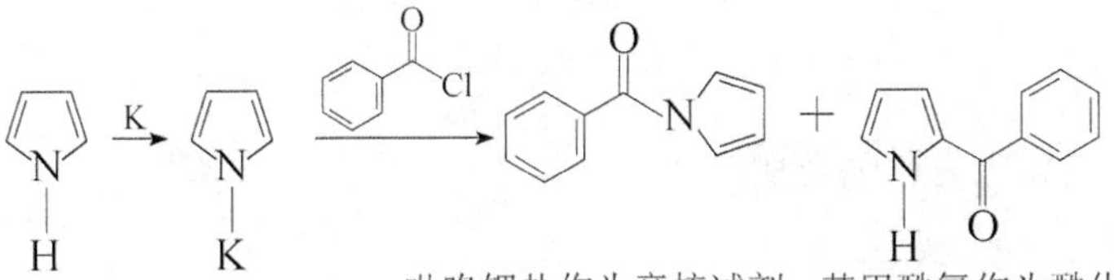
K
Cl

吡咯钾盐作为亲核试剂的加成-消除反应产物　苯甲酰氯作为酰化试剂的亲电取代反应产物

2. 活泼芳环的性质

1）与重氮盐偶联

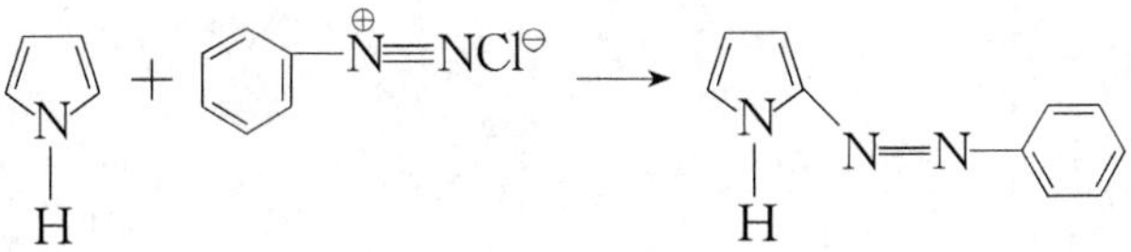

2）Reimer-Tiemann 反应

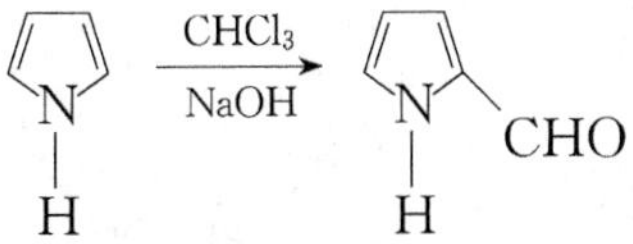
CHCl₃
NaOH
CHO

3）Kolbe 反应

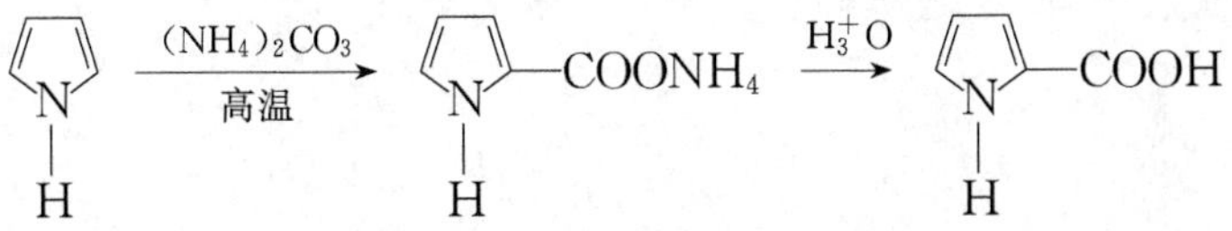
(NH₄)₂CO₃
高温
COONH₄
COOH

4）吲哚、咔唑及噻吩的 Vilsmeier 反应

吲哚的醛基化反应发生在 3-位

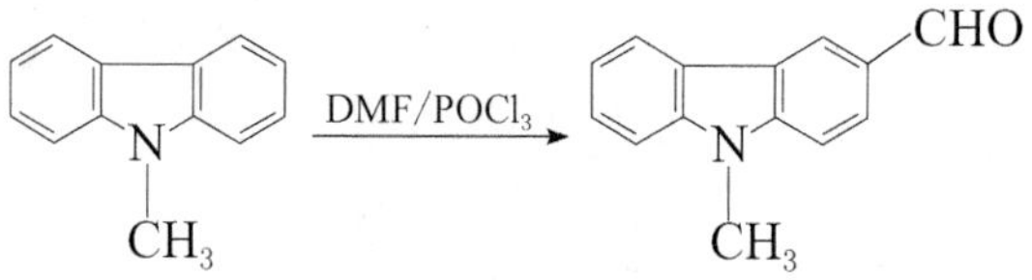

咔唑的醛基化反应发生在 N 的对位

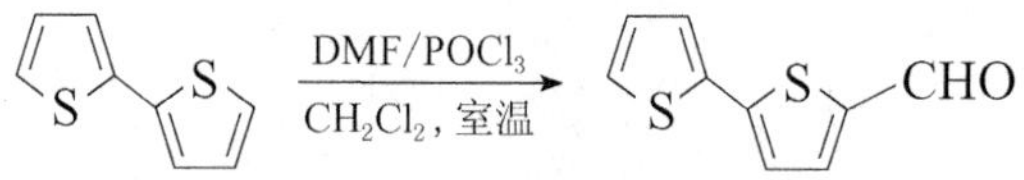

噻吩的醛基化反应发生在 α-位

11.2.6 五元杂环化合物的合成

1. 无取代基

一般无取代基的五元杂环化合物都是采用工业方法合成的。

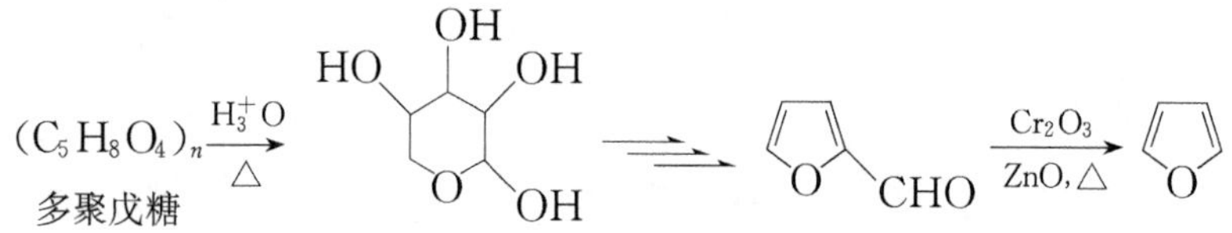

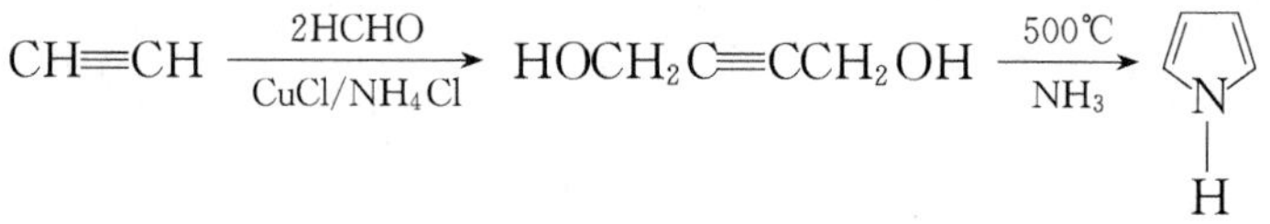

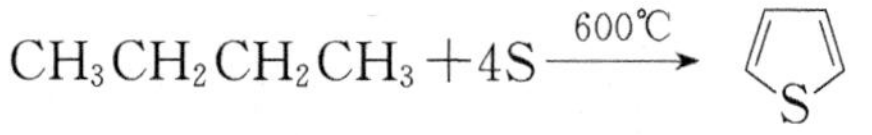

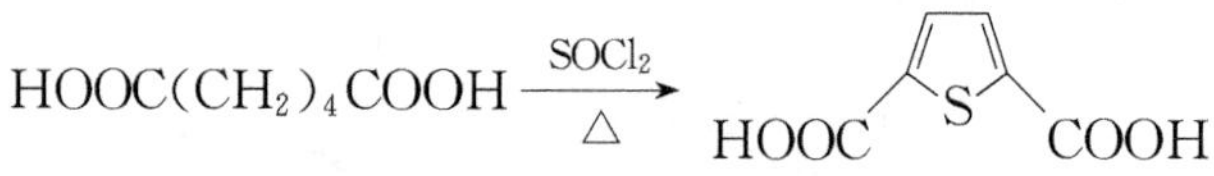

无取代基五元杂环化合物的合成是比较困难的,但得到一种五元杂环化合物后,可以通过水解、氨解和硫化氢解使之相互转换。

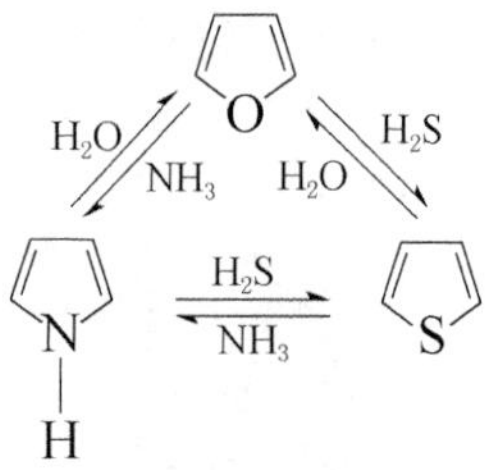

2. α-位有两个取代基

$$R_1-\overset{\overset{\displaystyle O}{\|}}{C}-CH_2-CH_2-\overset{\overset{\displaystyle O}{\|}}{C}-R_2 \quad \begin{array}{c} \xrightarrow[\triangle]{P_2O_5} \\[2mm] \xrightarrow[\triangle]{P_2S_5} \\[2mm] \xrightarrow[\triangle]{(NH_4)_2CO_3} \end{array}$$

酯基水解为醇　　　　酸性条件下 C＝O 烯醇化

$-H_2O$

芳构化　　　69％

11.3　吡啶的性质与合成

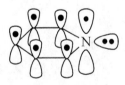

由于氮原子电负性大，吸引电子能力强，降低了芳香环上的电子云密度，致使吡啶的亲电取代反应活性大大降低；氮原子 sp^2 杂化轨道上有一对孤对电子，易与水形成氢键，所以吡啶可以与水任意比互溶。

11.3.1　吡啶的性质

1. 亲电取代反应——比苯的活性低

$$\xrightarrow[300℃]{KNO_3/HNO_3/H_2SO_4/Fe}$$ 　　NO_2　22％

$$\xrightarrow[230℃,24h]{20\%SO_3/H_2SO_4}$$ 　　SO_3　71％

$$\text{吡啶} \xrightarrow[300℃,24h]{Br_2} \text{3-溴吡啶} \quad 30\%$$

从反应条件和产率上，可以发现吡啶比苯难以发生亲电取代反应，同时吡啶发生亲电取代反应的位置在 β-位，即氮原子的间位。

2,6	称为 α-位
3,5	称为 β-位
4	称为 γ-位

机理

1）亲电试剂进攻 α-位

N 原子电负性大，反而带正电荷，这个共振式能量高，使整个共振杂化体能量升高

2）亲电试剂进攻 β-位

这一系列共振式中避免了 N 原子带正电荷的现象，没有使整个共振杂化体能量升高

3）亲电试剂进攻 γ-位

这一系列共振式中又出现了 N 原子带正电荷的现象，使整个共振杂化体能量升高

总结以上情况，只有亲电试剂进攻 β-位才能有效地避免 N 原子带正电荷的共振式。因此，吡啶的亲电取代反应活性低的原因在于 N 原子电负性大，导致芳香环电子云密度下降，不利于亲电取代反应，而且只有亲电试剂进攻 β-位时，共振杂化体的能量才不至于升高，所以吡啶的亲电取代反应发生在 β-位。一般地，难以发生亲电取代反应便可以发生亲核取代反应。

2. 亲核取代反应

$$\xrightarrow{NaOCH_3}$$

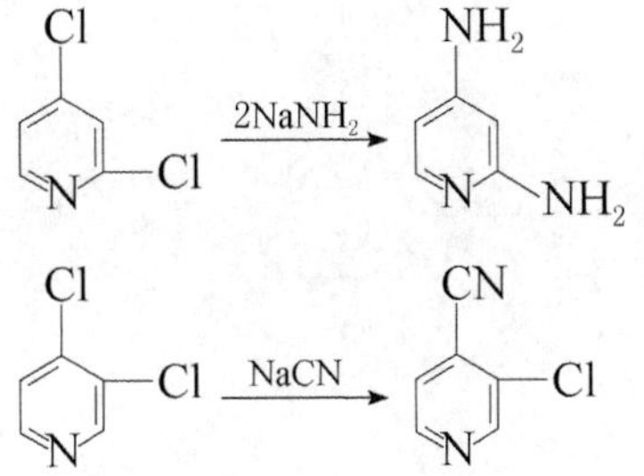

吡啶的亲核取代反应发生在 2-位和 4-位。

机理

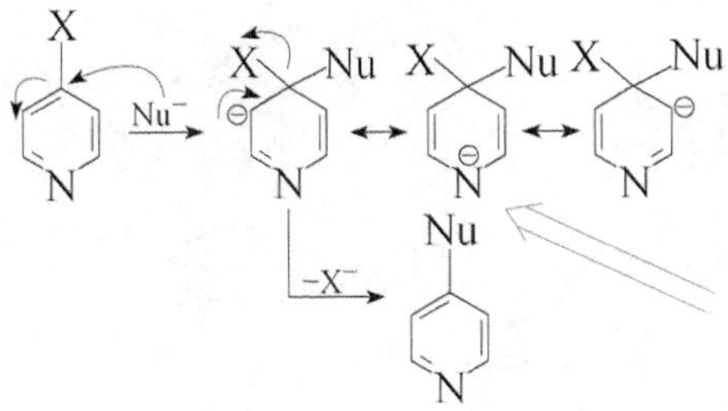

这一系列共振式中出现了 N 原子带负电荷的现象,利用了 N 原子电负性大这一特点,有效地帮助分散由于亲核加成产生的负电荷,稳定负碳离子中间体,使整个共振杂化体能量降低。亲核加成也可发生在 2-位,同样可以出现上述共振式,所以,吡啶的亲核取代反应发生在 2-位和 4-位

以上性质可以导致在 α-位和 γ-位生成苄基负碳离子,生成的负电荷可以通过共振分散到吡啶环上。

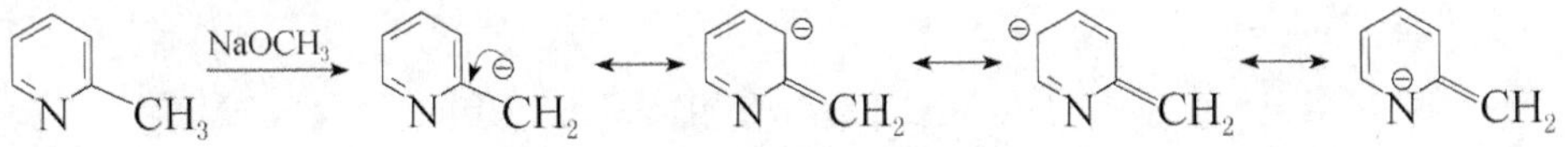

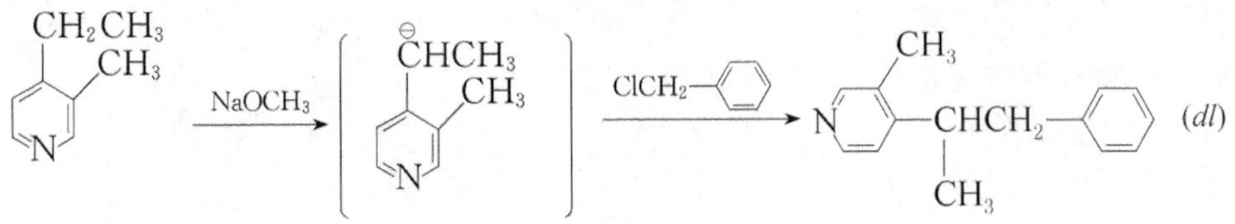

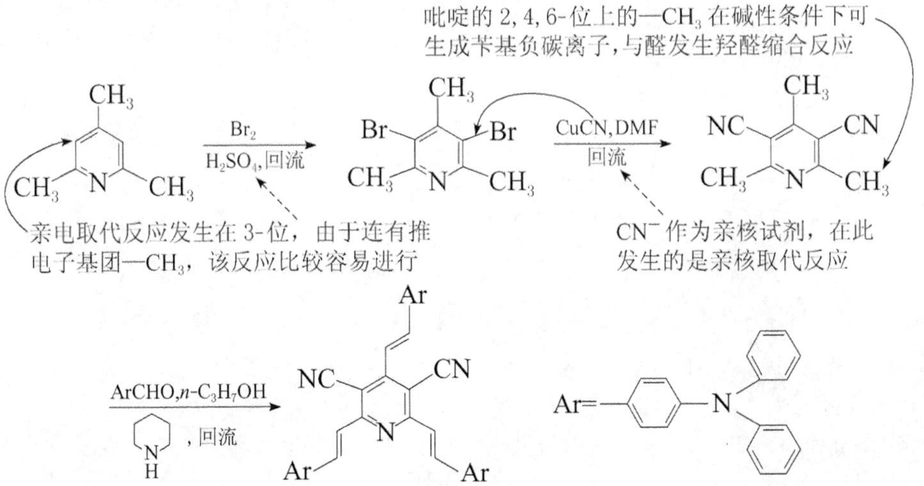

吡啶的 2,4,6-位上的—CH_3 在碱性条件下可生成苄基负碳离子,与醛发生羟醛缩合反应

亲电取代反应发生在 3-位,由于连有推电子基团—CH_3,该反应比较容易进行

CN^- 作为亲核试剂,在此发生的是亲核取代反应

在下面的反应中,$(CH_3CO)_2O$ 起到了脱水剂的作用。

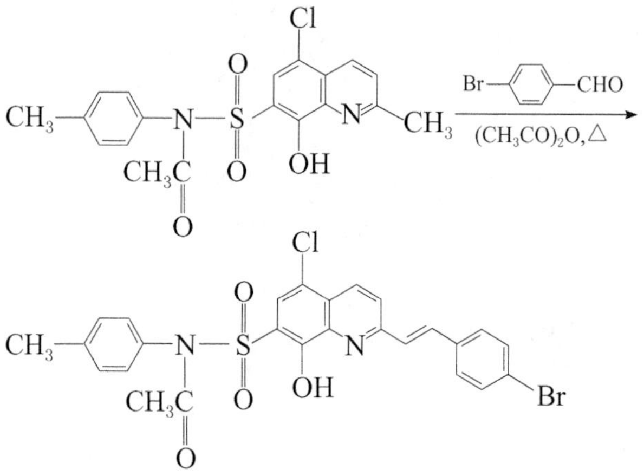

3. N-氧化吡啶的亲电取代反应

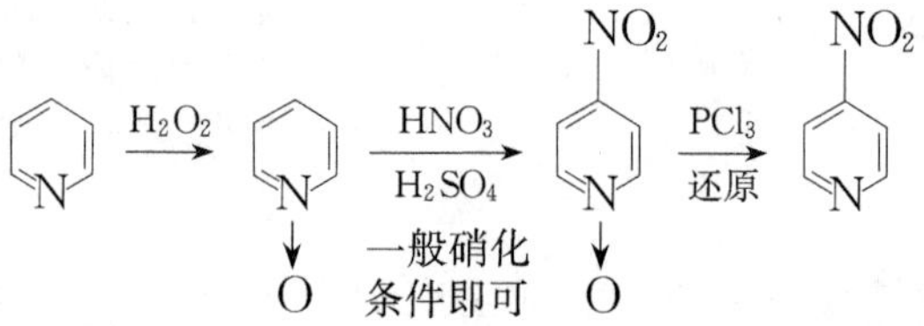

N 氧化后的吡啶,亲电取代反应发生在 4-位,而且活性比吡啶高一些。

总结

吡啶的亲电取代反应发生在 β-位;N-氧化吡啶的亲电取代反应发生在 γ-位;吡啶的亲核取代反应发生在 α-位和 γ-位。

4. 侧链的氧化反应

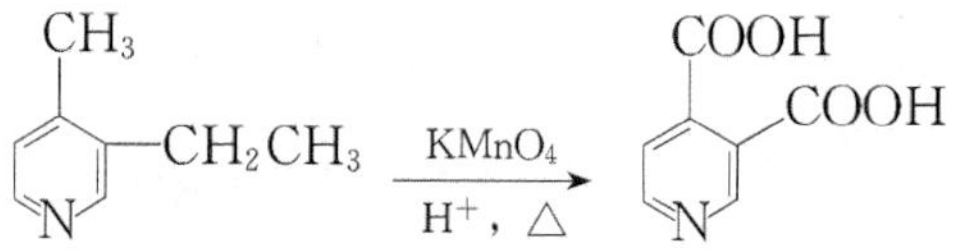

苄基位有氢原子,在酸性 $KMnO_4$ 氧化下,整个基团氧化为—COOH

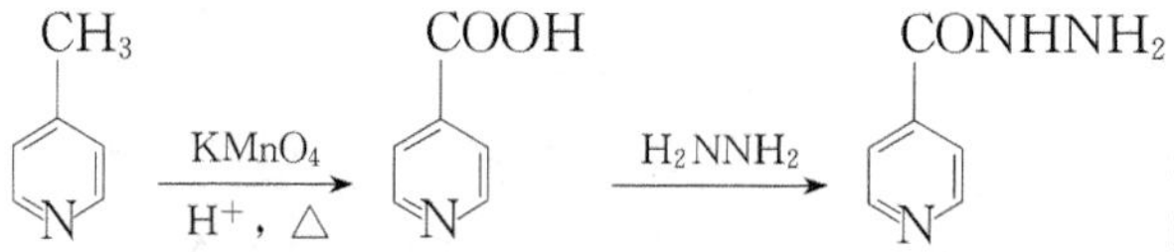

异烟酰肼(雷米封,治疗结核的药物)

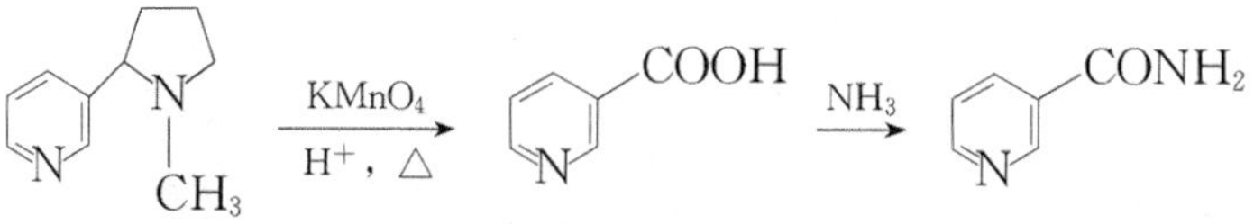

尼古丁　　　　　　　　烟酸

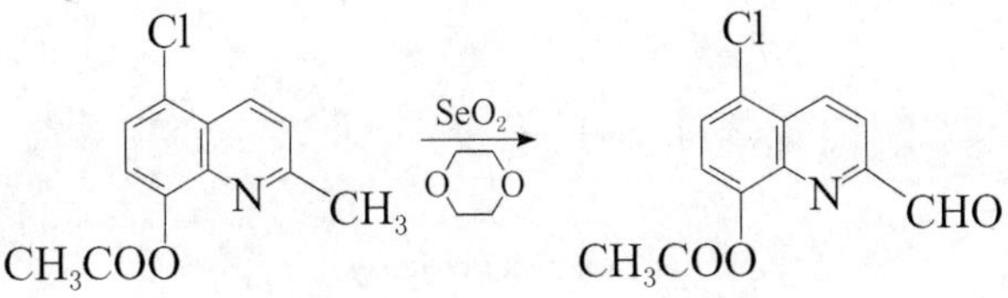

5. 还原反应及生成盐

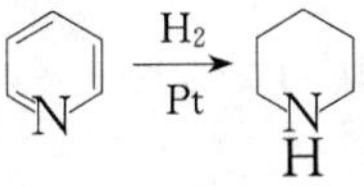

六氢吡啶（哌啶）

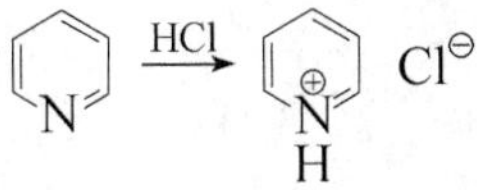

可溶于水，吡啶常用于吸收反应中生成的卤化氢

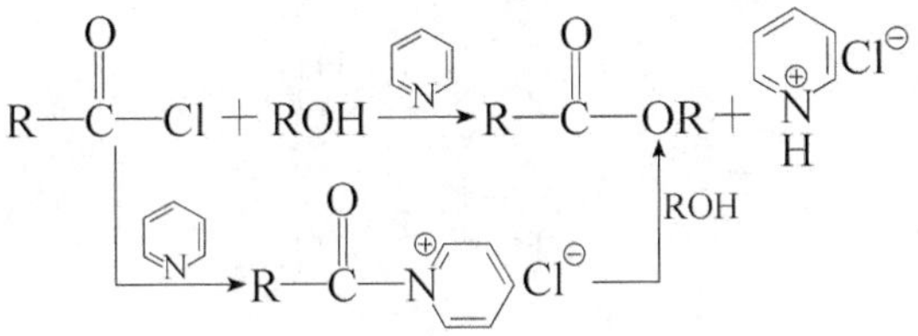

吡啶先与酰氯反应生成盐，使 C=O 的 C 原子正电荷密度加大，有利于 ROH 作为亲核试剂的亲核加成，而且吡啶盐酸盐是一个好的离去基团，有利于反应的进行

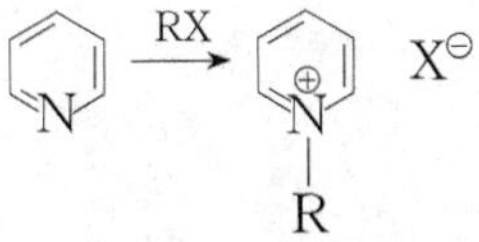

生成季铵盐

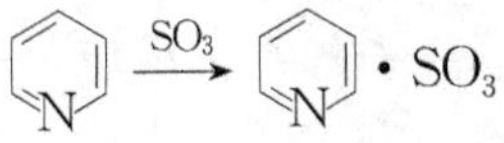

温和的磺化试剂

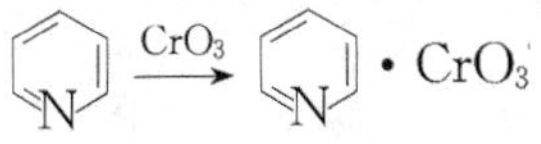

温和的氧化试剂，将醇氧化为醛

11.3.2 Hantzsch 法合成取代吡啶

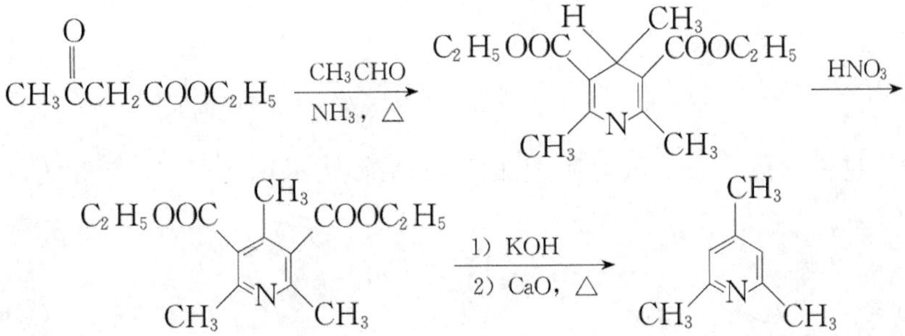

反应步骤及可能的机理如下：

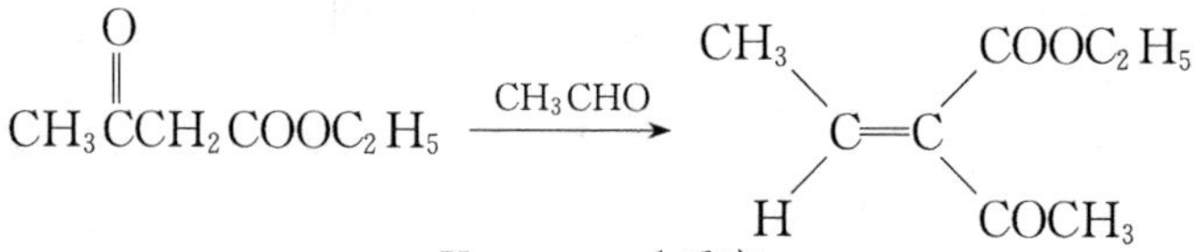

Knoevenagel 反应

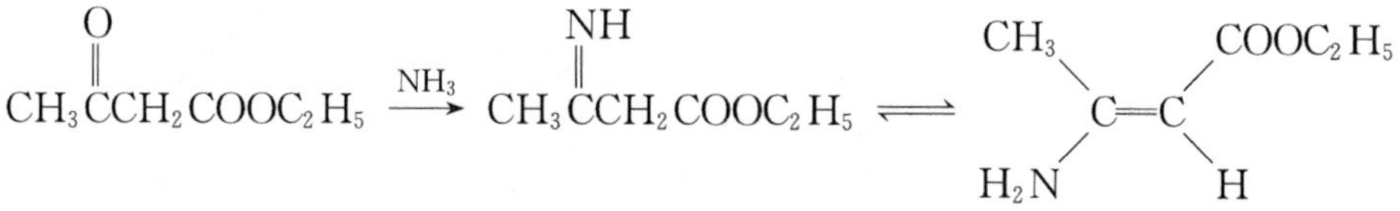

亲核加成生成亚胺　　互变异构转化为烯胺

上述二者之间发生缩合反应如下：

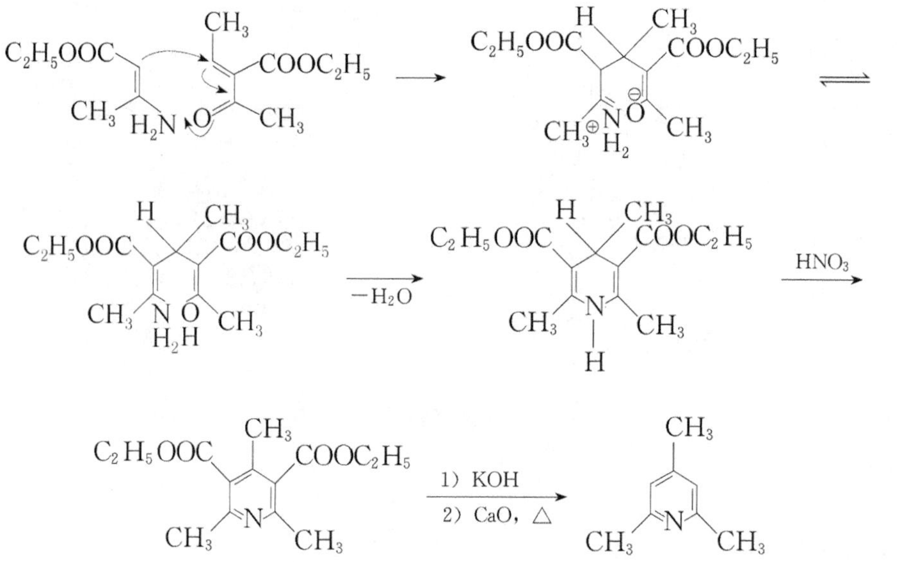

在这里应用了醛(酮)及负碳离子的有关反应，具体参阅第 12、15 章等有关章节。

例如：

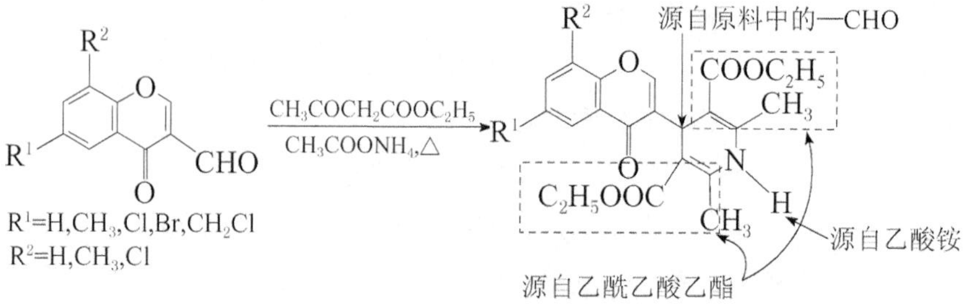
R¹=H,CH₃,Cl,Br,CH₂Cl
R²=H,CH₃,Cl
源自原料中的—CHO
源自乙酸铵
源自乙酰乙酸乙酯

生成的产物为取代 1,4-二氢吡啶，也称为汉斯酯，可采用下列方法氧化为吡啶：

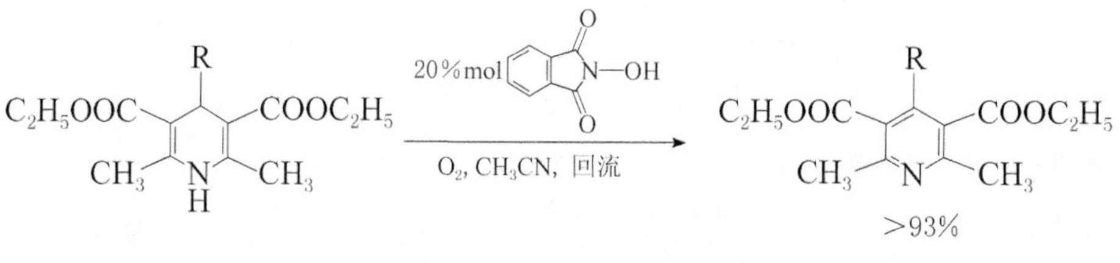
20%mol
O₂, CH₃CN, 回流
>93%

在 CH_3COOH/H_2O 体系中,以 H_2O_2 为氧化剂,在加热回流条件下也可发生上述反应。

11.4 喹啉、异喹啉的性质与合成

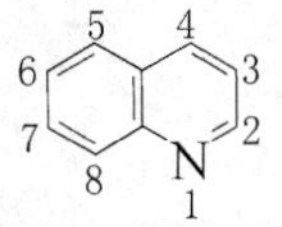

喹啉 b.p. 238℃;$pK_a=4.8$

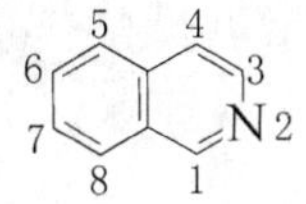

异喹啉 b.p. 243℃;$pK_a=5.4$

11.4.1 喹啉与异喹啉的性质

1. 亲电取代反应

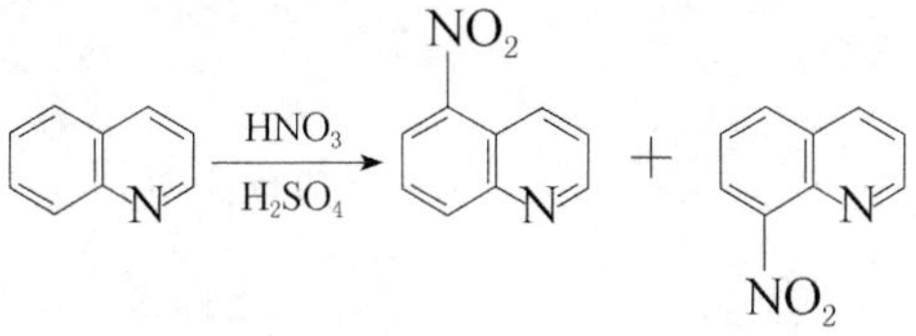

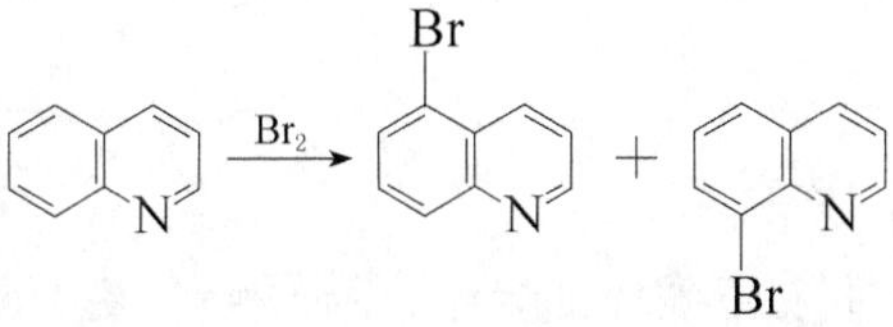

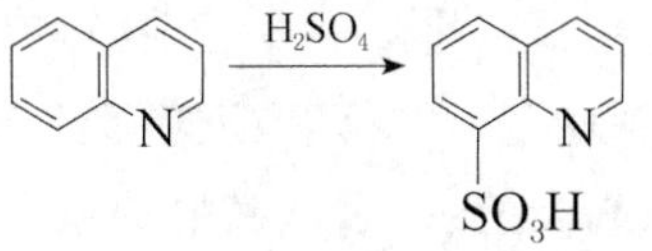

—SO_3H 中的 H^+ 与吡啶的 N 中和生成分子内盐

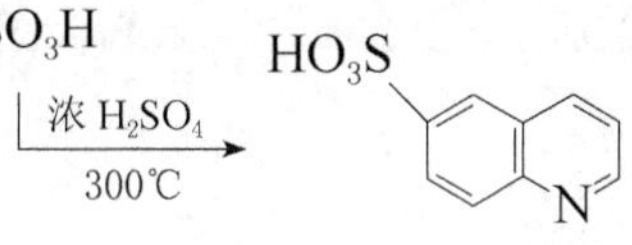

生成稳定的热力学产物,相当于对-氨基苯磺酸内盐

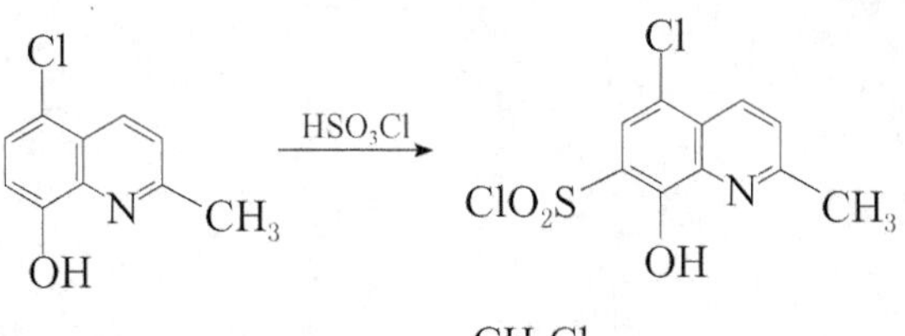

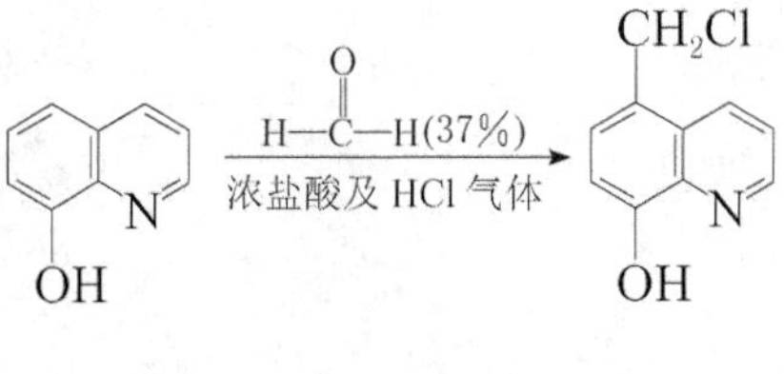

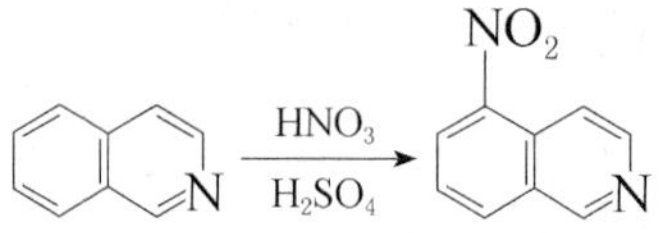

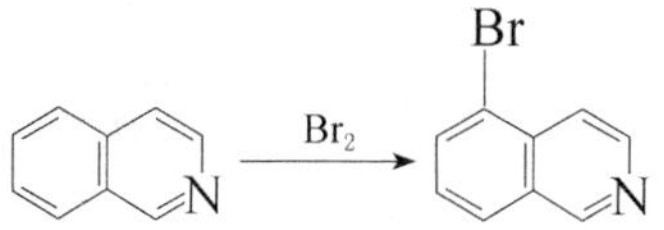

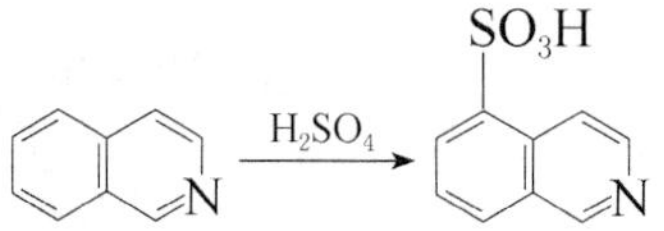

　　喹啉和异喹啉可以被认为是苯并吡啶,由于吡啶是一个钝化的芳香环,亲电取代反应当然是要发生在苯环一侧,至于亲电取代反应优先发生在 5,8-位,而不是 6,7-位,因为

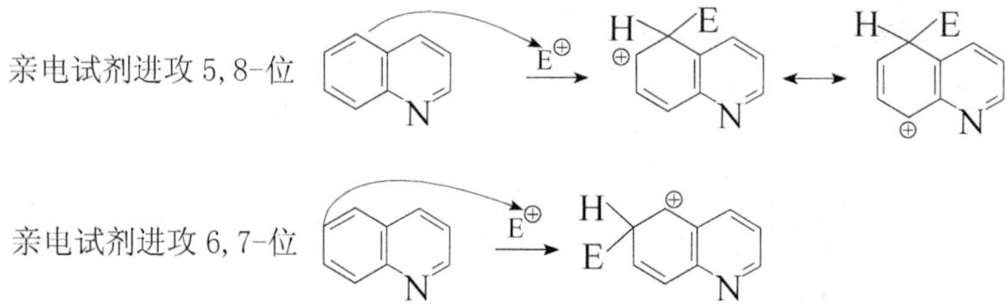

亲电试剂进攻 5,8-位

亲电试剂进攻 6,7-位

　　为了简化讨论,我们在不破坏吡啶环的芳香性的前提下,分别研究亲电试剂进攻 5,8-位和 6,7-位时的共振极限式,发现亲电试剂进攻 5,8-位时,可以产生两个共振极限式,共振极限式越多,共振杂化体越稳定;亲电试剂进攻 6,7-位时,只产生一个共振极限式,其共振杂化体能量显然高于前者,因此喹啉的亲电取代反应发生在 5,8-位。

　　2. 亲核取代反应

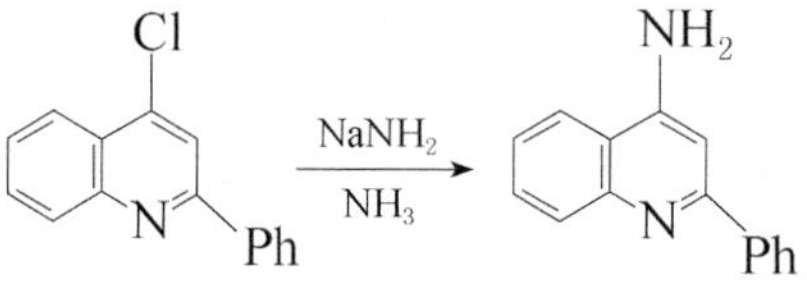

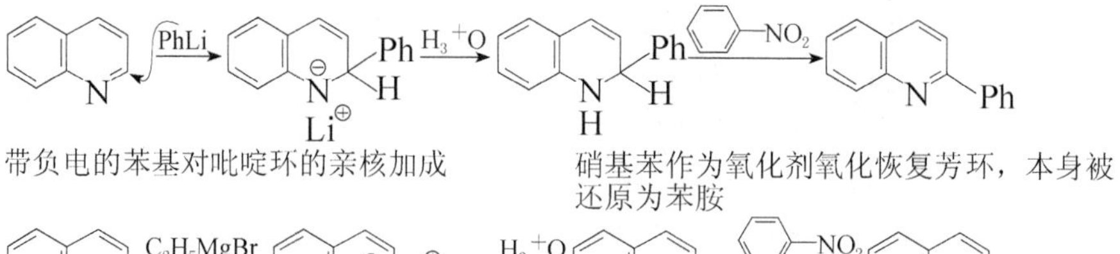

带负电的苯基对吡啶环的亲核加成　　　　　硝基苯作为氧化剂氧化恢复芳环,本身被还原为苯胺

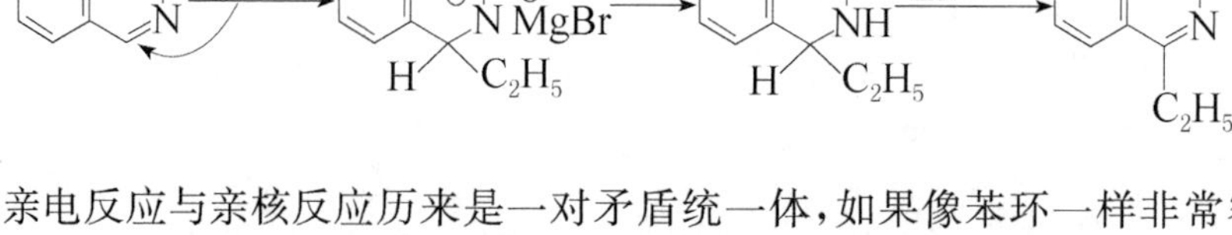

　　亲电反应与亲核反应历来是一对矛盾统一体,如果像苯环一样非常容易发

生亲电取代反应，则难于发生亲核取代反应；但是像吡啶一样难于发生亲电取代反应，就可以发生亲核取代反应。如喹啉与异喹啉，苯环一侧有利于发生亲电取代反应，而吡啶环一侧则为亲核取代反应创造了条件，即亲核试剂优先与 2-位和 4-位发生亲核加成，只有与上述两个位置发生亲核加成，产生的负电荷才能有效地分散到 N 原子上，由电负性大的 N 原子帮助稳定中间体。亲核加成产生了非芳香性环，通过硝基苯的氧化脱氢作用恢复芳香性。这种氧化脱氢，几乎成为杂环合成的必需步骤。

总结

喹啉的亲电取代反应发生在 5，8-位，亲核取代反应发生在 2，4-位。

3. 氧化反应

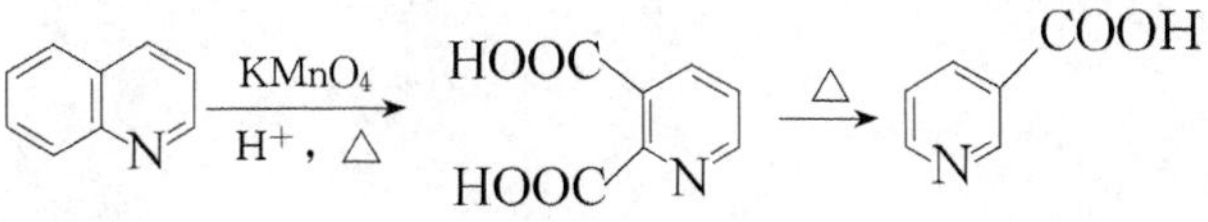

氧化苯环　　　羧基的 β-位为一吸电子基团时，在加热条件下易发生脱羧反应。此处的吸电子基团为N原子，2-位羧基发生脱羧反应

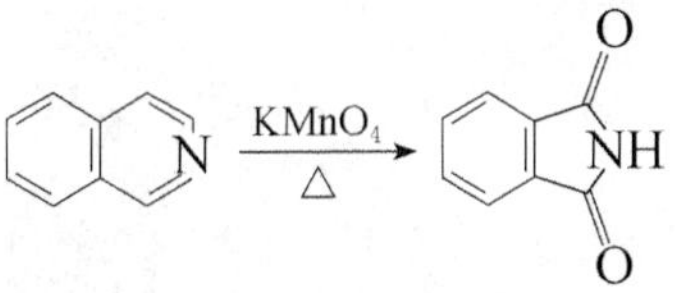

11.4.2　喹啉的合成——Skraup 法

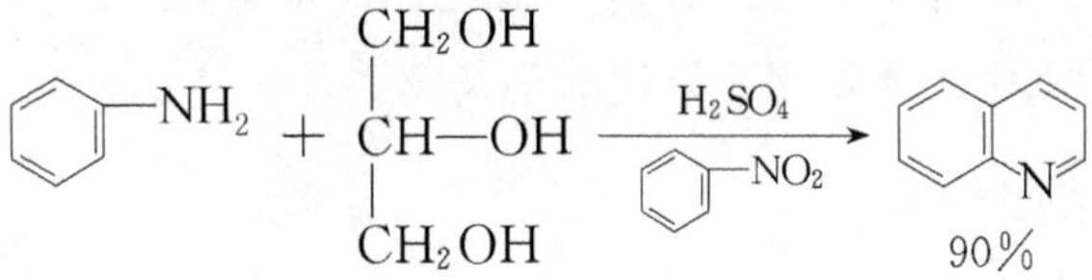

反应过程：

1）甘油氧化脱水转化为丙烯醛

$$\begin{array}{l}CH_2OH\\ |\\ CH—OH\\ |\\ CH_2OH\end{array} \xrightarrow{H_2SO_4} CH_2{=}CHCHO$$

实际上，Skraup 成环反应的原料之一为 α，β -不饱和醛（酮）：R—CH═CH—CHO 和 $R—\underset{\underset{O}{\|}}{C}—CH{=}CH—R'$。

2)（取代）苯胺与丙烯醛（α,β-不饱和醛酮）发生 Michael 加成反应

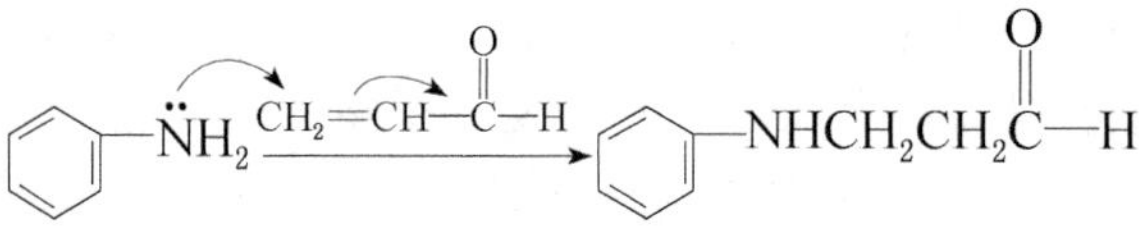

关于 Michael 加成反应参见 15.4.1 节。

3）Michael 加成产物烯醇化脱水成环

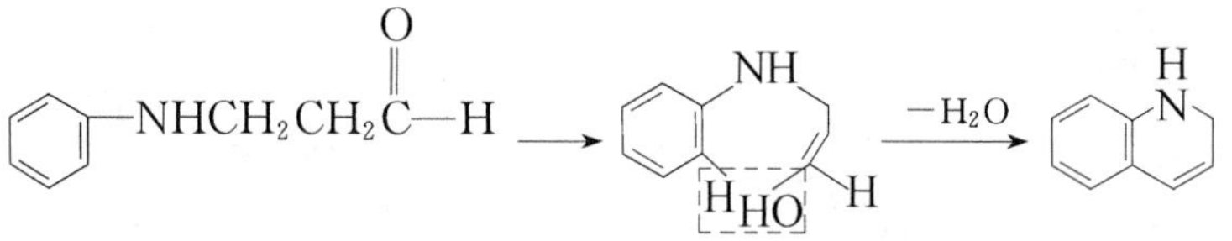

4）（相应的）硝基苯氧化脱氢

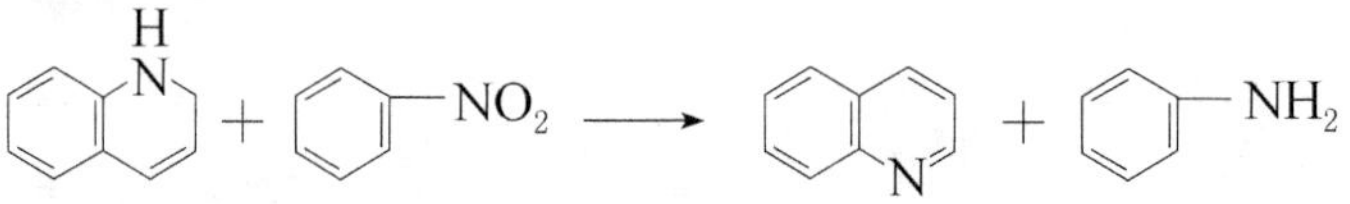

苯胺在此是循环使用的。

尽管反应过程是复杂的，但是操作是简单的，即将上述原料混合后加热回流，硝基苯还原生成的苯胺又可作为原料，因此在使用取代苯胺为原料合成取代喹啉时，必须使用相应取代的硝基苯作为氧化剂才能保证不生成混合产物，也可采用 As_2O_5 作为氧化剂代替相应取代的硝基苯。

11.4.3　取代喹啉的合成

1. 苯环上带有取代基

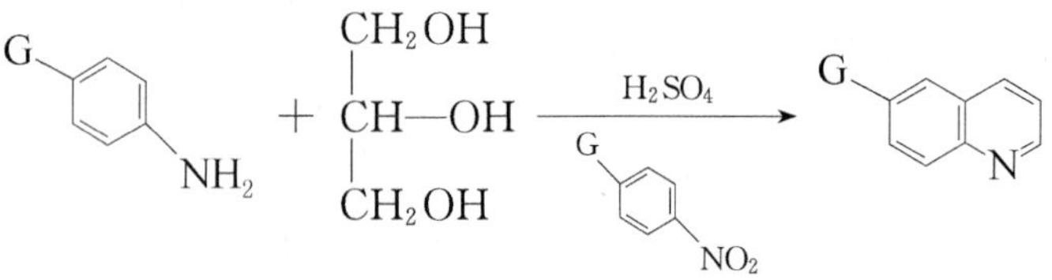

向氨基的两个邻位成环是等效的。

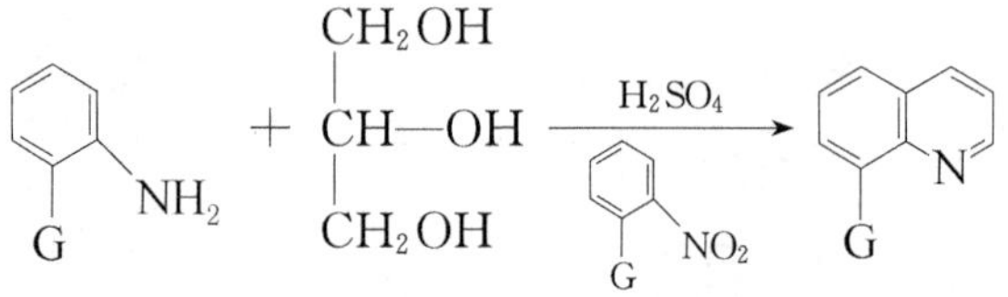

只能向氨基的另一个邻位成环。

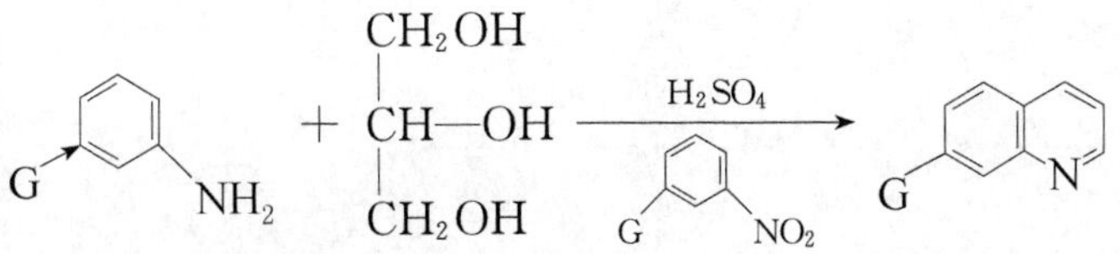

G 是推电子基团时,向该基团对位成环为主产物。

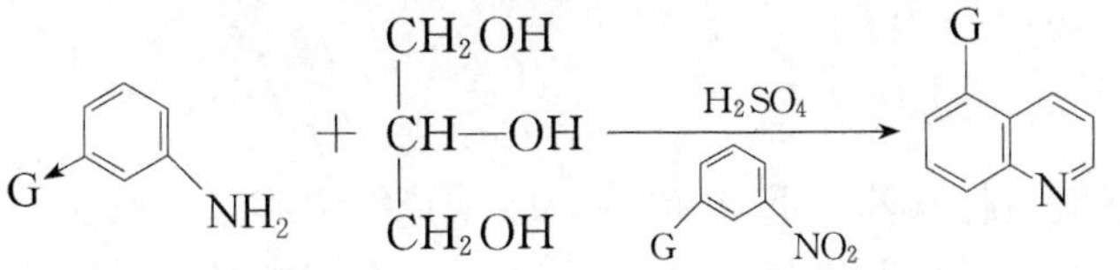

G 是吸电子基团时,向该基团邻位成环为主产物。

2. 吡啶环上带有取代基

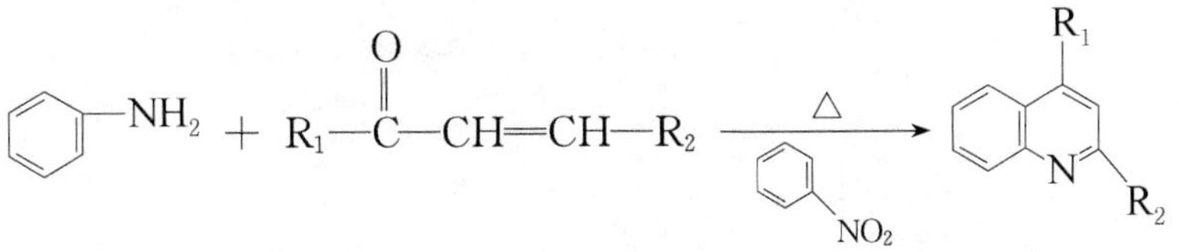

总结

如果喹啉的 2-位带有取代基(R),则需 α,β-不饱和醛(R—CH=CHCHO)为原料,如果 4-位带有取代基(R),则需 α,β-不饱和酮(CH₂=CHCOR)为原料;如果 6-位带有取代基(G),则需以对位取代苯胺为原料;如果 8-位带有取代基(G),则需以邻位取代苯胺为原料。

6-氟-4-甲基喹啉的合成如下:

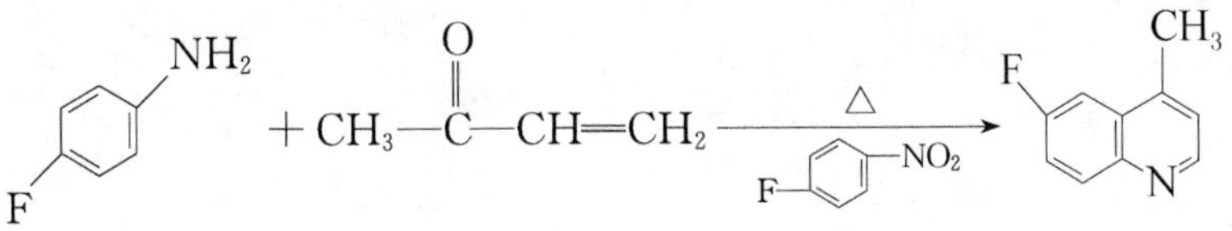

8-氟-2-甲基喹啉的合成如下:

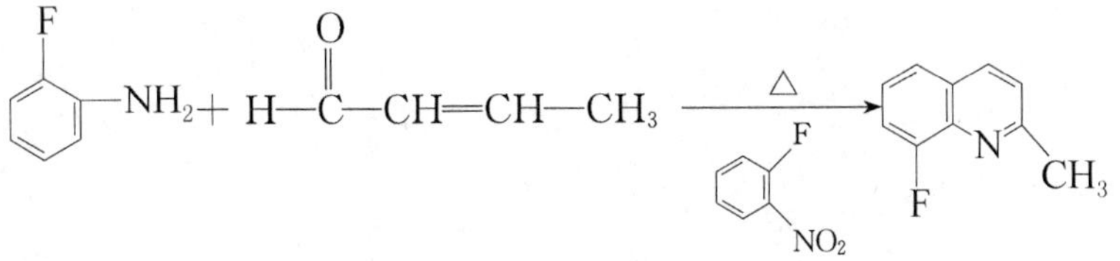

6-甲基-4-苯基喹啉的合成如下:

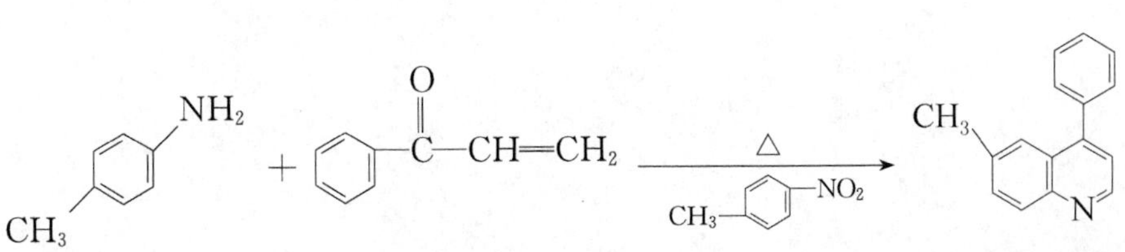

此外,还可以灵活运用其他可以产生苯胺的反应,通过 Skraup 法来合成特

殊结构的喹啉。

这个例子就是将联苯胺重排和 Skraup 成环结合起来合成取代联喹啉。

取代喹啉的合成将取代苯胺的合成和 α,β-不饱和醛（酮）的合成结合起来，具有很强的综合性。例如，三聚乙醛在酸性条件下可发生羟醛缩合反应生成 $CH_3CH\!=\!CHCHO$，再进一步发生 Skraup 反应。

11.4.4　异喹啉的合成

以亲核加成反应
及负碳离子反应为核心的
脂肪族化合物

第 12 章 醛 与 酮

从本章开始我们进入了崭新的一段有机化学的学习,这是因为以醛(酮)为代表的有机化合物的性质与前面讲过的有机物的性质有很大的不同,特别是将接触到一类新的有机活性中间体——负碳离子,将为我们建立全新的观念,使我们了解更多的反应类型。

12.1 命名与结构

12.1.1 命名

1. 脂肪族醛、酮的命名

醛、酮可分为脂肪族和芳香族两类,对于脂肪族醛(酮)的命名原则如下:

(1) 选择含有羰基的最长的碳链做主链。

(2) 编号从离羰基近处开始,醛基只能处于碳链的一端,所以醛的编号从醛基开始。

(3) 合并相同取代基名称,标明位置,写在醛酮母体名称前。

例如:

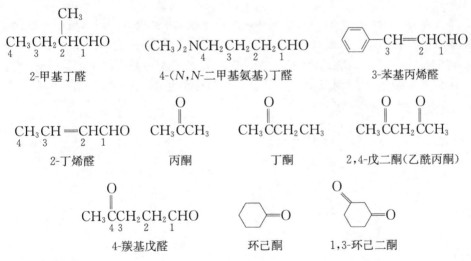

2-甲基丁醛	4-(N,N-二甲基氨基)丁醛	3-苯基丙烯醛
2-丁烯醛	丙酮	丁酮	2,4-戊二酮(乙酰丙酮)
4-羰基戊醛	环己酮	1,3-环己二酮

2. 芳香醛的命名(见 9.1.3 节)

对-苯二甲醛　　间-乙酰基苯甲醛　　邻-甲酰基苯甲酸

3.芳香酮的命名

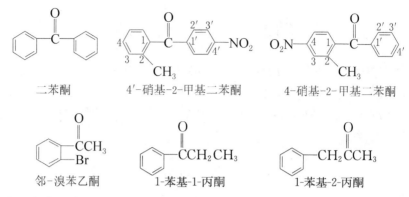

二苯酮　　　　4′-硝基-2-甲基二苯酮　　　4-硝基-2-甲基二苯酮

邻-溴苯乙酮　　　　1-苯基-1-丙酮　　　　1-苯基-2-丙酮

按照脂肪酮命名,苯作取代基。

4. 多醛基化合物的命名

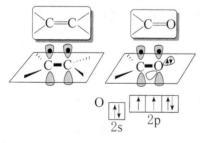

戊二醛

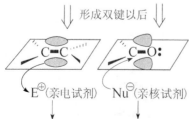

3-甲酰基戊二醛

12.1.2　结构

1. 羰基的结构

　　羰基化合物包括了醛、酮、羧酸和羧酸衍生物,而羧酸衍生物又包括了酰卤、酸酐、酯、酰胺和腈。它们在结构上的共同特点在于含有羰基,即碳-氧双键,与我们曾学过的碳-碳双键相比,羰基具有它的特点,正是这些特点决定了羰基化合物与烯烃有着截然不同的反应性。为此,我们有必要首先通过对比的方法讨论 C═O和 C═C 的不同点。

　　C═C 和 C═O 在结构上的相同点在于: 碳原子均为 sp² 杂化, 对于氧原子, 我们可以认为它并未杂化, 其中的一个 2p 轨道上的单电子与碳原子的 sp² 杂化轨道形成 C—O 单键, 另一个 2p 轨道上的单电子与碳原子的 2p 轨道形成 C═O 双键, 氧原子还有一对孤对电子占据一个 2p 轨道

　　由于 C═C 中两个碳原子的电负性相同, 在无外在基团影响时, 双键的电子云分布应是均匀的; C═O 则不同, 由于氧原子电负性大于碳原子, C═O 双键电子云应该偏向氧原子一侧, 即 C═C 本身是非极性双键, 而 C═O 则是极性双键

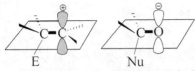

亲电加成之后
生成活性中间
体 C⊕，其杂化
状态仍为 sp²，
从空间角度，
并未产生基团
的拥挤

亲核加成之后生成
稳定的产物和 O⊖，中
心碳原子由 sp² 杂化
转化为 sp³ 杂化，因
此亲核试剂的体积，
即空间阻碍对亲核
加成反应影响很大

从反应性的角度来看，裸露在外、受碳原子核控制较弱的 C=C 更易受到亲电试剂 E⊕ 的进攻，而极性的碳-氧双键，由于碳原子带部分正电，更易受到亲核试剂 Nu⁻ 的进攻，因此 C=C 发生的是亲电加成反应；C=O 发生的是亲核加成反应

一般我们不考虑亲核加成中 C=C 所连基团的体积对亲电加成反应的影响，可以认为基团的空间阻碍对亲电加成反应影响不大；但是，由于 C=O 中的 C 在亲核加成之后由平面结构转化为四面体结构，它所连的基团体积小，及亲核试剂的体积也小，对亲核加成有利，所以，亲核加成反应是一个空间不利的反应，即亲核加成反应与空间效应有关

由此可以得出亲核加成反应活性顺序为 HCHO＞RCHO＞RCOR。

2. 羰基的 α-碳原子形成负碳离子

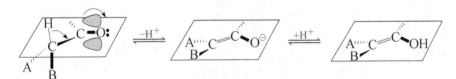

C—H 断键，电子转移到它和羰基碳原子之间形成双键，其杂化状态由 sp³ 转化为 sp²，C=O 双键电子全部转移给氧原子，使氧原子形成 O⁻，再与 H⁺ 结合为 OH，这一过程称为烯醇化，结果使 α-C 由四面体构型转化为平面构型。烯醇式和酮式的互变异构是可逆的。

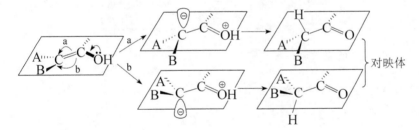

对映体

OH 中氧原子的孤对电子恢复到碳氧之间形成双键（C=O），同时原羰基碳原子和它的 α-C 之间的 C=C 上的电子转移给 α-C，杂化状态也由 sp² 转化为 sp³，其中的一个 sp³ 杂化轨道承担一个单位的负电荷，形成负碳离子。负碳离子与质子化羰基的 H⁺ 结合，由于在羰基平面上面或下面形成负碳离子的概率相同，因此如果羰基的 α-C 是一个含有氢原子的手性碳原子，它将通过这种互变异构而外消旋化。在酸或碱存在下，这种通过互变异构生成负碳离子的反应更容易发生。

酸催化

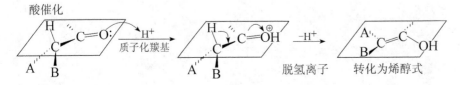

质子化羰基　　　　脱氢离子　　转化为烯醇式

C＝O 中氧原子的孤对电子接受 H$^+$，被质子化的羰基氧原子带正电，吸引电子能力更强，导致 C＝O 双键上的一对电子转移到带正电的氧原子上，这样就会使 C$_a$—H$_a$ 之间的电子转移到 α-C 和羰基碳之间形成烯醇式。

OH 氧原子的孤对电子恢复形成羰基时，α-C 和原羰基碳的双键上的电子转移到 α-C 上形成负碳离子，所以在酸性条件下是通过烯醇式到酮式的转化才能形成负碳离子。

碱催化　　　　　　　　　　　　　　形成负碳离子

$\xrightarrow[\substack{酸碱中和 \\ -H_2O}]{OH^-}$

由于负碳离子是负电荷，因此，A 和 B 是吸电子基团将对负碳离子的稳定起到很有利的作用

除了吸电子基团可以稳定负碳离子之外，负碳离子还有一种更为有效的稳定方法——烯醇化，即在它与羰基碳之间形成 C＝C，从而将负电荷转移给电负性大的氧原子；当遇到带有正电荷的反应中心时，氧原子上的负电荷恢复形成 C＝O，负碳离子又恢复出来参与反应

碱性条件下在 α-C 上生成的负碳离子是通过转化为烯醇式来稳定自己的，而酸性条件下则是先生成烯醇式，通过烯醇式派生出负碳离子，二者的因果关系刚好相反。

负碳离子	需要稳定自身	烯醇式
碱性	通过恢复酮式	酸性

3. 互变异构的影响

1) 以酮式或烯醇式存在

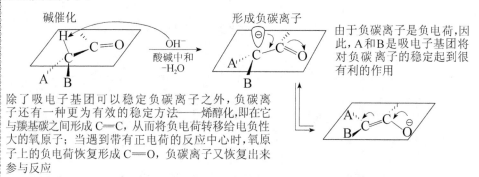

$$\underset{99\%}{\overset{O}{CH_3\overset{\|}{C}CH_3}} \rightleftharpoons \underset{1\%}{\overset{OH}{CH_2\overset{|}{=}CCH_3}}$$

$$\underset{24\%}{\overset{O\quad O}{CH_3\overset{\|}{C}CH_2\overset{\|}{C}CH_3}} \rightleftharpoons \underset{76\%}{\overset{OH\quad O}{CH_3\overset{|}{C}=CH\overset{\|}{C}CH_3}} \equiv$$

2) α-H 的酸性

$$\overset{O}{CH_3\overset{\|}{C}CH_3} \qquad \overset{O}{CH_3\overset{\|}{C}-H} \qquad \overset{O\quad O}{CH_3\overset{\|}{C}CH_2\overset{\|}{C}CH_3}$$

pK_a　　　　20　　　　　　19　　　　　　　9(酸性比苯酚强)

其原因在于 α-H 电离后，酸根离子(α-C 的负碳离子)所转化成的烯醇式的稳

定性：

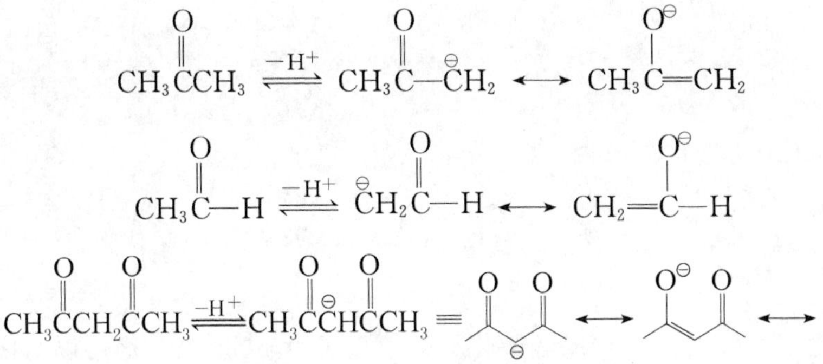

亚甲基 CH_2 上生成的负碳离子的负电荷通过共振由五个原子承担，因此比丙酮、乙醛的负碳离子稳定得多，乙酰丙酮的亚甲基的酸性就强得多

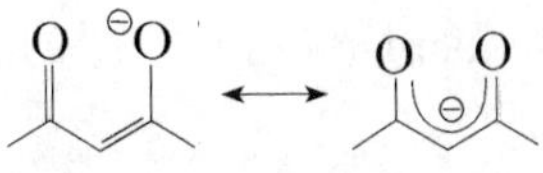

类似的含有活泼亚甲基的化合物还有乙酰乙酸乙酯（$CH_3COCH_2COOC_2H_5$）、丙二酸二乙酯（$C_2H_5OOCCH_2COOC_2H_5$）、氰基乙酸乙酯（$NCCH_2COOC_2H_5$）、丙二腈（$NCCH_2CN$）等。在碱性条件下，活泼亚甲基形成的负碳离子可以通过共振式有效地分散负电荷，稳定负碳离子。以乙酰乙酸乙酯在 $NaOCH_3$ 作用下形成的负碳离子为例：

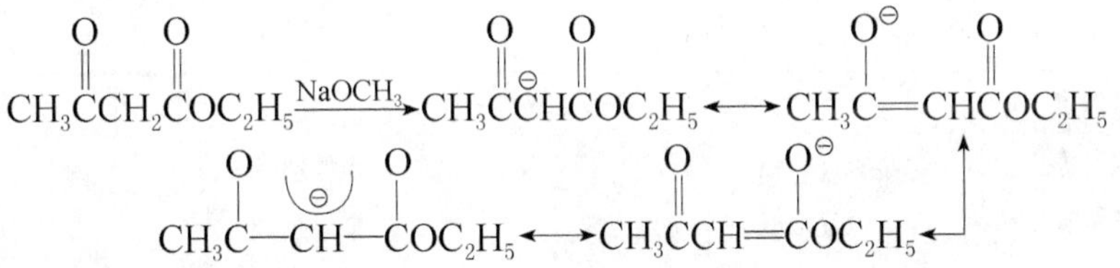

甲基处虽然也可生成负碳离子，但这种负碳离子的负电荷只能分散于一个羰基的氧原子上。活泼亚甲基生成的负碳离子的负电荷则可以由两个羰基氧原子承担，从共振杂化体可以看出，负电荷分散到五个原子上，所以活泼亚甲基生成的负碳离子是稳定的，可以作为亲核试剂发生亲核取代（加成）反应。

3）含氢原子的手性 α-C 的外消旋化

以（R）-3-苯基丁酮在酸性或碱性条件下的外消旋化为例。

在酸性条件下：

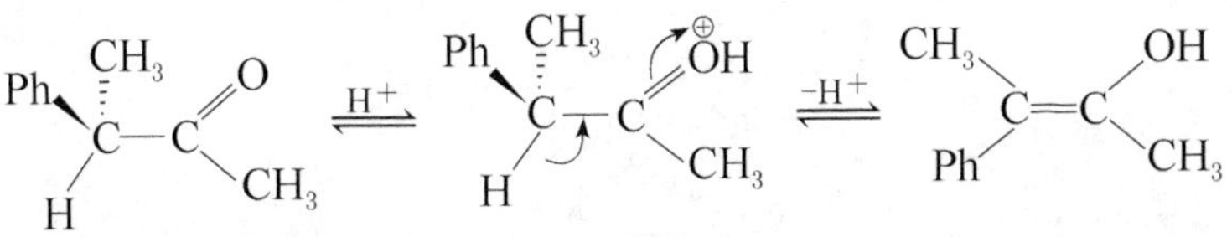

H^+ 可以从烯烃分子平面的两侧与原 α-C 结合，结果生成外消旋体

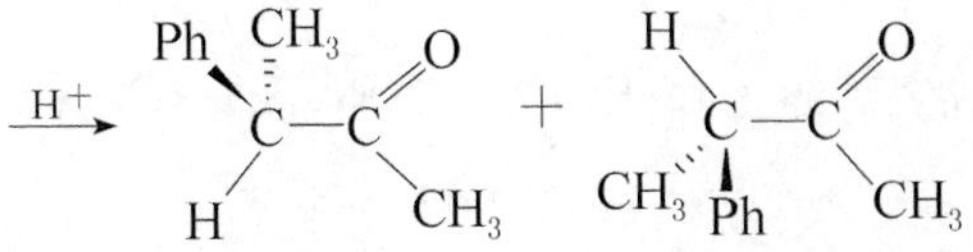

在碱性条件下：

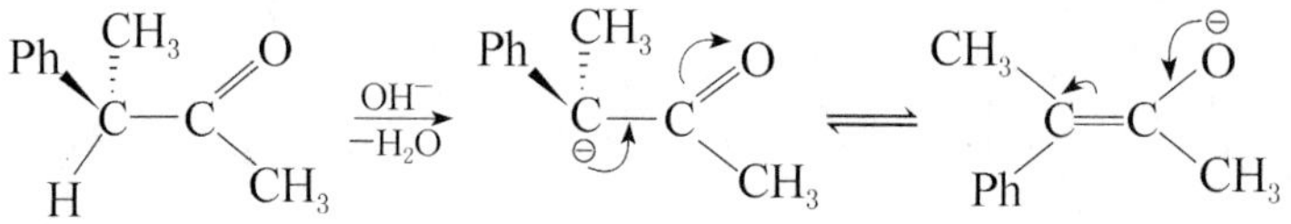

O⁻ 恢复形成 C=O 的同时，α-C 生成负碳离子，该负碳离子可以形成在烯烃分子平面的两侧，与水结合同时脱 OH⁻，恢复原酮式结构，结果生成外消旋体

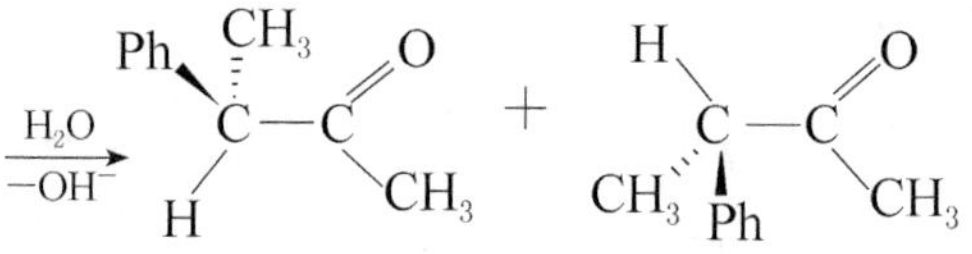

在碱性条件下，醛、酮羰基烯醇化为氧负离子，作为亲核试剂可以与卤代烃发生 Williamson 法合成醚的反应，结果为 C=C 引入了烷氧基。例如：

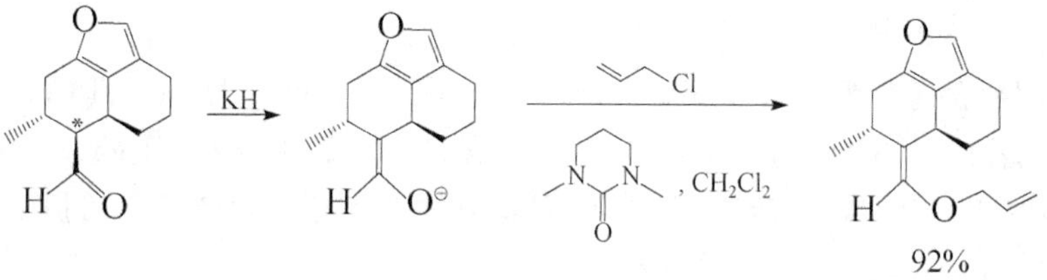

4）总结

内容	C=C	C=O
双键极性	非极性双键	极性双键
反应类型	亲电加成	亲核加成
电子效应	推电子基团有利于亲电加成	吸电子基团有利于亲核加成
空间效应	C 的杂化状态从 sp^2 到 sp^2，不考虑空间效应	C 的杂化状态从 sp^2 到 sp^3，基团空间阻碍大对反应不利
α-位的性质	生成自由基或正碳离子	通过酸或碱催化生成负碳离子

因此，羰基化合物的性质可以从两个方面考虑：①羰基的亲核加成；②α-C 生成负碳离子以及与负碳离子相关的反应。我们在第 12～14 章中只介绍它们的亲核加成反应、氧化还原反应及其特殊反应，有关负碳离子的反应将在第 15 章中专门介绍。

12.2 物理性质

12.2.1 沸点

形成氢键的能力：$RCOOH > ROH > RCOR'(H)$。

	CH_3CH_2COOH	$n\text{-}C_4H_9OH$	$CH_3COC_2H_5$
FW	74	74	72
b. p. /℃	141	118	80

	$n\text{-}C_3H_7CHO$	$n\text{-}C_5H_{12}$	$C_2H_5OC_2H_5$
FW	72	72	74
b. p. /℃	76	36	35

醛、酮比相对分子质量相近的羧酸和醇的沸点低。

12.2.2 溶解度

HCHO	CH_3CHO	CH_3CH_2CHO	$CH_3CH_2CH_2CHO$
(常温下是气体,与水任意比互溶)		16%	7%

$$CH_3CH_2CH_2CH_2CHO$$
$$<2\%$$

CH_3COCH_3	$CH_3COC_2H_5$	$CH_3COC_3H_7$	$CH_3CH_2COCH_2CH_3$
(与水任意比互溶)	26%	6.3%	5%

一般甲醛以水溶液形式存在,无水甲醛则以聚合物形式存在,如三聚甲醛、多聚甲醛;乙醛也是以水溶液形式存在。

12.2.3 相对密度

脂肪族醛、酮 $d<1$;芳香族醛、酮 $d\approx1$ 或 >1。

12.3 化学性质Ⅰ —— 亲核加成反应

对于醛、酮亲核加成反应,可以按照亲核试剂的种类分为三类:含氮亲核试剂(包括各种无机氨及其衍生物及 1°和 2°有机胺),含氧硫亲核试剂(包括 H_2O、ROH、$NaHSO_3$、RSH)和含碳亲核试剂(包括炔化物,有机金属化合物,HCN)。

亲核加成反应的立体化学——Cram 法则

亲核试剂可以从 C=O 平面的两侧进攻羰基碳原子,而且两侧的概率相等,生成外消旋体。

如果在 C=O 的 α-C 连有三个体积不同的基团,就会造成羰基平面两侧的空间阻碍不同,给亲核试剂进攻羰基创造了空间上的选择性,应生成的一对对映体中将有一个占有主导地位,为主产物,另一个为次产物,这就是 Cram 法则。我们用 L、M、S 分别表示 α-C 上体积大、中、小的三个基团。

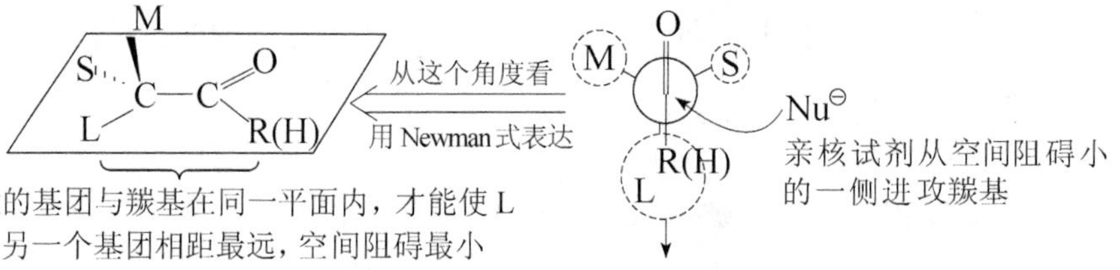

体积最大的基团与羰基在同一平面内，才能使 L 与羰基的另一个基团相距最远，空间阻碍最小

亲核试剂从空间阻碍小的一侧进攻羰基

当大体积基团 (L) 与羰基的另一个基团 [R(H)] 分处 Fischer 投影式的头尾，亲核试剂 Nu 与小基团 (S) 处在同侧

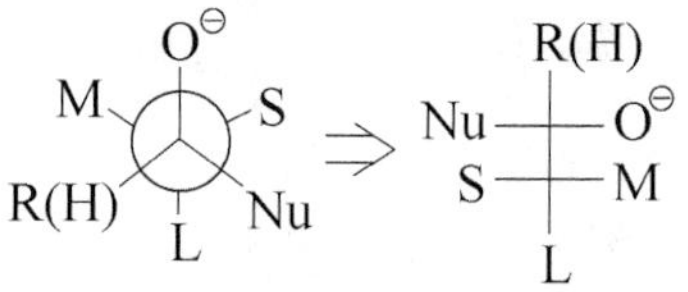

Cram 法则适用于 α-C 为手性碳原子的醛、酮与含碳、氧硫亲核试剂的亲核加成反应。

12.3.1 与含碳亲核试剂的亲核加成

1. 与炔化物的亲核加成

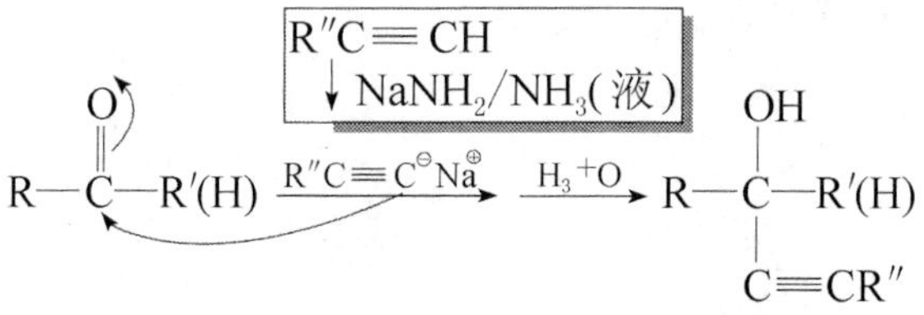

端炔负碳离子作为亲核试剂，亲核加成后生成 α-炔醇。

【例 12.1】

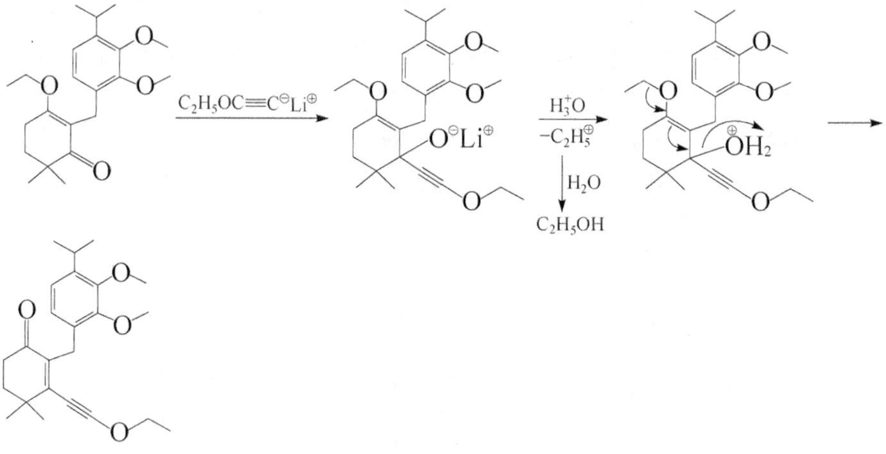

79%

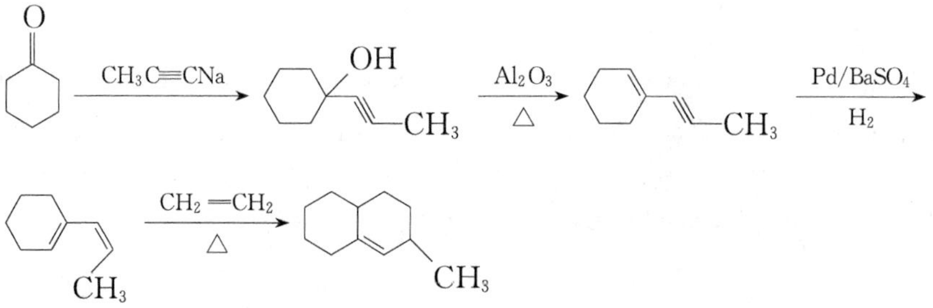

利用环己酮与丙炔钠盐加成后脱水,通过催化加氢得到共轭二烯,再发生 Diels-Alder 反应生成目标产物。

2. 与有机金属化合物的亲核加成

在这里有机金属化合物指的是 RLi 和 RMgX,其中 RLi 的活性高于 RMgX,它们可以与醛、酮反应生成醇,参见 6.4.2 节。

【例 12.2】

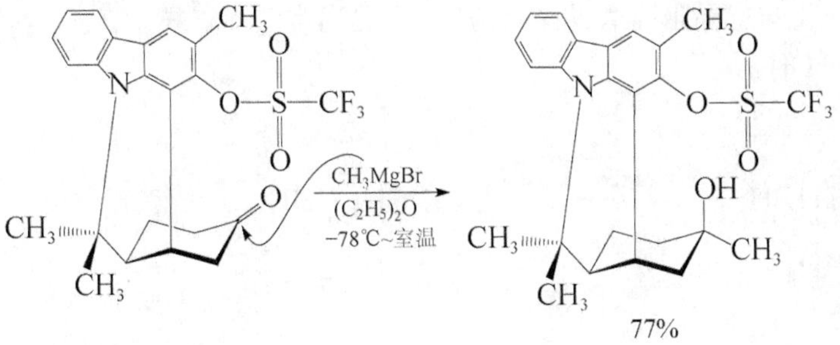

CH₃MgBr 从空间阻碍小的位置对 C=O 进行亲核加成

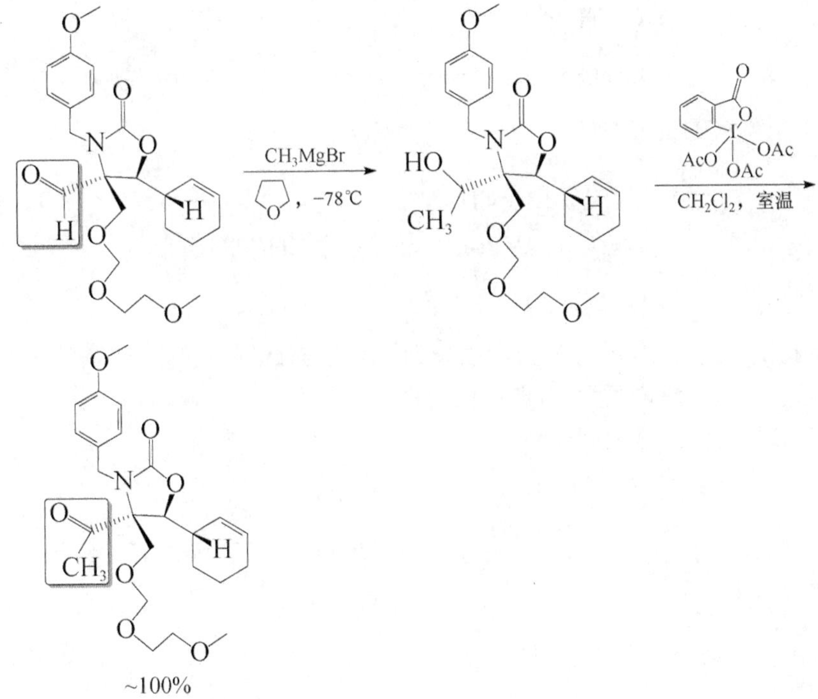

77%

~100%

两步操作,相当于将甲酰基转化为乙酰基

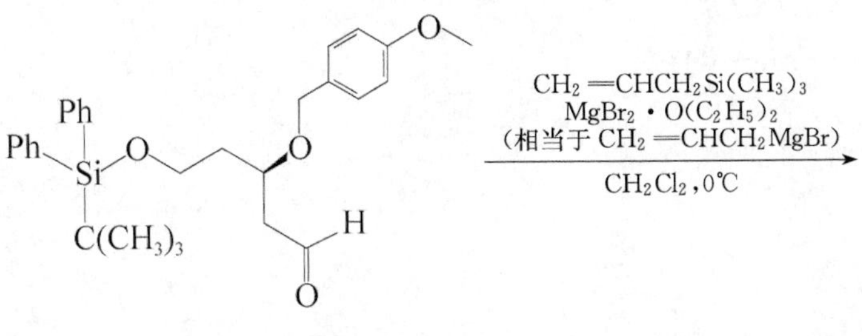

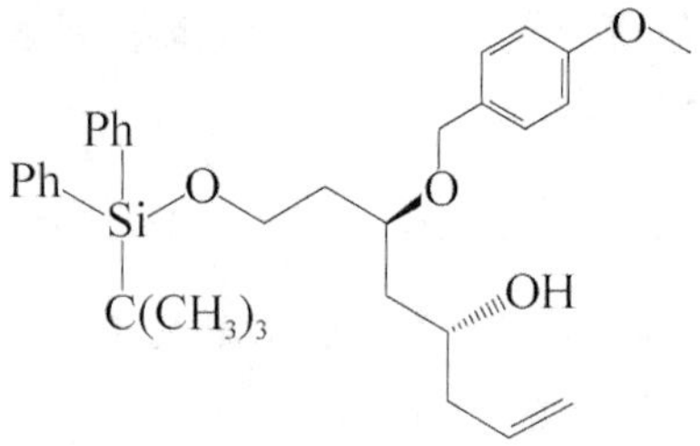

84%

但是，如果 RMgX 与空间阻碍大的酮反应时，情况通常会变得复杂。

当 RMgX 无 β-H 时：

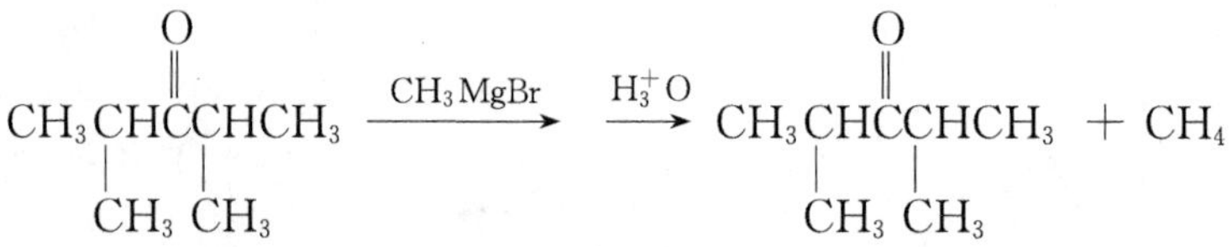

反应机理如下：

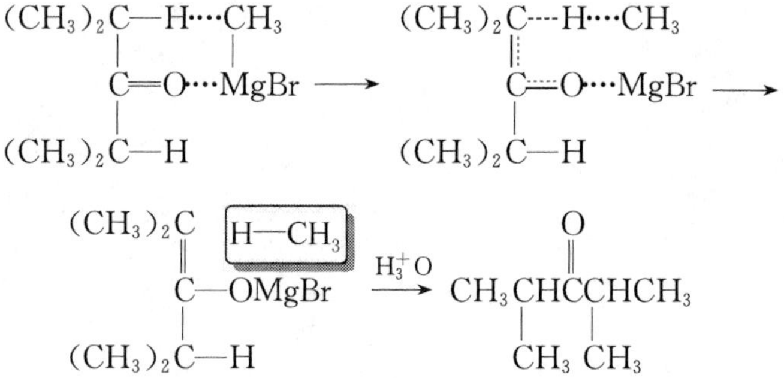

在此反应过程中，RMgX 作为强碱而不是亲核试剂，消除了羰基的 α-H，形成烯醇式，通过水解恢复为酮，即原反应物。

当 RMgX 有 β-H 时：

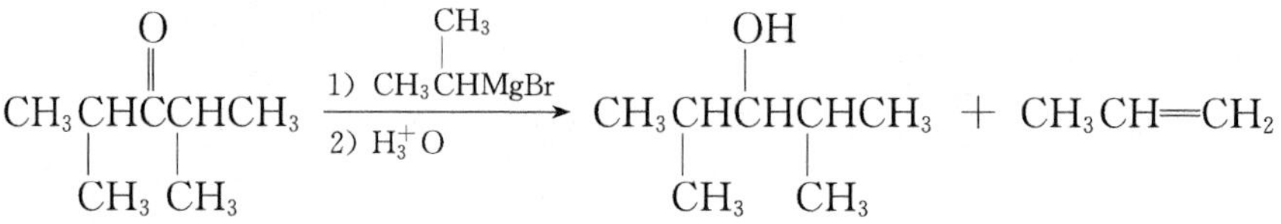

反应机理如下：

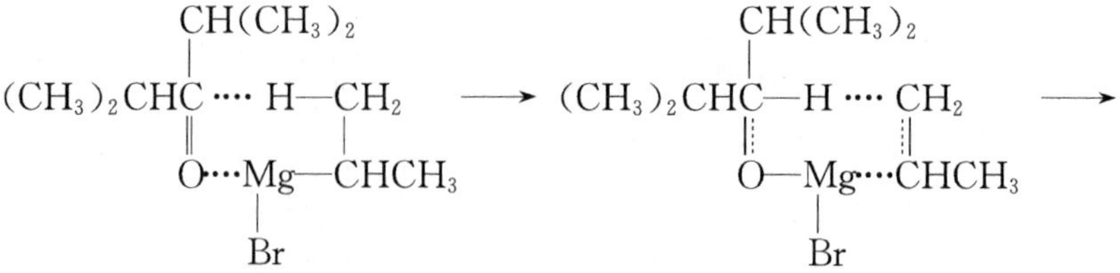

$$
\begin{array}{c}
CH(CH_3)_2 \\
(CH_3)_2CHC-H \\
\underset{\underset{Br}{|}}{O-Mg} \boxed{\begin{array}{c} CH_2 \\ CHCH_3 \end{array}} \xrightarrow{H_3^+O}
\end{array}
\quad
\begin{array}{c}
OH \\
CH_3CHCHCHCH_3 \\
\underset{CH_3}{|} \quad \underset{CH_3}{|}
\end{array}
$$

在此反应过程中,RMgX 的 β-H 作为还原剂,还原羰基为羟基,而本身则生成了烯烃。

但是,如果用有机锂(RLi)与空间阻碍大的酮反应,则

$$
\begin{array}{c}
CH_3CHCCHCH_3 \\
\underset{CH_3}{|}\ \underset{CH_3}{|}
\end{array}
\xrightarrow{(CH_3)_3CLi}\xrightarrow{H_3^+O}
\begin{array}{c}
OH \\
(CH_3)_2CHCCH(CH_3)_2 \\
\underset{(CH_3)_3C}{|}
\end{array}
$$

所以,RLi 的亲核性更强,即使酮的空间阻碍大,也可生成 3°醇。

3. 与 HCN 的亲核加成

应用范围:①醛(—CHO);②甲基酮(—COCH₃);③小于等于 8 个碳的环酮。

$$
\begin{array}{c}
O \\
\parallel \\
R-C-R'(H)
\end{array}
\underset{}{\overset{HCN}{\rightleftharpoons}}
\begin{array}{c}
OH \\
| \\
R-C-R'(H) \\
| \\
CN
\end{array}
\qquad 生成\ \alpha\text{-腈醇}
$$

机理

$$HCN \rightleftharpoons H^+ + CN^-$$

$$
\begin{array}{c}
O \\
\parallel \\
R-C-R'(H)
\end{array}
\overset{CN^-}{\rightleftharpoons}
\begin{array}{c}
O^\ominus \\
| \\
R-C-R'(H) \\
| \\
CN
\end{array}
\underset{-CN^-}{\overset{HCN}{\rightleftharpoons}}
\begin{array}{c}
OH \\
| \\
R-C-R'(H) \\
| \\
CN
\end{array}
$$

$$
\begin{array}{c}
O \\
\parallel \\
CH_3-C-CH_3
\end{array}
\overset{HCN}{\rightleftharpoons}
\begin{array}{c}
OH \\
| \\
CH_3-C-CN \\
| \\
CH_3
\end{array}
$$

当丙酮与 HCN 反应时,3~4h 仅反应 50%,但是,在上述体系中加入一滴 KOH,2min 即可反应完毕,这是由于碱的加入有利于 HCN 的电离,生成更多的亲核试剂 CN^-

2-甲基-2-羟基丙腈

$$
\xrightarrow[CH_3OH]{H_2SO_4}
\begin{array}{c}
OH \\
| \\
CH_3-C-COOCH_3 \\
| \\
CH_3
\end{array}
\xrightarrow[\triangle]{H^+}
\begin{array}{c}
CH_3 \\
| \\
CH_2=CCOOCH_3
\end{array}
$$

甲基丙烯酸甲酯

醛、酮通过与 HCN 的亲核加成反应引入了—CN,—CN 可以水解、醇解(见第 14 章)得到—COOH、—COOR 等基团,同时—OH 可以脱水生成不饱和的羧酸(酯)

$$\downarrow 聚合$$

$$
\begin{array}{c}
CH_3 \\
| \\
-\!\!\!(CH_2-C\!\!\!)_{n} \\
| \\
COOCH_3
\end{array}
$$

有机玻璃

【例 12.3】

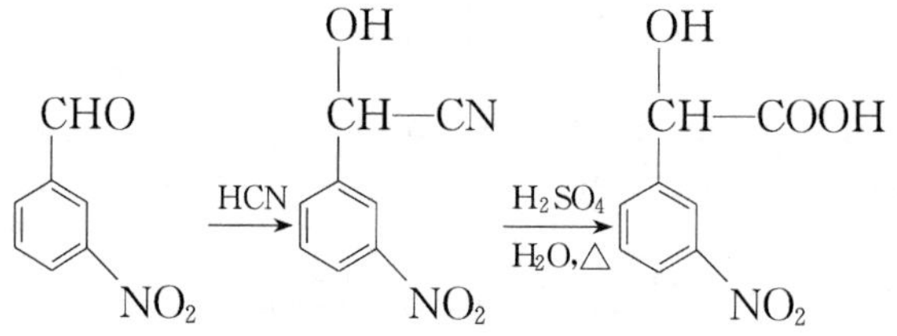

—NO$_2$ 为吸电子基团,通过电子效应使醛基中的碳原子正电性加强,对 HCN 的亲核加成反应有利;反之,苯环上带有推电子基团会使羰基碳原子正电性下降,对亲核加成反应不利

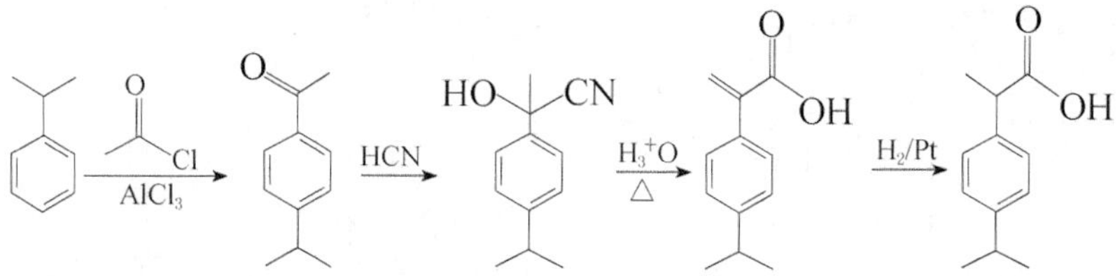

总结

含碳亲核试剂的亲核性为 RC≡CNa＞RLi＞RMgX＞HCN。

12.3.2　与含氧硫亲核试剂的亲核加成

1. 与 H$_2$O 及 ROH 的亲核加成

1) 与 H$_2$O 的反应

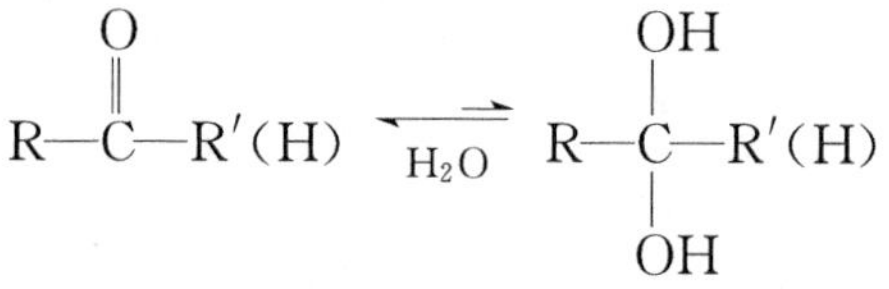

生成胞二醇,该反应平衡有利于反应物方向,但高活性的醛,如甲醛、三氯乙醛等,反应平衡还是有利于生成物的。

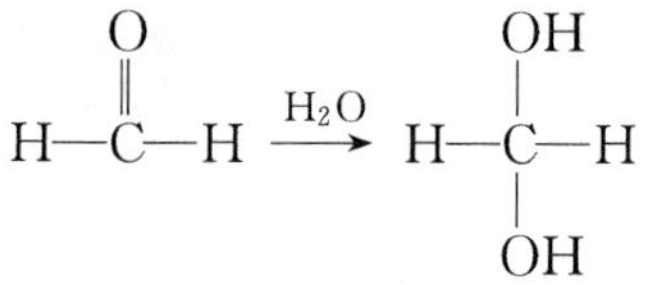

水合甲醛
～100%

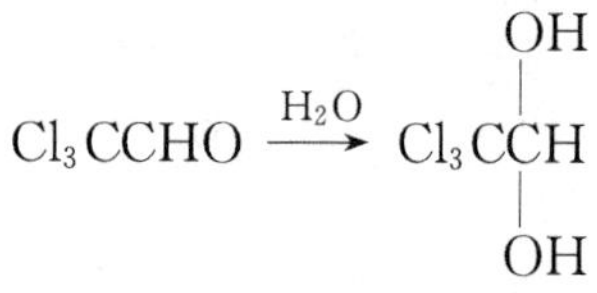

固体
m. p. 56℃

2）与 ROH 的反应——生成缩醛(酮)

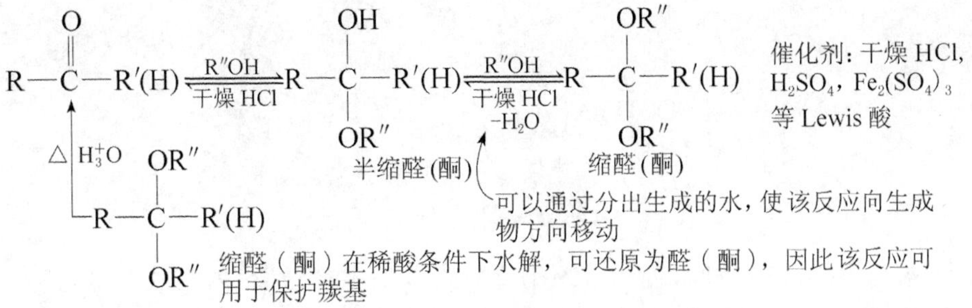
R″OH
干燥 HCl
R″OH
干燥 HCl
$-H_2O$
半缩醛(酮)
缩醛(酮)
△ H_3^+O
催化剂：干燥 HCl，H_2SO_4，$Fe_2(SO_4)_3$ 等 Lewis 酸
可以通过分出生成的水，使该反应向生成物方向移动
缩醛（酮）在稀酸条件下水解，可还原为醛（酮），因此该反应可用于保护羰基

机理

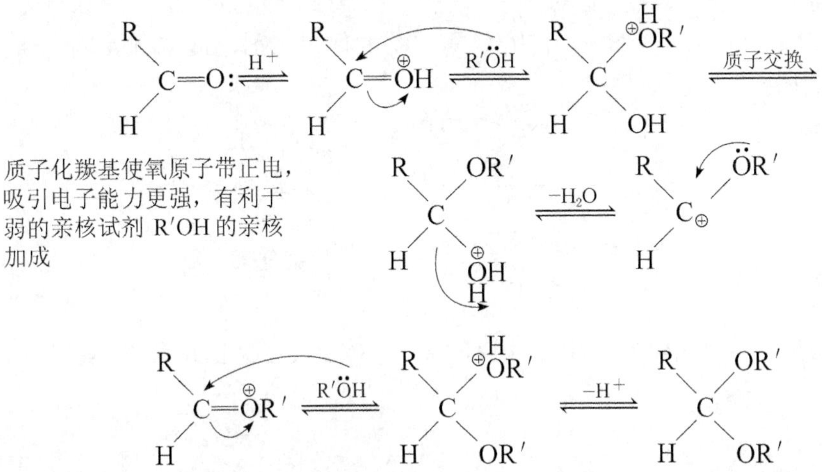
H^+
R′ÖH
质子交换
$-H_2O$
R′ÖH
$-H^+$
质子化羰基使氧原子带正电，吸引电子能力更强，有利于弱的亲核试剂 R′OH 的亲核加成

烷基化羰基的结果也是使羰基氧原子带正电，其作用与质子化羰基相同，都是有利于亲核加成。

特点：

(1) 缩醛(酮)的结构特点是含有 O—C—O 键。

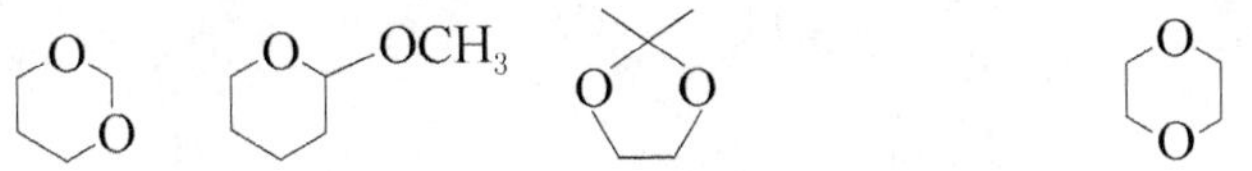

这三个化合物含有 O—C—O 键，是缩醛(酮)　　含有 C—O—C 键，是醚

(2) 缩醛(酮)反应可用于保护羰基。例如，由 $BrCH_2CH_2CHO$ 合成 DCH_2CH_2CHO，设计合成思路是将 3-溴丙醛做成 Grignard 试剂，然后再 D_2O 水解，但 3-溴丙醛的 Grignard 试剂会与其自身的醛基反应，所以应按下列路线合成：

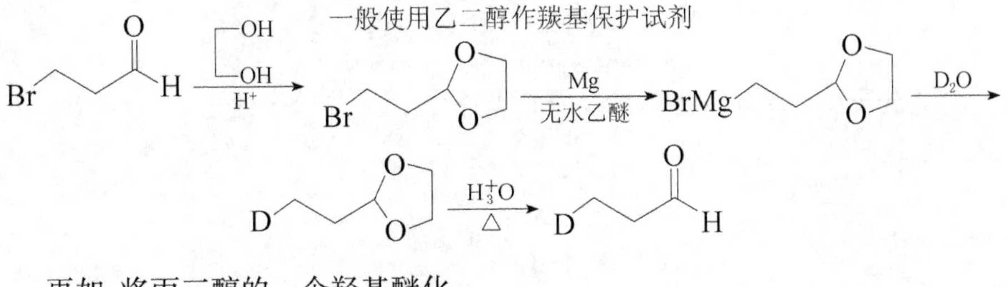
一般使用乙二醇作羰基保护试剂
H^+
Mg
无水乙醚
D_2O
H_3^+O
△

再如，将丙三醇的一个羟基醚化：

由于丙三醇的空间阻碍大,缩酮反应难以发生,特别是丙酮沸点低,只好用石油醚分水,石油醚带水效率不高,反应温度又低,因此第一步反应时间较长。反过来,羰基也是连二羟基的保护试剂。目前人们已将乙二醇改进为$(CH_3)_3SiOCH_2CH_2OSi(CH_3)_3$作为醛、酮羰基的保护试剂,可以在低温下生成缩醛酮。例如:

(3) 缩醛(酮)反应仅发生于醛(酮)的羰基,对于其他羰基化合物不发生此反应。

(4) 空间阻碍大的酮难以反应,应采用高活性的试剂:原甲酸三乙酯$CH(OC_2H_5)_3$。

(5) 分子内同时含有羟基和醛(酮)羰基时,可发生分子内缩醛(酮),形成五、六元环。

$$HO(CH_2)_4COCH_3 \xrightarrow[\text{干燥 HCl}]{CH_3OH}$$

（6）丙酮也可成为保护连二醇的试剂，但一般采用$(CH_3)_2C(OCH_3)_2$，通过缩醛酮交换反应来保护二醇。

2. 与 RSH 的亲核加成

醛(酮)缩硫醇不能通过水解恢复为原来的醛(酮)，但通过催化加氢可将原来的C=O还原为 CH_2

醛、酮的 C=O 与硫醇反应后，原羰基碳原子在碱性条件下可生成负碳离子，作为亲核试剂发生亲核反应后，在还原剂作用下恢复 C=O。例如：

3. 与 $NaHSO_3$ 的亲核加成

应用范围:①醛(—CHO);②脂肪族甲基酮($RCOCH_3$);③小于或等于 8 个碳的环酮。

分子内同时含有强碱性基团—ONa 和强酸性基团—SO_3H,发生分子内酸碱中和使反应不可逆,生成 α-羟基磺酸钠晶体从有机相中沉淀出来。α-羟基磺酸钠在酸性条件下可水解为原来的醛(酮),所以,该反应可以用于醛(酮)的分离。—SO_3H 是一个很好的离去基团,可以通过亲核取代反应换成其他基团。

该制备 2-羟基丙腈的方法虽然历经两步,但避免了在酸性条件下直接使用 HCN 所带来的危险。

12.3.3　与含氮亲核试剂的亲核加成

不同于含碳、氧硫亲核试剂对醛酮的亲核加成,含氮亲核试剂(G—NH_2)对醛酮的亲核加成具备自身的特点,即先加成再消除 H_2O,从而生成 C=N—G 的 C=N键。

消除 H_2O　　　　　亚胺类化合物

因 G 的不同生成的亚胺类化合物具有各自的名称,如下所示:

氨的衍生物（G—NH₂）	生成物名称
G＝H,NH₃ 氨	C＝NH 亚胺
G＝R,RNH₂ 脂肪胺	C＝NR 脂肪族亚胺
G＝Ar,ArNH₂ 芳香胺	C＝NAr 芳香族亚胺（Schiff 碱）
G＝NH₂,NH₂NH₂ 肼	C＝NNH₂ 腙
G＝NH—⬡ , H₂NNH—⬡ 苯肼	C＝NNH—⬡ 苯腙
G＝NH—⬡(NO₂)(NO₂) , H₂NNH—⬡(NO₂)(NO₂) 2,4-二硝基苯肼	C＝NNH—⬡(NO₂)(NO₂) 2,4-二硝基苯腙
G＝NHCONH₂,H₂NNHCONH₂ 氨基脲	C＝NNHCNH₂（O） 缩胺脲
G＝OH,H₂NOH 羟胺	C＝N—OH 肟
与 2°胺(R₂NH)反应	—C＝C—NR₂ 烯胺

1. 与 NH₃ 的亲核加成

$$\underset{R'(H)}{\overset{R}{C}}{=}O \xrightarrow{NH_3} \underset{R'(H)}{\overset{R}{C}}{=}NH$$

脂肪族亚胺不稳定,极易分解为醛(酮)和氨。

【例 12.4】

$$\underset{H}{\overset{H}{C}}{=}O \xrightarrow{NH_3} \underset{H}{\overset{H}{C}}{=}NH$$

上述产物极不稳定,继续反应至生成乌洛托品。反应式为

$$3\underset{H}{\overset{H}{C}}{=}NH \xrightarrow{聚合} \underset{HN\quad NH}{NH} \xrightarrow[NH_3]{3HCHO} \quad \equiv$$

六次甲基四胺(乌洛托品)

六次甲基四胺在加热条件下可分解为甲醛和氨,所以它可以作为甲醛的来源。

2. 与 RNH_2 及 $ArNH_2$ 的亲核加成

$$\underset{R'(H)}{\overset{R}{\diagdown}}C=O \xrightarrow{R''NH_2} \underset{R'(H)}{\overset{R}{\diagdown}}C=NR''$$

脂肪族亚胺不稳定,容易水解为醛(酮)和胺。

$$\underset{R'(H)}{\overset{R}{\diagdown}}C=O \xrightarrow{ArNH_2} \underset{R'(H)}{\overset{R}{\diagdown}}C=NAr$$

芳香族亚胺很稳定,也称 Schiff 碱,在酸性条件下加热水解为醛(酮)和芳香胺。

一般这类反应要在弱酸性介质中进行,如乙酸,既可提供弱酸性环境,产物(尤其是 Schiff 碱)不溶于乙酸,使分离提纯更加容易。之所以反应要在弱酸性介质中发生是因为酸中的 H^+ 可以与羰基氧原子结合生成质子化羰基,$C=OH^+$,提高羰基碳原子接受亲核试剂的能力,但如果酸性太强,H^+ 就可以与氨基发生质子化生成 $—NH_3^+$,$—NH_3^+$ 无亲核活性。

【例 12.5】

82%
(dl)-mersicarpine

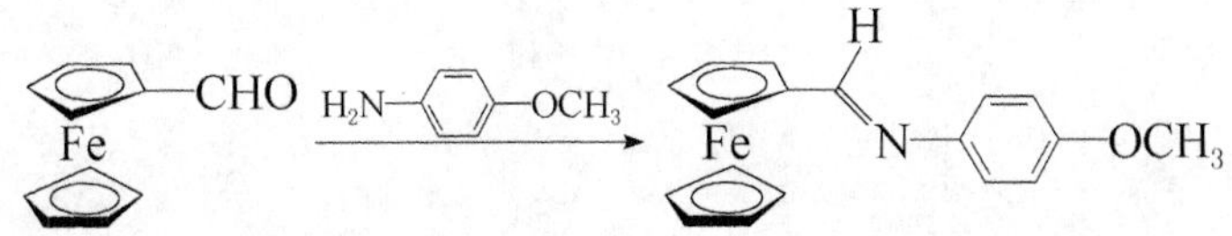

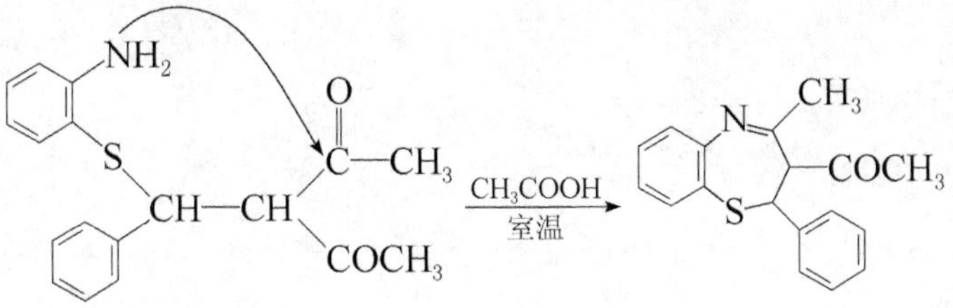

3. 与肼的衍生物的亲核加成

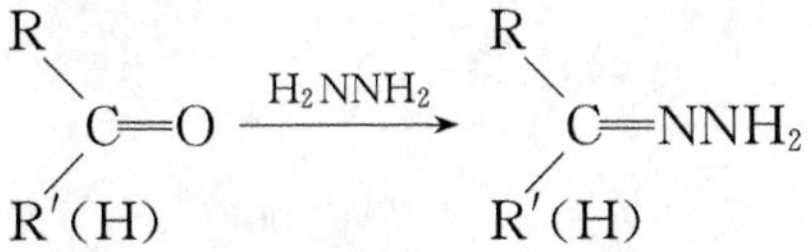

一般腙是一种沉淀，该反应用于鉴别醛(酮)，在鉴别时一般采用肼的衍生物(如苯肼、2,4-二硝基苯肼、氨基脲)来鉴别不同的醛(酮)，因为醛(酮)与它们反应生成的晶体具有固定的熔点，可在手册中查到。

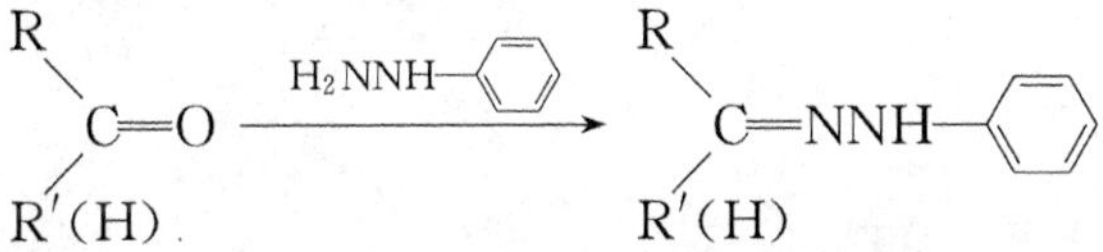

苯腙

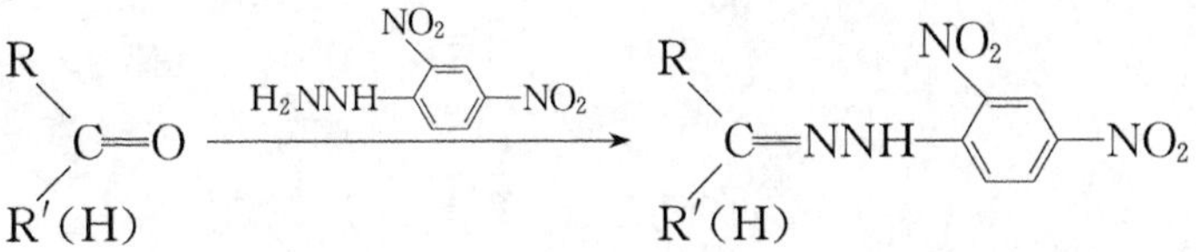

2,4-二硝基苯腙(定性鉴别醛酮中的羰基)

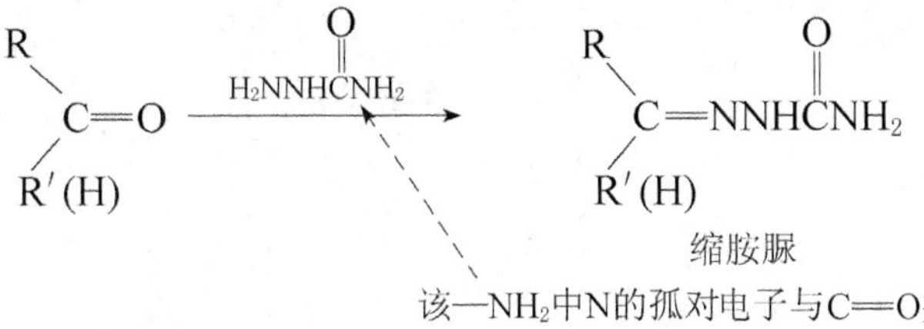

缩氨脲

该—NH₂中N的孤对电子与C=O共轭，无亲核活性

【例 12. 6】

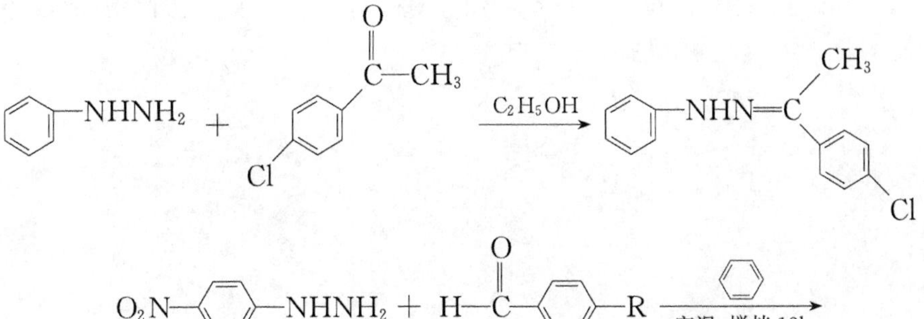

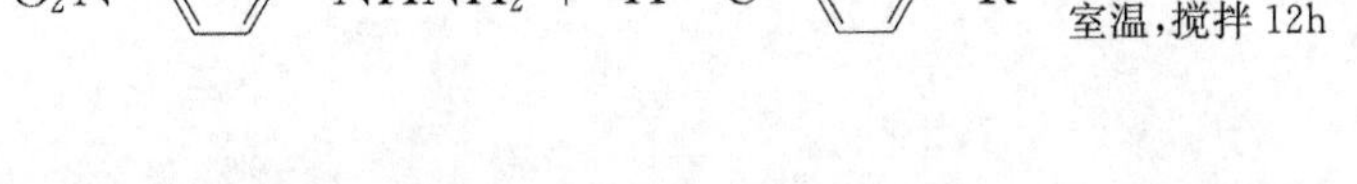

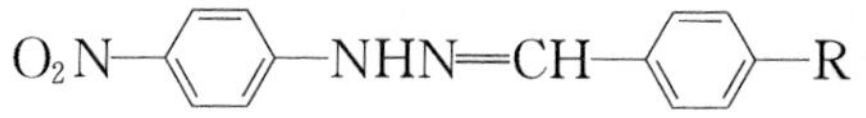

$O_2N-C_6H_4-NHN=CH-C_6H_4-R$

R＝H,Cl,NO_2,OCH_3

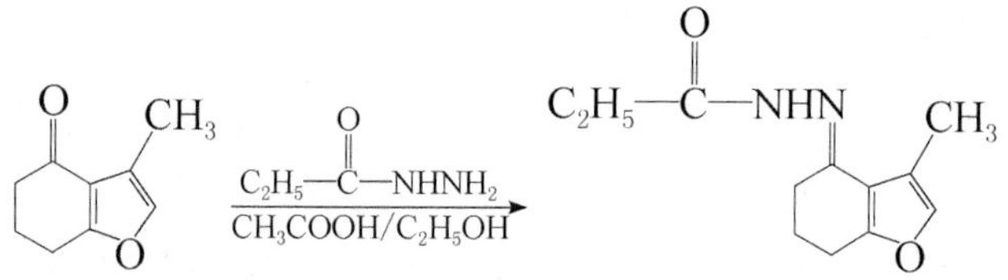

4. 与 H_2NOH 的亲核加成及 Beckmann 重排

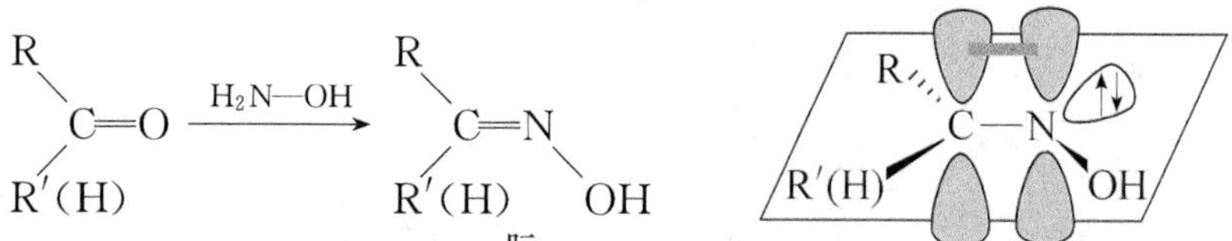

由于 N 的孤对电子占据了一个 sp^2 杂化轨道,肟存在顺反异构体,一般反应生成 *E* 型产物比较稳定。

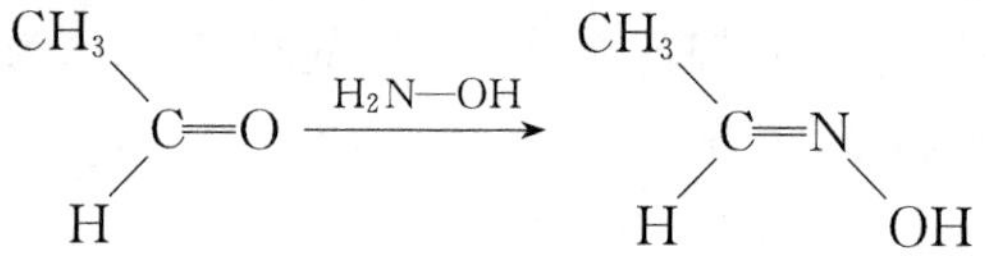

乙醛肟

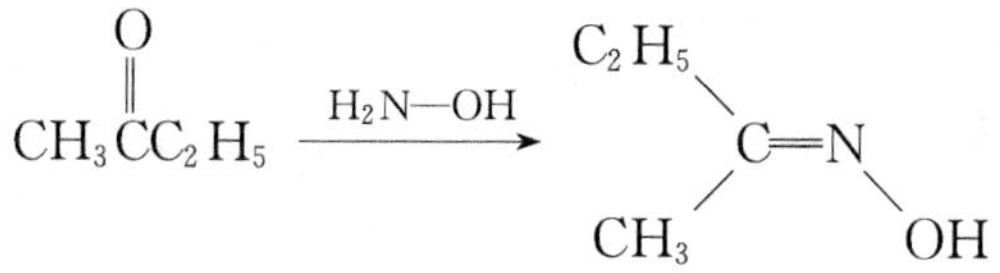

丁酮肟

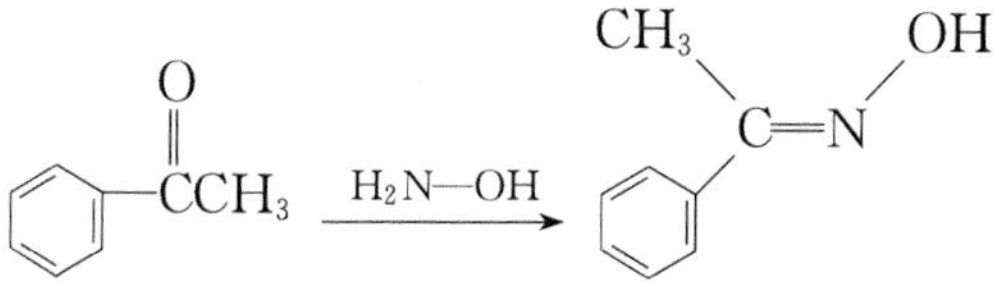

苯乙酮肟

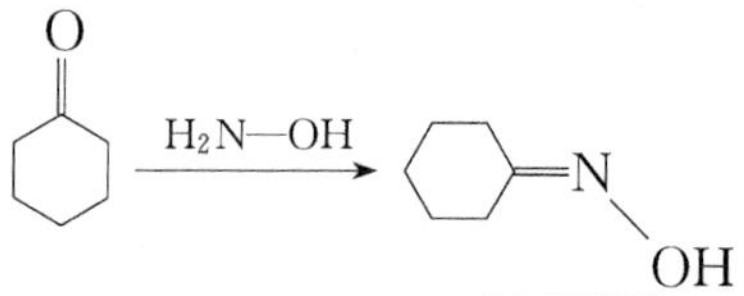

环己酮肟

Beckmann 重排:在酸性条件下,肟的羟基与反式位置的基团对调形成烯醇式,再转化为酮式,生成酰胺。反应式为

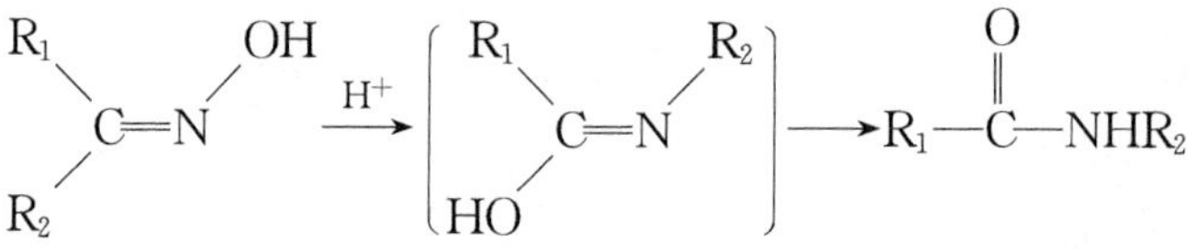

反应机理如下:

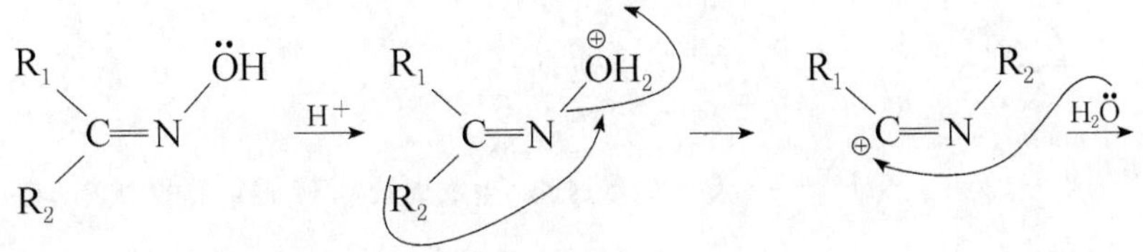

脱水与 R_2 基团的迁移同步完成

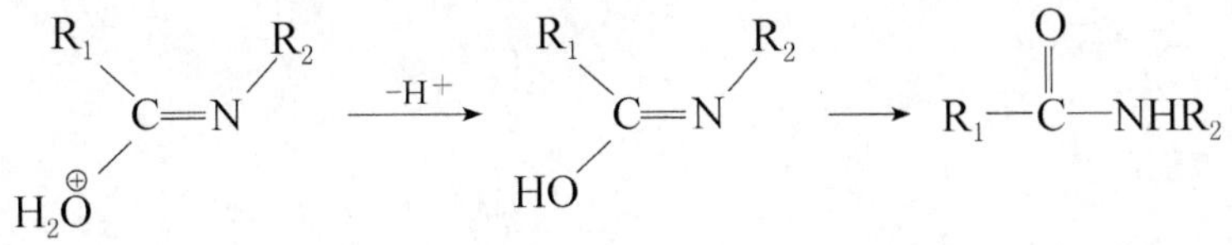

$$R_1-\overset{O}{\underset{}{C}}-NHR_2$$

【例 12.7】

$$CH_3CONH-C_6H_5$$

（乙酰苯胺）

$$C_6H_5-CONHCH_3$$

$$\ce{->[H+]}$$ 己内酰胺 $\ce{->[聚合]}$ $-[C(CH_2)_5NH]_n-$
尼龙 6

$\ce{->[H2NOH (10 equiv.)][吡啶, 室温, 9 h]}$ 96%

$(CH_3)_2CHCH_2$、$CH_2CH(CH_3)$ ... Al—H—Al ... $(CH_3)_2CHCH_2$、$CH_2CH(CH_3)$
（二异丁基氢化铝，简称 DIBAL-H）
CH_2Cl_2

将生成的酰胺中的 C=O 还原为 CH_2，同时酯基被还原为 $HOCH_2-$

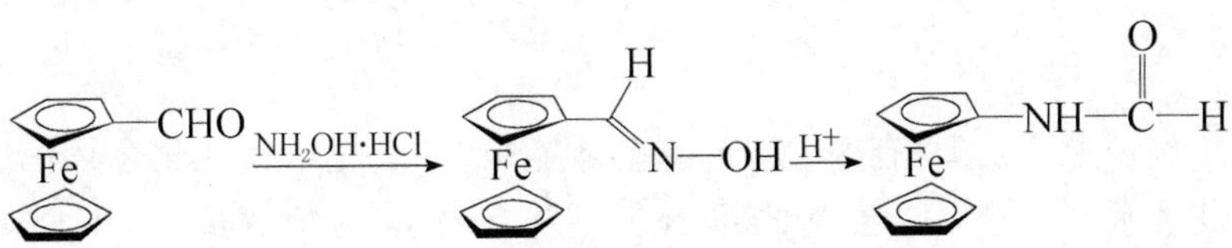

$\ce{->[NH2OH.HCl]}$ ... $\ce{->[H+]}$ ...

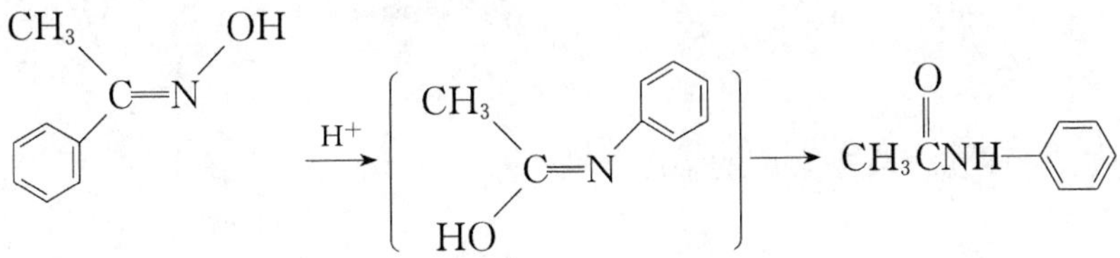

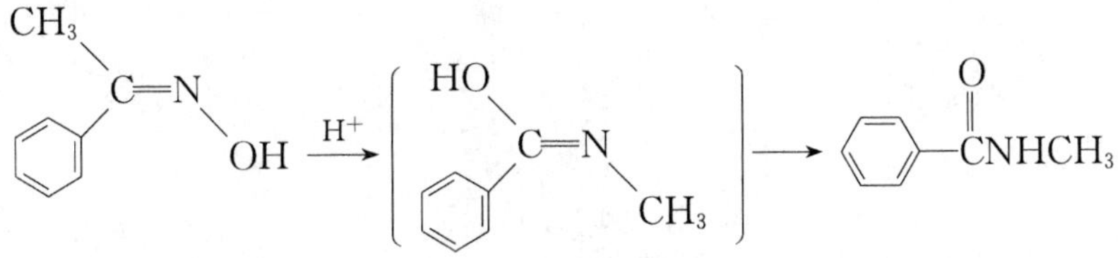

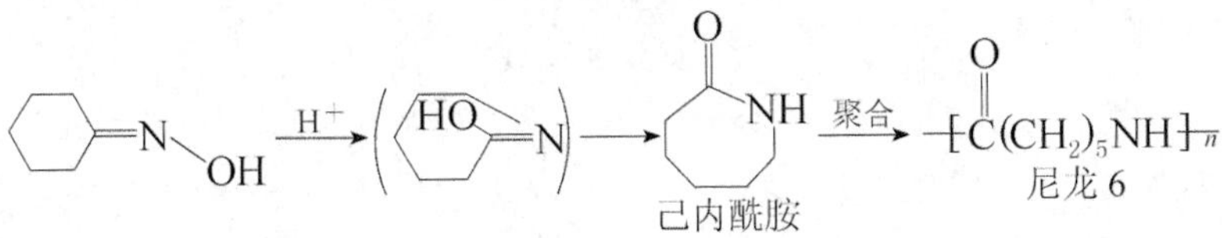

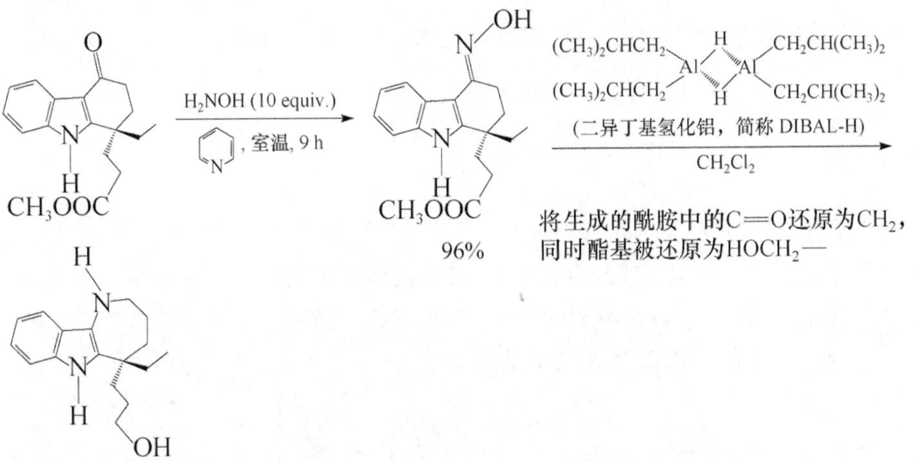

5. 与 R_2NH 的亲核加成——生成烯胺

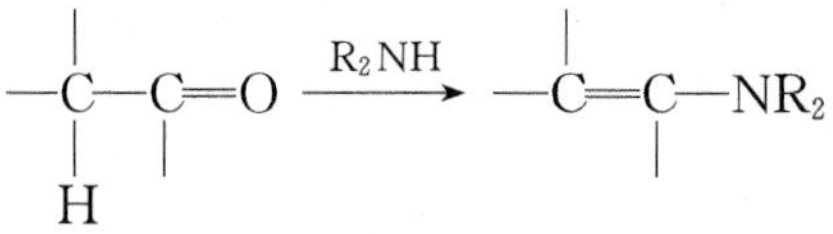

$$-\overset{|}{\underset{\overset{|}{H}}{C}}-\overset{|}{C}=O \xrightarrow{R_2NH} -\overset{|}{C}=\overset{|}{C}-NR_2 \quad \text{生成烯胺,是一种重要的中间产物}$$

机理

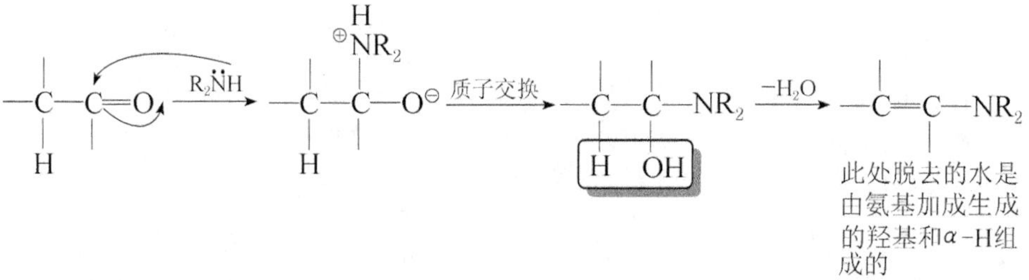

此处脱去的水是由氨基加成生成的羟基和 α-H 组成的

例如,一些在合成中常用的烯胺。

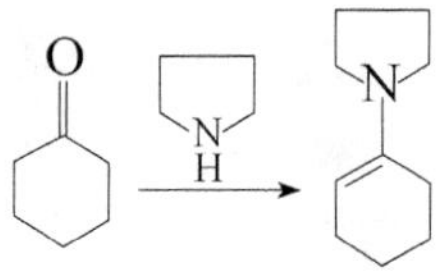

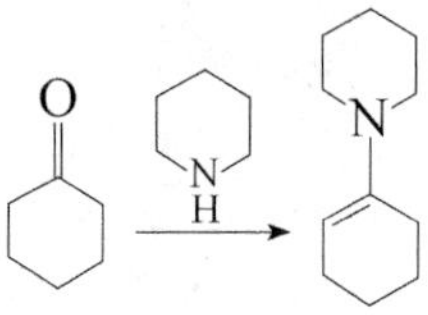

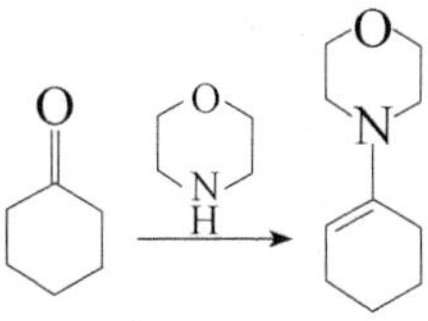

烯胺的作用是通过共振在醛(酮)羰基的 α-C 上产生负碳离子。

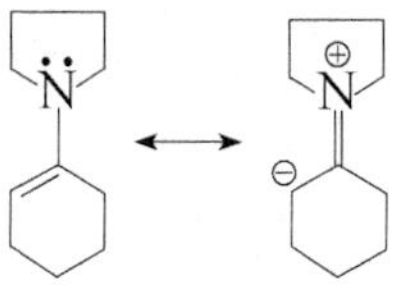

N 原子上的孤对电子转移形成 C=N,羰基 C 原子和 α-C 之间的 C=C 形成负碳离子,这是在弱碱(2°胺)介质中形成负碳离子的方法,问题是如果一个 α-C 连有取代基,这样两个 α-C 不相同,通过烯胺形成的负碳离子在哪个位置?

醛(酮)羰基的 α-C 连有吸电子基团:

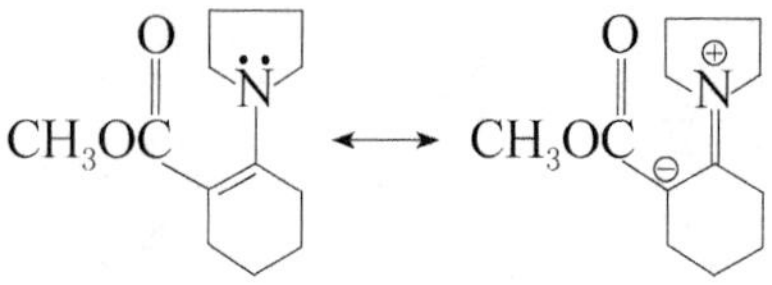

这个例子说明:①只有醛(酮)的羰基才能被"烯胺化",其他化合物中的羰基不发生此类反应;②吸电子基团可有效地稳定生成的负碳离子,所以烯胺的

C═C生成在羰基碳和带有吸电子取代基的 α-C 之间；③负碳离子生成在带有吸电子取代基的 α-碳上。

醛(酮)羰基的 α-C 连有推电子基团：

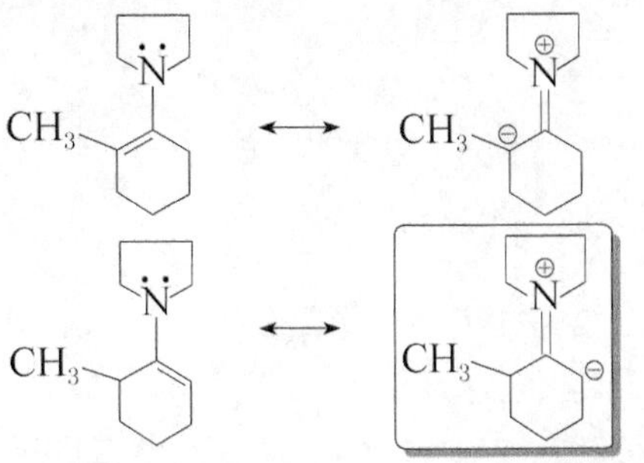

当 α-C 连有烃基时，酮与 2°胺反应可生成两种结构的烯胺，第一种烯胺从结构上看是稳定的，这是因为它是一个连有四个取代基的烯烃，而第二种烯胺看似不如第一种稳定，因为它是仅连有三个基团的烯烃；但是，从生成负碳离子的角度看，第一个烯胺所对应的负碳离子的负电荷刚好遇上推电子基团，而第二个烯胺所对应的负碳离子刚好避开了推电子基团，比第一个负碳离子稳定得多，所以，负碳离子生成在无推电子取代基的 α-C 上，而且是主产物。

烯胺在酸性条件下水解为原来的醛(酮)和相应的 2°胺。

12.4 化学性质Ⅱ —— 氧化、还原反应

12.4.1 还原反应

1. 还原为醇

1）催化加氢

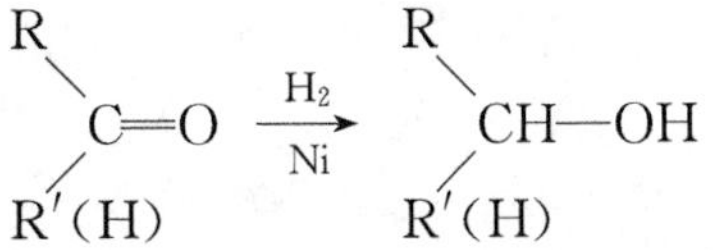

醛(酮)羰基的催化加氢比较容易进行，但分子内如含有其他对催化加氢敏感的基团，可以同时被还原，该反应无选择性。例如：

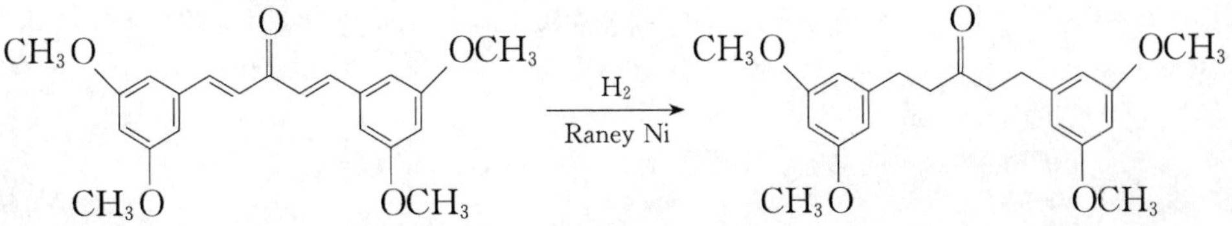

由于—R基团的空间阻碍，羰基以空间阻碍小的侧面被吸附在催化剂表面，生成的羟基处于 a 键，虽然产物的构象不是最稳定的，但在动力学上，从反应的角度是有利的。

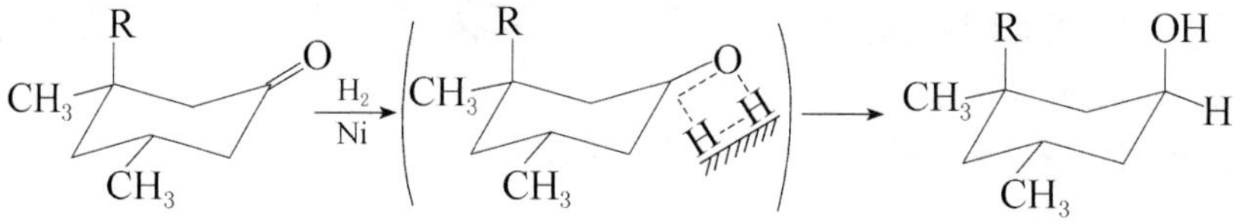

2）还原剂法

（1）LiAlH$_4$（氢化锂铝）。

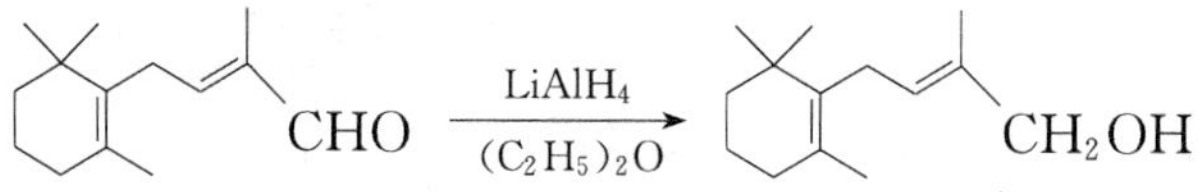

89%

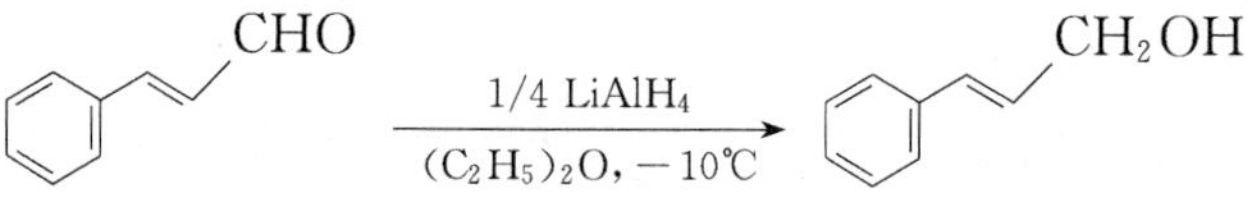

90%

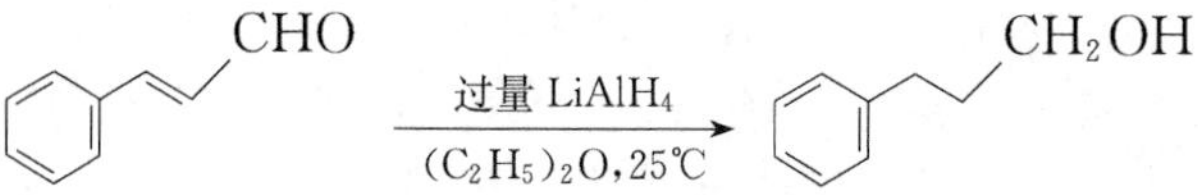

93%

　　LiAlH$_4$ 可将醛、酮、羧酸及其衍生物中的羰基还原为羟基，卤代烃中的卤素原子还原为氢。对于不饱和醛酮，如果 C＝C 与 C＝O 不共轭，LiAlH$_4$ 只还原 C＝O；如果为 α,β-不饱和醛（酮），即 C＝C 与 C＝O 共轭，那么在低温条件下，只使用 1/4 剂量的 LiAlH$_4$，只还原 C＝O；反之反应温度较高，而且采用 1/2 剂量的 LiAlH$_4$，C＝C 与 C＝O 均被还原。需要注意的是 LiAlH$_4$ 中的 H 为负氢离子 H$^-$，LiAlH$_4$ 要在非活泼氢溶剂（如乙醚、四氢呋喃等）中使用。

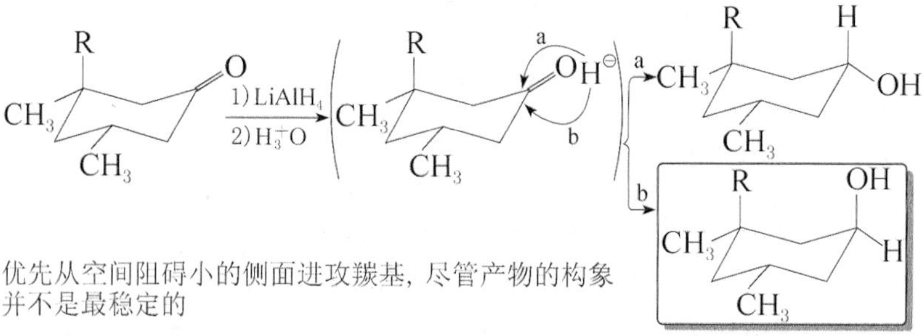

优先从空间阻碍小的侧面进攻羰基，尽管产物的构象并不是最稳定的

　　H$^-$ 有两个进攻羰基的方向，如果 R 的空间阻碍大，则 H$^-$ 将按照 b 路线反应，生成的产物中—OH 在 a 键；当 R 的空间阻碍很小时，则按照 a 路线反应，生成的产物中—OH 在 e 键。

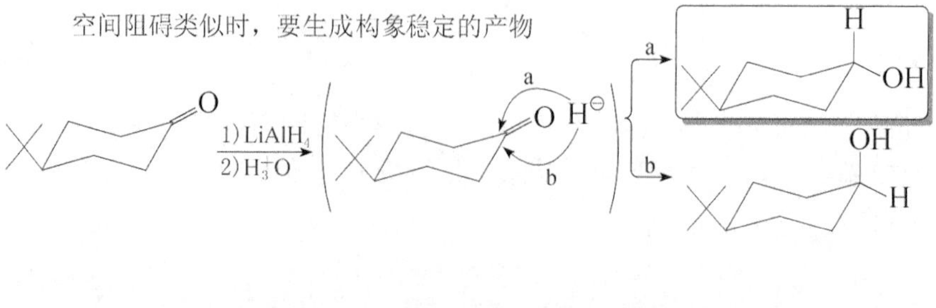

空间阻碍类似时，要生成构象稳定的产物

总之,首先考虑的是能否反应、怎样才能反应的动力学因素,即空间阻碍小的方向有利于反应的进行;在空间阻碍类似的情况下,才考虑热力学因素,即优先生成构象稳定的产物。

(2) LiAlH(t-BuO)₃(三叔丁氧基氢化锂铝)。为了提高 LiAlH₄ 的选择性,适当降低其活性,将三个 H⁻ 换成三个 t-BuO⁻,LiAlH(t-BuO)₃ 只还原醛(酮)羰基生成羟基。

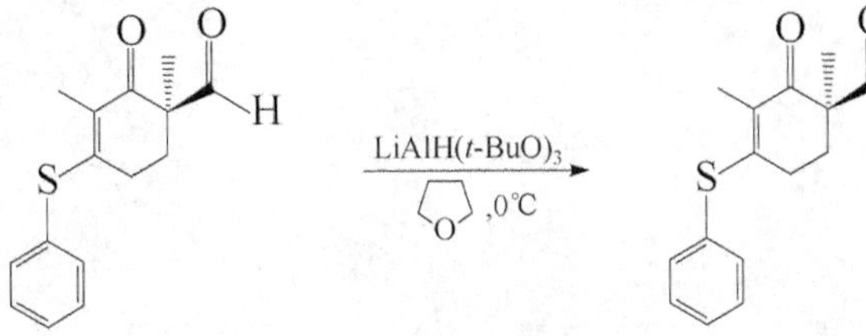

85%

(3) NaBH₄(硼氢化钠)。NaBH₄ 的还原性低,仅能还原醛、酮和酰卤,在较温和的反应条件下,卤代烃可不被还原,特别是 NaBH₄ 可以在含活泼氢的溶剂中使用,甚至可以配成水溶液,大大拓宽了它的应用范围。

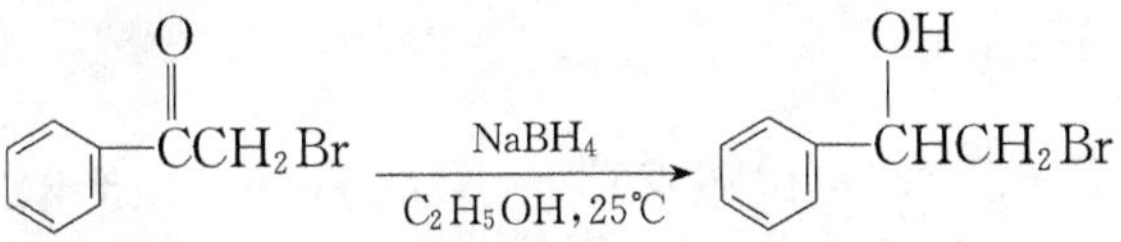

71%

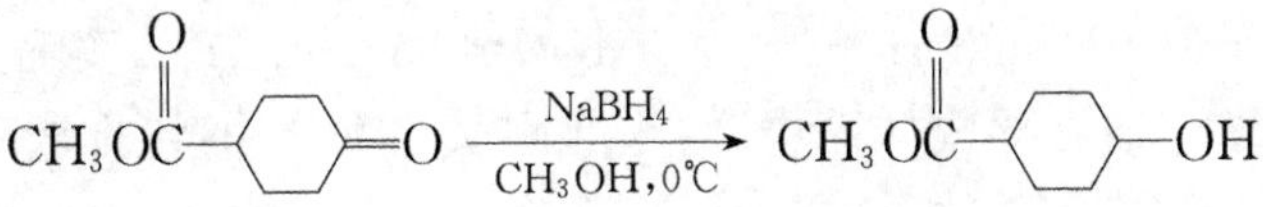

73%～87%

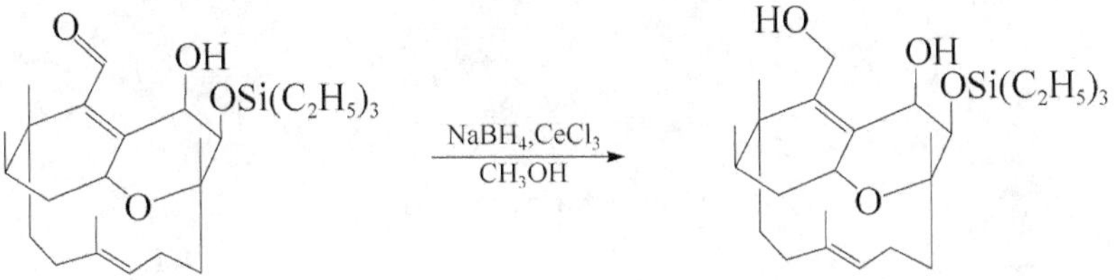

50%

以 NaBH₄ 为还原剂,在加入 CeCl₃ 时,发生的是 1,2-还原,即还原C=O。

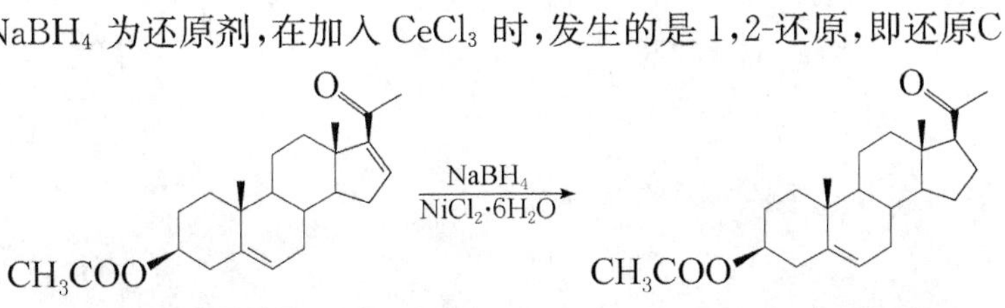

以 NaBH₄ 为还原剂,在加入 NiCl₂ 时,发生的是 3,4-还原,即还原C=C。

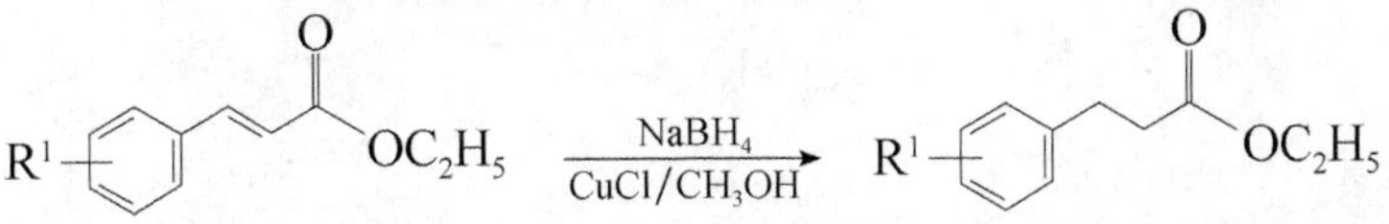

以 NaBH₄ 为还原剂,在加入 CuCl 时,可还原 α,β-不饱和酸酯的 C=C。

$$R^1 \overset{\displaystyle O}{=}\ \xrightarrow[\text{C}_2\text{H}_5\text{OH/H}_2\text{O}]{\text{Zn/NH}_4\text{Cl}}\ R^1 \overset{\displaystyle O}{=} R^2$$

Zn 在酸性条件下,也可以还原 α,β-不饱和酮的 C=C。Li/NH$_3$ 也可以起到同样的作用。例如:

$$\xrightarrow[-78\sim-33\,°\text{C}]{\text{Li,NH}_3}$$

(4) B$_2$H$_6$(乙硼烷)。

$$R-\overset{\displaystyle O}{\underset{\displaystyle}{C}}-H\ +B_2H_6 \longrightarrow \left[R-\overset{\displaystyle O\cdots BH_2}{\underset{\displaystyle H}{C}}-H \right] \longrightarrow R-\overset{\displaystyle OBH_2}{\underset{\displaystyle H}{C}}-H \xrightarrow{2\ RCHO}$$

$$(RCH_2O)_3B \xrightarrow{H_3^+O} 3\ RCH_2OH$$

$$\xrightarrow{B_2H_6}\quad\xrightarrow{B_2H_6}\quad\xrightarrow{H_2O_2}$$

乙硼烷中的 H 为负氢,可以还原 C=O 为 CH—OH,亲电加成到 C=C,也得到醇。

(5) Meerwein-Ponndorf 还原——Al(i-PrO)$_3$/i-PrOH。实际上是异丙醇起到还原作用,如果改在丙酮体系中,丙酮起到氧化剂作用,该方法对仲醇氧化成酮、酮还原为仲醇非常有效。

$$\underset{\text{Al}(i\text{-PrO})_3/\ \text{CH}_3\text{CCH}_3}{\overset{\text{Al}(i\text{-PrO})_3/\ \text{CH}_3\text{CHCH}_3}{\rightleftharpoons}}$$

$$O_2N-\overset{\displaystyle O}{\underset{\displaystyle NH-C-CHCl_2}{C}}-\overset{\displaystyle}{\underset{\displaystyle O}{CH}}-CH_2OH \xrightarrow[\text{CH}_3\text{CHCH}_3]{\text{Al}(i\text{-PrO})_3} O_2N-\overset{\displaystyle OH}{\underset{\displaystyle NH-C-CHCl_2}{CH}}-CHCH-CH_2OH$$

(6) 酮的双分子还原——合成频哪醇。

$$2CH_3\overset{\displaystyle O}{\underset{\displaystyle}{C}}CH_3 \xrightarrow[\text{HgCl}_2]{\text{Mg}} CH_3-\overset{\displaystyle OH}{\underset{\displaystyle CH_3}{C}}-\overset{\displaystyle OH}{\underset{\displaystyle CH_3}{C}}-CH_3 \xrightarrow[\text{频哪醇重排}]{H^+} CH_3-\overset{\displaystyle CH_3}{\underset{\displaystyle CH_3}{C}}-\overset{\displaystyle O}{\underset{\displaystyle}{C}}-CH_3$$

酮的双分子还原机理如下:

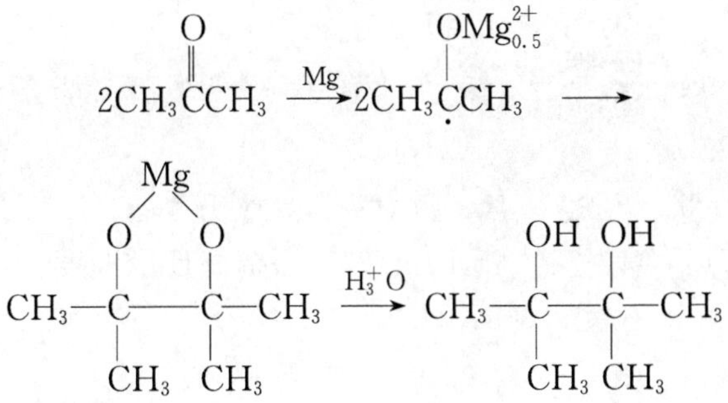

$$2CH_3\overset{O}{\underset{}{C}}CH_3 \xrightarrow{Mg} 2CH_3\overset{OMg^{2+}_{0.5}}{\underset{\cdot}{C}}CH_3 \longrightarrow$$

$$CH_3-\underset{\underset{CH_3}{|}}{\overset{\overset{O}{|}}{C}}-\underset{\underset{CH_3}{|}}{\overset{\overset{O}{|}}{C}}-CH_3 \xrightarrow{H_3^+O} CH_3-\underset{\underset{CH_3}{|}}{\overset{\overset{OH}{|}}{C}}-\underset{\underset{CH_3}{|}}{\overset{\overset{OH}{|}}{C}}-CH_3$$

2. 彻底还原为亚甲基

1) Clemmensen 还原

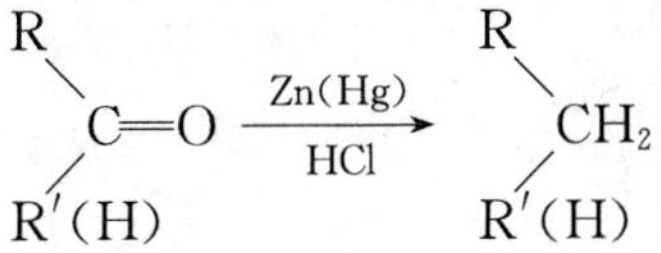

在酸性条件下还原醛(酮)的羰基

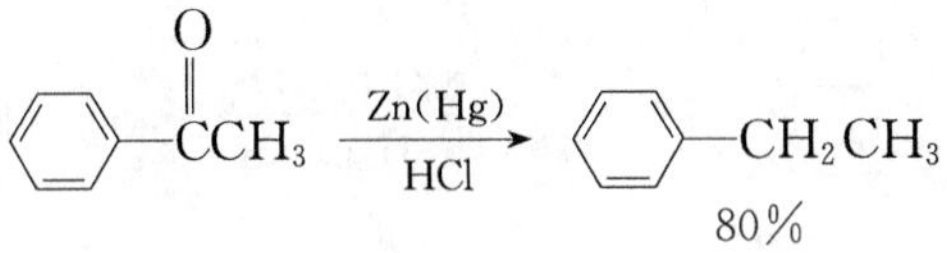

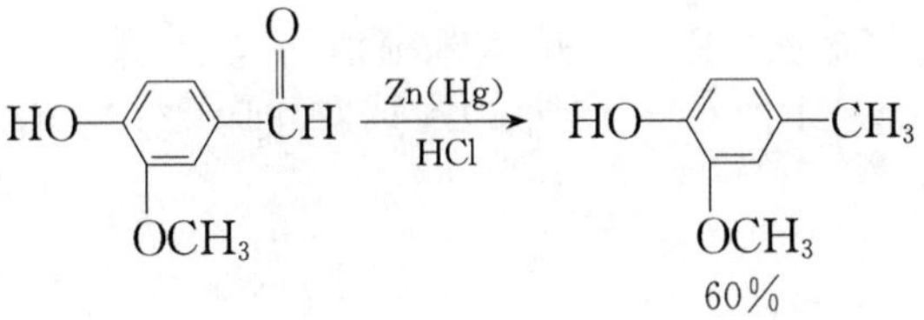

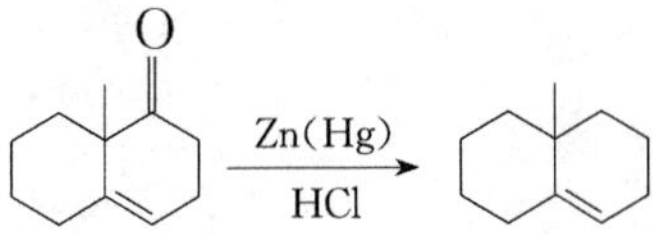

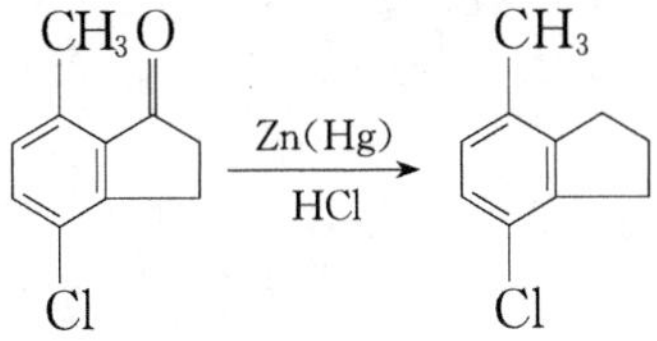

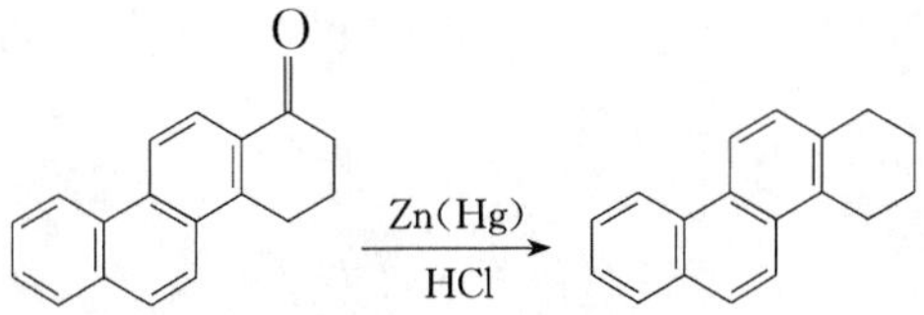

80%

60%

2) Wolff-Kishner-黄鸣龙还原

Wolff-Kishner 方法的反应通式为

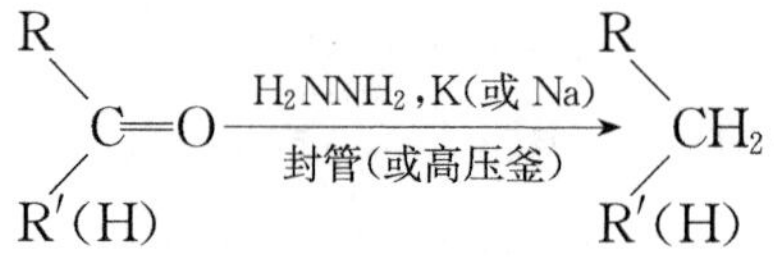 在碱性条件下还原醛(酮)的羰基

黄鸣龙的改进：将碱金属 K（或 Na）改为 NaOH，采用高沸点溶剂 $(HOCH_2CH_2)_2O$（一缩二乙二醇，b. p. 245℃）提高反应温度，因此简化了操作，反应通式为

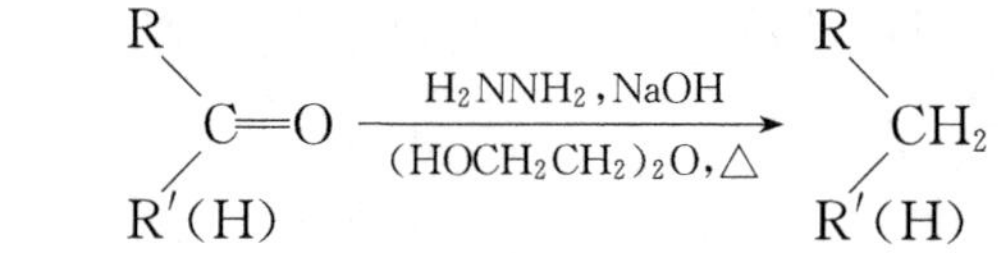

事实上，该还原方法是在高温下通过腙脱出氮气得到亚甲基。

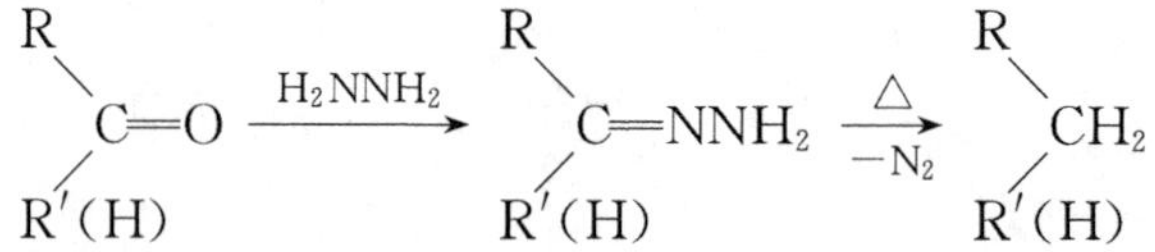

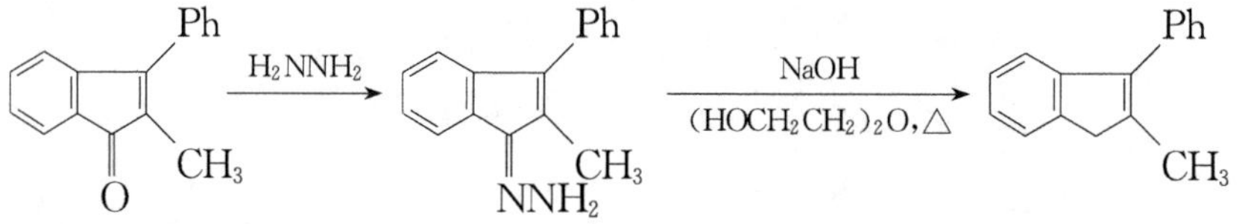

目前对该反应条件进行了改进，采用对-甲基苯磺酰肼与醛、酮的 C═O 反应，然后用二异丁基氢化铝（简称 DIBAL-H）在低温下还原，即可将醛、酮的 C═O 还原为 CH_2。

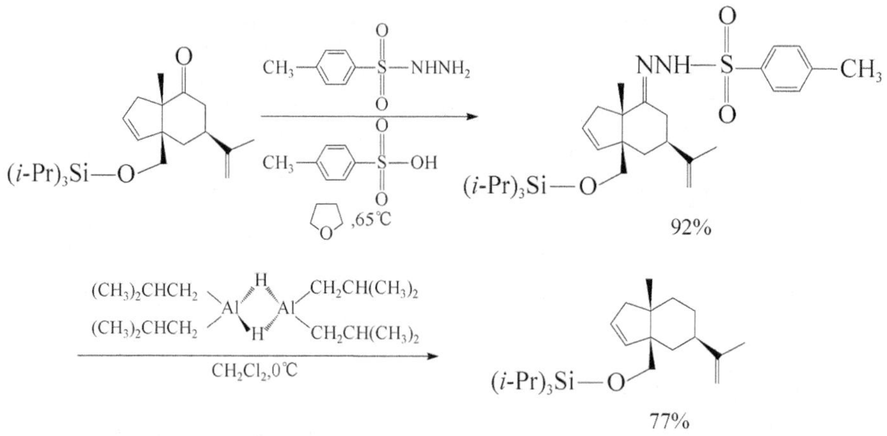

3）缩硫醇催化加氢

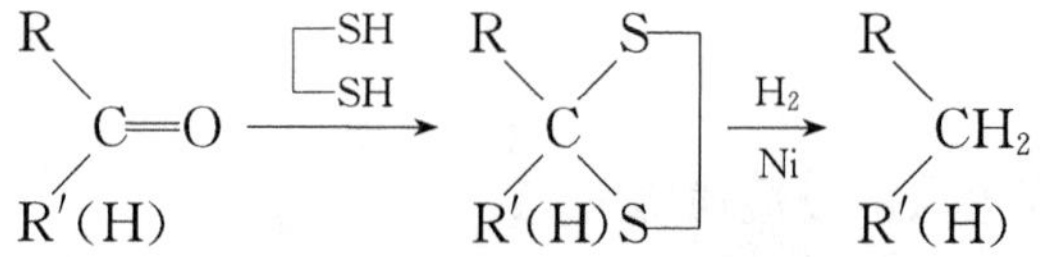

在中性条件下还原醛(酮)羰基

12.4.2 氧化反应

1. Tollens 试剂、Fehling 试剂和 Benedict 试剂的氧化

1) 应用范围

Tollens 试剂($[Ag(NH_3)_2]^+$):醛（—CHO）。

Fehling 试剂（$CuSO_4$,NaOH,酒石酸钾钠）:脂肪醛（R—CHO）。

Benedict 试剂（$CuSO_4$,NaOH,柠檬酸钠）:除甲醛外的脂肪醛（R—CHO）。

2) 作用

将醛氧化成羧酸。例如：

$$\sim\!\!\sim\!\!CHO \xrightarrow{[Ag(NH_3)_2]^+} \sim\!\!\sim\!\!COONH_4 + Ag\downarrow 银镜反应$$

$$\sim\!\!\sim\!\!CHO \xrightarrow[NaOH]{Cu^{2+}} \sim\!\!\sim\!\!COONa + Cu_2O\downarrow 红色沉淀$$

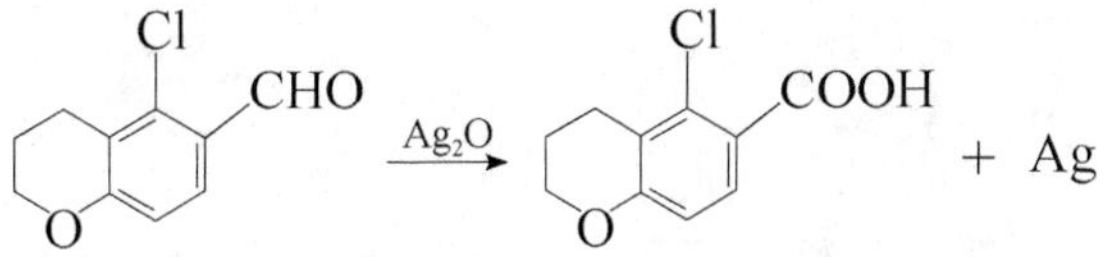

2. Baeyer-Villeger 氧化——RCOOOH 氧化

机理

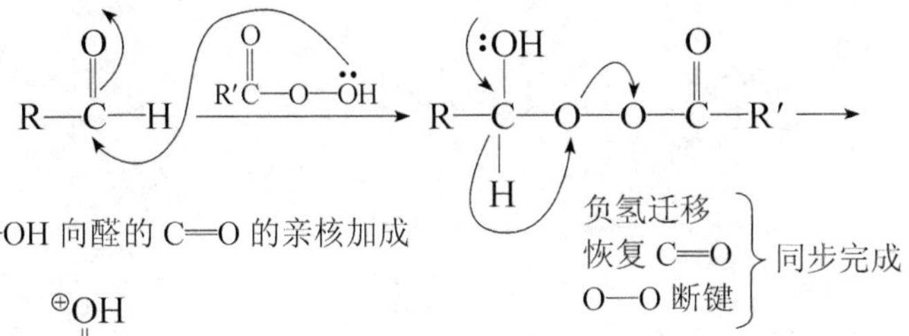

过酸中的—OH 向醛的 C=O 的亲核加成

负氢迁移
恢复 C=O
O—O 断键
} 同步完成

质子化羰基脱 H$^+$，过酸转化为羧酸

机理

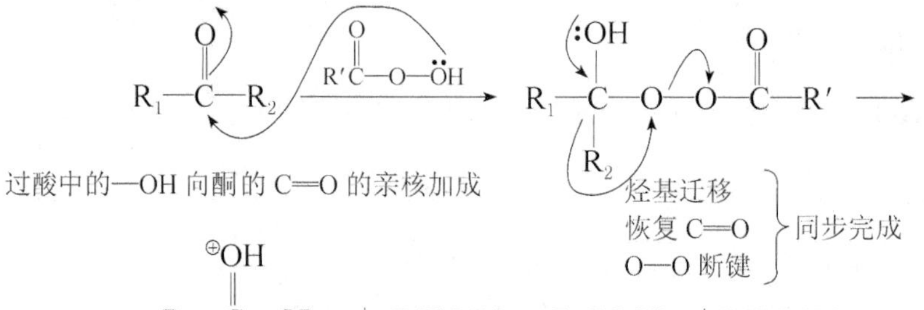

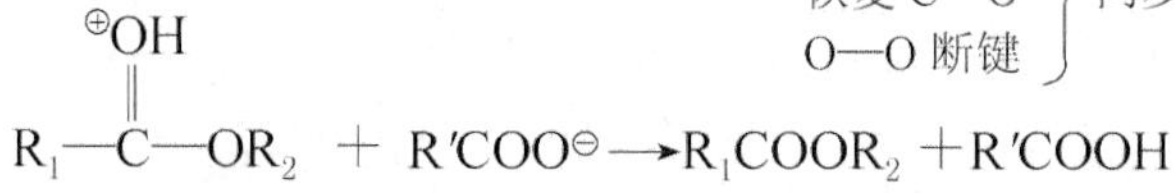

过酸中的—OH 向酮的 C=O 的亲核加成　　　　　　烃基迁移
恢复 C=O ｝同步完成
O—O 断键

$$R_1\overset{\overset{\oplus}{O}H}{\underset{}{C}}-OR_2 \ + \ R'COO^{\ominus} \longrightarrow R_1COOR_2 + R'COOH$$

质子化羰基脱 H⁺，过酸转化为羧酸

基团迁移能力：大基团容纳电子能力强，容易携带电子迁移。

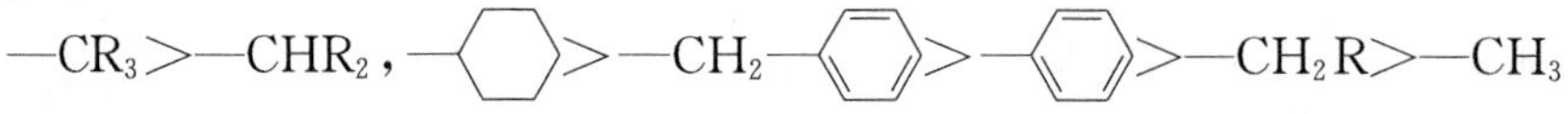

$$—CR_3 > —CHR_2 , \quad \bigcirc\!\!-\!\! > —CH_2 \quad \bigcirc\!\!-\!\! > \bigcirc\!\!-\!\! > —CH_2R > —CH_3$$

【例 12.8】

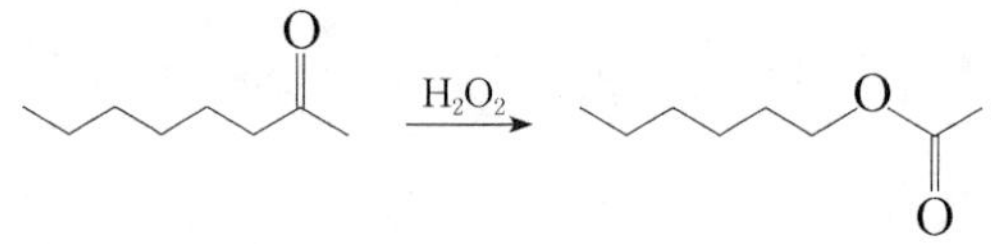

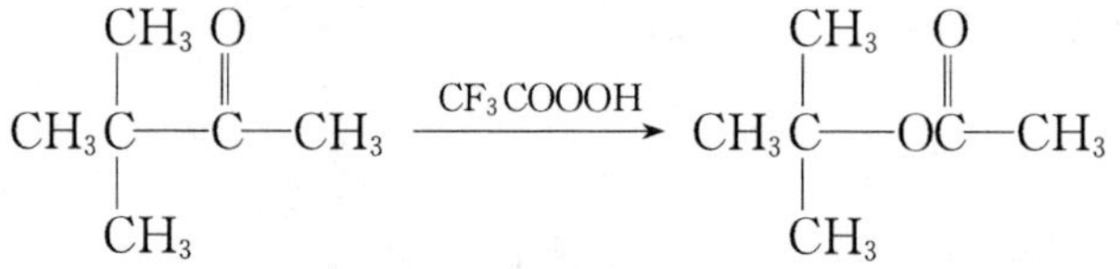

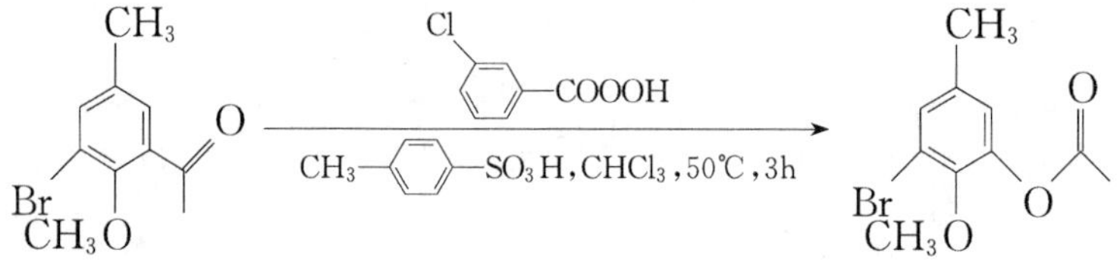

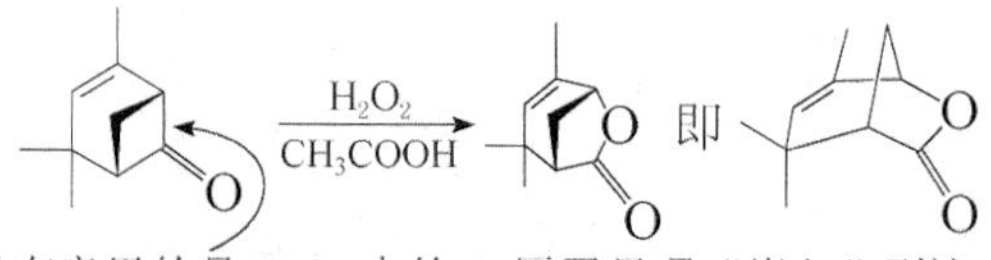

这个反应非常有意思的是 H₂O₂ 中的 O 原子只是"嵌入"到这个位置，而没有另一个位置的产物

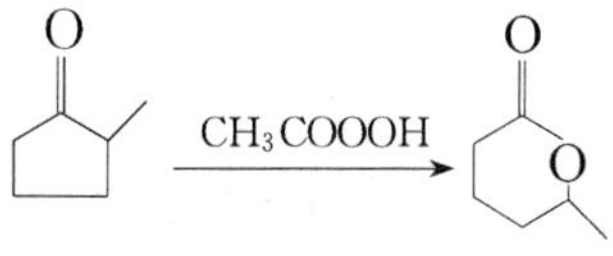

合成内酯的一种方法

3. HNO₃ 氧化

4. 羰基 α-H 与 SeO$_2$ 反应

$$R-\overset{O}{\overset{\|}{C}}-CH_2-R' \xrightarrow{SeO_2} R-\overset{O}{\overset{\|}{C}}-\overset{O}{\overset{\|}{C}}-R'$$

一种生成邻二酮的方法

已学过的生成邻二酮的方法

$$R-C\equiv C-R' \xrightarrow{\text{冷 KMnO}_4}$$

$$R-\overset{O}{\overset{\|}{C}}-\overset{OH}{\overset{\|}{CH}}-R' \xleftarrow[\triangle]{HNO_3}$$
$$(R=R'=\text{苯基})$$

当 R 和 R′ 为苯基时,该化合物称为安息香,安息香可以通过 HNO$_3$ 氧化生成二苯乙二酮

$$\xrightarrow[\text{45℃}]{SeO_2, (CH_3)_3COOH}$$

87%

(CH$_3$)$_3$COOH 为叔丁基过氧化氢,与 SeO$_2$ 将 C=O 的 α-位氧化为—OH。

12.4.3 醛(酮)羰基的卤化

$$R-\overset{O}{\overset{\|}{C}}-R' \xrightarrow{PCl_5} R-\overset{Cl}{\underset{Cl}{\overset{|}{\underset{|}{C}}}}-R'$$

$$\xrightarrow[\text{(C}_2\text{H}_5)_3\text{N}]{\text{(PhO)}_3\text{P},\text{Cl}_2}$$

70%

$$R-\overset{O}{\overset{\|}{C}}-R' \xrightarrow[\text{(简称 DAST)}]{\text{(C}_2\text{H}_5)_2\text{NSF}_3} R-\overset{F}{\underset{F}{\overset{|}{\underset{|}{C}}}}-R'$$

12.4.4 醛(酮)的 McMurry 偶联——生成烯烃

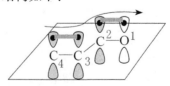

E 型和 Z 型

E 型和 Z 型

12.5 化学性质Ⅲ——α,β-不饱和醛(酮)的加成反应

α,β-不饱和醛(酮)的结构如下：

α,β-不饱和醛(酮)实际上是含有 C=O 和 C=C 共轭结构的化合物,由于氧原子的电负性大,吸引电子能力强,导致 C^3=C^4 之间的 π 电子偏向 C^3 一侧,即 C=C 为极性双键。

12.5.1 亲电加成反应

$$CH_2=CH-CH=O \xrightarrow[-10℃]{HCl} ClCH_2CH_2-CH=O$$

机理

α,β-不饱和醛(酮)的亲电加成可分为两种情况:1,2-加成和1,4-加成。

1) **1,2-加成**

$$CH_2=CH-CH=O \xrightarrow{H^+} CH_2=CH-CH=\overset{\oplus}{O}H \longrightarrow$$

$$CH_2=CH-\overset{\oplus}{C}H-OH \xrightarrow[Cl^{\ominus}]{1,2-加成}$$

$$CH_2=CH-\overset{\underset{|}{Cl}}{C}H-OH$$

此结构容易脱 HCl 恢复 C=O

$$CH_2=CH-CH=O$$

质子化的羰基氧原子吸引电子能力更强,导致 C=O 之间的电子中和氧的正电荷,这样就会使 2 号碳原子带正电,形成正碳离子,然后 Cl^- 加成。

2) **1,4-加成**

$$CH_2=CH-CH=O \xrightarrow{H^+} CH_2=CH-CH=\overset{\oplus}{O}H \longrightarrow$$

$$\overset{\oplus}{C}H_2-CH=CH-OH \xrightarrow[Cl^{\ominus}]{1,4-加成}$$

$$ClCH_2-CH=CH-OH$$

烯醇式转化为酮式

$$ClCH_2CH_2CH=O$$

质子化的羰基氧原子吸引电子能力更强,导致 C=O 之间的电子中和氧的正电荷,这样就会使 2 号碳原子带正电,然后 $C_3=C_4$ 之间的双键转移到 C_2 和 C_3 之间形成双键,C_4 形成正碳离子。

1,2-加成后生成的产物脱 HCl,又恢复为反应物;1,4-加成的产物是稳定的,相当于连有吸电子基团的 C=C 的反马式规则的亲电加成产物,但事实上该反应涉及了 C=O,只不过生成的烯醇式又转化为酮式。

【例 12.9】

$$(CH_3)_2C=CHCCH_3 \xrightarrow[H_2SO_4]{H_2O} (CH_3)_2\overset{\underset{|}{OH}}{C}-CH_2-\overset{\underset{\|}{O}}{C}CH_3$$

12.5.2 亲核加成反应

α,β-不饱和醛(酮)的亲核加成也分为两种情况:1,2-加成和1,4-加成。

1) 1,2-加成

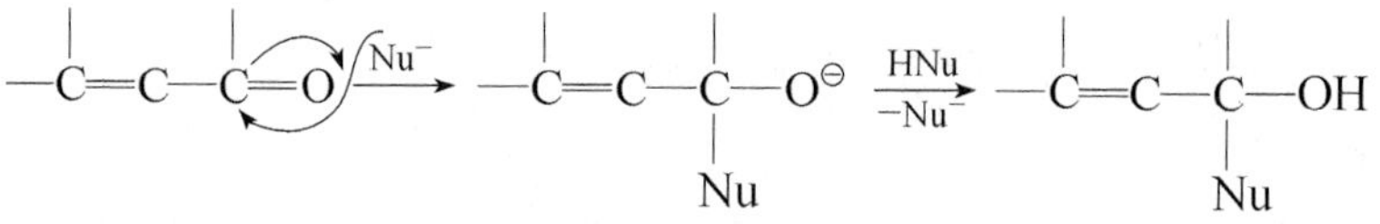

2) 1,4-加成

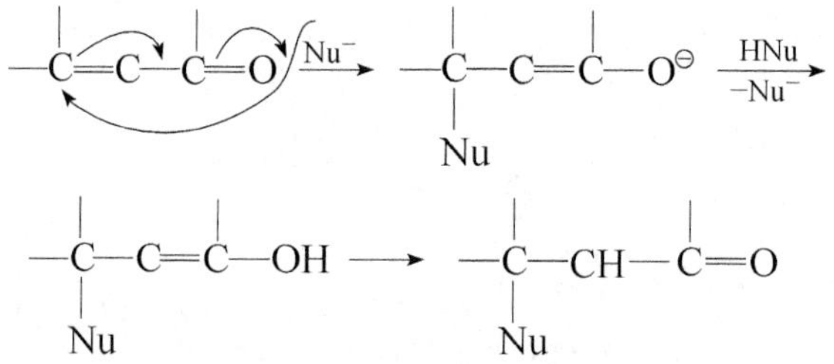

α,β-不饱和醛(酮)的 1,4-加成实际相当于 3,4-加成。α,β-不饱和醛(酮)的亲核加成反应主要就是 1,2-加成还是 1,4-加成的问题。

1. 含碳亲核试剂

1) 与 RLi 的亲核加成——1,2-加成

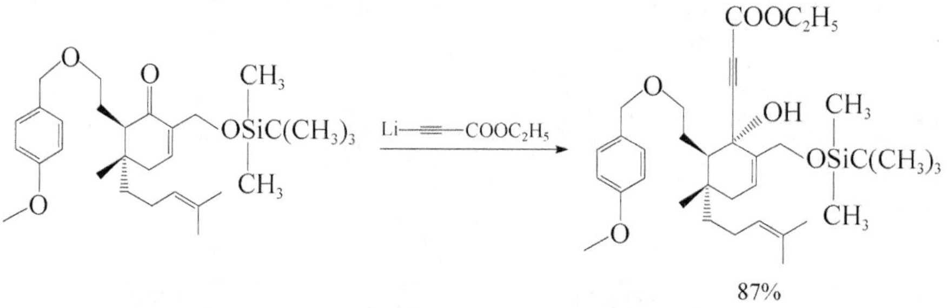

87%

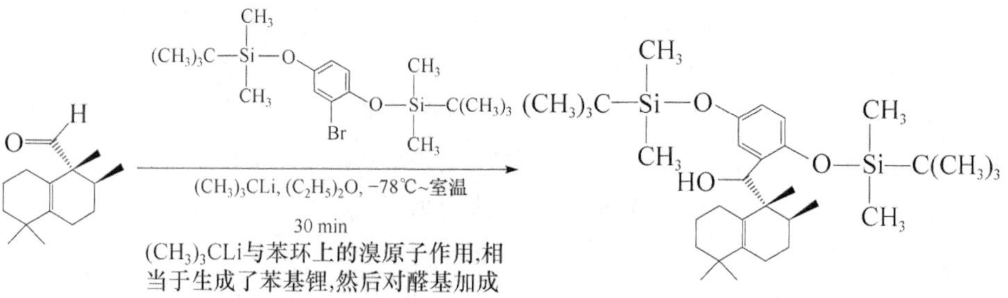

$(CH_3)_3CLi,(C_2H_5)_2O,-78℃～室温$
30 min
$(CH_3)_3CLi$与苯环上的溴原子作用,相当于生成了苯基锂,然后对醛基加成

RLi 的亲核性很强,无论空间阻碍多大,RLi 均为 1,2-加成。但是在 Cu(Ⅰ)盐存在下,则为 1,4-加成。例如:

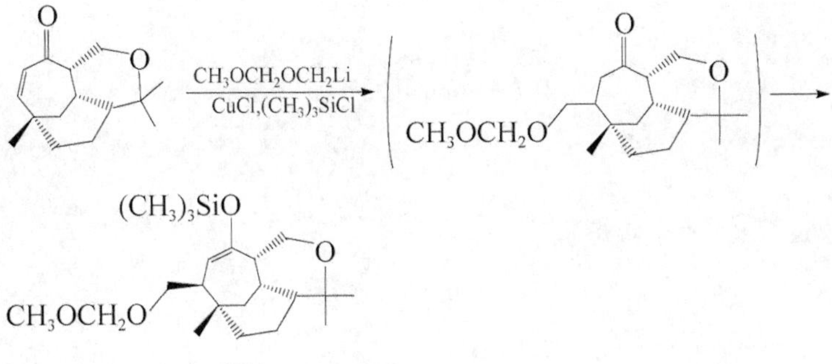

91%

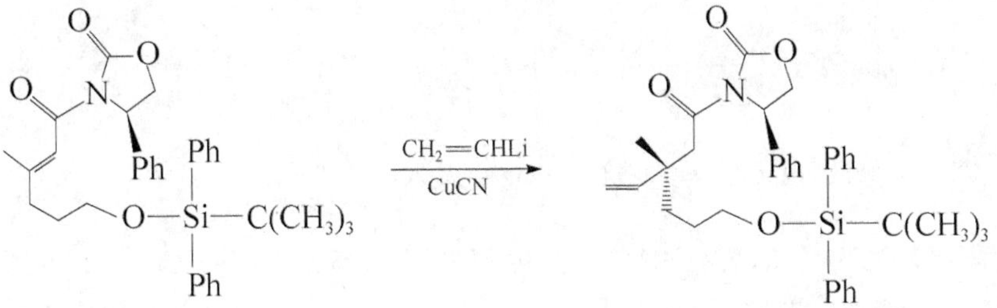

85%

2) 与 RMgX 的亲核加成

与α,β-不饱和醛——1,2-加成。

$$CH_3CH{=}CH\overset{O}{\overset{\|}{C}}{-}H \xrightarrow[2)H_3^+O]{1)C_6H_5MgBr} CH_3CH{=}CH\overset{OH}{\underset{C_6H_5}{C}}{-}H$$

70%

与α,β-不饱和酮——1,2-加成(空间阻碍小),1,4-加成(空间阻碍大)。

$$C_6H_5CH{=}CH\overset{O}{\overset{\|}{C}}CH_3 \xrightarrow[2)H_3^+O]{1)CH_3MgBr} C_6H_5CH{=}CH\overset{OH}{\underset{CH_3}{C}}CH_3$$

80%

$$C_6H_5CH{=}CH\overset{O}{\overset{\|}{C}}C(CH_3)_3 \xrightarrow[2)H_3^+O]{1)C_6H_5MgBr} C_6H_5\underset{C_6H_5}{CH}CH_2\overset{O}{\overset{\|}{C}}C(CH_3)_3$$

90%

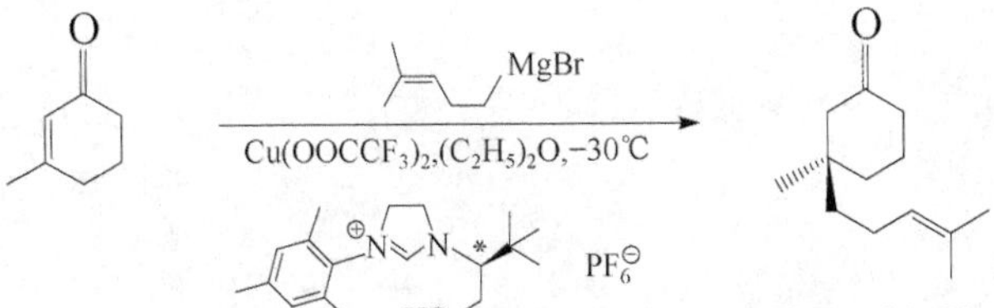

70%,ee%=91

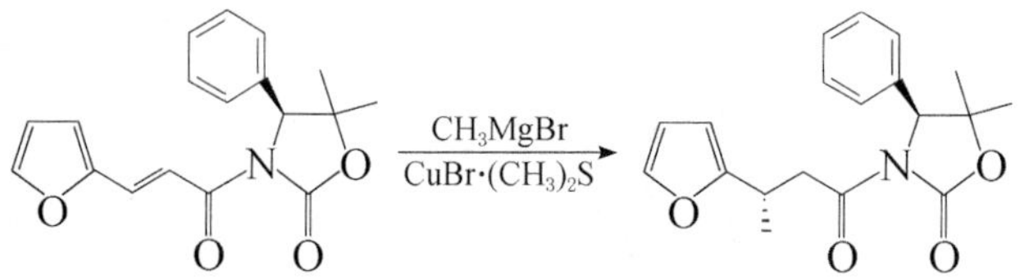

3）与 R_2CuLi 的亲核加成——1,4-加成

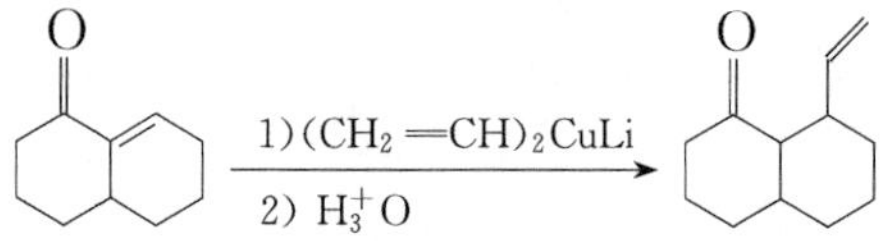

$CH_2{=}CHCHO \xrightarrow[2)\ H_3^+O]{1)(CH_2{=}CH)_2CuLi} CH_2{=}CHCH_2CH_2CHO$ (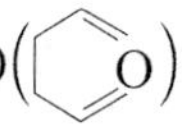) $\xrightarrow{\triangle}$

$CH_2{=}CHCH_2OCH{=}CH_2$ (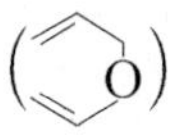)

丙烯醛（$CH_2{=}CHCHO$）与二乙烯基铜锂［$(CH_2{=}CH)_2CuLi$］1,4-加成后得到4-戊烯醛，在加热条件下发生3,3-σ-迁移反应（见18.3.2节），生成乙烯基烯丙基醚。

CH_3Li 与 CuI 联合使用相当于 $(CH_3)_2CuLi$，在对 α,β-不饱和酸酯进行1,4-加成之后，再消除 $HO-\underset{\underset{O}{\|}}{P}(OC_2H_5)_2$，结果相当于 CH_3 取代了 β-位的 $-O-\underset{\underset{O}{\|}}{P}(OC_2H_5)_2$。

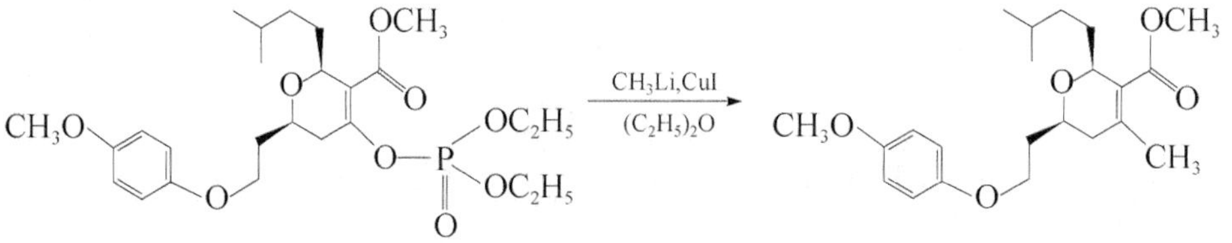

65%

4）与 HCN 的亲核加成

与 α,β-不饱和醛——1,2-加成，反应式如下：

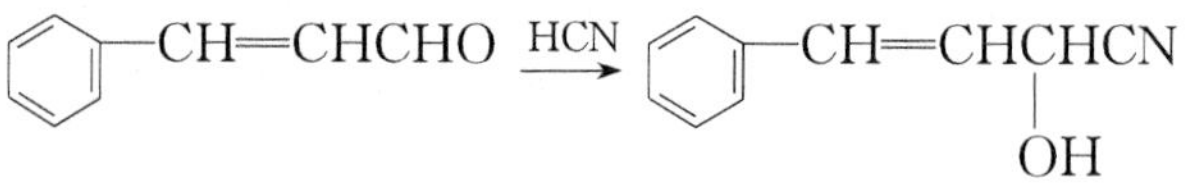

与 α,β-不饱和酮——1,4-加成，反应式如下：

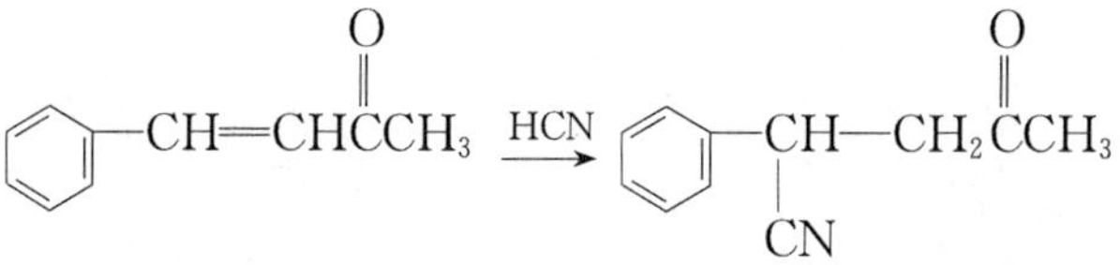

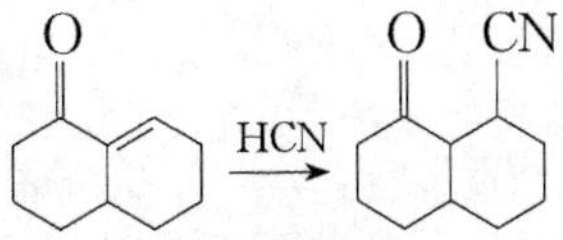

5) Michael 加成——1,4-加成

参见 15.4.1 节。

2. 含氮、硫亲核试剂

与 NaHSO₃、NH₃ 及其衍生物的亲核加成——1,4-加成,反应式如下:

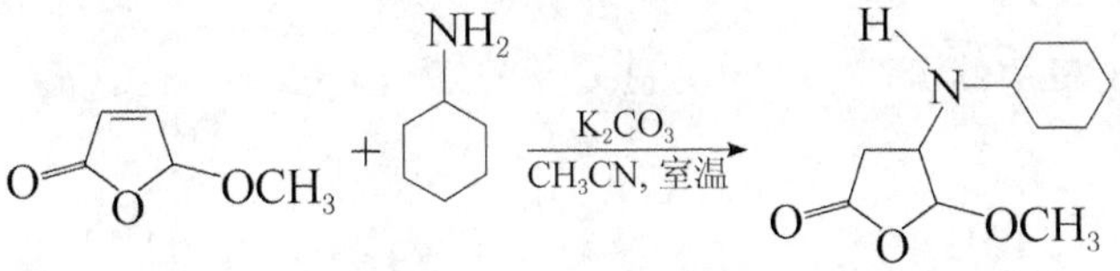

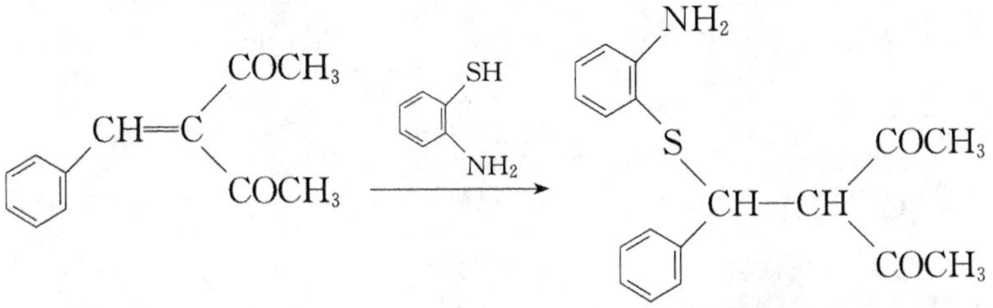

—SH 的亲核性大于—NH₂

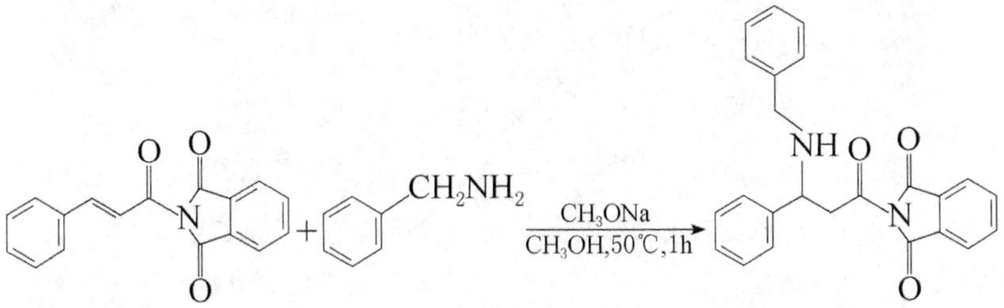

醛(酮)还包括了 α-C 形成负碳离子及其一系列的反应,这部分内容将在第 15 章中详细介绍。

第 13 章　羧　　酸

13.1　命名与结构

13.1.1　命名

由于—COOH 只能位于羧酸分子链的一端,脂肪族羧酸命名原则是选择含有羧基的最长碳链为主链,从羧基处开始编号(—COOH 为 1 号)。例如:

$$HCOOH \qquad CH_3COOH \qquad CH_3CH_2COOH \qquad CH_2\!\!=\!\!CHCOOH$$

甲酸　　　　　　乙酸　　　　　　　丙酸　　　　　　　丙烯酸

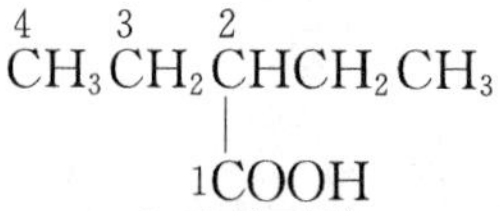

$$\overset{4}{C}H_3\overset{3}{C}H_2\overset{2}{C}HCH_2CH_3 \qquad\qquad \overset{4}{C}H_2\!\!=\!\!\overset{3}{C}H\overset{2}{C}HCH_2CH_3$$
$$\overset{1}{|}COOH \qquad\qquad\qquad\qquad \overset{1}{|}COOH$$

2-乙基丁酸 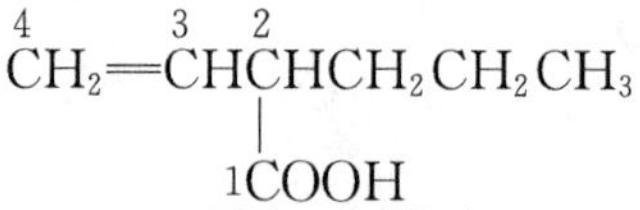　　　　　　　　　　　　2-丙基-3-丁烯酸

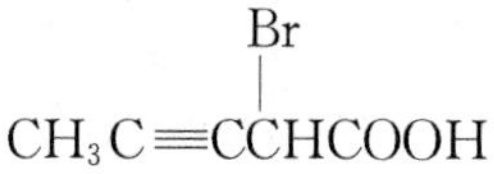

$$CH_3C\!\!\equiv\!\!CHCOOH \qquad \overset{Br}{\underset{\big|}{}} \qquad\qquad COOH \qquad\qquad HOOC(CH_2)_4COOH$$

2-溴-3-戊炔酸 　　　　　　乙二酸　　　　　　　己二酸

$$CH_3CHCH_2CHCH_2CHCH_3$$

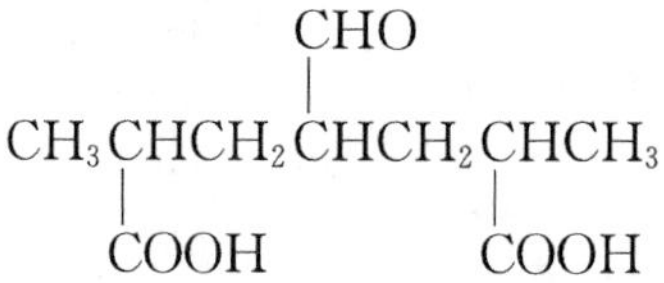

2,6-二甲基-4-甲酰基庚二酸 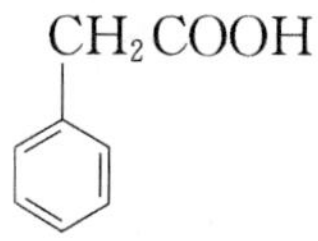　　　　　　苯乙酸

芳香族羧酸命名原则按照取代芳香烃的命名方法。例如:

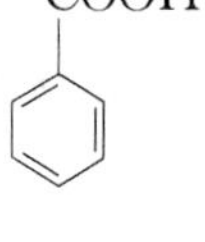

苯甲酸 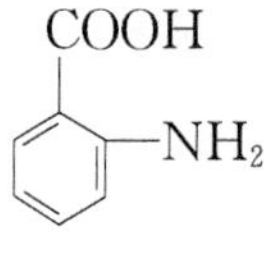　　　邻-氨基苯甲酸 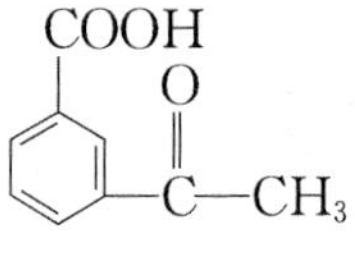　　　间-乙酰基苯甲酸 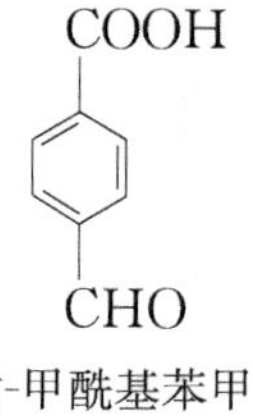　　　对-甲酰基苯甲酸 　　　对-苯二甲酸

13.1.2　结构

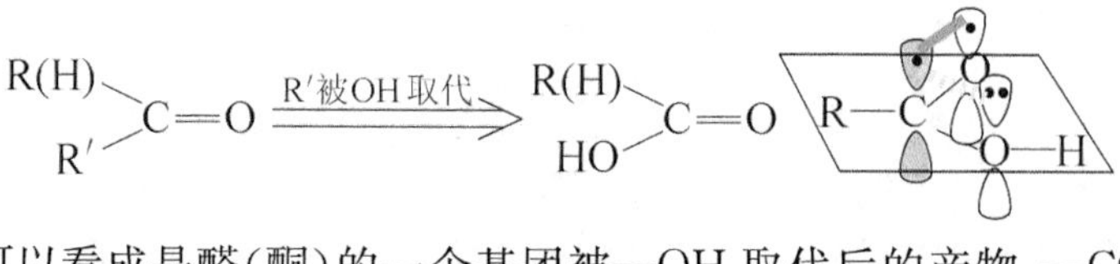

羧酸可以看成是醛(酮)的一个基团被—OH 取代后的产物,—COOH 是由一个 C=O 和一个—OH 组成的,由于—OH 的氧原子的 p 轨道上有一对孤对电子,它可以与 C=O 的 π 键共轭,形成包括 C=O 和—OH 在内的 Π_3^4 键,这种电子平均化使 C=O 中 C 原子正电性下降,使—OH 氧原子的负电性下降,结果使

—COOH中的 C＝O 的亲核加成活性比 RCOR′(H)低得多，—COOH中的—OH在作为亲核试剂时的亲核性也比 ROH 低得多；—OH 的 O—H 键一旦断裂，O⁻的负电荷可以向 C＝O 上分散，所以—COOH 中—OH 的酸性比 ROH 中的—OH强得多。

$$R-\overset{O}{\underset{O^{\ominus}}{C}} \longleftrightarrow R-\overset{O^{\ominus}}{\underset{O}{C}} \longleftrightarrow R-C\overset{O}{\underset{O}{\underset{\ominus}{}}}$$

13.1.3 羧酸的酸性

G 是吸电子基团　$G \leftarrow COOH \Longrightarrow G \leftarrow COO^{\ominus} + H^+$

G 是推电子基团　$G \rightarrow COOH \Longrightarrow G \rightarrow COO^{\ominus} + H^+$

吸电子基团有利于—COO⁻负电荷的分散，有利于酸性增强，而推电子基团使酸性下降。

羧酸	CH_3COOH	$ClCH_2COOH$	$Cl_2CHCOOH$	Cl_3CCOOH
pK_a	4.76	2.88	1.26	0.64

又如：

羧酸	FCH_2COOH	$ClCH_2COOH$	$BrCH_2COOH$	ICH_2COOH
pK_a	2.66	2.88	2.90	3.18

吸电子诱导效应：$Cl_3C— > Cl_2CH— > ClCH_2— > CH_3—$，所以三氯乙酸的酸性最强。$F > Cl > Br > I$，所以氟乙酸的酸性最强。

羧酸	$HCOOH$	CH_3COOH	CH_3CH_2COOH
pK_a	3.77	4.76	4.87

$$(CH_3)_2CHCOOH \qquad (CH_3)_3CCOOH$$
$$4.86 \qquad\qquad 5.05$$

推电子诱导效应：$(CH_3)_3C— > (CH_3)_2CH— > CH_3CH_2— > CH_3—$，所以叔丁基甲酸的酸性最弱。

羧酸	$CH_3CH_2\overset{Cl}{\underset{\,}{C}}HCOOH$	$CH_3\overset{Cl}{\underset{\,}{C}}HCH_2COOH$
pK_a	2.82	4.41

$$\overset{Cl}{\underset{\,}{C}}H_2CH_2CH_2COOH \qquad n\text{-}C_3H_7COOH$$
$$4.70 \qquad\qquad 4.82$$

吸电子基团—Cl 离—COOH 越远，对分散—COO⁻负电荷越不利，所以酸性下降。

羧酸	$CH\equiv CCH_2COOH$	$\langle\!\!\bigcirc\!\!\rangle\!-\!CH_2COOH$
pK_a	3.30	4.31

$$CH_2=CHCH_2COOH \qquad n\text{-}C_3H_7COOH$$
$$4.35 \qquad\qquad 4.82$$

3-丁炔酸中含有 $C\equiv C$(sp 杂化轨道)，苯乙酸和 3-丁烯酸含有 $C＝C$(sp² 杂化轨道)，而丁酸含有 $C—C$(sp³ 杂化轨道)，杂化轨道中 s 成分越大，吸电子能力越强，导致相应羧酸的酸性增强。

羧酸			
pK_a	3.49	3.64	3.83

处于间位的基团之间仅是以诱导效应相互影响，所以分析基团的诱导效应对羧酸酸性的影响时，选择间位取代的芳香酸，由此可见，吸电子作用：—NO$_2$＞—CN＞—Cl。

羧酸		
pK_a	3.42	3.49
	4.47	4.09

互处对位的基团之间表现诱导效应（I 效应）和共轭效应（C 效应）的共同影响。对于—NO$_2$ 来说，在—COOH 对位时，同时对—COOH 表现－I 和－C 效应，而在间位时只对—COOH 表现－I 效应；CH$_3$O— 在—COOH 间位时，—COOH 受到的只是它的－I 效应，使酸性增强，而在对位时，—COOH 同时受到它的－I 和＋C 效应，而且－I＜＋C，总体结果是推电子的，使酸性下降。

羧酸			
pK_a	2.21	2.92	4.09
	3.91	2.98	4.20

处于邻位的基团均使酸性增强，称为芳香酸取代基的邻位效应，但邻-氨基苯甲酸例外，其 pK_a＝4.72。

总之，凡能够使羧基阴离子负电荷分散的结构因素均有利于羧酸酸性的提高。

13.2　物　理　性　质

13.2.1　沸点

由于—COOH 可以通过氢键形成二聚体，因此沸点比相对分子质量相近的醇要高

13.2.2　溶解度

C1～C4 的脂肪酸溶于水,C5～C10 的脂肪酸部分溶于水,C11 以上的脂肪酸不溶于水;芳香族羧酸微溶于水。

13.3　化学性质Ⅰ——亲核加成-消除反应

亲核试剂(Nu⁻)与羧酸发生的是亲核加成-消除反应,结果亲核试剂取代了—COOH 中的—OH,形成—CONu,机理如下:

$$R-\overset{\overset{O}{\|}}{C}-OH \underset{}{\overset{H-\overset{..}{N}u}{\rightleftharpoons}} R-\overset{\overset{O^{\ominus}}{\|}}{\underset{\overset{|}{H-\overset{\oplus}{N}u}}{C}}-\overset{..}{O}H \overset{H^+ 交换}{\rightleftharpoons} R-\overset{\overset{O^{\ominus}}{\|}}{\underset{\overset{|}{Nu}}{C}}-\overset{\oplus}{O}H_2 \overset{-H_2O}{\rightleftharpoons} R-\overset{\overset{O}{\|}}{C}-Nu$$

亲核加成　　　　　质子交换　　　　消除反应

与醛(酮)不同之处在于:不仅发生了亲核加成反应,而且随后通过消除反应生成了羧酸衍生物。

下面按照含碳、含氧、含氮亲核试剂及其他能够生成羧酸衍生物的反应的顺序介绍羧酸的亲核加成-消除反应(注意与第 12 章亲核加成反应比较)。

13.3.1　与含碳亲核试剂的加成-消除反应

羧酸只能与 RLi (2mol)反应生成酮。

$$RCOOH + R'Li \longrightarrow R-\overset{\overset{O}{\|}}{C}-OLi + R'H$$

$$\overset{R'Li}{\longrightarrow} R-\overset{\overset{OLi}{|}}{\underset{\overset{|}{R'}}{C}}-OLi \overset{H_3^+O}{\longrightarrow} R-\overset{\overset{O}{\|}}{C}-R'$$

1mol R′Li 与羧酸生成的锂盐可溶于有机溶剂,所以反应可以继续进行,1mol R′Li 再与 RCOOLi 亲核加成后水解为胞二醇,最后脱水生成酮。

$$RCOOH + R'MgX \longrightarrow RCOOMgX \downarrow + R'H$$

由于 RCOOMgX 不溶于有机溶剂,反应无法继续进行。

【例 13.1】

13.3.2　与含氧亲核试剂的加成-消除反应

1. 酯化反应

酯化反应是一个平衡反应，一般要采用一系列的方法推移反应平衡，使其向生成物方向移动。例如，增加一个反应物的浓度；对于低沸点的酯（如$CH_3COOC_2H_5$）则采用边生成边蒸出的方法推移平衡；对于高沸点的酯（如$C_6H_5COOC_2H_5$）则采用共沸蒸馏法蒸出生成的水推移平衡。从反应机理角度，酯化反应可分为下列两种情况。

1) 1°、2°醇的酯化反应——酰氧断键

如果用一个带有同位素标记的1°或2°醇与羧酸发生酯化反应，会发现在生成的酯基中也含有该同位素，说明酯化过程中发生了羧酸中的羰基和羟基的断键，称为酰氧断键，结果是醇的构型保持。

机理

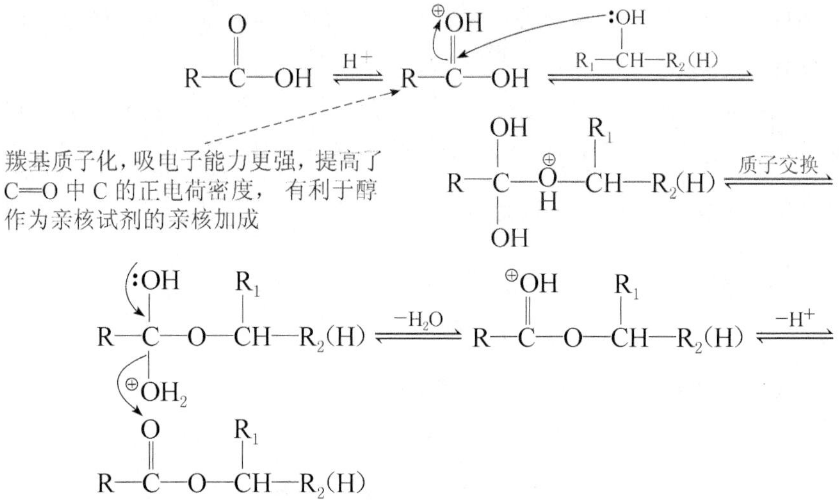
羰基质子化，吸电子能力更强，提高了C═O中C的正电荷密度，有利于醇作为亲核试剂的亲核加成
质子交换
−H₂O
−H⁺

【例 13.2】

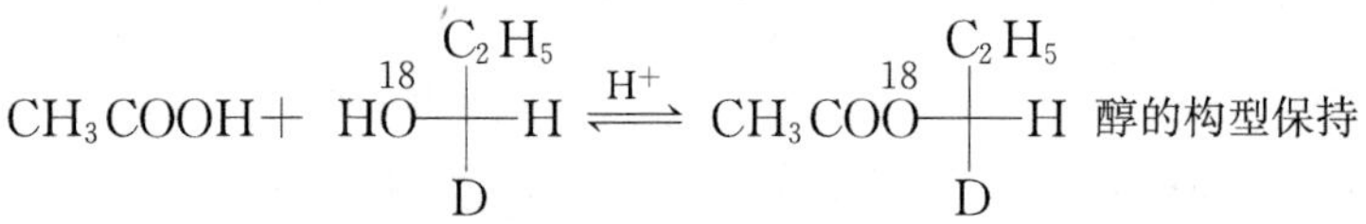
醇的构型保持

采用2-甲基-6-硝基苯甲酸酐作为脱水剂，在4-(*N*,*N*-二甲基)吡啶催化下，可以在室温下由羧酸与醇反应生成酯。

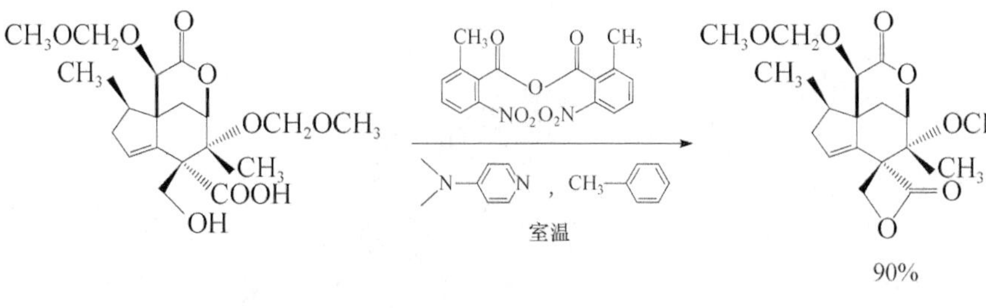
室温
90%

2）3°醇的酯化反应——烷氧断键

如果用一个带有同位素标记的 3°醇与羧酸发生酯化反应，我们会发现在生成的酯基中不含有该同位素，说明酯化过程中发生了醇中的烃基和羟基的断键，称为烷氧断键，结果是醇的构型外消旋化。

机理

$$R_1{-}\overset{\overset{\displaystyle :OH}{|}}{\underset{\underset{\displaystyle R_3}{|}}{C}}{-}R_2 \;\underset{}{\overset{H^+}{\rightleftharpoons}}\; R_1{-}\overset{\overset{\displaystyle \oplus OH_2}{|}}{\underset{\underset{\displaystyle R_3}{|}}{C}}{-}R_2 \;\underset{}{\overset{-H_2O}{\rightleftharpoons}}\; R_1{-}\overset{\overset{\displaystyle \oplus}{|}}{\underset{\underset{\displaystyle R_3}{|}}{C}}{-}R_2 \;\underset{R{-}C{-}\overset{\displaystyle ..}{O}H}{\overset{\displaystyle O}{\rightleftharpoons}}$$

$$R{-}\overset{\overset{\displaystyle O}{||}}{C}{-}\overset{\oplus}{\underset{\displaystyle H}{O}}{-}\overset{\overset{\displaystyle R_2}{|}}{\underset{\underset{\displaystyle R_3}{|}}{C}}{-}R_1 \;\overset{-H^+}{\rightleftharpoons}\; R{-}\overset{\overset{\displaystyle O}{||}}{C}{-}O{-}\overset{\overset{\displaystyle R_2}{|}}{\underset{\underset{\displaystyle R_3}{|}}{C}}{-}R_1$$

在酸性条件下，醇—OH 被质子化，脱水形成正碳离子，然后羧酸作为亲核试剂与正碳离子结合成酯。

【例 13.3】

$$CH_3COOH + H^{18}O{-}\overset{\overset{\displaystyle Ph}{|}}{\underset{\underset{\displaystyle D}{|}}{C}}{-}H \;\overset{H^+}{\rightleftharpoons}\; CH_3COO{-}\overset{\overset{\displaystyle Ph}{|}}{\underset{\underset{\displaystyle D}{|}}{C}}{-}H \;(dl)$$

$$CH_3COOH + H^{18}O{-}\overset{\overset{\displaystyle C_3H_7}{|}}{\underset{\underset{\displaystyle C_2H_5}{|}}{C}}{-}CH_3 \;\overset{H^+}{\rightleftharpoons}\; CH_3COO{-}\overset{\overset{\displaystyle C_3H_7}{|}}{\underset{\underset{\displaystyle C_2H_5}{|}}{C}}{-}CH_3 \;(dl)$$

其间生成了正碳离子，所以醇的构型外消旋化

2. 生成酸酐、酯的反应

1）直接脱水生成酸酐

【例 13.4】

92%

2) $RCOO^-$ 作为亲核试剂与酰卤的亲核加成-消除反应生成混合酸酐

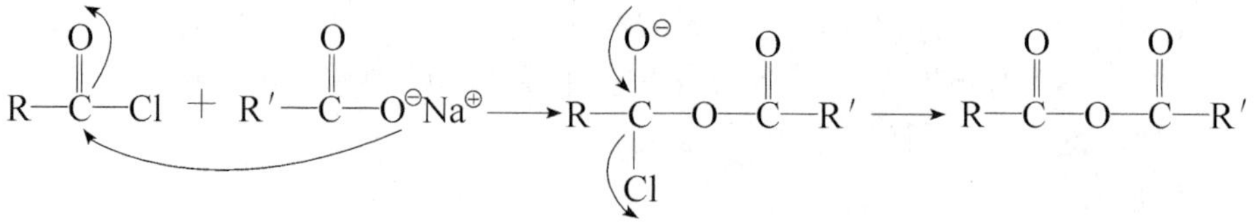

RCOOH 的亲核加成活性太低，将其转化为活性较高的衍生物——酰卤，再与亲核试剂 R′COONa 进行亲核加成，消除卤素原子得到混合酸酐。

3) $RCOO^-$ 作为亲核试剂与卤代烃的亲核取代反应生成酯

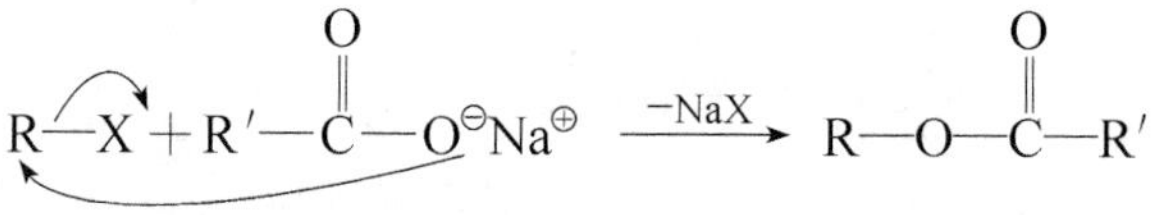

13.3.3　与含氮亲核试剂的加成-消除反应——生成酰胺

含氮亲核试剂包括 NH_3、RNH_2、R_2NH 等，羧酸首先与之成盐，然后在加热条件下再发生亲核加成-消除反应，以 NH_3 为例，机理如下：

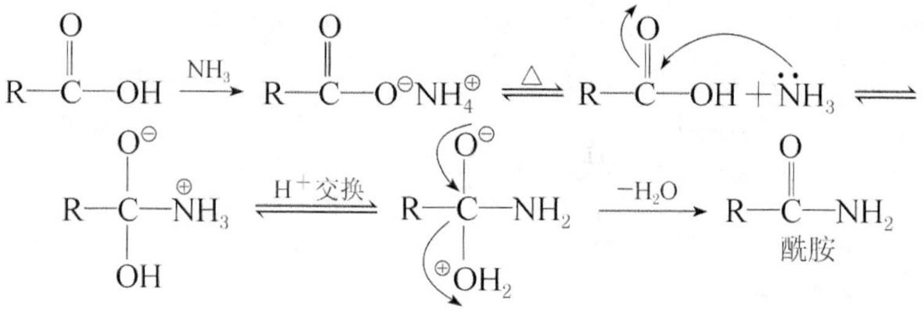

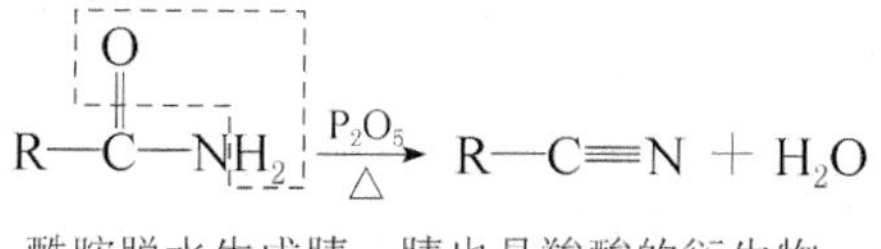

酰胺脱水生成腈，腈也是羧酸的衍生物

【例 13.5】

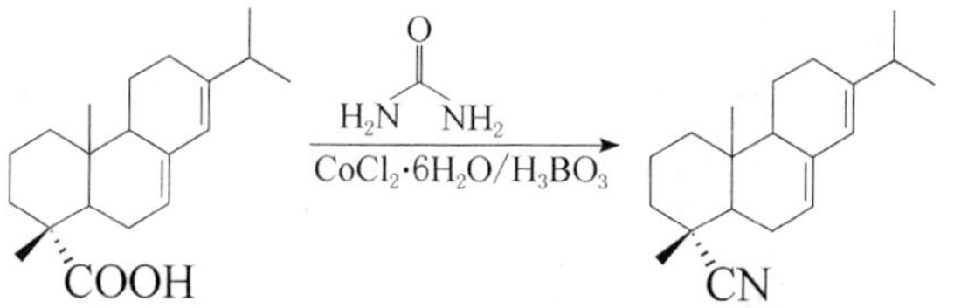

松香　　　　松香腈(产率79%)

$$HOOC(CH_2)_4COOH + H_2N(CH_2)_6NH_2 \xrightarrow[10atm]{270℃} \left[\overset{O}{\overset{\|}{C}}(CH_2)_4\overset{O}{\overset{\|}{C}}NH(CH_2)_6NH \right]_n$$

尼龙66

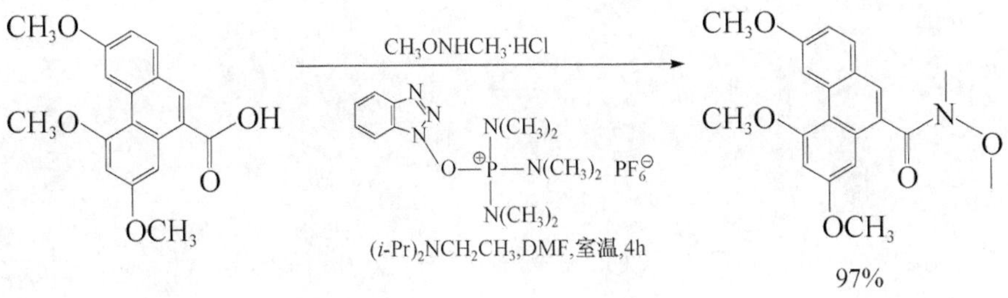

97%

13.3.4　生成酰卤的反应

羧基中的羟基也可以如同醇中的羟基一样,在 PX_3、POX_3 或 $SOCl_2$ 作用下转化为卤素原子,即形成酰卤。

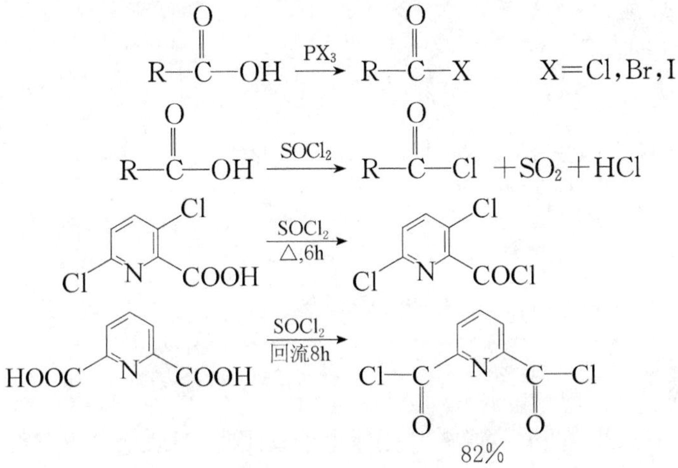

82%

13.4　化学性质Ⅱ——脱羧反应

13.4.1　一元羧酸的脱羧反应

脱羧反应是指在加热条件下 $RCOOH \longrightarrow RH + CO_2 \uparrow$,最简单的脱羧反应就是

$$CH_3COONa + NaOH \longrightarrow CH_4 \uparrow + Na_2CO_3$$

其他一元羧酸脱羧反应如下:

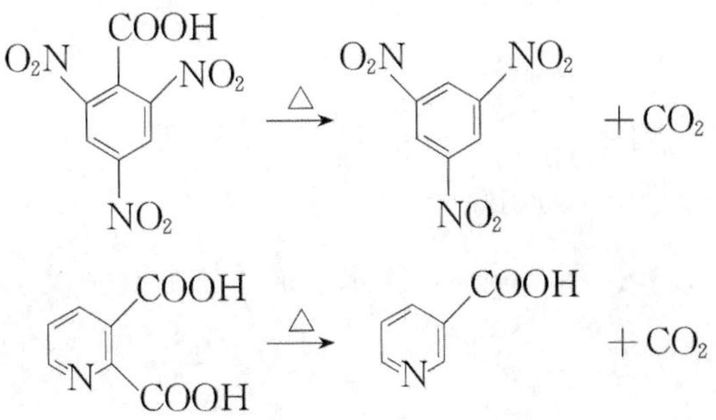

$$CH_3\overset{O}{\underset{}{C}}COOH \xrightarrow{\triangle} CH_3\overset{O}{\underset{}{C}}-H + CO_2$$

$$CH_3\overset{O}{\underset{}{C}}\overset{CH_3}{\underset{CH_3}{C}}-COOH \xrightarrow{\triangle} CH_3\overset{O}{\underset{}{C}}\overset{CH_3}{\underset{CH_3}{C}}-H + CO_2$$

机理

形成六元环状过渡态，脱羧后生成的烯醇式转化为酮式

结论

当—COOH 的 α-位或 β-位是吸电子基团时,对脱羧反应有利。

13.4.2　二元羧酸的脱羧反应

二元羧酸 $HOOC(CH_2)_nCOOH$ 的脱羧反应可分为下述四种情况:

(1) $n=0$、1(乙二酸、丙二酸)时,可按照一元羧酸处理,即乙二酸相当于羧基的 α-位是一个吸电子基团(—COOH),丙二酸相当于羧基的 β-位是一个吸电子基团(—COOH)。

$$\overset{COOH}{\underset{COOH}{|}} \xrightarrow{\triangle} HCOOH + CO_2\uparrow$$

$$\overset{COOH}{\underset{COOH}{CH_2}} \xrightarrow{\triangle} CH_3COOH + CO_2\uparrow$$

(2) $n=2$、3(丁二酸、戊二酸)时,脱水生成丁二酸酐和戊二酸酐。

$$\begin{array}{c}CH_2COOH\\|\\CH_2COOH\end{array}\xrightarrow[(CH_3CO)_2O]{\triangle} \text{（酸酐）} + H_2O$$

$$\begin{array}{c}CH_2COOH\\|\\CH_2\\|\\CH_2COOH\end{array}\xrightarrow[(CH_3CO)_2O]{\triangle} \text{（酸酐）} + H_2O$$

(3) $n=4,5$(己二酸、庚二酸)时,既脱羧又脱水生成环戊酮、环己酮。

$$\begin{array}{c}CH_2CH_2COOH\\|\\CH_2CH_2COOH\end{array}\xrightarrow[(CH_3CO)_2O]{\triangle} \text{（环戊酮）} + CO_2\uparrow + H_2O$$

$$\begin{array}{c}CH_2CH_2COOH\\|\\CH_2\\|\\CH_2CH_2COOH\end{array}\xrightarrow[(CH_3CO)_2O]{\triangle} \text{（环己酮）} + CO_2\uparrow + H_2O$$

【例 13.6】 如何将环己酮转化为环戊酮?

$$\text{（环己酮）}\xrightarrow[\triangle]{HNO_3}\begin{array}{c}CH_2CH_2COOH\\|\\CH_2CH_2COOH\end{array}\xrightarrow[(CH_3CO)_2O]{\triangle}\text{（环戊酮）}$$

(4) $n>6$ 时,生成链状酸酐。

结论

从丁二酸到庚二酸,其脱羧反应的核心思想是要生成五、六元环。

13.4.3 羧酸的脱羧卤代反应

脱羧卤代反应就是在脱羧的同时将其转化为卤代烃,即 $RCOOH \longrightarrow RX$。

1. Hunsdiecker 反应

$$\begin{array}{c}O\\\|\\R-C-OH\end{array}\xrightarrow{Ag_2O}\begin{array}{c}O\\\|\\R-C-O^{\ominus}\ Ag^{\oplus}\end{array}\xrightarrow{Br_2}RBr+AgBr+CO_2$$

自由基机理如下:

$$\begin{array}{c}O\\\|\\R-C-O^{\ominus}\ Ag^{\oplus}\end{array}\xrightarrow{Br_2}\begin{array}{c}O\\\|\\R-C-OBr\end{array}+AgBr$$

链引发

$$\begin{array}{c}O\\\|\\R-C-OBr\end{array}\longrightarrow\begin{array}{c}O\\\|\\R-C-O\cdot\end{array}+Br\cdot$$

链传递

$$R-\overset{\displaystyle O}{\overset{\|}{C}}-O\cdot \longrightarrow R\cdot + CO_2$$

$$R\cdot + R-\overset{\displaystyle O}{\overset{\|}{C}}-OBr \longrightarrow RBr + R-\overset{\displaystyle O}{\overset{\|}{C}}-O\cdot$$

【例 13. 7】

65%~68%

该方法在制备 1°RX 时效果好,而且只能得到 RBr 或 RI,由于使用 Ag_2O,反应成本大为提高,限制了它的应用。

2. Cristol 反应

$$R-\overset{\displaystyle O}{\overset{\|}{C}}-OH \xrightarrow[\text{Br}_2]{\text{HgO}} RBr + HgBr_2 + CO_2 + H_2O$$

【例 13. 8】

$+ HgBr_2 + CO_2 + H_2O$

41%~46%

该方法使用了 HgO 代替 Ag_2O,虽然成本下降了,但 HgO 有毒,而且对制备 2°RX 效果不够理想。

3. Kochi 反应

$$R-\overset{\displaystyle O}{\overset{\|}{C}}-OH \xrightarrow[\text{LiCl}]{\text{Pb(OOCCH}_3)_4} RCl + LiPb(OOCCH_3)_3 + CH_3COOH + CO_2$$

【例 13. 9】

$+ LiPb(OOCCH_3)_3 + CH_3COOH + CO_2$

100%

该方法操作简便,产率较高,可以得到各级卤代烃,但目前发现铅是很重要的污染物。

13.5 化学性质Ⅲ——还原及烃基的卤代反应

13.5.1 还原反应

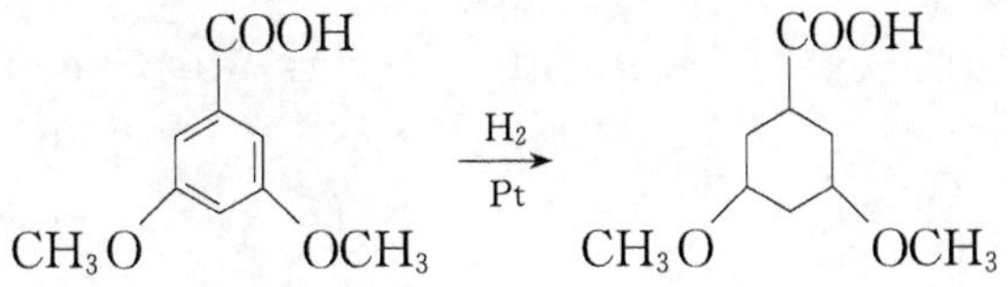

催化加氢不可以将—COOH 还原。

1. LiAlH$_4$

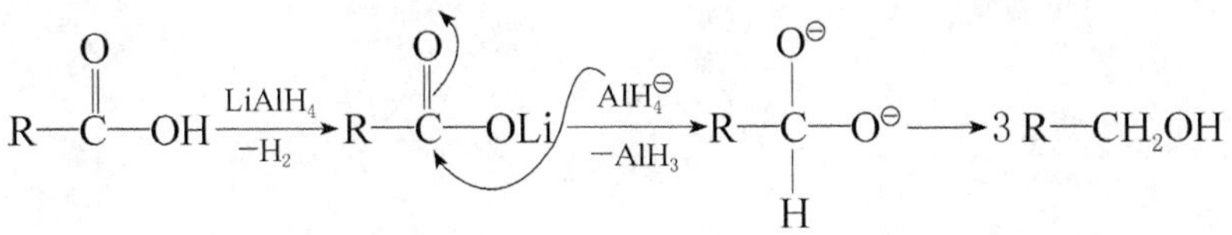

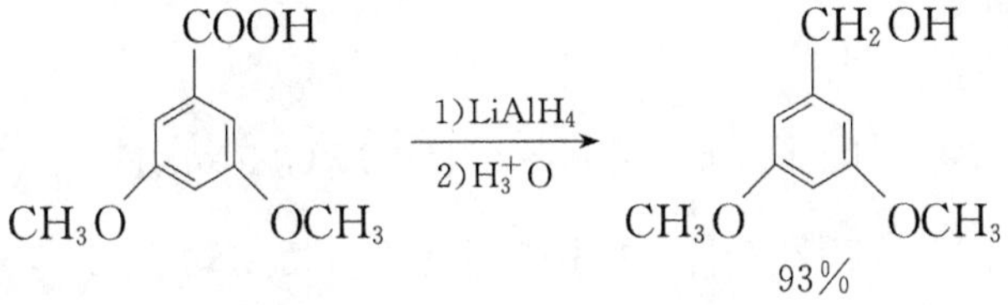

2. B$_2$H$_6$

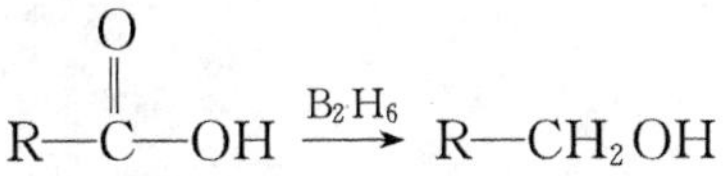

【例 13.10】

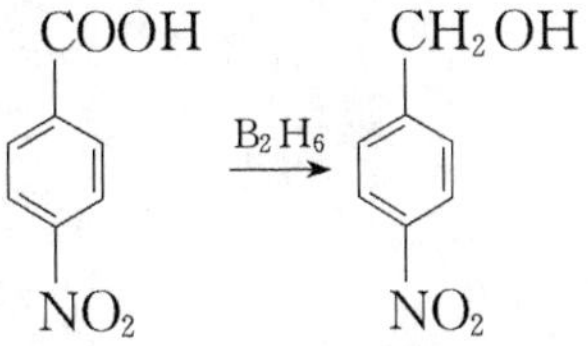

B$_2$H$_6$ 除可与 C=C 反应外,还原其他化合物的活性顺序如下:

$$ —COOH > \ \ \ C{=}O > —COOR $$

13.5.2 烃基的卤代反应

丁酸(CH$_3$CH$_2$CH$_2$COOH)在光照条件下与 Cl$_2$ 反应可生成 2-氯丁酸(5%)、3-氯丁酸(64%)和 4-氯丁酸(31%),该反应为自由基机理,反应的专一性不好,无合成价值,但是如果采用乙酸,因产物氯乙酸、二氯乙酸和三氯乙酸易于分离,还是具备合成价值的。反应式如下:

$$ CH_3COOH \xrightarrow[h\nu]{Cl_2} ClCH_2COOH \xrightarrow[h\nu]{Cl_2} Cl_2CHCOOH \xrightarrow[h\nu]{Cl_2} Cl_3CCOOH $$

如果在反应体系中加入少量磷作为催化剂，首先 $P+X_2 \longrightarrow PX_3$，$PX_3$ 与 RCOOH 反应生成 RCOX，然后再经过烯醇化、亲电加成、交换等步骤，卤代反应只发生在—COOH 的 α-位。

$$RCH_2\overset{O}{\overset{\|}{C}}-OH \xrightarrow{PX_3} RCH_2\overset{O}{\overset{\|}{C}}-X \rightleftharpoons RCH=\overset{\overset{\textstyle :OH}{|}}{C}-X \xrightarrow{X-X}{-X^-}$$

酰卤化   烯醇化

$$R-\underset{\underset{\textstyle X}{|}}{CH}-\overset{\overset{\textstyle \oplus OH}{\|}}{C}-X \xrightarrow{-H^+} R-\underset{\underset{\textstyle X}{|}}{CH}-\overset{O}{\overset{\|}{C}}-X \xrightarrow[\text{羧酸交换}]{RCH_2COOH}$$

亲电加成产物   重复

$$R-\underset{\underset{\textstyle X}{|}}{CH}-\overset{O}{\overset{\|}{C}}-OH + RCH_2COX$$

【例 13.11】

$$CH_3CH_2CH_2COOH \xrightarrow[P,\triangle]{Cl_2} CH_3CH_2\underset{\underset{\textstyle Cl}{|}}{CH}COOH \ (dl)$$

总之，羧酸的反应活性较低，往往将其制备为衍生物，以提高它的亲核反应活性。

第 14 章 　羧酸衍生物

14.1　命名与结构

14.1.1　命名

由于羧酸衍生物从羧酸衍生而来,脂肪族与芳香族羧酸衍生物命名方法如下:

	脂肪族		芳香族	
羧酸	CH_3COOH	乙酸	PhCOOH	苯甲酸
酰卤	CH_3COCl	乙酰氯	PhCOCl	苯甲酰氯
酸酐	$(CH_3CO)_2O$	乙酸酐	$(PhCO)_2O$	苯甲酸酐
酯	$CH_3COOC_2H_5$	乙酸乙酯	$PhCOOC_2H_5$	苯甲酸乙酯
酰胺	$HCON(CH_3)_2$	N,N-二甲基甲酰胺(DMF)	$PhCON(CH_3)_2$	N,N-二甲基苯甲酰胺
	$CH_3CONHCH_3$	N-甲基乙酰胺	$PhCONHCH_3$	N-甲基苯甲酰胺
	CH_3CONH_2	乙酰胺	$PhCONH_2$	苯甲酰胺
腈	CH_3CN	乙腈	PhCN	苯甲腈

14.1.2　结构

羧酸衍生物与羧酸本身相比在结构上具有如下特点:羧酸衍生物可以看成是醛(酮)的一个基团被—G取代后的产物,它们水解均可生成 RCOOH,所以称为羧酸衍生物。G 均为带有孤对电子的基团,孤对电子占有的 p 轨道可以与 C=O 的 π 键形成 p-π 共轭,形成包括 C=O 和—G 在内的 Π_3^4 键。

由于—X 的—I>+C,给出电子的能力较小,同时 X^- 又是好的离去基团,因此 RCOX 的亲核加成-消除反应活性最高。酸酐、酯的 G 基团中含有的是 O 原子,它的给出电子的能力比卤素原子强,与 C=O 形成 Π 键能力强,特别是酯,其

G基团是推电子的—OR′,这种推电子效应使 C=O 中 C 原子正电性下降得比酸酐中要明显一些(因为酸酐的 G 中含有吸电子基团—COR′),而且从离去基团角度,R′COO⁻ 比 RO⁻ 好一些,但比 X⁻ 都要差,因此酸酐的亲核加成-消除反应活性比酯高,但都比酰卤低。对于酰胺来说,N 的推电子能力更强,与 C=O 形成的 Π 键更强,同时 NH₂⁻ 不是一个好的离去基团,结果酰胺的亲核加成-消除反应活性比前三者都低。至于腈,在反应过程中它首先要水解为酰胺,而后再参与其他反应,活性低也是理所当然的。总之,亲核加成(-消除)反应的总的活性顺序如下:

$$RCHO > RCOR' > RCOX > (RCO)_2O > RCOOR' >$$
$$RCONH_2 (> RCONHR' > RCONR'_2) > RCN > RCOOH$$

14.2 物 理 性 质

14.2.1 沸点

RCOX 和 RCOOR′无分子间缔合,沸点相对较低;由于(RCO)₂O 相对分子质量大,而 RCONH₂ 易形成分子间氢键,因此沸点较高。

14.2.2 溶解度

RCOX 和(RCO)₂O 不溶于水,碳数少的酰卤和酸酐遇水分解;RCOOR′微溶于水;RCONH₂ 不溶于水,但 HCON(CH₃)₂(简称 DMF)和 CH₃CON(CH₃)₂与水互溶。

14.2.3 气味

RCOX 和(RCO)₂O 有刺激性气味;RCOOR′有清香味;RCONH₂ 有腥味。

14.3 化学性质 I —— 亲核加成-消除反应

机理

在该反应中,亲核试剂 Nu⁻ 的亲核性,离去基团 G⁻ 的离去性同时影响反应的进行,Nu⁻ 的亲核性越强、G⁻ 的离去性能越好,对反应就越有利。

14.3.1 与含碳亲核试剂的反应——与有机金属化合物的反应

1. RLi 和 RMgX

对于羧酸衍生物来说,RLi 和 RMgX 的活性是类似的,它们的作用是相同的。按照上述亲核加成-消除反应的机理来看,与 RLi 和 RMgX 反应的产物应该是酮,但酮的亲核加成活性更高,所以往往需要特殊反应条件才能使反应停留在生成酮上,否则继续反应将得到叔醇。

1) 低温条件下与 RCOX、(RCO)₂O 反应生成酮

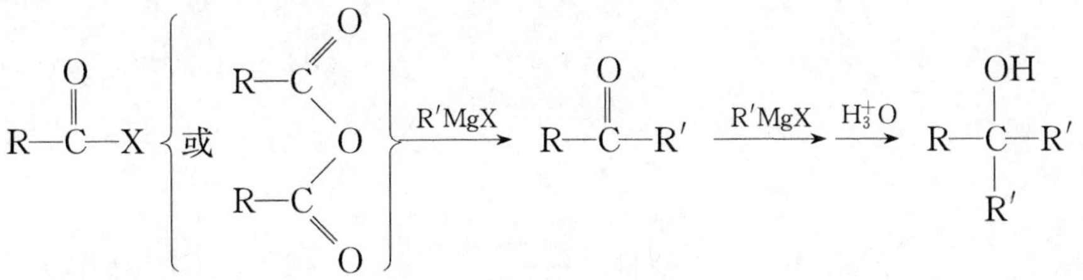

$$R\!-\!\overset{O}{\underset{\parallel}{C}}\!-\!X \text{ 或 } (RCO)_2O \xrightarrow{R'MgX} R\!-\!\overset{O}{\underset{\parallel}{C}}\!-\!R' \xrightarrow[H_3^+O]{R'MgX} R\!-\!\overset{OH}{\underset{R'}{\overset{|}{C}}}\!-\!R'$$

需要通过降低温度来控制反应停留在生成酮这一步。

【例 14.1】

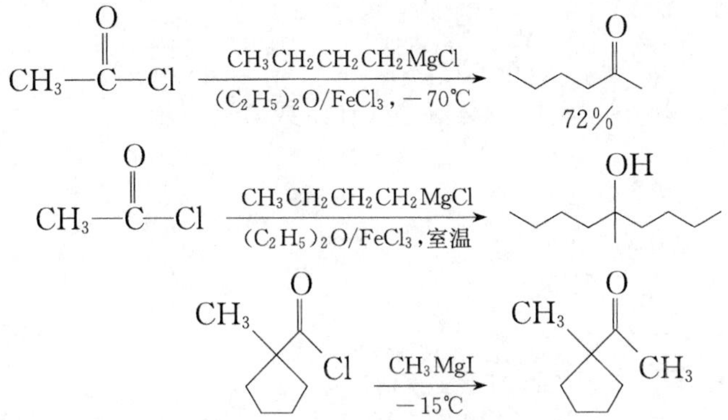

2) 与 RCOOR′反应生成醇

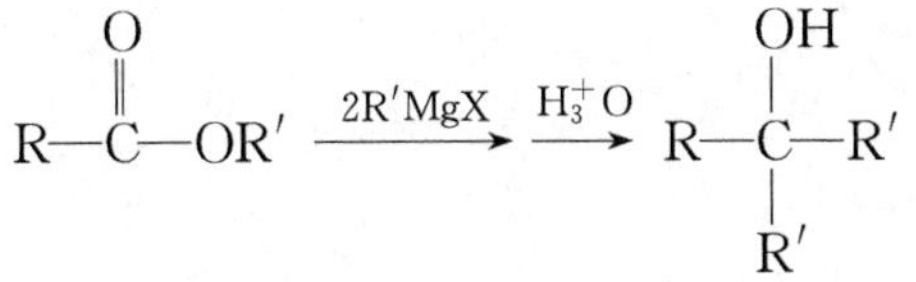

酯与 RLi、RMgX 反应直接得到 3°醇

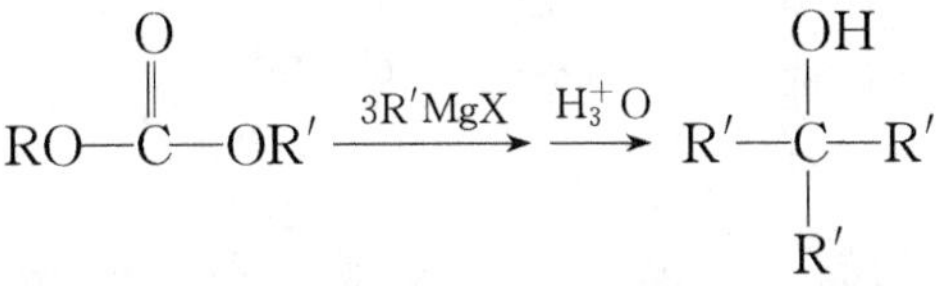

碳酸酯与 3mol RMgX 反应得到对称叔醇 R′₃COH

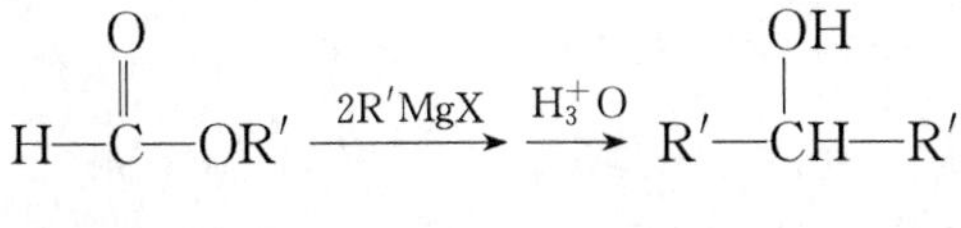

甲酸酯与 2mol RMgX 反应得到对称仲醇 R′₂COHCHOH

【例 14.2】

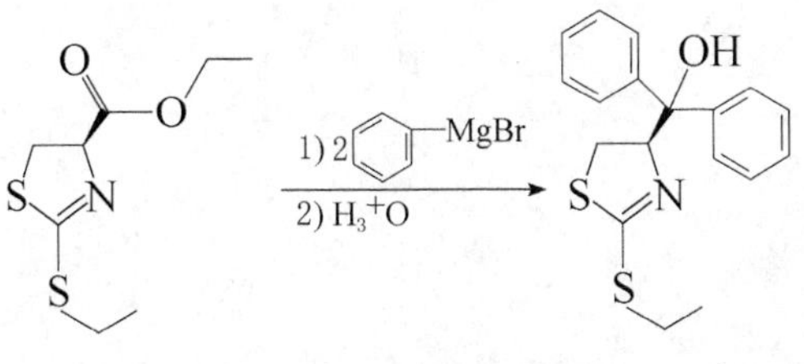

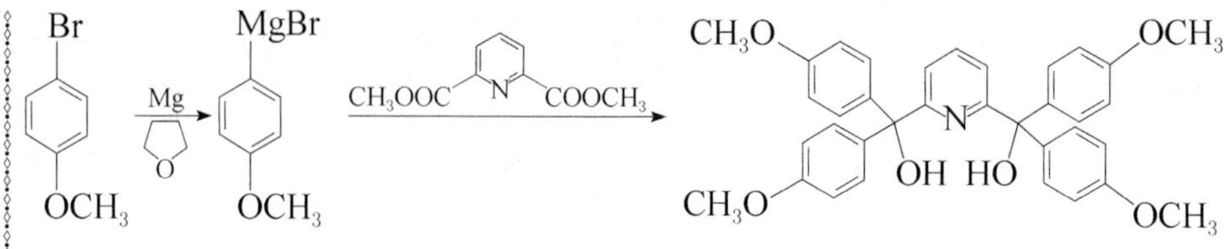

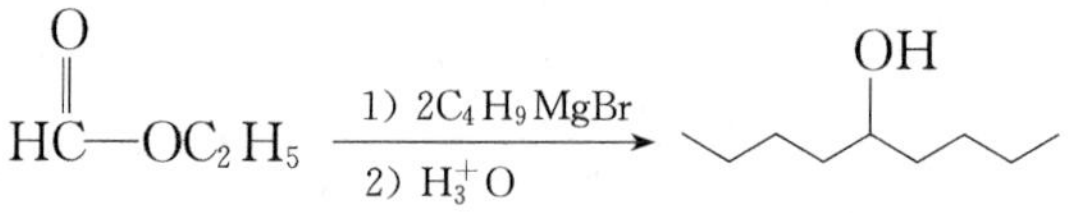

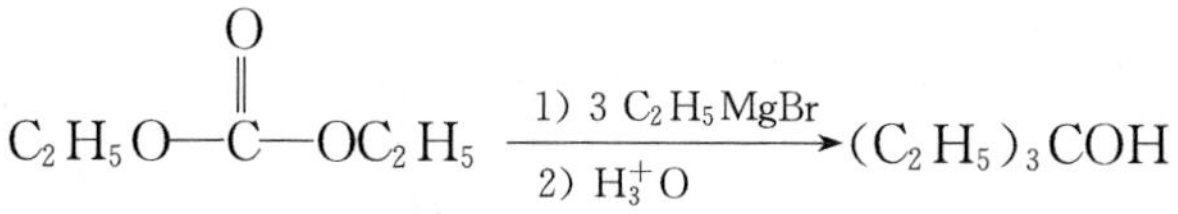

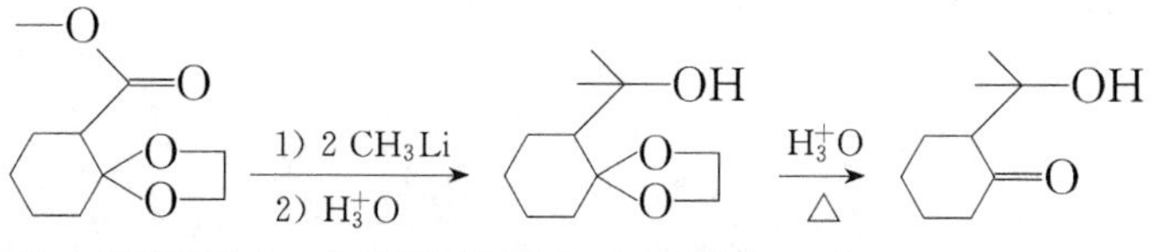

$$HC-OC_2H_5 \xrightarrow[\text{2) } H_3^+O]{\text{1) } 2C_4H_9MgBr} $$

$$C_2H_5O-C-OC_2H_5 \xrightarrow[\text{2) } H_3^+O]{\text{1) } 3\ C_2H_5MgBr} (C_2H_5)_3COH$$

如果酯的空间阻碍大,也可以停留在生成酮这一步。

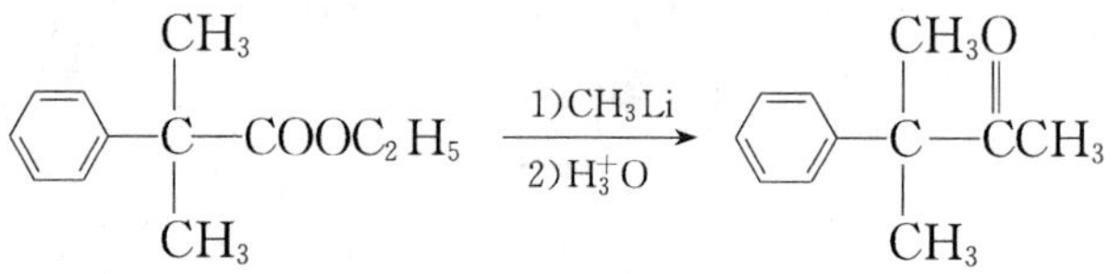

70%

3) 与 RCONH$_2$、RCN 可生成酮

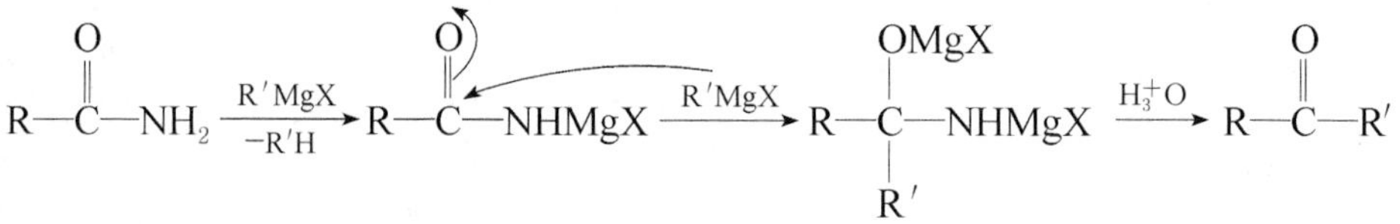

—NH$_2$ 中的活泼氢与 R'MgX 酸碱中和。

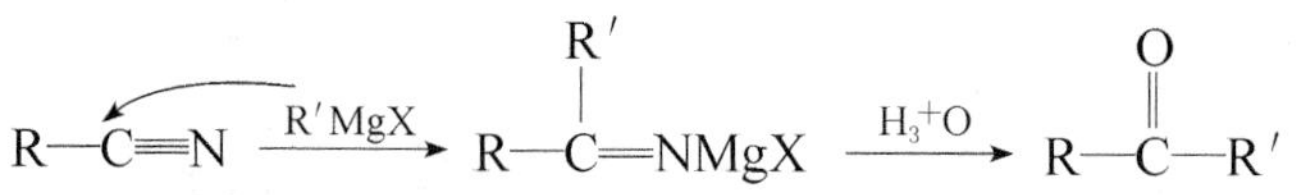

RCN 可与 1mol RMgX 生成酮。

【例 14.3】 目前采用 N-甲基-N-甲氧基酰胺与 RMgX 反应生成酮,避免 RMgX 与—CONH$_2$反应时多消耗掉 1mol RMgX。

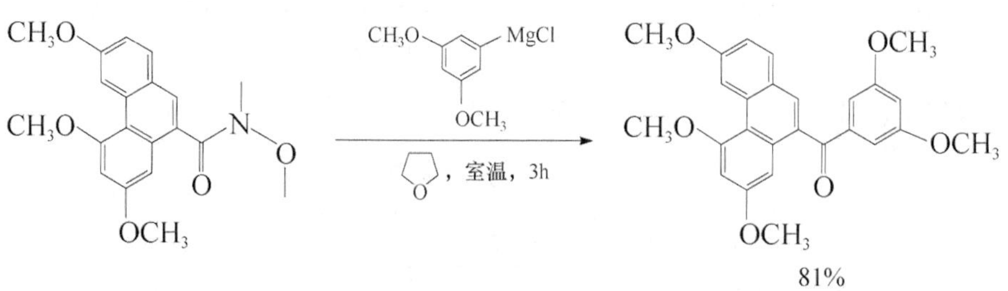

81%

$$\text{C}_6\text{H}_5-\text{CH}_2\text{CN} \xrightarrow[\text{2) H}_3^+\text{O}]{\text{1) C}_6\text{H}_5\text{MgBr}} \text{C}_6\text{H}_5-\text{CH}_2-\overset{\displaystyle O}{\overset{\|}{\text{C}}}-\text{C}_6\text{H}_5$$

2. R_2CuLi——只与醛、酰卤生成酮

$$\underset{CH_3-CHCH_2-C-Cl}{\overset{CH_3\quad\quad O}{}} + \left[\underset{CH_3-C=CH}{\overset{CH_3}{}} \right]_2 CuLi \xrightarrow{-5℃}$$

$$\underset{CH_3-CHCH_2-C-CH=C-CH_3}{\overset{CH_3\quad\quad O\quad\quad CH_3}{}}$$

3. R_2Cd——只与酰氯生成酮

$$\underset{C_2H_5O-C-(CH_2)_8-C-Cl}{\overset{O\quad\quad\quad\quad O}{}} \xrightarrow{(C_2H_5)_2Cd} \underset{C_2H_5O-C-(CH_2)_8-C-C_2H_5}{\overset{O\quad\quad\quad\quad O}{}}$$

总结

采用有机金属化合物生成酮:

$\underset{R-C-OH}{\overset{O}{\|}}$	$\underset{R-C-NH_2}{\overset{O}{\|}}$	$\underset{R-C-X}{\overset{O}{\|}}$ $\underset{R-C-H}{\overset{O}{\|}}$	$R-C\equiv N$	$\underset{R-C-Cl}{\overset{O}{\|}}$
2RLi	2RMgX (2R′Li)	R_2CuLi	RMgX (R′Li)	R_2Cd

$$RCOR'$$

14.3.2 与含氧亲核试剂的反应——水解、醇解

1. 水解生成羧酸

1) $RCOX$、$(RCO)_2O$

$$\underset{CH_3-C-Cl}{\overset{O}{\|}} \xrightarrow{H_2O} \underset{CH_3-C-OH}{\overset{O}{\|}} + HCl$$

$$(CH_3CO)_2O \xrightarrow{H_2O} 2\,\underset{CH_3-C-OH}{\overset{O}{\|}}$$

低级的酰卤和酸酐遇水分解。利用这一性质,在配制 $HClO_4$ 的 CH_3COOH 溶液时加入一定量的 $(CH_3CO)_2O$,通过它的水解除去 $HClO_4$ 中所含的 60% 的水,同时生成 CH_3COOH,不会为溶液引入其他杂质。醛、酮在碱性介质中 C=O 可以烯醇化生成 C—O$^-$,作为亲核试剂与酰氯反应生成酯。例如:

60%
(dl)-neovibsanin B

2) RCOOR′

$$R-\overset{\overset{\displaystyle O}{\|}}{C}-OC_2H_5 \xrightarrow[\text{NaOH},25℃]{H_2O} R-\overset{\overset{\displaystyle O}{\|}}{C}-OH + C_2H_5OH$$

R	CH_3	$ClCH_2$	Cl_2CH	CH_3CO	Cl_3C	
相对速率	1	290	6130	7200	23 150	吸电子基团对酯的水解有利

$$CH_3-\overset{\overset{\displaystyle O}{\|}}{C}-OR′ \underset{\text{HCl},25℃}{\overset{H_2O}{\rightleftharpoons}} CH_3-\overset{\overset{\displaystyle O}{\|}}{C}-OH + R′OH$$

R′	CH_3	C_2H_5	$(CH_3)_2CH$	$(CH_3)_3C$	C_6H_5	
相对速率	1	0.97	0.53	1.15	0.69	空间阻碍小对酯的水解有利

酸催化酯的水解机理——可逆。

质子化羰基提高了羰基碳原子的正电性,有利于 H_2O 这一弱亲核试剂的亲核加成,在上述反应中,每一步都是可逆的。

碱催化酯的水解机理——不可逆。

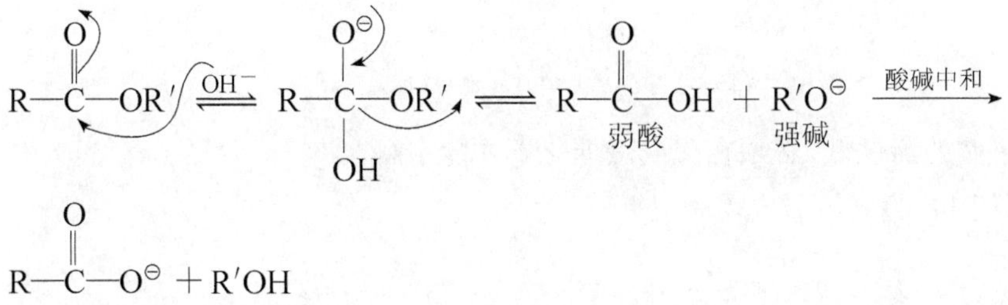

OH$^-$作为亲核试剂直接与羰基亲核加成,消除 R′O$^-$ 后得到羧酸,到此每步反应均可逆,但生成的羧酸 RCOOH 和强碱 R′O$^-$ 酸碱中和,生成 R′OH 和 RCOO$^-$,这一步不可逆,致使碱催化酯水解可以达到 100%。通过定量测定耗碱量,可以定量测定酯基含量,称为皂化法测定酯基含量。例如:

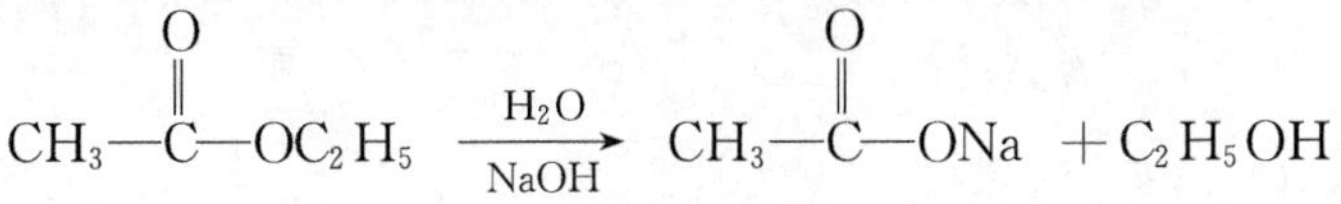

在该反应中,反应前体系中的导电离子为 Na$^+$ 和 OH$^-$。反应后为 Na$^+$ 和 CH$_3$COO$^-$。测定反应过程中电导率的变化可以跟踪反应进行的程度。

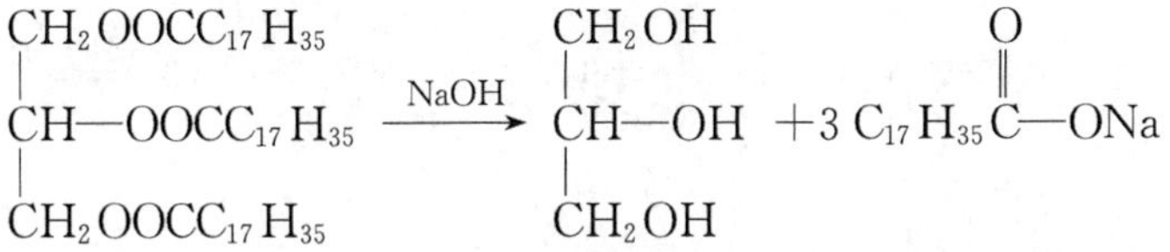

上述反应为生产肥皂的反应,所以碱催化酯的水解反应也称皂化反应。

问题

有人设计了如下的以羟基特戊酸新戊二醇单酯为原料合成 3-氯-2,2-二甲基丙酸的工艺,什么原因导致产率很低?

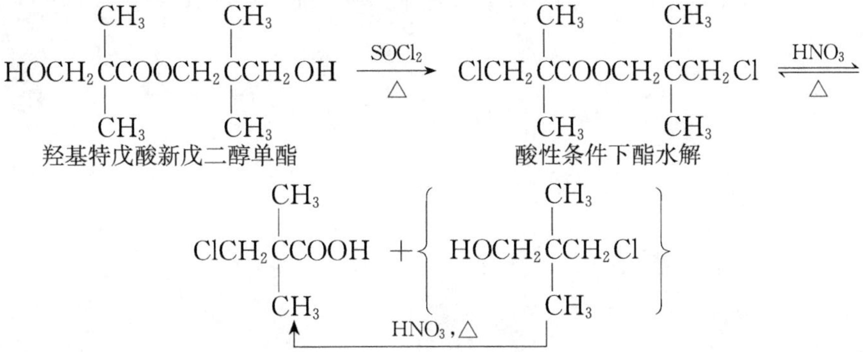

生成的 3-氯-2,2-二甲基丙醇被 HNO$_3$ 氧化成 3-氯-2,2-二甲基丙酸,从而推移平衡,使反应进行到底。

产率低是因为酯的空间阻碍大,对水解反应不利。

3) RCONH$_2$、RCN

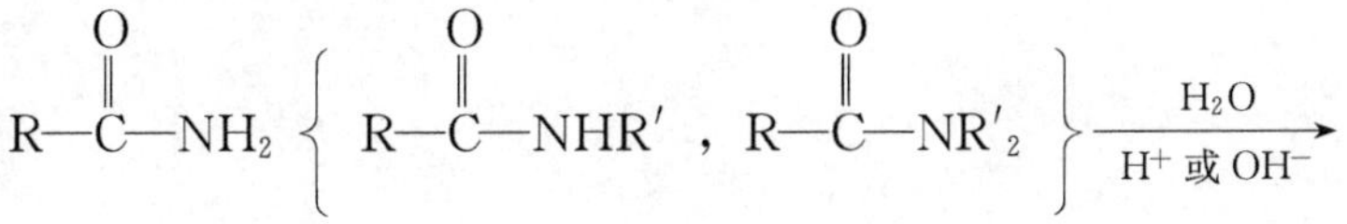

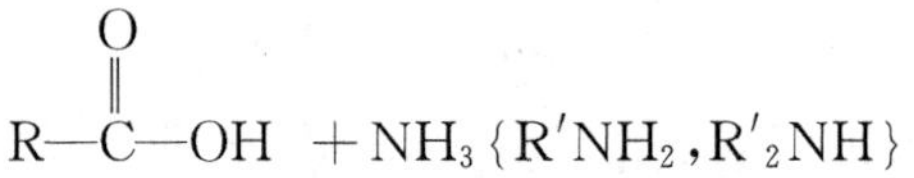

$$R-\overset{\displaystyle O}{\overset{\|}{C}}-OH \ +NH_3\{R'NH_2,R'_2NH\}$$

酰胺的活性低，必须在酸或碱催化下才能水解。

【例 14.4】

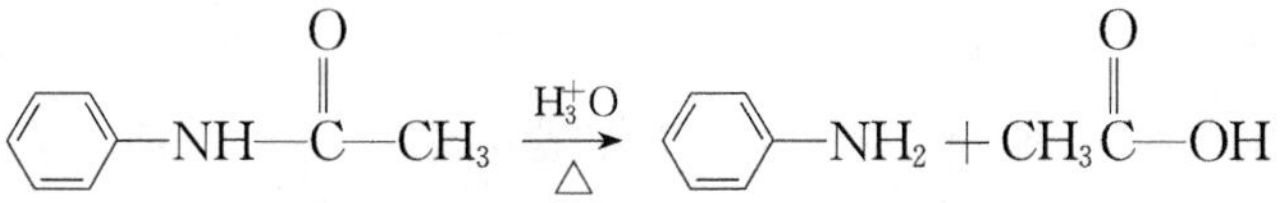

乙酰苯胺

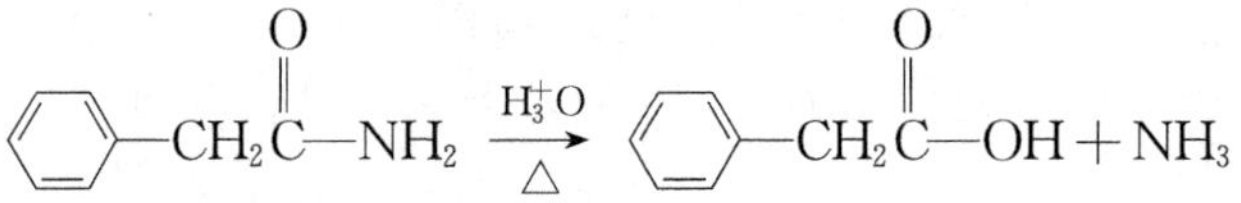

苯乙酰胺

腈的水解机理如下：

酸催化

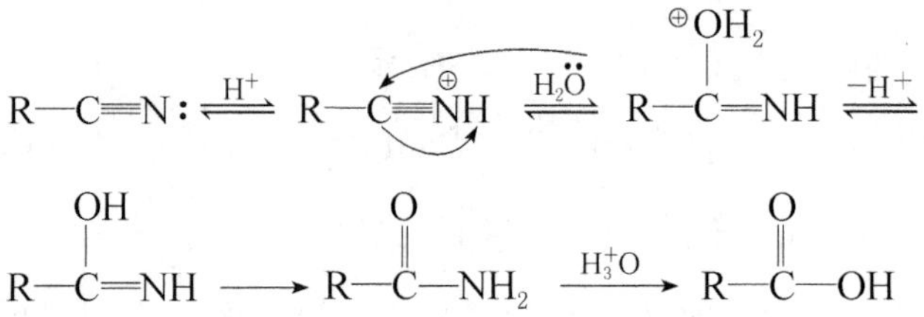

碱催化

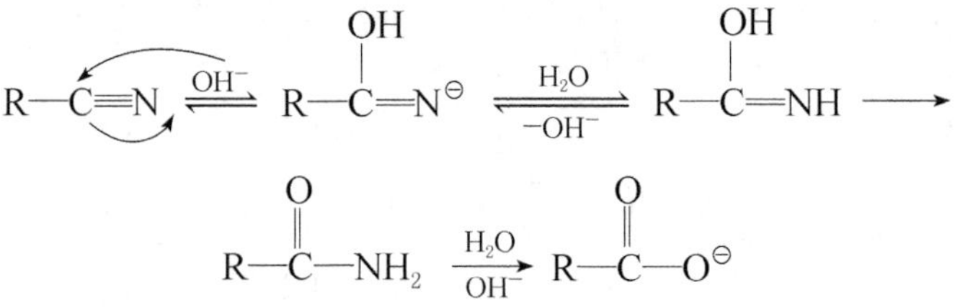

【例 14.5】

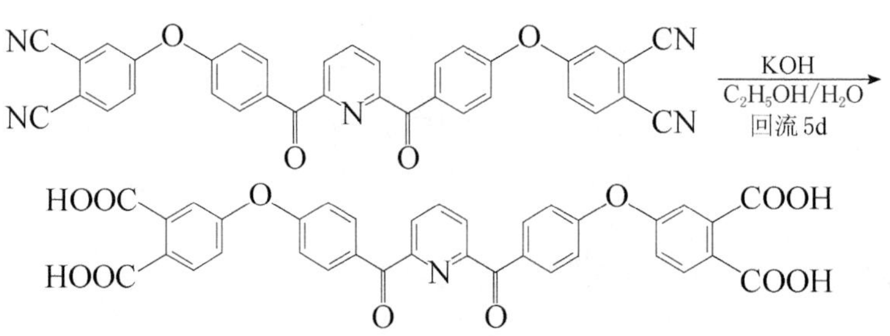

89%

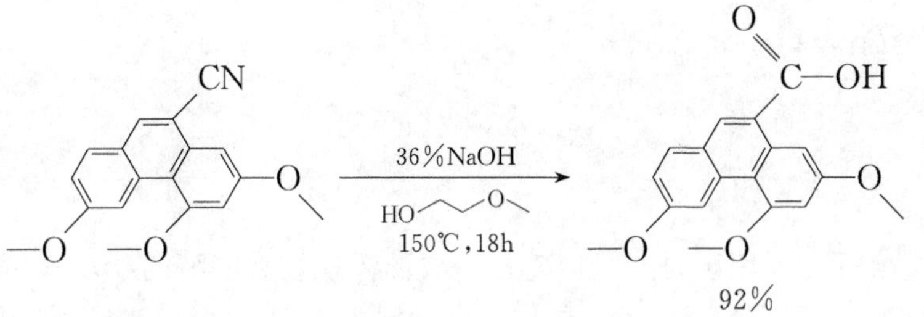

2. 醇解生成酯

$$\mathrm{R{-}\overset{\overset{O}{\|}}{C}{-}G} \xrightarrow[\mathrm{H^+\ 或\ OH^-}]{\mathrm{R'OH}} \mathrm{R{-}\overset{\overset{O}{\|}}{C}{-}OR'} + \mathrm{HG}$$

1) RCOX、$(RCO)_2O$

【例 14.6】

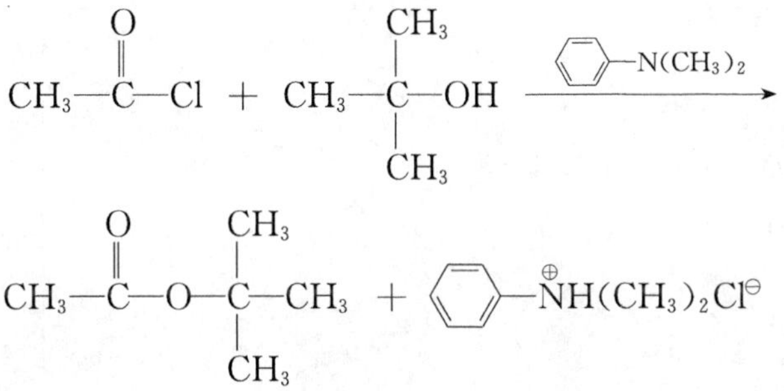

63%～68%

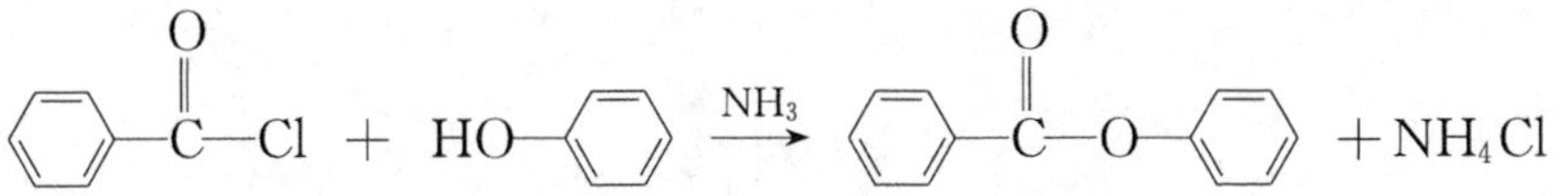

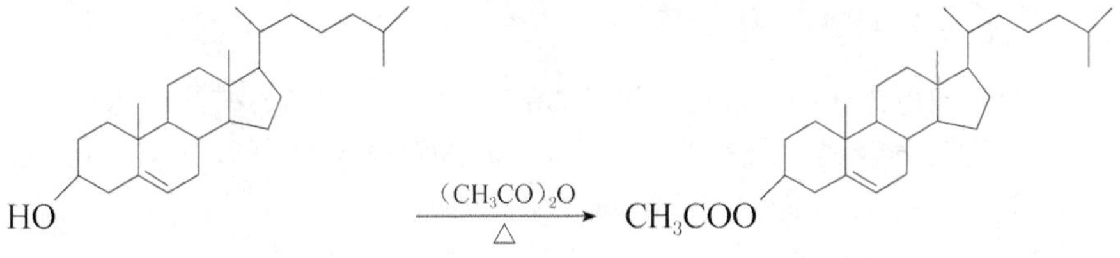

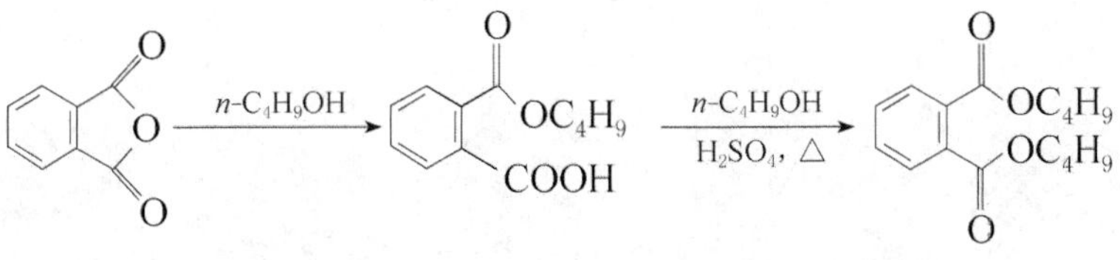

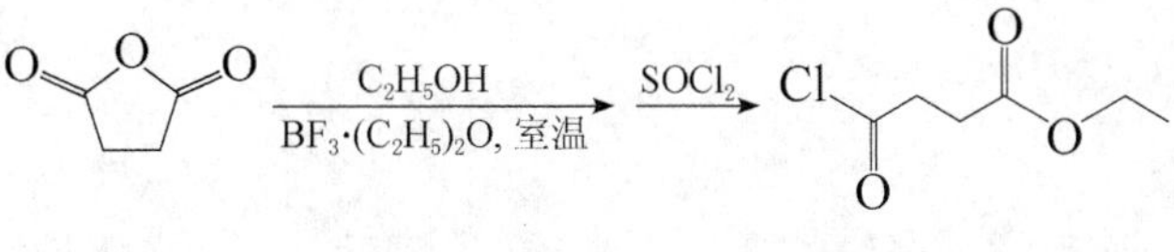

2）酯的醇解——酯交换反应

$$\mathrm{R{-}\overset{\overset{\large O}{\|}}{C}{-}OR'} \xrightarrow[\mathrm{H^+}]{\text{高沸点醇}\ \mathrm{R''OH}} \mathrm{R{-}\overset{\overset{\large O}{\|}}{C}{-}OR''} + \overset{\text{低沸点醇}}{\mathrm{R'OH}}$$

酯交换反应可用于合成难以直接合成的体积较大的醇的酯，一般先制成甲酯，然后加入空间阻碍大的醇，通过不断地蒸除生成的甲醇推移平衡，得到新的酯。

【例 14.7】

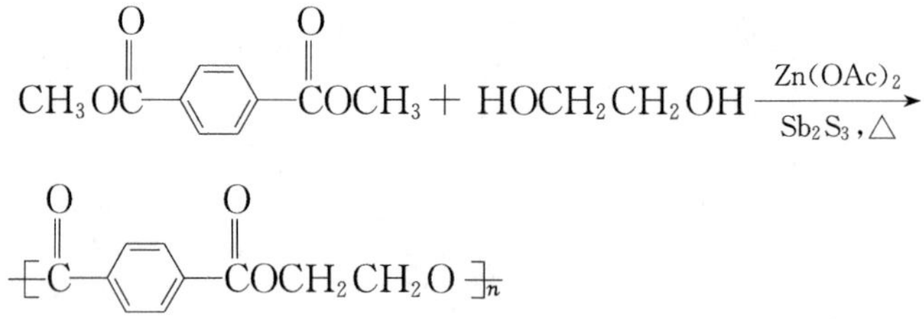

涤纶

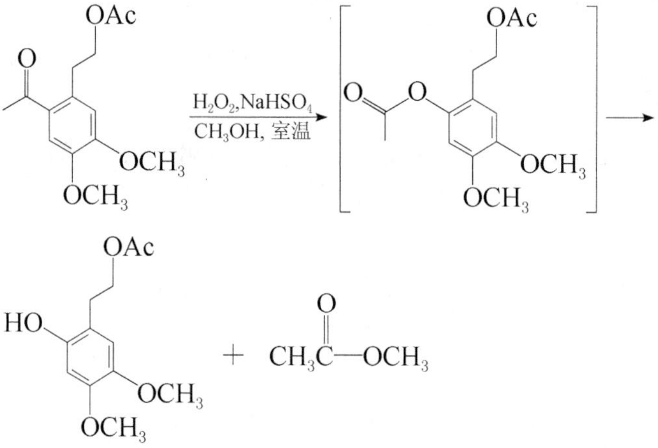

氧化酮生成的酯再发生酯交换反应，结果是将芳环上的乙酰基转化为羟基。

在山藿香定全合成的最后步骤中，采用呋喃基锂对醛基亲核加成后，生成的—OH 与—$COOCH_3$ 发生酯交换反应，生成内酯。

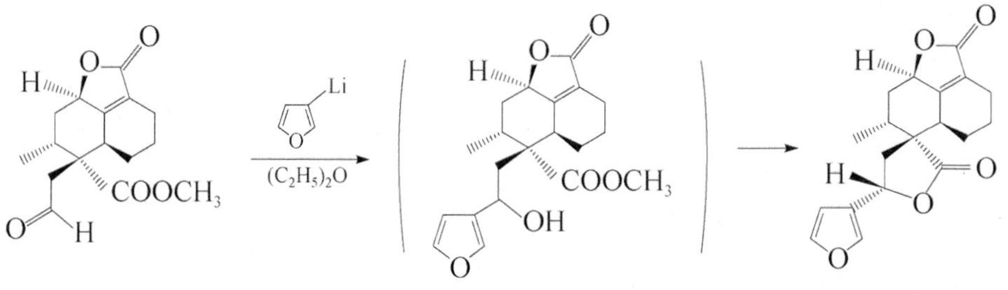

80%
山藿香定

在下列反应中，酯基在碱性条件下水解，生成的—COO^- 作为亲核试剂从背面进攻环氧键，发生亲核取代反应生成醇。

1) NH₃ · H₂O, CH₃OH
65℃

2) HCl(aq), CH₃COOC₂H₅
0℃

分子内酸碱中和反应

85%

3) RCONH₂、RCN

【例 14.8】

$$CH_2=CH-\overset{\overset{\displaystyle O}{\|}}{C}-NH_2 + C_2H_5OH \xrightarrow[\triangle]{OH^-} CH_2=CH-\overset{\overset{\displaystyle O}{\|}}{C}-OC_2H_5 + NH_3$$

$$\underset{}{\overset{\overset{\displaystyle O}{\|}}{C6H5-C}}-NHCH_3 \xrightarrow[H^+,\triangle]{CH_3OH} \overset{\overset{\displaystyle O}{\|}}{C6H5-C}-OCH_3 + CH_3NH_2$$

腈的醇解机理如下：

酸催化

$$R-C\equiv N: \underset{}{\overset{H^+}{\rightleftharpoons}} R-\overset{\oplus}{C}=NH \underset{}{\overset{R'\ddot{O}H}{\rightleftharpoons}} R-\overset{\overset{\displaystyle \overset{\oplus}{H}OR'}{|}}{C}=NH \rightleftharpoons$$

$$R-\overset{\overset{\displaystyle OR'}{|}}{\underset{}{C}}=\overset{\oplus}{N}H_2 \xrightarrow{H_3^+O} R-\overset{\overset{\displaystyle O}{\|}}{C}-OR'$$

碱催化

$$R-C\!\!\equiv\!\!N \underset{}{\overset{R'O^{\ominus}}{\rightleftharpoons}} R-\overset{\displaystyle OR'}{\underset{}{C}}\!\!=\!\!N^{\ominus} \underset{-R'O^-}{\overset{R'OH}{\rightleftharpoons}} R-\overset{\displaystyle OR'}{\underset{}{C}}\!\!=\!\!NH \underset{OH^-}{\overset{H_2O}{\longrightarrow}} R-\overset{\displaystyle O}{\underset{}{C}}-OR'$$

【例 14.9】

$$BrCH_2CH_2CH_2CH_2Br \xrightarrow{2NaCN} NC(CH_2)_4CN \xrightarrow[H^+,\triangle]{C_2H_5OH}$$

$$C_2H_5OOC(CH_2)_4COOC_2H_5$$

总结

合成酯的方法：

直接酯化

$$R-\overset{\displaystyle O}{\underset{}{C}}-OH + R'OH \underset{\triangle}{\overset{H^+}{\rightleftharpoons}} R-\overset{\displaystyle O}{\underset{}{C}}-OR'$$

亲核加成-消除

$$R-\overset{\displaystyle O}{\underset{}{C}}-X\ [(RCO)_2O] + R'OH \longrightarrow R-\overset{\displaystyle O}{\underset{}{C}}-OR'\ 容易进行$$

$$R-\overset{\displaystyle O}{\underset{}{C}}-NH_2\ (RCN) + R'OH \xrightarrow[或\ OH^-]{H^+} R-\overset{\displaystyle O}{\underset{}{C}}-OR'\ 不易进行$$

$$R-\overset{\displaystyle O}{\underset{}{C}}-OR' + R''OH \xrightarrow[或\ OH^-]{H^+} R-\overset{\displaystyle O}{\underset{}{C}}-OR'' + R'OH\ \ 酯交换$$

亲核取代

$$R-\overset{\displaystyle O}{\underset{}{C}}-O^{\ominus} + R'X \longrightarrow R-\overset{\displaystyle O}{\underset{}{C}}-OR' + X^-$$

酮的过酸氧化

$$R-\overset{\displaystyle O}{\underset{}{C}}-R' \xrightarrow{R''COOH} R-\overset{\displaystyle O}{\underset{}{C}}-OR' + R''COOH\ \ (容纳电子能力\ R'>R)$$

14.3.3　与含氮亲核试剂的反应——氨解生成酰胺

1) RCOX、(RCO)₂O

【例 14.10】

$$CH_2\!\!=\!\!CH-\overset{\displaystyle O}{\underset{}{C}}-Cl + 2\ NH_3 \longrightarrow CH_2\!\!=\!\!CH-\overset{\displaystyle O}{\underset{}{C}}-NH_2 + NH_4Cl$$

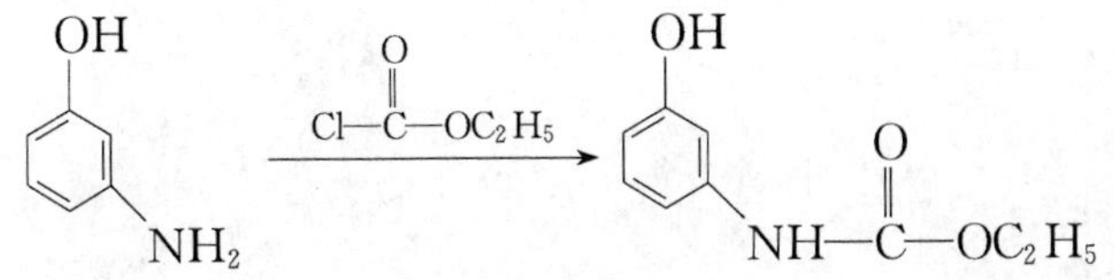

该反应说明:①—NH₂ 的亲核性比—OH 强;②酰氯的亲核加成-消除反应
活性比酯高。

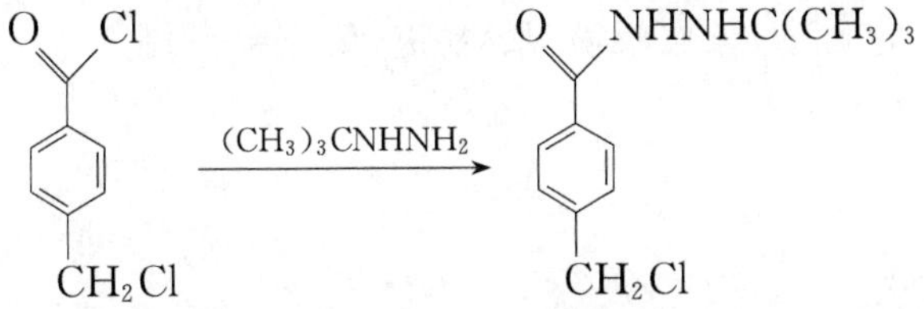

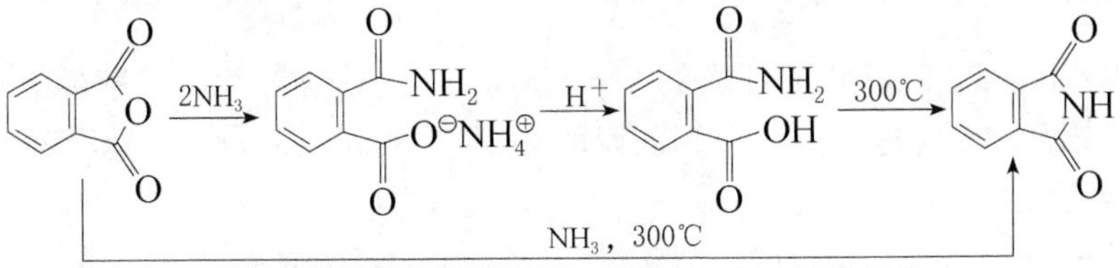

形成酰胺与脱水同时进行,得到邻-苯二甲酰亚胺

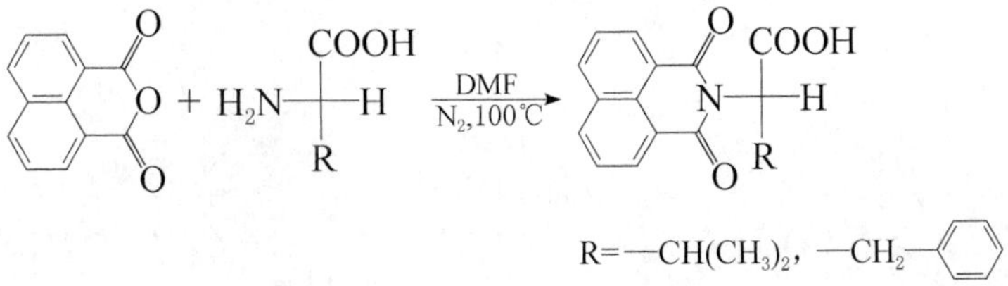

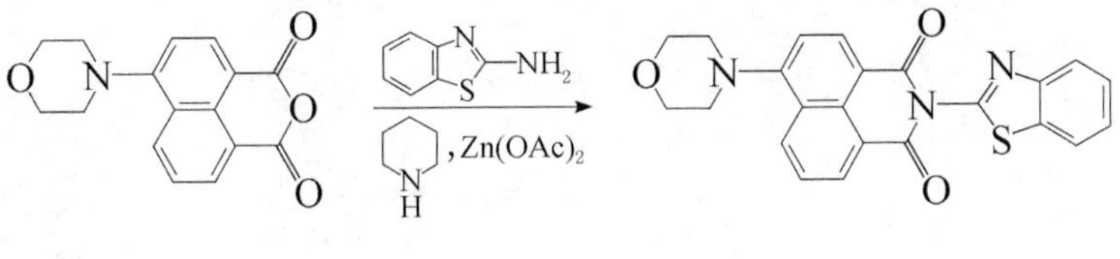

$R = -CH(CH_3)_2, -CH_2-\phenyl$

2) RCOOR′

【例 14.11】

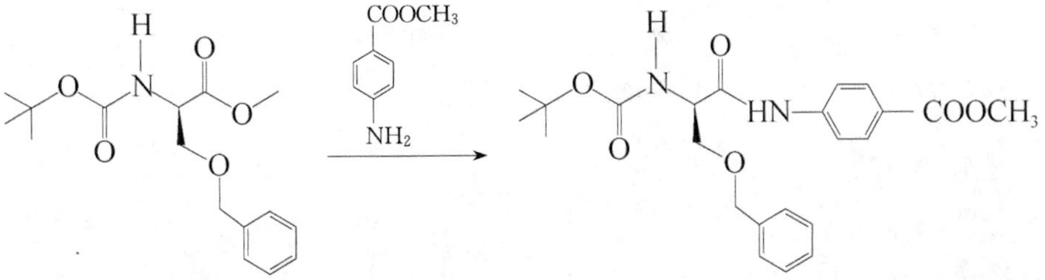

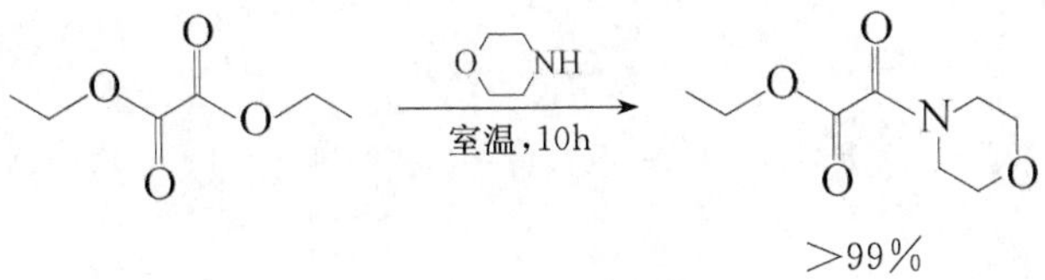

>99%

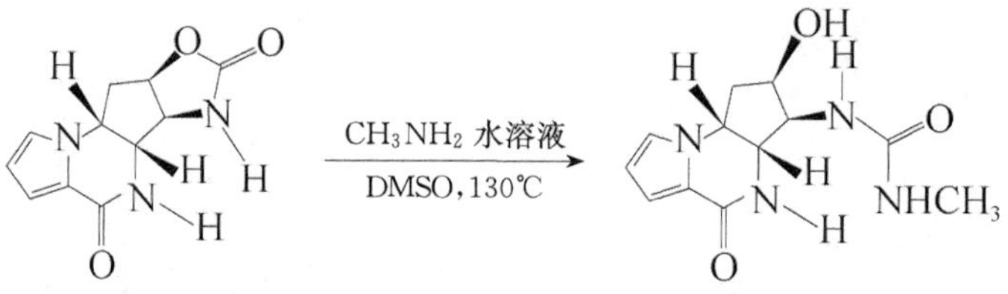

68%

酯的氨解反应比酰胺交换反应更容易进行。

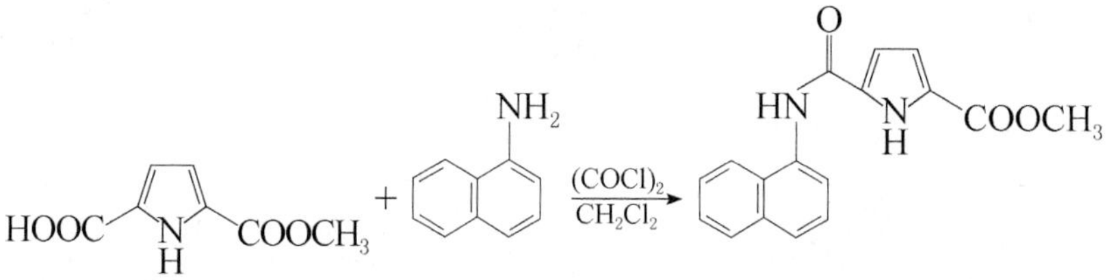

(COCl)₂(草酰氯)的作用是先与 α-萘胺反应生成酰胺,然后通过羧酸交换反应生成产物,该反应也从另一个侧面说明—COOH 比—COOCH₃ 更容易与胺反应生成酰胺。

在(—)-aplaminal 全合成中,将—N₃ 还原为—NH₂ 之后,通过酯的氨解反应生成六元环状酰胺。

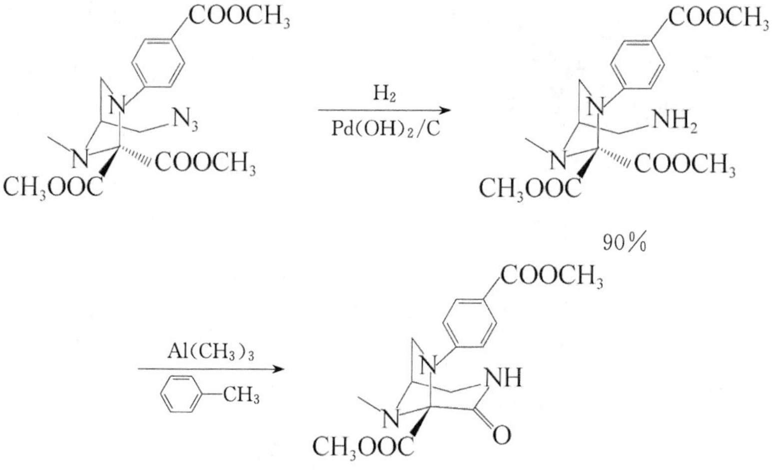

90%

66%

(—)-aplaminal

3) 与酰胺反应——酰胺交换反应

【例 14.12】

总结

合成酰胺的方法：

直接酰胺化

$$R-\overset{O}{\underset{}{C}}-OH + R'NH_2 \xrightarrow[\triangle]{H^+} R-\overset{O}{\underset{}{C}}-NHR'$$

亲核加成-消除

$$R-\overset{O}{\underset{}{C}}-X\ [(RCO)_2O] + R'NH_2 \longrightarrow R-\overset{O}{\underset{}{C}}-NHR'\ 容易进行$$

$$R-\overset{O}{\underset{}{C}}-NH_2 + R'NH_2 \xrightarrow[或OH^-]{H^+} R-\overset{O}{\underset{}{C}}-NHR'\ 酰胺交换$$

$$R-\overset{O}{\underset{}{C}}-OR' + R''NH_2 \xrightarrow[或OH^-]{H^+} R-\overset{O}{\underset{}{C}}-NHR''$$

Beckmann 重排

$$R-\overset{\overset{\displaystyle N-OH}{\|}}{C}-R' \xrightarrow{H^+} R'-\overset{O}{\underset{}{C}}-NHR\ (—OH 与反式的 R 对调后再转化为酮式)$$

4）与腈加成——生成脒

脒（虚线内为脒基）

【例 14.13】

偶氮异丁腈（AIBN）
脂溶性自由基引发剂

2,2′-偶氮双(2-脒基丙烷)盐酸盐(AAPH)
水溶性自由基引发剂

$$(CH_3)_2N-C\equiv N + (C_2H_5)_2NH \xrightarrow[\triangle]{(C_2H_5)_2NH\cdot HCl} (CH_3)_2N-\overset{\underset{\displaystyle NH}{\|}}{C}-N(C_2H_5)_2$$

95%

虚线内的结构称为胍,是一种强碱

14.3.4　与羧酸的反应——羧酸交换

$$R-\overset{\underset{\displaystyle O}{\|}}{C}-G + R'-\overset{\underset{\displaystyle O}{\|}}{C}-OH \xrightarrow{\triangle} R-\overset{\underset{\displaystyle O}{\|}}{C}-OH + R'-\overset{\underset{\displaystyle O}{\|}}{C}-G$$

【例 14.14】

2,4,6-三氯苯甲酰氯可以醇解生成酯,然后发生羧酸交换反应生成内酯,这是采用酯化反应合成大环内酯的重要方法。例如:

94%

14.3.5　羧酸衍生物的工业合成法——活性中间体烯酮的反应

$$CH_3-\overset{\underset{\displaystyle O}{\|}}{C}-OH \text{ 即 } CH_2-C=O \xrightarrow{700℃} CH_2=C=O + H_2O$$

(H　OH)

$$CH_3-\overset{\underset{\displaystyle O}{\|}}{C}-CH_3 \text{ 即 } CH_2-C=O \xrightarrow{700℃} CH_2=C=O + CH_4$$

(H　CH_3)

工业产生烯酮的方法

$$BrCH_2-\overset{\underset{\displaystyle O}{\|}}{C}-Br \text{ 即 } CH_2-C=O \xrightarrow{Zn} CH_2=C=O + ZnBr_2$$

(Br　Br)

实验室产生烯酮的方法

活性中间体:烯酮

烯酮是一种聚集双键化合物,羰基碳原子易受到亲核试剂的进攻,结果使得 α-C 和羰基碳之间的 π 电子全部转移到 α-C 上,形成负碳离子,进而接受亲核试剂中的活泼氢,实际上是亲核试剂对 C=C 的亲核加成。

$$CH_2=C=O \xrightarrow{Nu^{\ominus}} {}^{\ominus}CH_2-C=O \xrightarrow[-Nu^{\ominus}]{H-Nu} CH_3-\overset{Nu}{C}=O \text{ 即 } CH_3-\overset{O}{C}-Nu$$

具体反应如下:

烯酮	亲核试剂(H—Nu)	产物
$CH_2=C=O$	$H_2O(HOH)$	CH_3COOH
	$NH_3(HNH_2)$	CH_3CONH_2
	C_2H_5OH	$CH_3COOC_2H_5$
	HCl	CH_3COCl
	CH_3COOH	$(CH_3CO)_2O$

工业生产羧酸衍生物都是采用以烯酮为活性中间体的亲核加成反应,这样可以简化工艺。

总结

羧酸及其衍生物之间的关系如下:

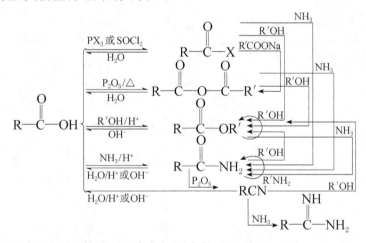

(1)酰卤、酸酐、酯、酰胺、腈水解生成羧酸;醇解生成酯。
(2)酰卤、酸酐、酯、酰胺氨解生成酰胺。
(3)酰胺脱水生成腈,腈的氨解生成脒。
(4)羧酸脱水生成酸酐,酰卤与羧酸盐也生成酸酐。
(5)注意两个交换反应:酯交换、酰胺交换。

14.4 化学性质Ⅱ —— 还原反应

14.4.1 催化加氢

羧酸难以通过催化加氢法还原,但酰卤、酸酐、酯可以通过催化加氢还原为醇,酰胺、腈通过催化加氢还原为胺,这也从一个侧面说明了羧酸衍生物的反应活性高于羧酸,值得注意的是,如果碳链中含有其他对催化加氢敏感的基团,也同时被还原。

$$
\begin{array}{l}
\underset{\text{R—C—X}}{\overset{O}{\parallel}}\\
\underset{\text{R—C—O—C—R}'}{\overset{O\quad\ O}{\parallel\quad\ \parallel}}\\
\underset{\text{R—C—OR}'}{\overset{O}{\parallel}}\\
\underset{\text{R—C—NH}_2}{\overset{O}{\parallel}}\\
\text{RCN}
\end{array}
\xrightarrow{\text{H}_2/\text{Pt}}
\begin{array}{l}
\left.\begin{array}{l}
\text{RCH}_2\text{OH}\\
\text{RCH}_2\text{OH}\\
\text{RCH}_2\text{OH}
\end{array}\right\}\text{含氧类羧酸衍生物被还原为醇}\\
\left.\begin{array}{l}
\text{RCH}_2\text{NH}_2\\
\text{RCH}_2\text{NH}_2
\end{array}\right\}\text{含氮类羧酸衍生物被还原为胺}
\end{array}
$$

$$\text{HOOC}-\!\!\!\bigcirc\!\!\!-\text{CN}\xrightarrow[\text{Pt}]{\text{H}_2}\text{HOOC}-\!\!\!\bigcirc\!\!\!-\text{CH}_2\text{NH}_2$$

—CN及苯环可以通过催化加氢还原,但—COOH不能被催化加氢还原

C≡N 比酯基更容易被催化加氢还原

将—CN和C=C同时还原

Rosenmund 还原——将酰氯还原为醛。催化剂:Pd/BaSO$_4$,S,喹啉。

$$\underset{\text{O}}{\overset{\parallel}{\text{C}_2\text{H}_5\text{O—C}}}\text{—CH}_2\text{CH}_2\underset{\text{O}}{\overset{\parallel}{\text{C}}}\text{—Cl}+\text{H}_2\xrightarrow[\text{喹啉/S}]{\text{Pd/BaSO}_4}\text{C}_2\text{H}_5\text{O}\underset{\text{O}}{\overset{\parallel}{\text{—C}}}\text{—CH}_2\text{CH}_2\underset{\text{O}}{\overset{\parallel}{\text{C}}}\text{—H}$$

$$
\underset{\underset{\text{CH}_3}{|}}{\overset{\overset{\text{CH}_3}{|}}{\text{CH}_3\text{—C}}}\text{—CH}_2\underset{\text{O}}{\overset{\parallel}{\text{—C}}}\text{—Cl}+\text{H}_2\xrightarrow[\text{喹啉/S}]{\text{Pd/BaSO}_4}\underset{\underset{\text{CH}_3}{|}}{\overset{\overset{\text{CH}_3}{|}}{\text{CH}_3\text{—C}}}\text{—CH}_2\underset{\text{O}}{\overset{\parallel}{\text{—C}}}\text{—H}
$$

14.4.2　还原剂

1. 酯的双分子还原

$$\text{R}\underset{\text{O}}{\overset{\parallel}{\text{—C}}}\text{—OR}'\xrightarrow[\bigcirc\!\!-\text{CH}_3]{\text{Na}}\text{R}\underset{\text{O}}{\overset{\parallel}{\text{—C}}}\underset{\text{CHR}}{\overset{\text{OH}}{|}}$$

机理

$$\text{Na} \longrightarrow \text{Na}^+ + e \xrightarrow{\underset{\text{R}-\overset{O}{\overset{\|}{C}}-\text{OR}'}{}} \text{R}-\overset{O^{\ominus}\text{Na}^{\oplus}}{\underset{\cdot}{\overset{|}{C}}}-\text{OR}' \xrightarrow{\text{双自由基偶合}}$$

类似酮的双分子还原。

【例 14.15】

蒜头果油　　　　　O_3 氧化切断 C＝C

$\xrightarrow{CH_3OH}$

酯交换得到二酸酯

$$CH_3OOC(CH_2)_l COOCH_3 \xrightarrow[\text{二甲苯}]{Na} \text{HO} \diagup\!\!\!\diagdown_{l-1} \xrightarrow[\text{HCl}]{Zn} \diagup\!\!\!\diagdown_{l-1}$$

酯的双分子还原成环　　　　　此方法可以以 47% 的转化率得到环十五酮

2. Bouveault-Blanc 还原

$$\text{R}-\overset{O}{\overset{\|}{C}}-\text{OR}' \xrightarrow[\text{R}''\text{OH}]{Na} \text{RCH}_2\text{OH}$$

机理

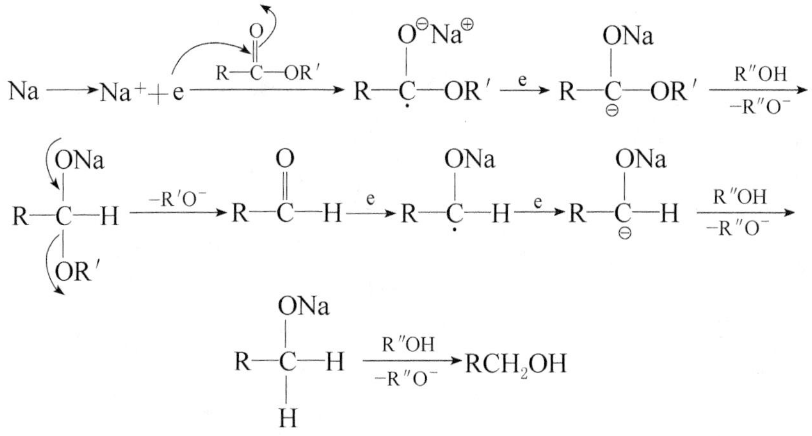

【例 14.16】

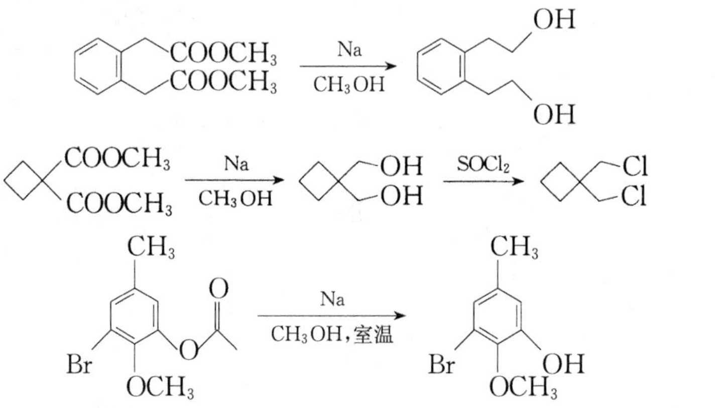

3. Stephen 还原

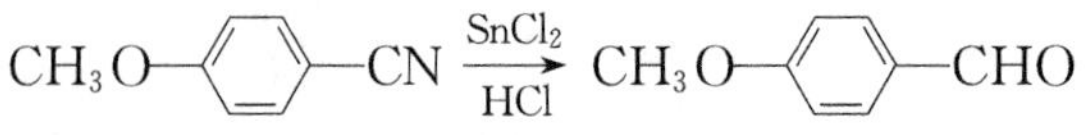

芳香腈还原为芳香醛

4. 金属氢化物还原剂

金属氢化物还原活性从左到右下降,羧酸衍生物活性从上到下下降,将还原产物列表如下(空白处为不反应):

	LiAlH$_4$	LiBH$_4$	NaBH$_4$	B$_2$H$_6$	LiAlH(t-BuO)$_3$
RCOCl	RCH$_2$OH	RCH$_2$OH	RCH$_2$OH		RCHO
(RCO)$_2$O	RCH$_2$OH	RCH$_2$OH	RCH$_2$OH	RCH$_2$OH	
RCOOR$'$	RCH$_2$OH	RCH$_2$OH		RCH$_2$OH	
RCONH$_2$	RCH$_2$NH$_2$			RCH$_2$NH$_2$	
RCN	RCH$_2$NH$_2$				

$$R=CH_3(CH_2)_{11} \qquad 90\%$$

$$(C_2H_5OOC)_2CHCH_2CH_2COOCH_3 \xrightarrow{LiAlH_4} \quad 87\%$$

$$100\%$$

$$85\%$$

$$68\%$$

14.5 酰胺和酯的特殊化学性质

14.5.1 酰胺的特殊性质

1. 酸性

$$RCONH_2 + R'ONa \longrightarrow RCONHNa + R'OH$$

一般情况下的酸性顺序如下:

$$RCOOH > H_2O > RCONH_2 > ROH > RC\equiv CH > NH_3$$

邻-苯二甲酰亚胺的酸性很强，$pK_a = 6.35$。

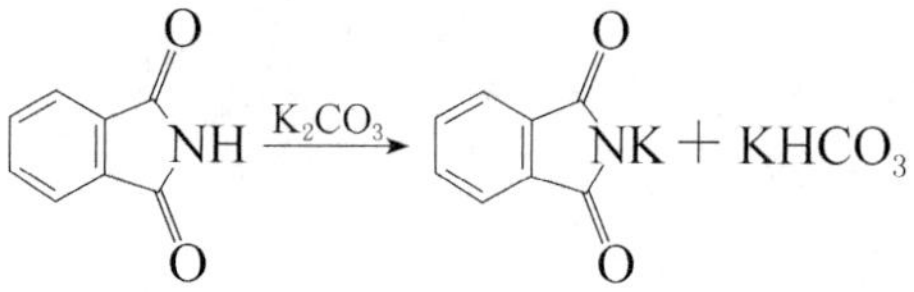

2. 形成酰亚胺

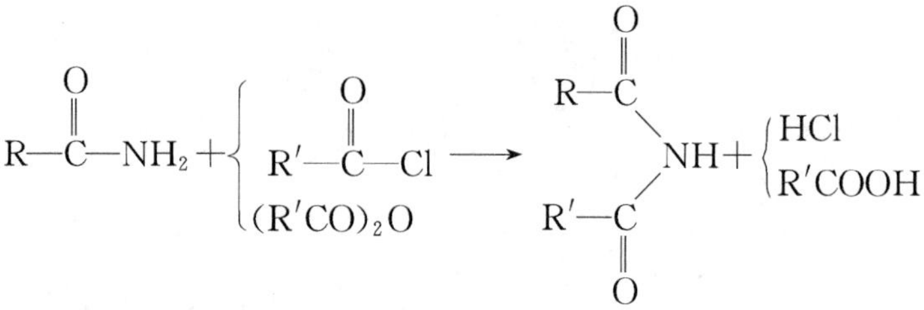

3. 与 HNO_2 反应——促进水解

生成重氮盐，促进酰胺的水解。

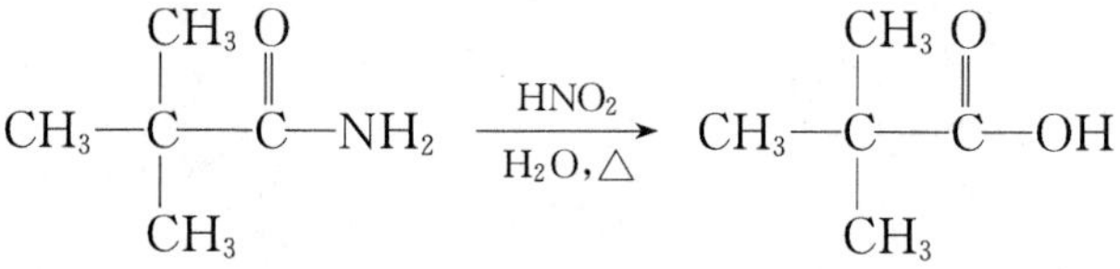

4. Hofmann 重排

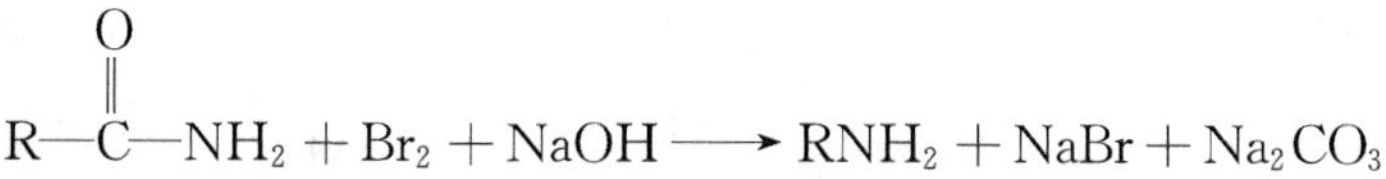

$$R-\overset{O}{\underset{}{C}}-NH_2 + Br_2 + NaOH \longrightarrow RNH_2 + NaBr + Na_2CO_3$$

相当于酰胺中的羰基脱去的反应，得到 1°胺，其反应机理如下：

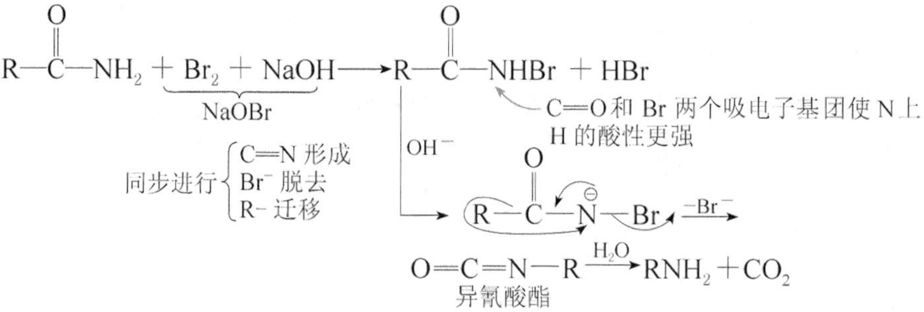

C=O 和 Br 两个吸电子基团使 N 上 H 的酸性更强

同步进行 {C=N 形成 / Br⁻ 脱去 / R- 迁移}

异氰酸酯

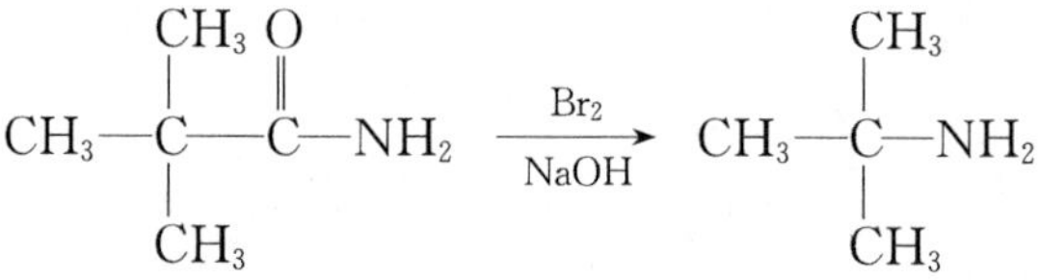

在 R-迁移过程中构型保持。例如：

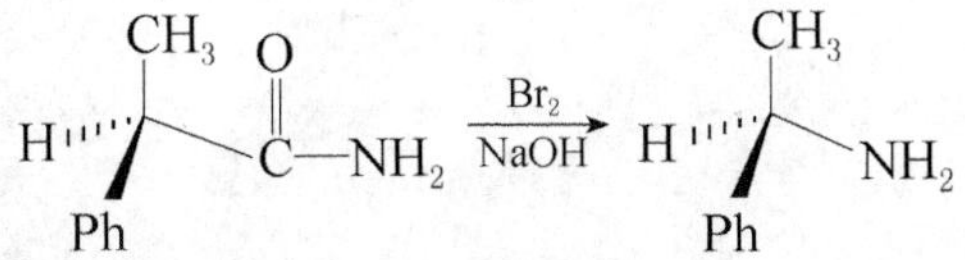

此外，酰氯与 NaN_3 反应也可以生成异氰酸酯，进一步水解生成胺。

$$R-\overset{O}{\overset{\|}{C}}-Cl \xrightarrow[2)\ H_2O]{1)\ NaN_3} RNH_2 + CO_2$$

机理

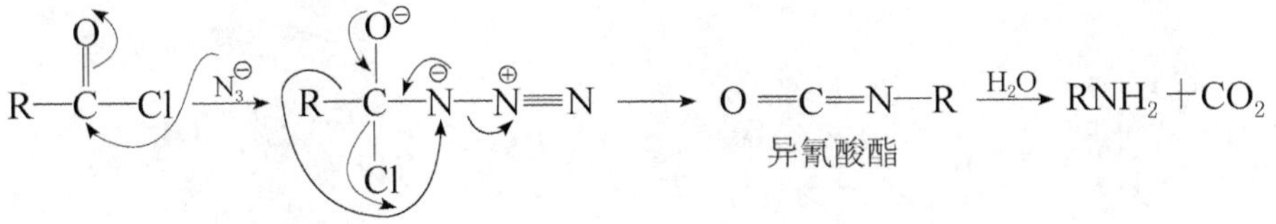

同时完成
- $-Cl^{\ominus}$ 和 N_2 脱出
- C═O 形成
- C═N 形成
- R 迁移

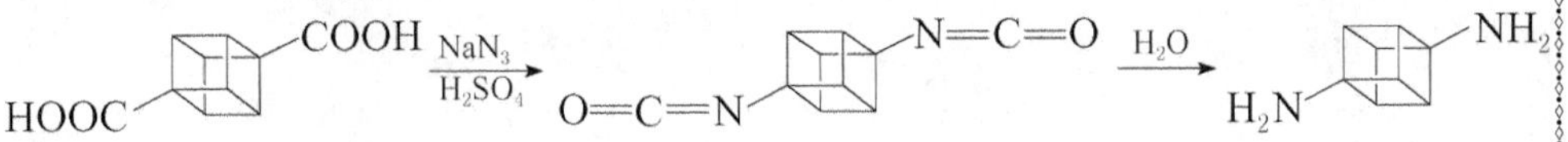

14.5.2　酯的热消除反应

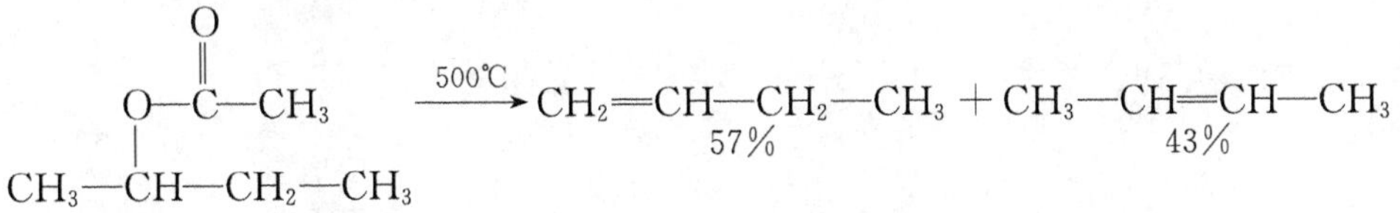

机理

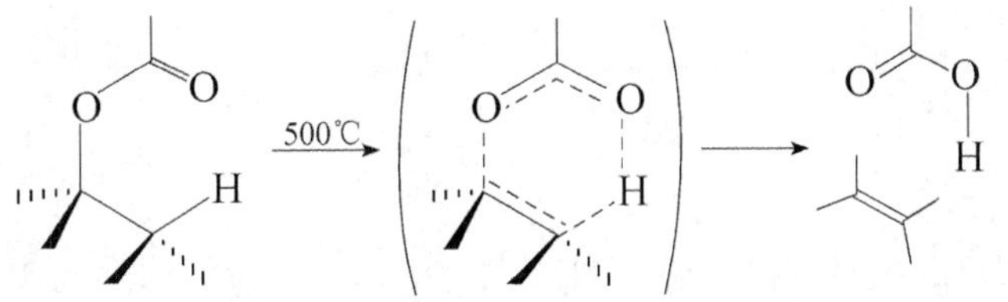

酯的热消除是顺式的 Hofmann 消除，生成取代少的烯烃，反应过程中无重排。例如：

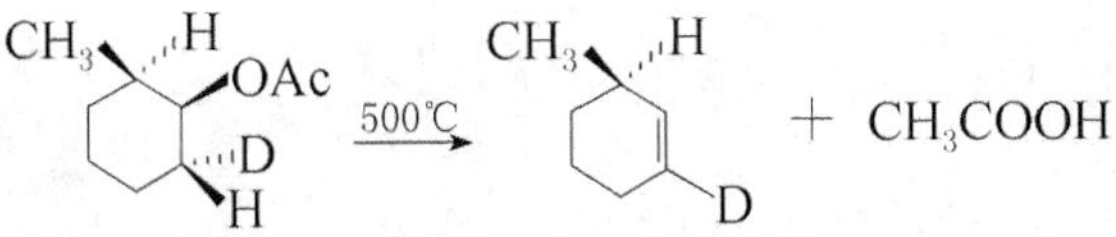

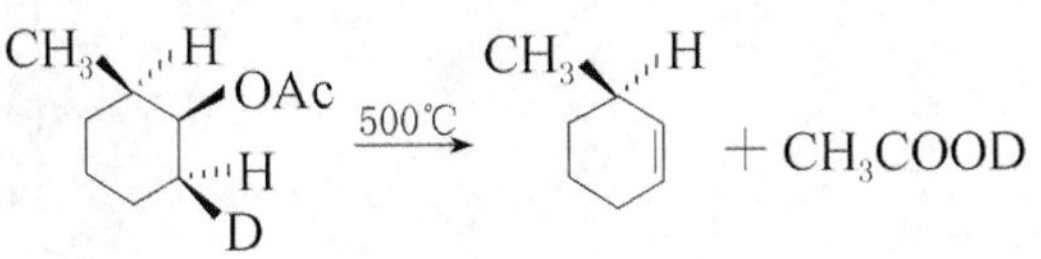

在稳定构象上，进行顺式消除反应。

比较 $(1R,2R)$-1-氘-1-溴-2-甲基丁烷在 t-BuOK 作用下的消除产物，和将该化合物先与 CH_3COONa 反应后再加热到 500℃ 得到的产物。

从立体化学角度，卤代烃的 Hofmann 消除是反式消除。

第一步为 S_N2 亲核取代，构型翻转，第二步为酯的热消除，顺式消除，得到的产物与前者相同。

酯的热消除中无重排：

总结

消除反应

	顺式消除	反式消除
Hofmann 方向	酯的热消除	季铵碱的热消除
	氮氧化物的热消除	强碱下 RX(X＝Cl,Br,I)的消除
		碱性条件下 RF 的消除
Saytzerff 方向	无	碱性条件下 RX(X＝Cl,Br,I)的消除
		酸性条件下 ROH 的消除

第 15 章　负碳离子反应

醛(酮)中羰基碳原子的 α-位可在碱性(一些情况下酸性也可)条件下产生负碳离子,从电子效应角度,吸电子基团可以帮助负碳离子分散负电荷,有利于稳定负碳离子;另外,负碳离子稳定自身的更重要的方式是形成烯醇式,将负电荷转移到羰基氧原子上,需要参与亲核反应时,再通过烯醇式到酮式的互变异构,将负电荷从氧原子上转移回碳原子,这是因为负碳离子的反应性比氧阴离子高得多。

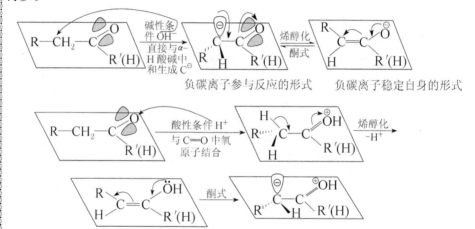

在酸性条件下,从烯醇式到酮式的互变异构中,原 C═O 的 α-C 具备了负碳离子的性质,因此可以认为:在碱性条件下,首先产生的是负碳离子,烯醇式的作用是稳定负碳离子;在酸性条件下,首先是烯醇化,通过烯醇式到酮式的转变才能产生负碳离子。二者的因果关系刚好是相反的。

醛(酮)的 α-C 是最容易产生负碳离子的,在一般稀碱性介质中,甚至如上所述在较弱的酸性条件下也可产生负碳离子,其他羰基化合物的 α-C 只能在比较强的碱性介质中产生负碳离子。负碳离子是非常好的亲核试剂,可以发生亲核取代或亲核加成反应,我们将与负碳离子相关的反应归纳为本章,由浅入深,并尽可能进行了分类。

15.1　α-碳的卤代及烷(酰)基化反应

15.1.1　醛(酮)α-碳的卤代反应

醛(酮)α-碳的卤代反应可以在碱性及酸性条件下进行,该反应是负碳离子反应的基础,我们以丁酮的溴代(也可发生氯代和碘代)为例讨论反应机理。

1. 酸催化醛(酮)α-碳的卤代反应机理

$$CH_3-CH_2-\overset{\overset{O}{\|}}{C}-CH_3 \quad \xrightarrow{H^+} \quad CH_3-\overset{H_b}{\underset{|}{CH}}-\overset{\overset{\oplus}{O}H}{\underset{\|}{C}}-\overset{H_a}{\underset{|}{CH_2}}$$

$$\xrightarrow[-H_a^+]{a} \quad CH_3-CH_2-\overset{\overset{OH}{|}}{C}=CH_2 \quad \text{取代少的烯烃不稳定(次产物)}$$

$$\xrightarrow[-H_b^+]{b} \quad CH_3-CH=\overset{\overset{:OH}{|}}{C}-CH_3 \quad \text{取代多的烯烃稳定(主产物)}$$

$$\overset{|}{\underset{Br-Br}{}} \xrightarrow{-Br^-} \quad CH_3-\overset{\overset{Br}{|}}{CH}-\overset{\overset{O}{\|}}{C}-CH_3 \ (dl)$$

　　在氧原子的孤对电子恢复形成羰基时,α-碳形成负碳离子并对 Br_2 完成亲核取代,结果在丁酮的取代多的 α-碳上完成了溴代。如果上述反应继续进行,就需要羰基氧原子再度被质子化,而此时,由于在 α-碳上已引入了吸电子的卤素原子,使得氧原子的电子云密度下降了,无法接受 H^+,当然也就无法再次形成烯醇式,及由烯醇式转化生成 α-负碳离子,反应不能继续进行。

2. 碱催化醛(酮)α-碳的卤代反应机理

$$CH_3-\overset{H_b}{\underset{|}{CH}}-\overset{\overset{O}{\|}}{C}-\overset{H_a}{\underset{|}{CH_2}} \quad \xrightarrow{OH^-}$$

$$\xrightarrow[-H_b^+]{b} \quad CH_3-\overset{\ominus}{CH}-\overset{\overset{O}{\|}}{C}-CH_3 \quad \text{离推电子基团近(不易生成,不稳定)}$$

$$\xrightarrow[-H_a^+]{a} \quad CH_3-CH_2-\overset{\overset{O}{\|}}{C}-\overset{\ominus}{CH_2} \quad \text{离推电子基团远(易生成,且稳定)}$$

$$CH_3-CH_2-\overset{\overset{O}{\|}}{C}-CH_2Br \quad \xleftarrow[-Br^-]{} \quad Br-Br$$

　　由于在取代少的 α-碳上直接生成了负碳离子,它作为亲核试剂对 Br_2 完成了亲核取代,生成了—CH_2Br。由于引入了吸电子基团 Br,在碱性介质中—CH_2Br 的氢原子更易脱去,在此位置形成的 α-负碳离子也更稳定,使得进一步的溴代更容易。

$$CH_3-CH_2-\overset{\overset{O}{\|}}{C}-CH_2Br \quad \xrightarrow{OH^-} \quad CH_3-CH_2-\overset{\overset{O}{\|}}{C}-\overset{\ominus}{C}HBr \quad \xrightarrow[-Br^-]{Br-Br}$$

$$CH_3-CH_2-\overset{\overset{\displaystyle O}{\|}}{C}-CHBr_2 \xrightarrow{OH^-} CH_3-CH_2-\overset{\overset{\displaystyle O}{\|}}{C}-\overset{\ominus}{C}Br_2 \xrightarrow[-Br^-]{Br-Br}$$

$$CH_3-CH_2-\overset{\overset{\displaystyle O}{\|}}{C}-CBr_3 \quad$$ 第二步溴代比第一步容易,第三步比第二步更容易

因此,碱性介质中卤代反应时发生在易生成负碳离子的位置(针对烃基取代时,就是发生在取代少的 α-碳上),而且要多卤代,也就是直至所有的 α-H 均被卤代为止。由于上述是甲基酮,反应并未停止。

$$CH_3-CH_2-\overset{\overset{\displaystyle O}{\|}}{C}-CBr_3 \xrightarrow{OH^-} CH_3-CH_2-\overset{\overset{\displaystyle O^\ominus}{|}}{\underset{OH}{C}}-CBr_3 \longrightarrow$$

$$CH_3-CH_2-\overset{\overset{\displaystyle O}{\|}}{C}-OH + \overset{\ominus}{C}Br_3 \xrightarrow{\qquad}$$

$$\xrightarrow[\text{酸碱中和}]{} CH_3-CH_2-\overset{\overset{\displaystyle O}{\|}}{C}-O^\ominus + CHBr_3\downarrow$$

由于引入了强吸电子基团—CBr_3,C=O 中碳原子的正电性更强,OH^- 作为亲核试剂的亲核加成更为容易,消除的 CBr_3^- 再与羧酸中和,得到溴仿($CHBr_3$)沉淀。上述反应称为卤仿反应,可用于鉴别甲基酮(—$COCH_3$)及甲基醇 [—$CH(OH)CH_3$ 可被卤素氧化为—$COCH_3$,然后再发生卤仿反应]。对比酸性及碱性条件下醛(酮)羰基 α-碳卤代反应的不同。

以丙酮为原料合成叔丁胺的反应式如下:

15.1.2 醛(酮)α-碳的烷(酰)基化反应

醛(酮)α-碳的烷(酰)基化所用的卤代烃为活泼卤代烃,如 1°RX、PhCH₂X、RCH═CHCH₂X、RCOCH₂X 及 α-卤代酸酯等。反应可通过烯胺中间体或在强碱性(NaOC₂H₅、t-BuOK、PhLi、NaH、Ph₃CNa 等)介质中进行,我们以环己酮为例讨论其反应机理:

以上烯胺通过共振使原羰基 α-C 形成了负碳离子。

在强碱性介质中,α-C 直接生成负碳离子,而且它可以通过转化为烯醇式来稳定自身,参与亲核取代反应时,再转化为酮式。

羰基 α-位已经被烷基取代时,再进行烷(酰)基化,通过烯胺中间体或在强碱性介质中进行,得到的产物不同,这是因为它们产生负碳离子的方式不同。

1. 通过烯胺中间体的多烷(酰)基化

α-取代环己酮可以产生两种烯胺,但下面这种烯胺通过共振得到的负碳离子刚好在推电子的 α-烃基位置,这种负碳离子不稳定,很难生成,所以主产物为上面的,即后续基团进入了另一个 α-位。

2. 在强碱介质中的多烷(酰)基化

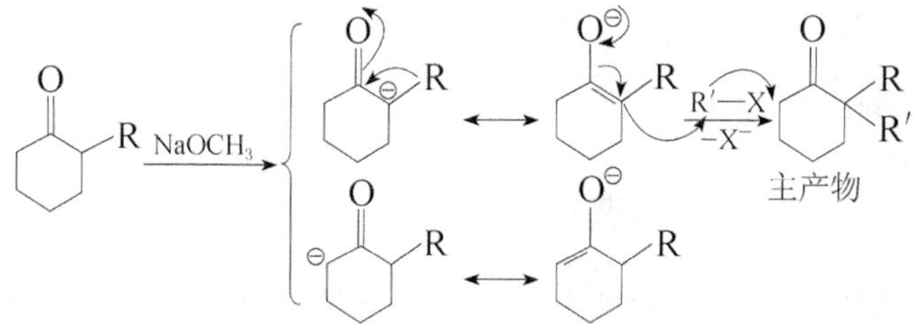

由于是在强碱性体系内反应,α-位烃基取代与否对产生负碳离子的影响并不很大,换言之,尽管有一个 α-位已被烃基取代,但并不影响在强碱性介质中产生负碳离子,关键是哪种负碳离子更稳定,比较负碳离子的稳定性就是比较其对应的烯醇式的稳定性,前者是一个含有四个取代基的烯烃,而后者仅含有三个,所以前一个负碳离子更稳定,更有机会参与后续的亲核取代反应,主产物为同一 α-位多取代的酮。例如:

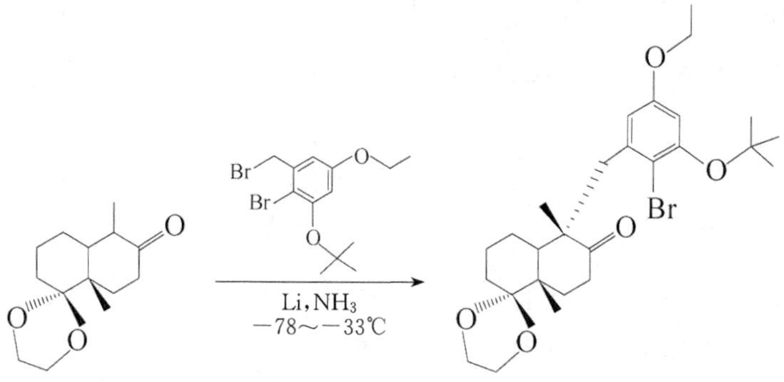

72%

在下列 δ-氨基酸合成中,采用酮的 α-C 的分子内烷基化反应,构建了四元环的结构。

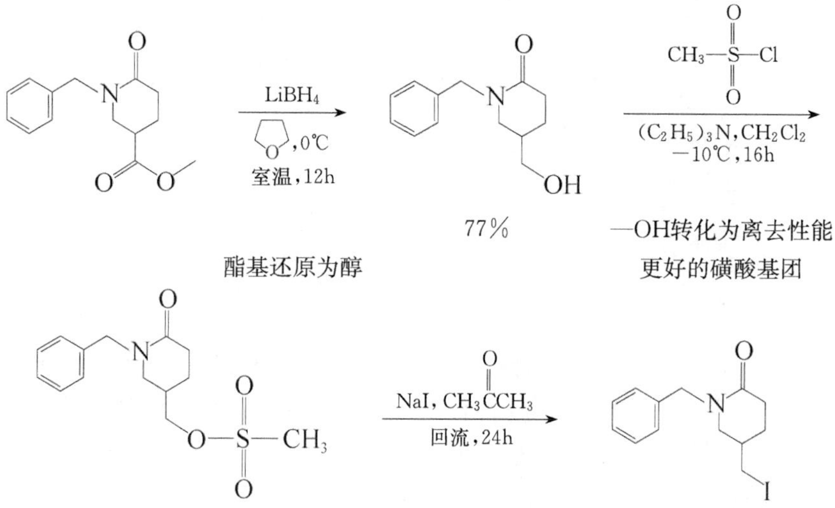

酯基还原为醇　　　　　　77%　　　　—OH转化为离去性能
　　　　　　　　　　　　　　　　　　更好的磺酸基团

93%

I⁻ 作为亲核试剂的取代反应

$$\xrightarrow[\text{(六甲基二硅基氨基锂,简称 LHMDS)}]{\underset{\text{O},-20℃,1h}{}}$$

酮的 α-C 分子内烷基化反应

93%

$$\xrightarrow[-78℃]{Li,NH_3,(CH_3)_3COH}$$

还原脱除苄基保护基

94%

$$\xrightarrow[\text{回流,12h}]{2mol/L\ HCl}$$

内酰胺的水解

99%

总之,对于烃基多取代来说,通过烯胺中间体得到的是两个 α-位均被取代的酮;在强碱性介质中则是同一 α-位被多取代的酮,而且,需要指出的是,这是酮的 α-位产生负碳离子的不同方式,对于烯胺来说,烯醇式是产生负碳离子的原因;对于强碱性介质来说,强碱是产生负碳离子的原因,烯醇式仅是稳定负碳离子的结果。只有醛(酮)才能通过烯胺这种烯醇式到酮式的互变异构产生负碳离子,其他羰基化合物只有在强碱性介质中才能产生负碳离子,从这方面看也可以说明醛(酮)在羰基化合物中是活性最高的。

15.1.3　乙酰乙酸乙酯和丙二酸二乙酯在合成中的应用

乙酰乙酸乙酯($CH_3COCH_2COOC_2H_5$)的合成见 15.2.3 节;丙二酸二乙酯的合成可采用下述方法:

$$ClCH_2COOC_2H_5 \xrightarrow{NaCN} NCCH_2COOC_2H_5 \xrightarrow[H^+,\triangle]{C_2H_5OH} C_2H_5OOCCH_2COOC_2H_5$$

它们在结构上的共同点在于含有活泼亚甲基(—CH_2—),即该亚甲基连有两个吸电子基团,在强碱性($NaOCH_3$、$NaOC_2H_5$ 等)介质中可产生负碳离子,进一步烷(酰)基化。

1. $CH_3COCH_2COOC_2H_5$

以烷基化为例,在强碱介质中乙酰乙酸乙酯的亚甲基产生了负碳离子,可与 RX 发生亲核取代反应,得到下述产物:

$$CH_3COCH_2COOC_2H_5 \xrightarrow{NaOC_2H_5} CH_3CO\overset{\ominus}{C}HCOOC_2H_5 \xrightarrow{R-X} CH_3CO\overset{R}{\underset{|}{C}}HCOOC_2H_5$$

R-取代酯的分解可分为以下两种情况:

1) 成酮分解——合成取代丙酮

$$CH_3CO\overset{R}{\underset{|}{C}}HCOOC_2H_5 \xrightarrow{稀\ NaOH} CH_3CO\overset{R}{\underset{|}{C}}HCOONa \xrightarrow[\triangle]{H^+}$$

$$CH_3-\overset{\displaystyle O}{\overset{\|}{C}}-CH_2-R+CO_2\uparrow$$

$$\underset{CH_3COCHCOOC_2H_5}{\overset{\displaystyle R-C=O}{|}}\xrightarrow{\text{稀 NaOH}}\underset{CH_3COCHCOONa}{\overset{\displaystyle R-C=O}{|}}\xrightarrow[\triangle]{H^+}$$

$$CH_3-\overset{\displaystyle O}{\overset{\|}{C}}-CH_2-\overset{\displaystyle O}{\overset{\|}{C}}-R\ +CO_2\uparrow$$

合成 3-乙基-2,4-戊二酮：

$$CH_3COCH_2COOC_2H_5\xrightarrow[CH_3COCl]{NaOC_2H_5}\underset{CH_3COCHCOOC_2H_5}{\overset{\displaystyle CH_3-C=O}{|}}\xrightarrow[C_2H_5Br]{NaOC_2H_5}$$

$$\underset{\underset{C_2H_5}{|}}{\overset{\displaystyle CH_3-C=O}{\underset{CH_3COCCOOC_2H_5}{|}}}\xrightarrow[\triangle]{\text{稀 NaOH}\quad H^+}\underset{CH_3COCHCOCH_3}{\overset{\displaystyle C_2H_5}{|}}$$

合成 1-环己基-2-丙酮：

$$CH_3COCH_2COOC_2H_5\xrightarrow[\overset{\bigcirc}{}-Br]{NaOC_2H_5}\underset{CH_3COCHCOOC_2H_5}{\overset{\displaystyle \bigcirc}{|}}\xrightarrow[2)\ H^+,\triangle]{1)\text{稀 NaOH}}$$

$$\bigcirc\!-CH_2COCH_3$$

合成甲基二酮：

$$CH_3COCH_2COOC_2H_5\xrightarrow[X(CH_2)_nX]{NaOC_2H_5}\underset{(CH_2)_nX}{\overset{\displaystyle CH_3COCHCOOC_2H_5}{|}}\xrightarrow[NaOC_2H_5]{CH_3COCH_2COOC_2H_5}$$

$$\underset{CH_3COCHCOOC_2H_5}{\overset{\displaystyle CH_3COCHCOOC_2H_5}{\underset{|}{\overset{|}{(CH_2)_n}}}}\xrightarrow[2)\ H^+,\triangle]{1)\text{稀 NaOH}}CH_3\overset{\displaystyle O}{\overset{\|}{C}}CH_2(CH_2)_nCH_2\overset{\displaystyle O}{\overset{\|}{C}}CH_3$$

使用含有不同个数 CH_2 的卤代烃可以得到不同碳链长度的甲基二酮。

使用 I_2 可直接连接两个乙酰乙酸乙酯：

$$2CH_3COCH_2COOC_2H_5\xrightarrow[I_2]{NaOC_2H_5}\underset{CH_3COCHCOOC_2H_5}{\overset{\displaystyle CH_3COCHCOOC_2H_5}{|}}\xrightarrow[2)\ H^+,\triangle]{1)\text{稀 NaOH}}$$

$$CH_3\overset{\displaystyle O}{\overset{\|}{C}}(CH_2)_2\overset{\displaystyle O}{\overset{\|}{C}}CH_3$$

合成环状化合物:

$$CH_3COCH_2COOC_2H_5 \xrightarrow[X(CH_2)_nX]{NaOC_2H_5} \underset{(CH_2)_nX}{CH_3COCHCOOC_2H_5} \xrightarrow[\text{分子内亲核取代}]{NaOC_2H_5}$$

$$(CH_2)_n \underset{}{\overbrace{CH_2COCCOOC_2H_5}} \xrightarrow[2)H^+,\triangle]{1)\text{稀}NaOH} (CH_2)_n \underset{}{\overbrace{CHCOCH_3}}$$

$$CH_3COCH_2COOC_2H_5 \xrightarrow[Br(CH_2)_3Br]{NaOC_2H_5} \underset{(CH_2)_3Br}{CH_3COCHCOOC_2H_5} \xrightarrow{NaOC_2H_5}$$

$$CH_3CO \overset{}{\underset{}{\square}} COOC_2H_5 \xrightarrow[2)H^+,\triangle]{1)\text{稀}NaOH} \square \overset{O}{\underset{}{C}} CH_3$$

合成 1,4-二酮。例如,合成 2-甲基-5-苯基呋喃首先要合成 1-苯基-1,4-戊二酮。

$$Ph-\overset{O}{\underset{}{C}}-CH_3 \xrightarrow[CH_3COOH]{Br_2} Ph-\overset{O}{\underset{}{C}}-CH_2Br \xrightarrow[H^+]{OH\ OH} \underset{O\ O}{\overset{Ph\ CH_2Br}{\diagdown\diagup}} \xrightarrow[NaOC_2H_5]{CH_3COCH_2COOC_2H_5}$$

$$\underset{O\ O}{\overset{Ph\ CH_2CHCOOC_2H_5}{\diagdown\diagup}}\underset{COCH_3}{} \xrightarrow[2)H_3^+O,\triangle]{1)OH^-} CH_3\overset{O}{\underset{}{C}}CH_2CH_2\overset{O}{\underset{}{C}}Ph \xrightarrow[\triangle]{P_2O_5} CH_3\overset{}{\underset{O}{\diagdown}}Ph$$

写出下述反应机理:

$$CH_3COCH_2COOC_2H_5 \xrightarrow[Br(CH_2)_3Br]{NaOC_2H_5} \underset{O}{\overset{COOC_2H_5}{CH_3}}$$

$$CH_3COCH_2COOC_2H_5 \xrightarrow{NaOC_2H_5} CH_3CO\overset{\ominus}{C}HCOOC_2H_5 \xrightarrow[-Br^-]{Br-(CH_2)_3Br}$$

$$\underset{(CH_2)_3Br}{CH_3\overset{O}{\underset{}{C}}CHCOOC_2H_5} \xrightarrow{NaOC_2H_5} \underset{(CH_2)_3Br}{CH_3\overset{O}{\underset{}{C}}\overset{\ominus}{C}-COOC_2H_5} \longrightarrow$$

$$\underset{\overset{\ominus}{O}\ (CH_2)-Br}{CH_3C=C-COOC_2H_5} \longrightarrow CH_3\overset{COOC_2H_5}{\underset{O}{\diagdown}}$$

虽然 $C^\ominus$ 的反应活性比 $O^\ominus$ 要高,但是生成的产物为四元环,比由 $O^\ominus$ 作为亲核试剂与卤代烃反应生成的六元环稳定性差,在此,产物的热力学稳定性是重要的影响因素。

2）成酸分解——合成取代乙酸

在浓 NaOH 作用下，不仅酯基要水解，而且乙酰基也要受到 OH⁻ 的亲核进攻，以乙酸的形式脱离整个分子体系，最终得到取代乙酸，如果使用 RCOX 先与乙酰乙酸乙酯反应，再用浓 NaOH 水解，得到 β-羰基酸（RCOCH₂COOH）。

合成环己基乙酸：

合成甲基丁二酸：

成酸分解提供了一种合成二酸的方法。

2. $CH_2(COOC_2H_5)_2$

丙二酸二乙酯的亚甲基可以发生烷（酰）基化，酯基的分解方法只有在稀碱介质中水解后，酸性条件下脱羧得到取代乙酸。

合成 2-甲基-3-羰基戊酸:

$$CH_2(COOC_2H_5)_2 \xrightarrow[CH_3CH_2COCl]{NaOC_2H_5} CH_3CH_2COCH(COOC_2H_5)_2 \xrightarrow[CH_3Br]{NaOC_2H_5}$$

$$CH_3CH_2COC(COOC_2H_5)_2 \xrightarrow[2)\ H^+,\triangle]{1)\ 稀\ NaOH} CH_3CH_2COCHCOOH$$
$$\qquad\qquad |\qquad\qquad\qquad\qquad\qquad\qquad\qquad\qquad |$$
$$\qquad\qquad CH_3\qquad\qquad\qquad\qquad\qquad\qquad\qquad CH_3$$

合成环己基乙酸:

$$CH_2(COOC_2H_5)_2 \xrightarrow[\bigcirc-Br]{NaOC_2H_5} \bigcirc-CH(COOC_2H_5)_2 \xrightarrow[2)\ H^+,\triangle]{1)稀\ NaOH}$$

$$\bigcirc-CH_2COOH$$

合成二酸:

$$CH_2(COOC_2H_5)_2 \xrightarrow[X(CH_2)_nX]{NaOC_2H_5} X(CH_2)_nCH(COOC_2H_5)_2 \xrightarrow[CH_2(COOC_2H_5)_2]{NaOC_2H_5}$$

$$(C_2H_5COO)_2CH(CH_2)_nCH(COOC_2H_5)_2 \xrightarrow[2)\ H^+,\triangle]{1)稀\ NaOH}$$

$$HOOCCH_2(CH_2)_nCH_2COOH$$

$$2\ CH_2(COOC_2H_5)_2 \xrightarrow[I_2]{NaOC_2H_5} \begin{array}{c} CH(COOC_2H_5)_2 \\ | \\ CH(COOC_2H_5)_2 \end{array} \xrightarrow[2)\ H^+,\triangle]{1)稀\ NaOH} \begin{array}{c} CH_2COOH \\ | \\ CH_2COOH \end{array}$$

合成环状化合物。

$$CH_2(COOC_2H_5)_2 \xrightarrow[X(CH_2)_nX]{NaOC_2H_5} X(CH_2)_nCH(COOC_2H_5)_2 \xrightarrow{NaOC_2H_5}$$

$$(CH_2)_n\!\!\bigcirc\!\!C(COOC_2H_5)_2 \xrightarrow[2)H^+,\triangle]{1)稀\ NaOH} (CH_2)_n\!\!\bigcirc\!\!CHCOOH$$

$$CH_2(COOC_2H_5)_2 \xrightarrow[Br(CH_2)_3Br]{NaOC_2H_5} Br(CH_2)_3CH(COOC_2H_5)_2 \xrightarrow{NaOC_2H_5}$$

$$\begin{array}{c} COOC_2H_5 \\ \diamond\!\!< \\ COOC_2H_5 \end{array} \xrightarrow[C_2H_5OH]{Na} \begin{array}{c} CH_2OH \\ \diamond\!\!< \\ CH_2OH \end{array} \xrightarrow[\triangle]{SOCl_2} \begin{array}{c} CH_2Cl \\ \diamond\!\!< \\ CH_2Cl \end{array} \xrightarrow[CH_2(COOC_2H_5)_2]{NaOC_2H_5}$$

$$\begin{array}{c} COOC_2H_5 \\ \diamond\!\!\!>\!\!\!< \\ COOC_2H_5 \end{array} \xrightarrow[2)\ H^+,\triangle]{1)稀\ NaOH} \diamond\!\!\!>\!\!\!<-COOH$$

15.2 醛(酮)及酯的缩合反应

15.2.1 羟醛缩合——负碳离子缩合反应的基础

定义:在稀碱或稀酸作用下,醛(酮)的 α-C 形成的负碳离子对另一个醛(酮)分子的羰基的亲核加成反应,生成 β-羟基醛(酮)。

$$\underset{\substack{|| \\ O}}{CH_3-C}-H+\underset{\substack{|| \\ O}}{CH_3-C}-H \underset{4\sim5h}{\overset{10\%NaOH}{\rightleftharpoons}} \underset{\substack{| \\ OH}}{CH_3-CH}-CH_2-\underset{\substack{|| \\ O}}{C}-H\ (dl)$$

$$50\%$$

对于脂肪族醛(酮)的羟醛缩合,在不加热条件下生成β-羟基醛(酮),在加热条件下则进一步脱水生成α,β-不饱和醛(酮);如果是有芳香族醛(酮)参与的羟醛缩合反应,则无论加热与否,均脱水生成α,β-不饱和醛(酮),这样可以实现C═C、C═O与芳香环的共轭。如果产物β-羟基醛(酮)发生了脱水生成了α,β-不饱和醛(酮),则使整个反应不可逆。

1. 酸催化羟醛缩合反应机理

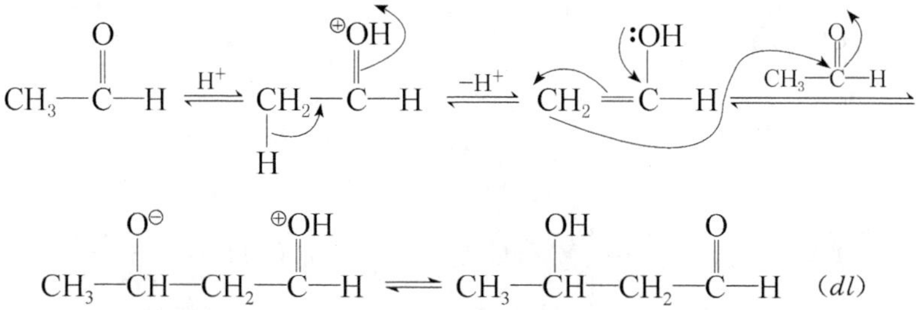

由烯醇式生成负碳离子是决定反应速率的步骤。

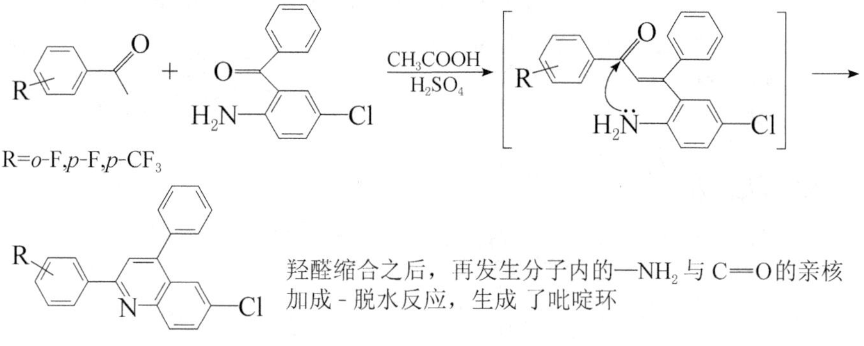
CH3COOH
H2SO4
R=o-F,p-F,p-CF3
羟醛缩合之后，再发生分子内的—NH2与C═O的亲核加成-脱水反应，生成了吡啶环

2. 碱催化羟醛缩合反应机理

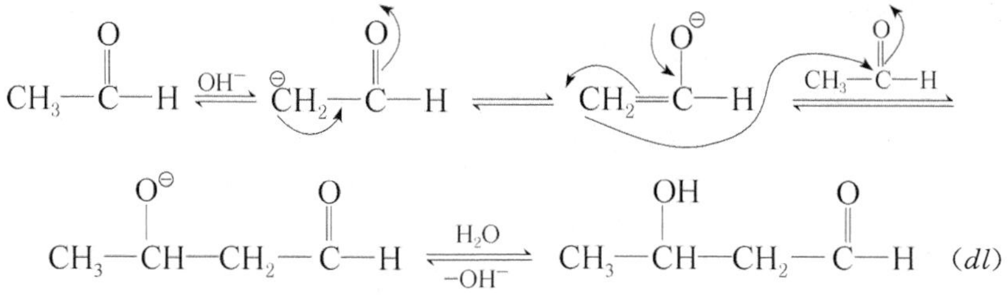

亲核加成是决定反应速率的步骤。

【例 15.1】

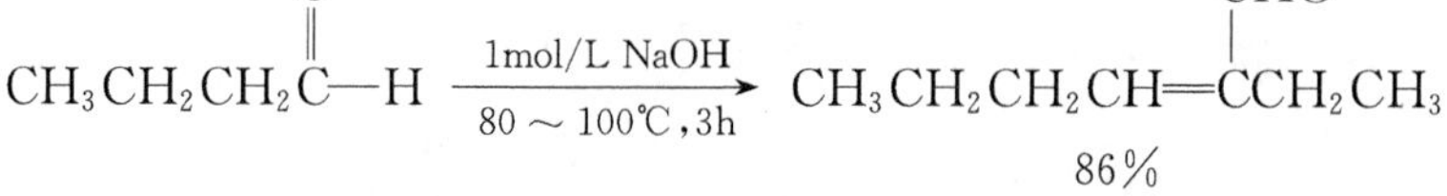
1mol/L NaOH
80～100℃,3h
86%

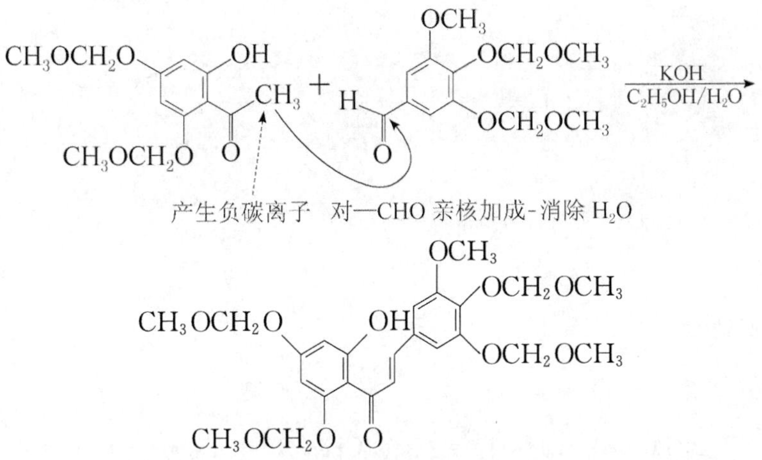

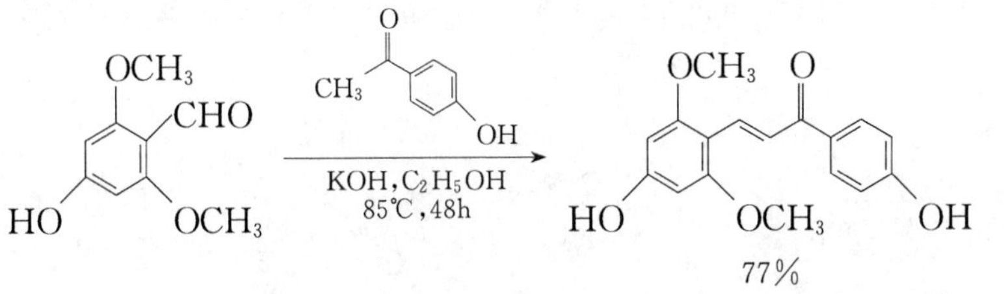

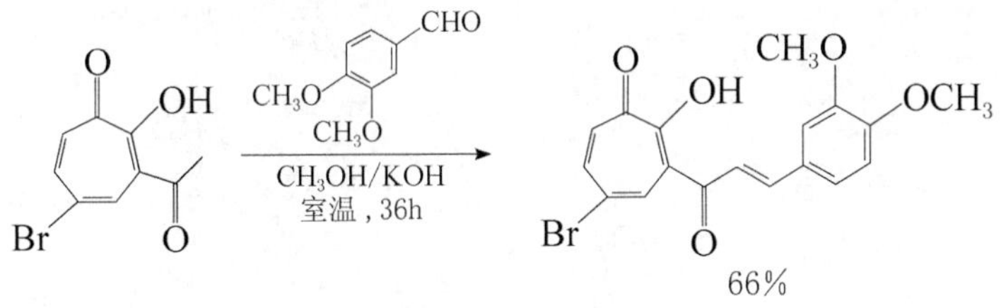

产生负碳离子 对—CHO 亲核加成-消除 H₂O

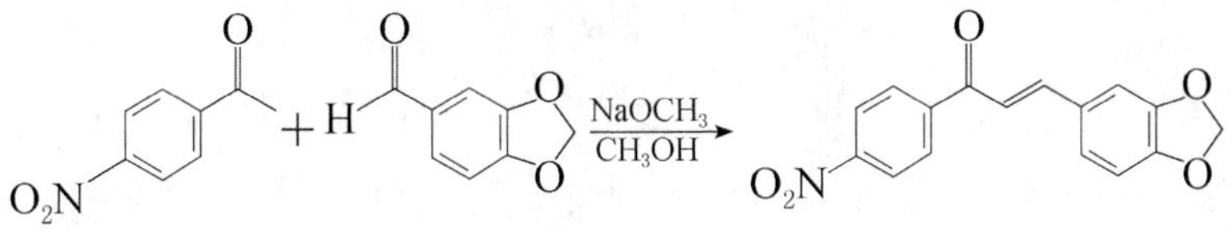

77%

66%

通过手性催化得到单旋体,是目前羟醛缩合反应的研究热点。例如:

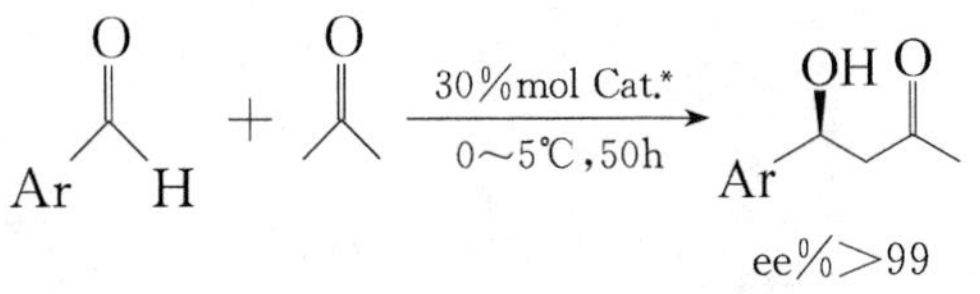

ee%>99

Cat.* =

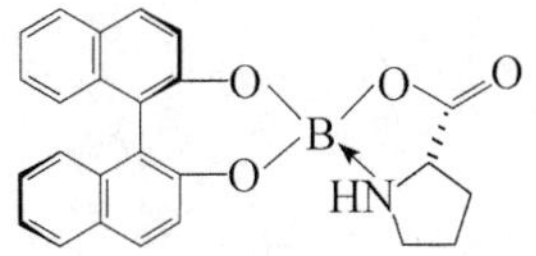

(R,S)-1

Ar=

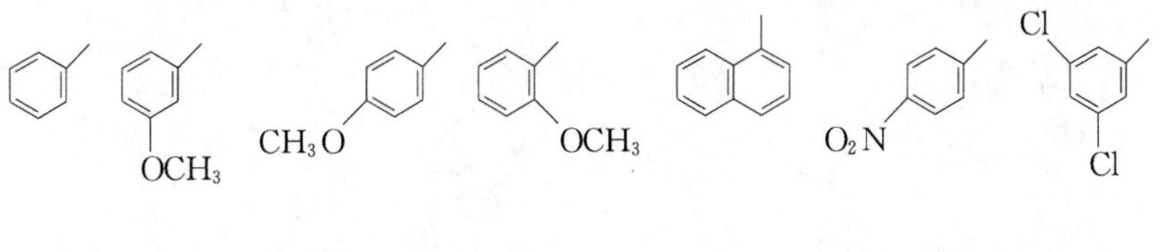

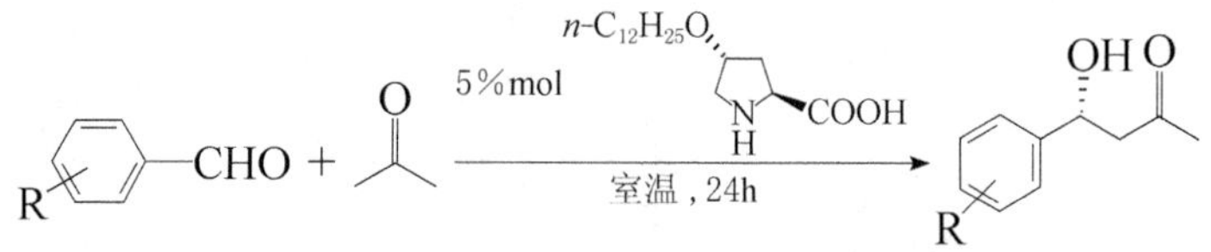

R=H;
o-,*m*-,*p*-NO$_2$;
o-,*p*-Cl;
p-Br

产率 65%~87%
ee%=60~70

1) 酮的羟醛缩合

b. p. 56℃　　　　　　　　　　　　　　b. p. 164℃

单程产率<5%,如果将 Ba(OH)$_2$ 放置在索氏提取器中,用丙酮反复淋洗,产率可提高到80%以上。单程反应产率低的原因在于酮的空间阻碍大,不利于亲核加成反应,但通过改变反应装置提高了产率,这也是有机合成灵活性的表现。

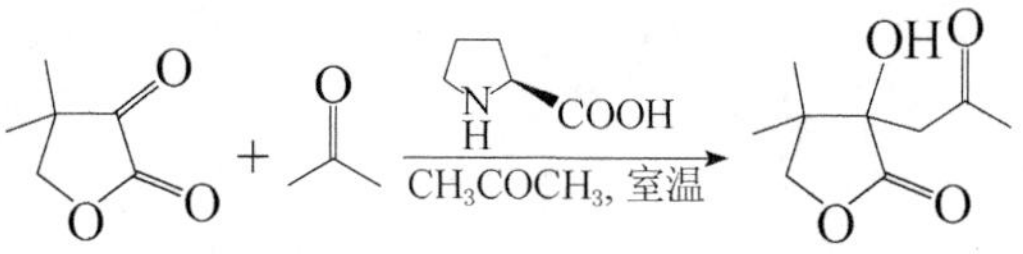

产率>80%
ee%65~76

该反应说明羟醛缩合仅发生在醛(酮)的 C=O 上,不发生在其他 C=O 上

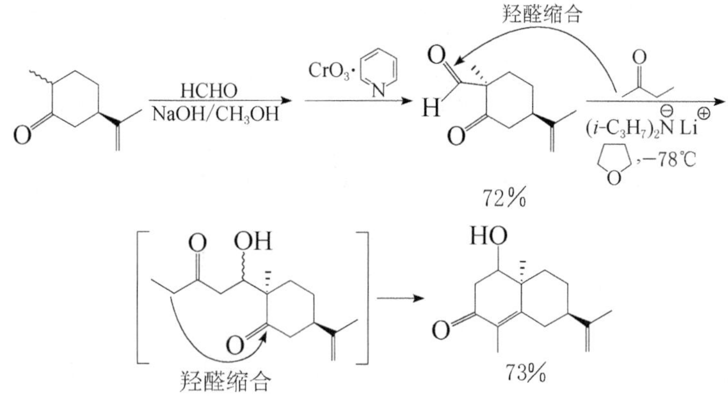

72%

羟醛缩合

73%

2) 交叉羟醛缩合

$$CH_3CH_2\overset{\underset{\displaystyle OH}{|}}{CH}-CH_2-\overset{\displaystyle O}{\overset{\|}{C}}-H \quad + \quad CH_3CH_2\overset{\underset{\displaystyle OH}{|}}{CH}-\overset{\underset{\displaystyle CH_3}{|}}{CH}-\overset{\displaystyle O}{\overset{\|}{C}}-H \quad +$$

$$CH_3\overset{\underset{\displaystyle OH}{|}}{CH}-\overset{\underset{\displaystyle CH_3}{|}}{CH}-\overset{\displaystyle O}{\overset{\|}{C}}-H$$

产生交叉缩合产物,分离困难,这种交叉反应无合成应用价值。但是如果一种醛(酮)有 α-H,而另一种没有,则使反应专一,具备应用价值。

$$H-\overset{\displaystyle O}{\overset{\|}{C}}-H \; + \; CH_3\overset{\displaystyle O}{\overset{\|}{C}}-H \; \xrightleftharpoons{\quad} \; HOCH_2CH_2\overset{\displaystyle O}{\overset{\|}{C}}-H \; \underset{OH^-}{\overset{HCHO}{\xrightleftharpoons{\qquad}}}$$

$$(HOCH_2)_2CH\overset{\displaystyle O}{\overset{\|}{C}}-H \; \underset{OH^-}{\overset{HCHO}{\xrightleftharpoons{\qquad}}} \; (HOCH_2)_3C\overset{\displaystyle O}{\overset{\|}{C}}-H \; \overset{HCHO}{\underset{OH^-,\triangle}{\xrightarrow{\qquad}}}$$

（见 15.5.1 节）

$$C(CH_2OH)_4 \quad 即 \quad \overset{\displaystyle HO\qquad OH}{\underset{\displaystyle HO\qquad OH}{\diagup\diagdown}}$$

季戊四醇

$$H-\overset{\displaystyle O}{\overset{\|}{C}}-H \; + \; CH_3-\overset{\displaystyle O}{\overset{\|}{C}}-CH_3 \; \xrightleftharpoons{\quad} \; CH_3-\overset{\displaystyle O}{\overset{\|}{C}}-CH_2CH_2OH \; \overset{H^+}{\underset{\triangle}{\xrightarrow{\quad}}}$$

$$CH_3-\overset{\displaystyle O}{\overset{\|}{C}}-CH=CH_2$$

酸性条件下合成丁烯酮易发生聚合反应,产率低,可采用 Mannich 反应来合成丁烯酮(见 15.5.3 节)。

$$CH_3\overset{\underset{\displaystyle CH_3}{|}}{CH}CHO \; \overset{HCHO,\triangle}{\underset{(C_2H_5)_3N}{\xrightarrow{\qquad}}} \; HOCH_2\overset{\overset{\displaystyle CH_3}{|}}{\underset{\underset{\displaystyle CH_3}{|}}{C}}CHO$$

有机碱也可催化羟醛缩合反应。

3) 共轭效应的影响

$$H-\overset{\displaystyle O}{\overset{\|}{C}}-H \; + \; CH_3\overset{\uparrow}{CH}=CHCHO \; \overset{OH^-}{\xrightleftharpoons{\qquad}} \; HOCH_2CH_2CH=CHCHO \; \underset{OH^-}{\overset{HCHO}{\xrightleftharpoons{\qquad}}}$$

共轭效应的结果使这一位置的 H 具备 α-H 的性质,羟醛缩合发生在这里

$$(HOCH_2)_2CHCH=CHCHO \; \underset{OH^-}{\overset{HCHO}{\xrightleftharpoons{\qquad}}}$$

$$(HOCH_2)_3CCH=CHCHO \; \overset{HCHO}{\underset{OH^-,\triangle}{\xrightarrow{\qquad}}} \; (HOCH_2)_3CCH=CHCH_2OH$$

（见 15.5.1 节）

4) 芳香族醛(酮)的羟醛缩合

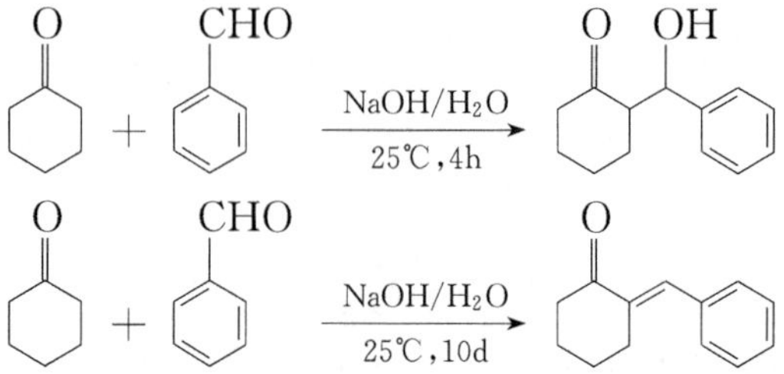

　　　　　　　　　　　室温下即可发生羟醛缩合

　　　　　　　　　　　久置后自动发生脱水反应

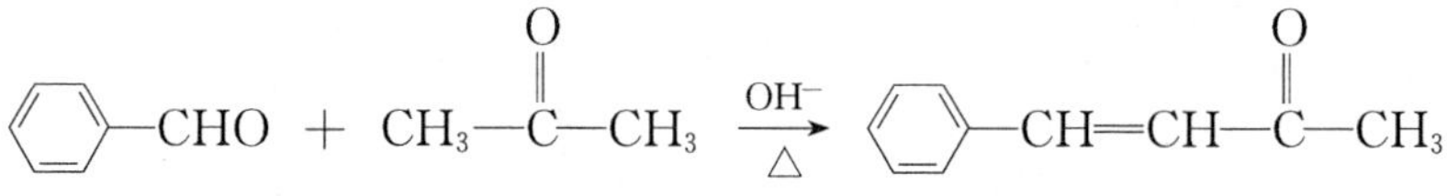

加热直接脱水

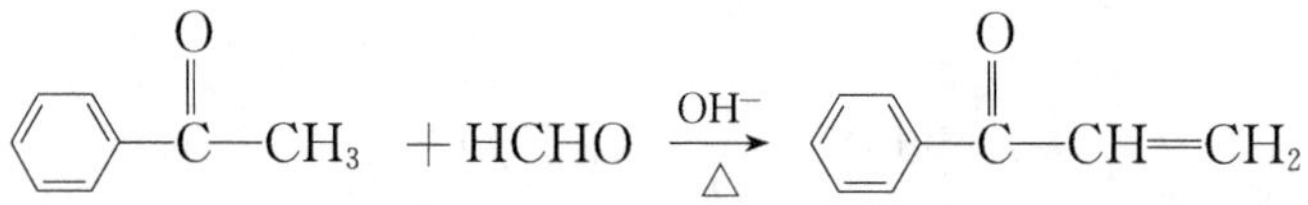

$$2CH_3CHO \xrightarrow{OH^-} CH_3CH=CHCHO$$

$$CH_3CHO \xrightarrow[OH^-,\triangle]{CH_3COCH_3} CH_3CH=CHCOCH_3$$

将乙醛滴加入丙酮与碱的混合沸腾体系,防止乙醛自身缩合。

因此,利用羟醛缩合后脱水的性质可以合成 α,β-不饱和醛(酮)。

5) 分子内羟醛缩合

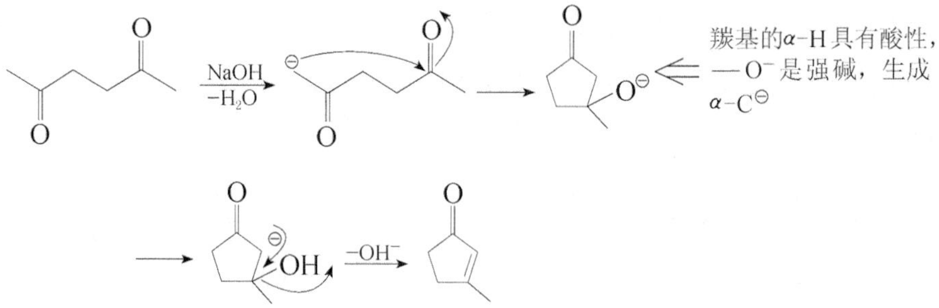

　　　　　　　　　　　羰基的 α-H 具有酸性,
　　　　　　　　　　　—O⁻ 是强碱,生成
　　　　　　　　　　　α-C⊖

　　碱性条件下的脱水实质上是经历负碳离子的脱—OH,生成的五、六元环是稳定的,所以产物的热力学稳定性是决定反应的主要因素。

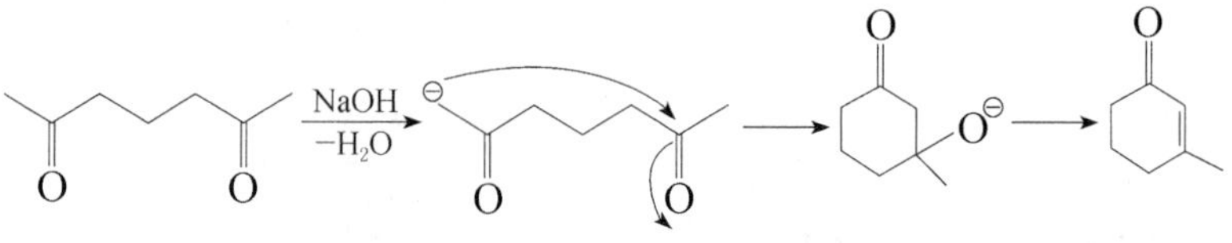

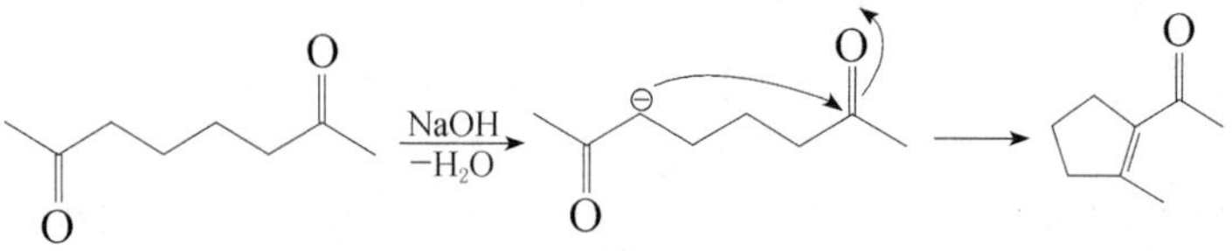

从以上这两个例子中我们可以发现,生成负碳离子的难易程度对反应能否顺利进行固然重要,同时羰基碳原子的正电性强弱直接关系到接受亲核试剂的能力,对反应也是同样重要的。

从分子内羟醛缩合产物推测其反应物是重要的,即 α,β-不饱和的 $C=C$ 是由 α-C^- 和 $C=O$ 缩合而成的。例如,解释下面的手性 α,β-不饱和酮在 Na/CH_3OH 中外消旋化的原因。

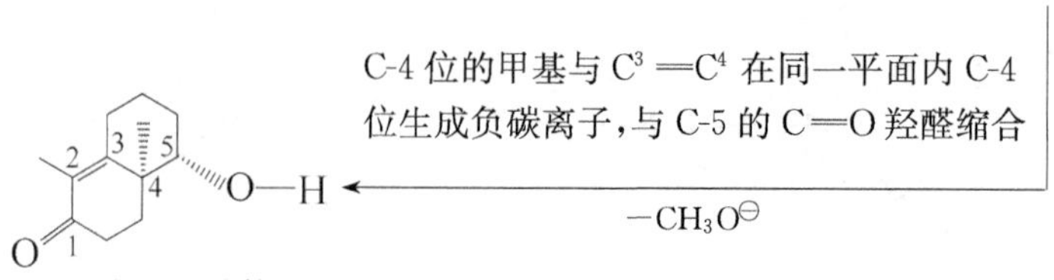
C-4位的甲基与C³═C⁴在同一平面内C-4位生成负碳离子，与C-5的C═O羟醛缩合
−CH₃O⊖
O—H

生成了对映体

总结

芳香族醛(酮)、加热条件下的脂肪族醛(酮)、分子内的羟醛缩合反应要脱水生成α,β-不饱和醛(酮)；室温下脂肪族醛(酮)的羟醛缩合反应不脱水，生成β-羟基醛(酮)。

6) 通过有机锌试剂的羟醛缩合反应

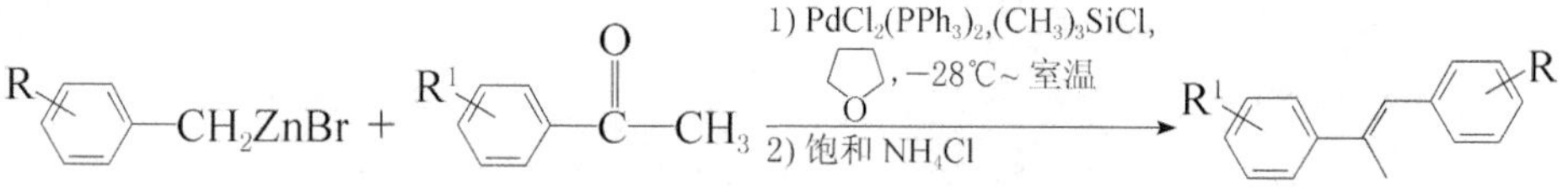
CH₂ZnBr +
1) PdCl₂(PPh₃)₂,(CH₃)₃SiCl,
, −28℃~室温
2) 饱和 NH₄Cl

通过加入手性催化剂使产物非对映化。例如：

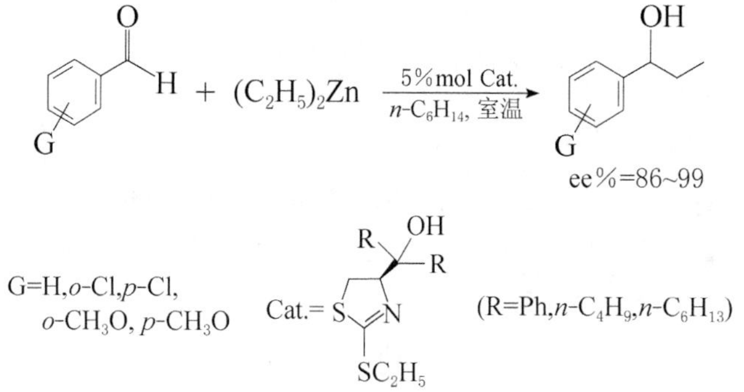
+ (C₂H₅)₂Zn
5%mol Cat.
n-C₆H₁₄, 室温
ee%=86~99
G=H,o-Cl,p-Cl,
o-CH₃O, p-CH₃O
Cat.=
(R=Ph,n-C₄H₉,n-C₆H₁₃)

15.2.2 酯-酮缩合

定义：在碱性条件下，醛(酮)的α-C形成的负碳离子对酯羰基的亲核加成-消除反应，生成1,3-二酮。

反应机理如下：

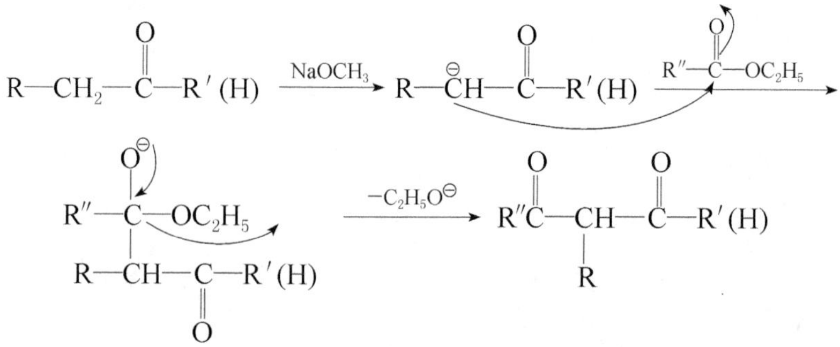
NaOCH₃
R″—C—OC₂H₅
−C₂H₅O⊖

说明在碱性条件下醛(酮)的α-C更容易产生负碳离子。

【例 15.2】

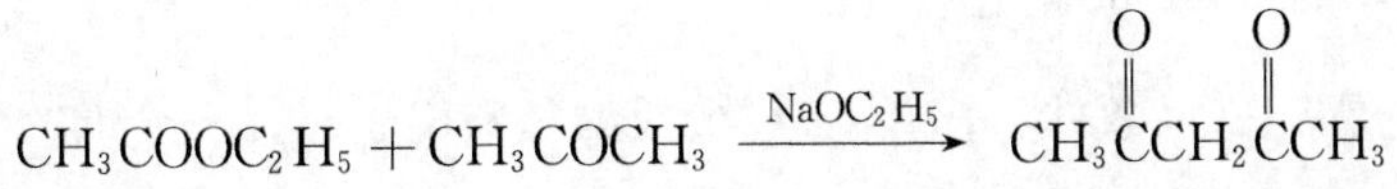

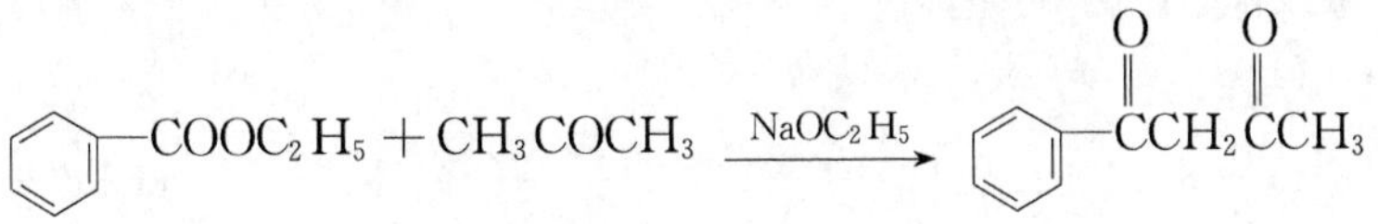

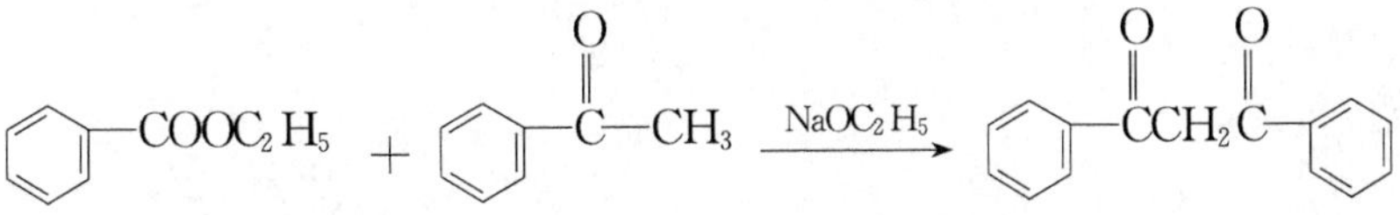

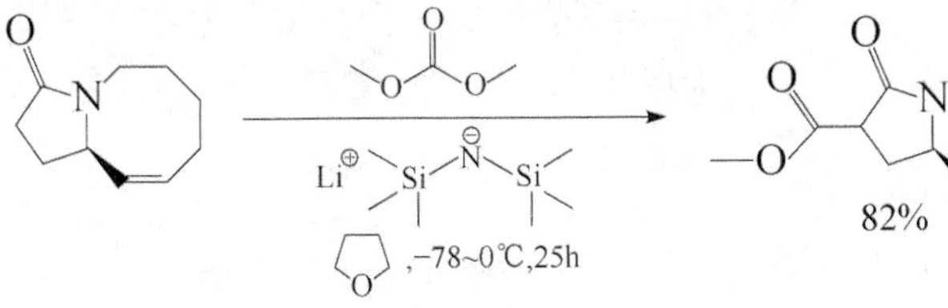

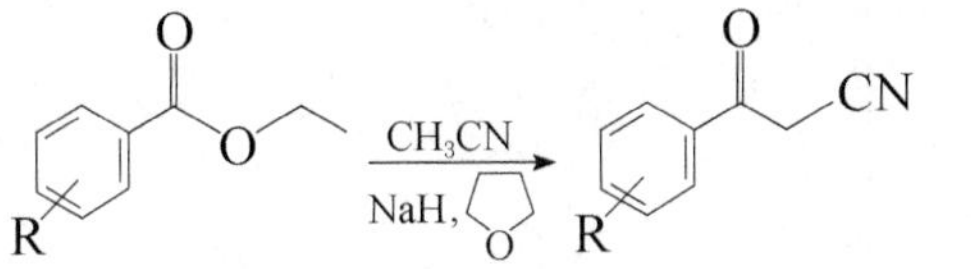

$$CH_3COOC_2H_5 + CH_3COCH_3 \xrightarrow{NaOC_2H_5} CH_3CCH_2CCH_3$$

$$\text{（苯基）}COOC_2H_5 + CH_3COCH_3 \xrightarrow{NaOC_2H_5} \text{（苯基）}CCH_2CCH_3$$

$$\text{（苯基）}COOC_2H_5 + \text{（苯基）}C-CH_3 \xrightarrow{NaOC_2H_5} \text{（苯基）}CCH_2C\text{（苯基）}$$

82%

在该反应中，由于—CN 是吸电子基团，在强碱作用下其 α-位也可产生负碳离子，发生酯-酮缩合反应

写出下列反应的机理：

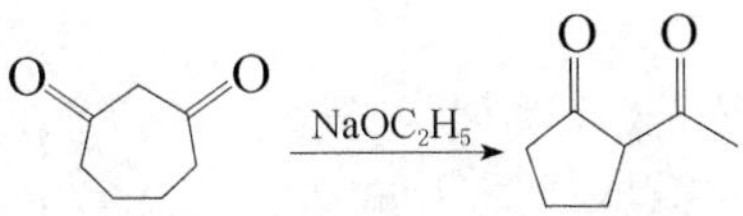

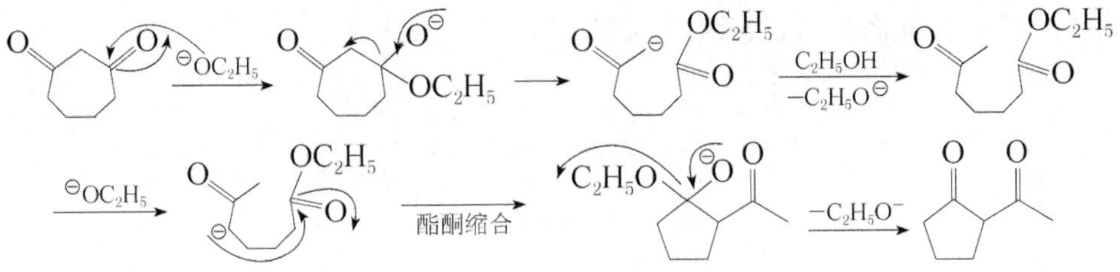

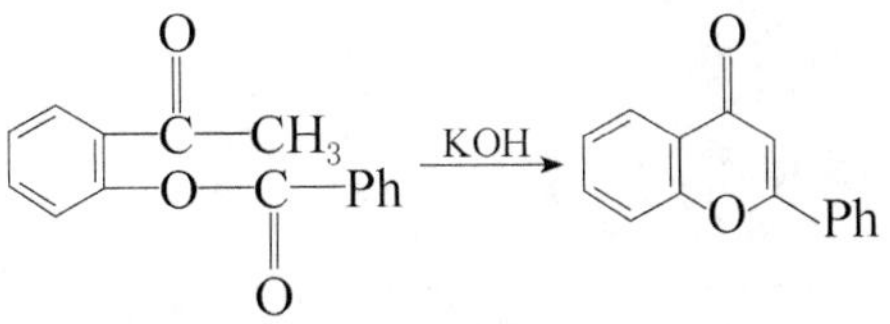

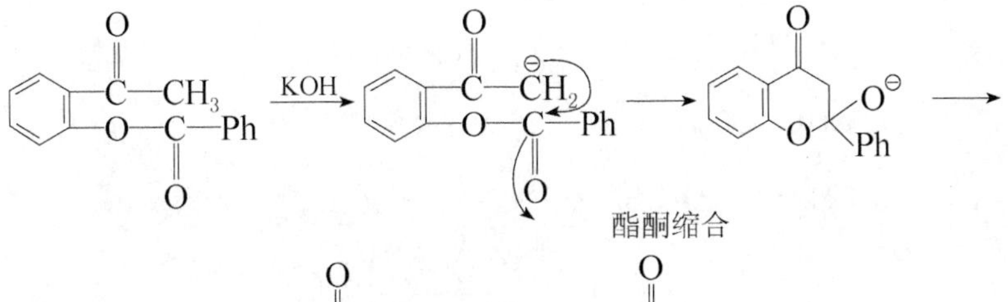

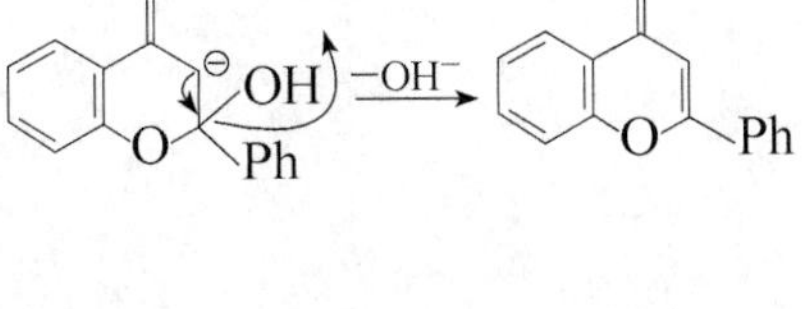

酯酮缩合

15.2.3 酯的 Claisen 缩合

定义：在强碱性条件下，酯的 α-C 形成的负碳离子对另一个酯的羰基的亲核加成-消除反应，生成 β-羰基酯。

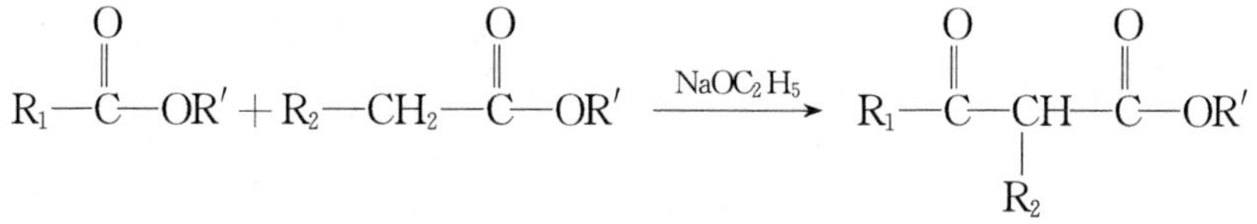

反应机理如下：

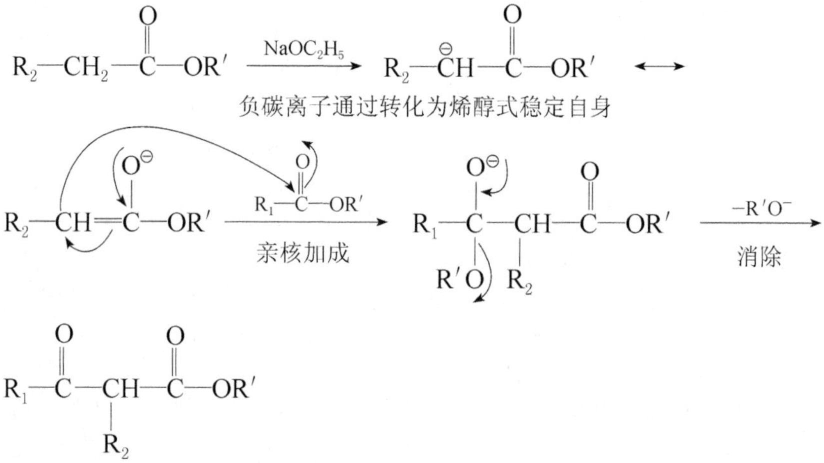
负碳离子通过转化为烯醇式稳定自身
亲核加成
消除

该反应与醛(酮)的羟醛缩合类似，不同之处在于酯的 α-H 的酸性较弱，需要用强碱(如 RONa、NaH、Ph_3CNa 等)方可使 α-C 生成负碳离子，例如，异丁酸乙酯的缩合反应就需要用到强碱 Ph_3CNa 才能产生 α-C^-。

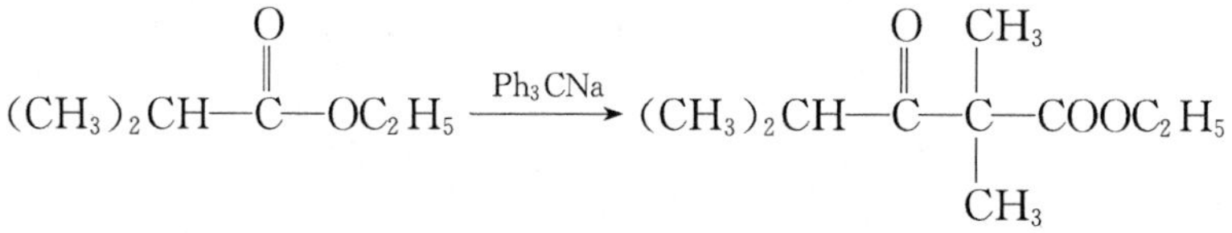

70%

1) 二酯发生分子间缩合

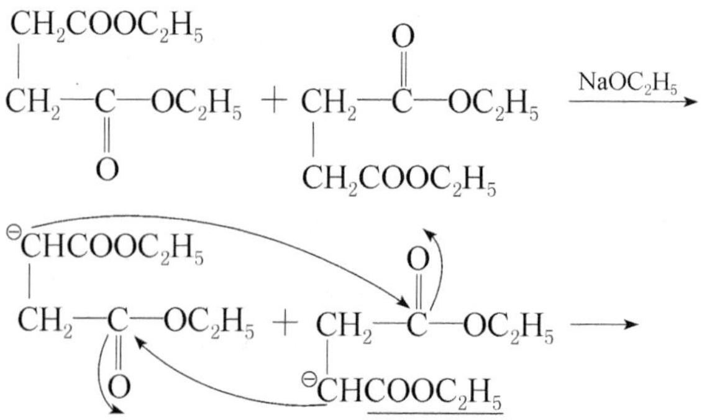

$$C_2H_5OOC \quad \xrightarrow{\quad} \quad C_2H_5OOC \text{—}COOC_2H_5 \quad \xrightarrow[2)\,H^+,\,\triangle]{1)\,OH^-}$$

2）交叉 Claisen 酯缩合

如同醛（酮）的交叉羟醛缩合一样，两个同时含有 α-H 的不同的酯也可发生交叉 Claisen 酯缩合，得到四种产物，这样的交叉反应在合成上是没有应用价值的。

$$
\begin{array}{c}
CH_3\text{—}\overset{O}{\underset{\|}{C}}\text{—}OC_2H_5 \\[2mm]
CH_3CH_2\text{—}\overset{O}{\underset{\|}{C}}\text{—}OC_2H_5
\end{array}
\left.\right\}
\xrightarrow{NaOC_2H_5}
CH_3\text{—}\overset{O}{\underset{\|}{C}}\text{—}CH_2\text{—}\overset{O}{\underset{\|}{C}}\text{—}OC_2H_5
$$

$$+\ CH_3CH_2\text{—}\overset{O}{\underset{\|}{C}}\text{—}CH_2\text{—}\overset{O}{\underset{\|}{C}}\text{—}OC_2H_5$$

$$+\ CH_3CH_2\text{—}\overset{O}{\underset{\|}{C}}\text{—}\underset{\underset{CH_3}{|}}{CH}\text{—}\overset{O}{\underset{\|}{C}}\text{—}OC_2H_5\ +\ CH_3\text{—}\overset{O}{\underset{\|}{C}}\text{—}\underset{\underset{CH_3}{|}}{CH}\text{—}\overset{O}{\underset{\|}{C}}\text{—}OC_2H_5$$

但是，如果一个酯没有 α-H 则反应位置专一，在合成上具备应用价值。

$$\bigcirc\text{—}\overset{O}{\underset{\|}{C}}\text{—}OC_2H_5+CH_3\text{—}\overset{O}{\underset{\|}{C}}\text{—}OC_2H_5\xrightarrow{NaOC_2H_5}\bigcirc\text{—}\overset{O}{\underset{\|}{C}}\text{—}CH_2\text{—}\overset{O}{\underset{\|}{C}}\text{—}OC_2H_5$$

$$H\text{—}\overset{O}{\underset{\|}{C}}\text{—}OC_2H_5+CH_3\text{—}\overset{O}{\underset{\|}{C}}\text{—}OC_2H_5\xrightarrow{NaOC_2H_5}H\text{—}\overset{O}{\underset{\|}{C}}\text{—}CH_2\text{—}\overset{O}{\underset{\|}{C}}\text{—}OC_2H_5$$

以碳酸二乙酯为原料通过 Claisen 缩合合成丙二酸二乙酯。

$$C_2H_5O\text{—}\overset{O}{\underset{\|}{C}}\text{—}OC_2H_5+CH_3\text{—}\overset{O}{\underset{\|}{C}}\text{—}OC_2H_5\xrightarrow{NaOC_2H_5}C_2H_5O\text{—}\overset{O}{\underset{\|}{C}}\text{—}CH_2\text{—}\overset{O}{\underset{\|}{C}}\text{—}OC_2H_5$$

3）二酯发生分子间交叉缩合

$$
\begin{array}{c}
CH_2CH_2COOC_2H_5 \\[1mm]
| \\[1mm]
CH_2CH_2COOC_2H_5
\end{array}
+
\begin{array}{c}
COOC_2H_5 \\[1mm]
| \\[1mm]
COOC_2H_5
\end{array}
\xrightarrow{NaOC_2H_5}
\begin{array}{c}
CH_2^{\ominus}CHCOOC_2H_5 \\[1mm]
| \\[1mm]
CH_2^{\ominus}CHCOOC_2H_5
\end{array}
+
\begin{array}{c}
\overset{O}{\underset{\|}{C}}\text{—}OC_2H_5 \\[1mm]
| \\[1mm]
\overset{}{\underset{\|}{C}}\text{—}OC_2H_5 \\[1mm]
O
\end{array}
\xrightarrow{\quad}
$$

15.2.4　酯的 Dieckmann 缩合——分子内 Claisen 缩合

定义：在强碱性条件下，二酯的一个 α-C 形成的负碳离子对分子内另一个酯羰基的亲核加成-消除反应，生成环状 β-羰基酯。

当二酯不对称时，要判断哪个 α-C 更容易生成负碳离子。

首先要生成稳定的负碳离子

写出反应机理：

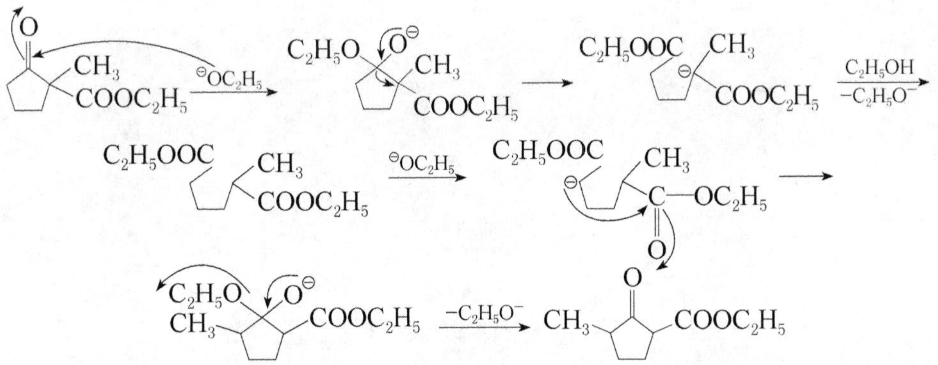

形成链状化合物后，在推电子取代基少的位置生成负碳离子，然后再发生 Dieckmann 缩合。

15. 2. 5　酯的 Darzen 缩合

定义：在强碱性条件下，α-卤代酸酯的 α-C 形成的负碳离子对醛（酮）羰基的亲核加成，然后再发生分子内亲核取代反应，生成 α,β-环氧酸酯。

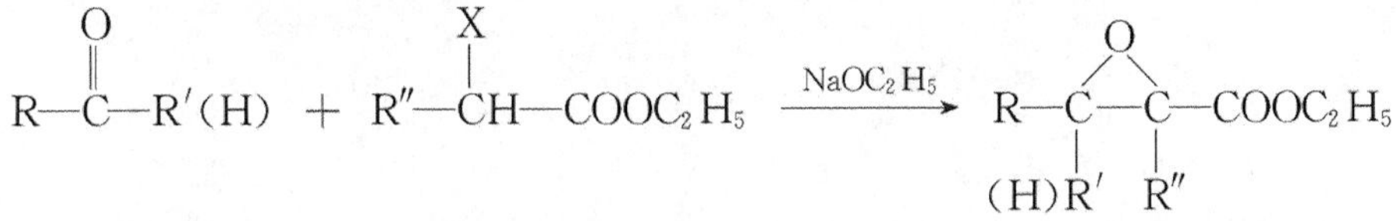

$$R-\overset{O}{\overset{\|}{C}}-R'(H) + R''-\underset{X}{\overset{X}{CH}}-COOC_2H_5 \xrightarrow{NaOC_2H_5} R-\underset{(H)R'}{C}-\underset{R''}{\overset{O}{C}}-COOC_2H_5$$

反应机理如下：

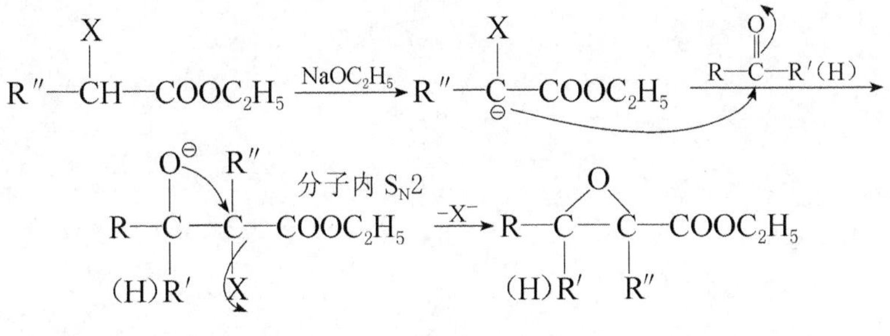

—COOC$_2$H$_5$ 和—X 的双重作用稳定负碳离子，先与醛（酮）发生亲核加成反应，生成的—O$^-$ 发生分子内 S$_N$2 取代。

【例 15.3】

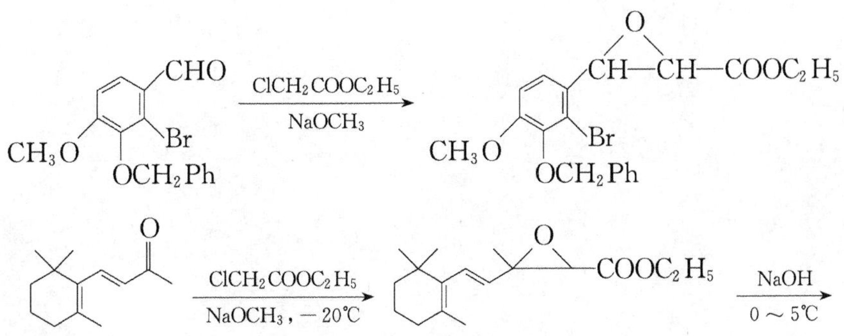

15.3　生成碳-碳双键的反应

15.3.1　Reformatsky 反应

定义:α-溴代酸酯在 Zn 作用下形成有机锌化合物与醛(酮)羰基的亲核加成-消除反应,生成 β-羟基酸酯,如能进一步发生脱水,则生成 α,β-不饱和酸酯。

反应机理如下:

【例 15.4】　注意 Reformatsky 反应和 Darzen 反应的区别。

有机锌的合成方法与 Grignard 试剂相同,也是在无水乙醚中将 α-溴代酸酯滴加入 Zn 粉中。不仅是醛(酮)可与有机锌发生反应,目前 Reformatsky 反应已拓展到很多化合物:

有机锌	反应物	产物
	酯 $R_3-\overset{\overset{\displaystyle O}{\|\|}}{C}-OR_4$	$R_3-\overset{\overset{\displaystyle OH}{\|}}{\underset{\overset{\displaystyle\|}{OR_4}}{C}}-\overset{\overset{\displaystyle R_2}{\|}}{\underset{\overset{\displaystyle\|}{R_1}}{C}}-COOC_2H_5$
	腈 RCN	$R-\overset{\overset{\displaystyle NH}{\|\|}}{C}-\overset{\overset{\displaystyle R_2}{\|}}{\underset{\overset{\displaystyle\|}{R_1}}{C}}-COOC_2H_5$
$R_1-\overset{\overset{\displaystyle ZnBr}{\|}}{\underset{\overset{\displaystyle\|}{R_2}}{C}}-COOC_2H_5 \cdot H$	酰卤 $R-\overset{\overset{\displaystyle O}{\|\|}}{C}-X$	$R-\overset{\overset{\displaystyle O}{\|\|}}{C}-\overset{\overset{\displaystyle R_2}{\|}}{\underset{\overset{\displaystyle\|}{R_1}}{C}}-COOC_2H_5$
	CO_2	$HO-\overset{\overset{\displaystyle O}{\|\|}}{C}-\overset{\overset{\displaystyle R_2}{\|}}{\underset{\overset{\displaystyle\|}{R_1}}{C}}-COOC_2H_5$
	环氧乙烷	$HOCH_2CH_2\overset{\overset{\displaystyle R_2}{\|}}{\underset{\overset{\displaystyle\|}{R_1}}{C}}-COOC_2H_5$

总结

我们先后学习过 RLi、$RMgX$、$BrZnCH_2COOC_2H_5$、R_2CuLi、R_2Cd 等五种有机金属化合物,其中有机锂、Grignard 试剂活性较高,它们的反应类型基本相同,特别是有机锂,可以与空间阻碍较大的反应物反应;有机锌活性次之;活性较低的是二烷基铜锂和有机镉,总结如下:

反应物	RLi　RMgX	BrZn(R)CHCOOR	R_2CuLi	R_2Cd
HCHO	RCH_2OH	$HOCH_2CH(R)COOR$	RCH_2OH	—
环氧乙烷	RCH_2CH_2OH	$HO(CH_2)_2CH(R)COOR$	—	—
$R'CHO$	$R'CH(OH)R$	$R'CH{=}C(R)COOR$	$R'COR$	—
$R'COR''$	$R'R''RCOH$	$R'R''C{=}C(R)COOR$	—	—
$C{=}C{-}C{=}O$	空阻小 $C{=}C{-}C(R){-}OH$ 空阻大 $RC{-}CH{-}C{=}O$	—	$RC{-}CH{-}C{=}O$	—

续表

反应物	RLi　RMgX	BrZn(R)CHCOOR	R$_2$CuLi	R$_2$Cd
R'COX } (R'CO)$_2$O}	低温 R'COR 室温 R'R$_2$COH	R'CO(R)CHCOOR —	R'COR	R'COR
R'COOR″	R'R$_2$COH	R'C(OH)(OR″)— (R)CHCOOR	—	—
R'CONH$_2$	R'COR (2mol)	—	—	—
R'CN	R'COR (1mol)	R'C(=NH)— (R)CHCOOR	—	—
1°R'X	R'—R	—	R'—R	—
2°、3°R'X	消除反应 生成 C=C	—	R'—R	—
R'COOH	R'COR (2mol RLi)	—	—	—

15.3.2　Perkin 反应

定义:酸酐在相应的酸盐作用下生成的 α-C$^-$ 与芳香醛亲核加成后再脱水,生成 α,β-不饱和芳香酸。

$$Ar\text{—}CHO+(RCH_2CO)_2O \xrightarrow[\triangle]{RCH_2COONa} Ar\text{—}CH=\underset{\underset{\displaystyle R}{|}}{C}\text{—}COOH+RCH_2COOH$$

反应机理如下:

【例 15.5】

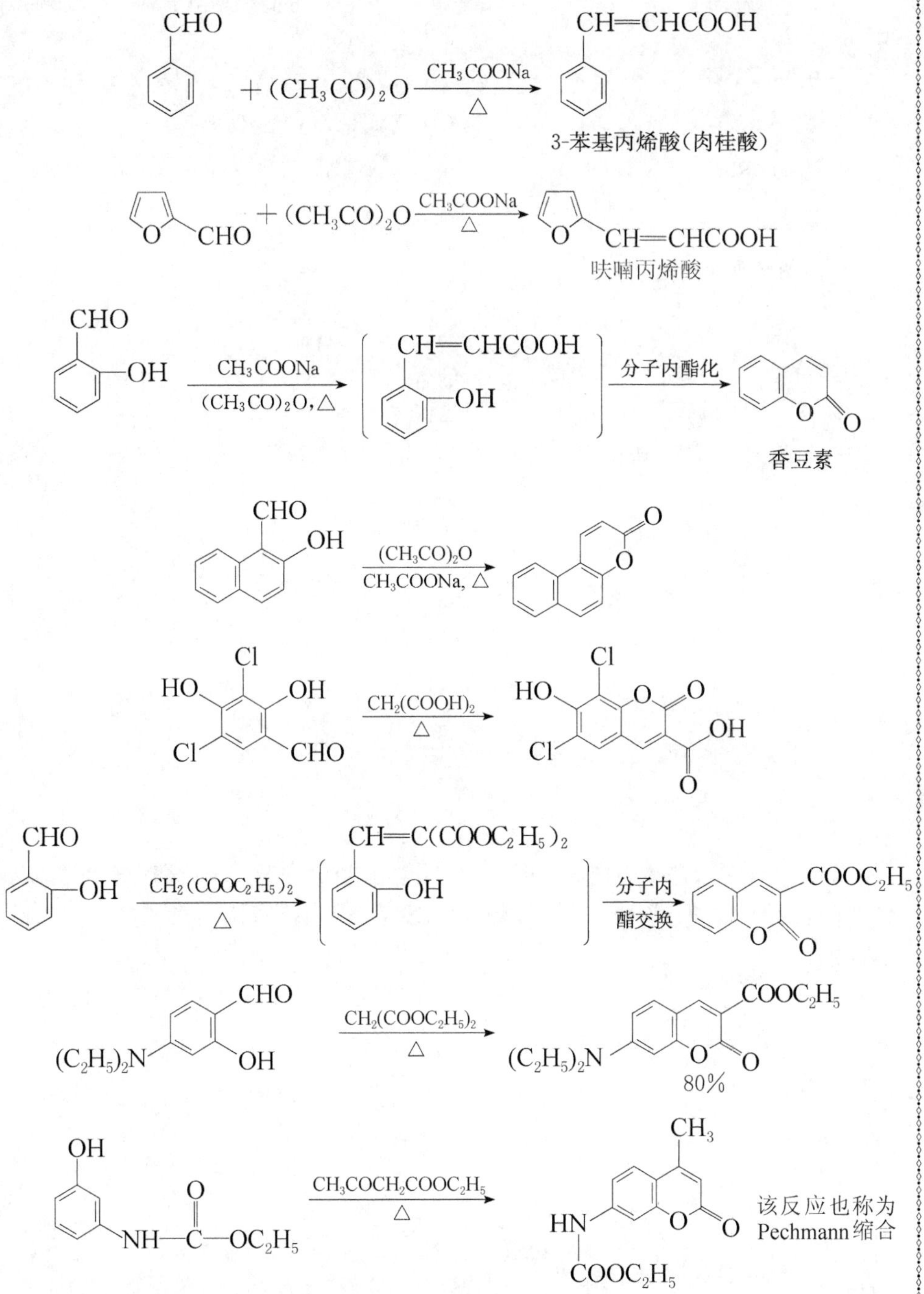

CHO 苯甲醛 + (CH₃CO)₂O —CH₃COONa, △→ CH=CHCOOH
3-苯基丙烯酸(肉桂酸)

呋喃 CHO + (CH₃CO)₂O —CH₃COONa, △→ CH=CHCOOH
呋喃丙烯酸

水杨醛 —CH₃COONa, (CH₃CO)₂O, △→ [CH=CHCOOH / OH] —分子内酯化→ 香豆素

—(CH₃CO)₂O, CH₃COONa, △→

—CH₂(COOH)₂, △→

—CH₂(COOC₂H₅)₂, △→ [CH=C(COOC₂H₅)₂ / OH] —分子内酯交换→ COOC₂H₅

(C₂H₅)₂N— —CH₂(COOC₂H₅)₂, △→ (C₂H₅)₂N— COOC₂H₅ 80%

—CH₃COCH₂COOC₂H₅, △→ 该反应也称为 Pechmann 缩合

15.3.3 Knoevenagel 反应

定义:含活泼亚甲基的化合物在弱酸(碱)作用下形成的负碳离子对醛(酮)羰基的亲核加成-消除反应,生成 C=C。

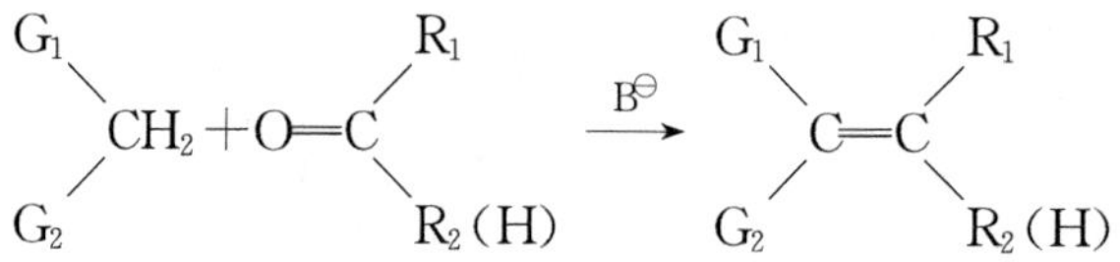

G_1 和 G_2 为吸电子基团；$B^{\ominus}$ 为弱碱

$G_1CH_2G_2 = CH_2(COOH)_2$，$CH_2(COOC_2H_5)_2$，$NCCH_2COOC_2H_5$，$CH_2(CN)_2$，
$CH_3COCH_2COOC_2H_5$，$CH_3COCH_2COCH_3$，$NCCH_2NO_2$ 等

$B^{\ominus} = NH_3$，RNH_2，R_2NH，R_3N，$PhNHNH_2$， 等

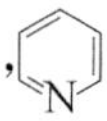

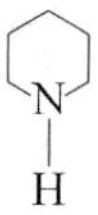

反应机理如下：

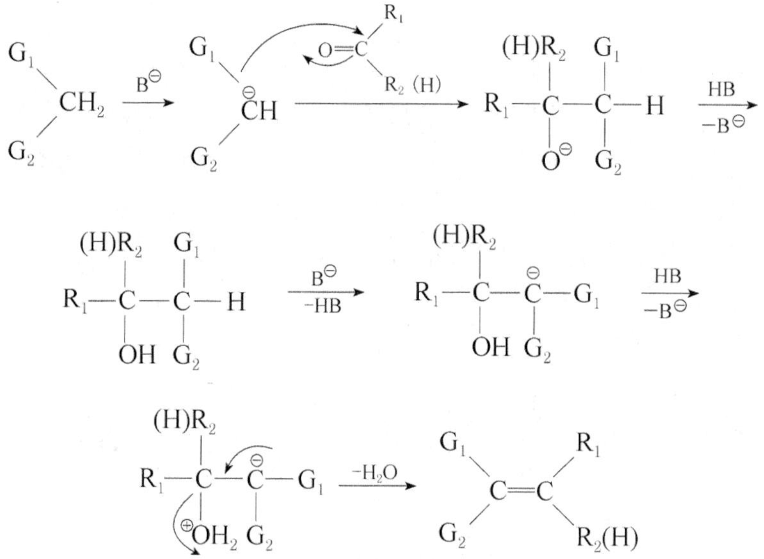

Knoevenagel 反应中需要加入弱酸，如乙酸，其目的在于质子化醛(酮)的羰基，有利于弱碱的亲核加成，如丁酮在乙酸、六氢吡啶体系中与氰基乙酸乙酯反应的机理如下：

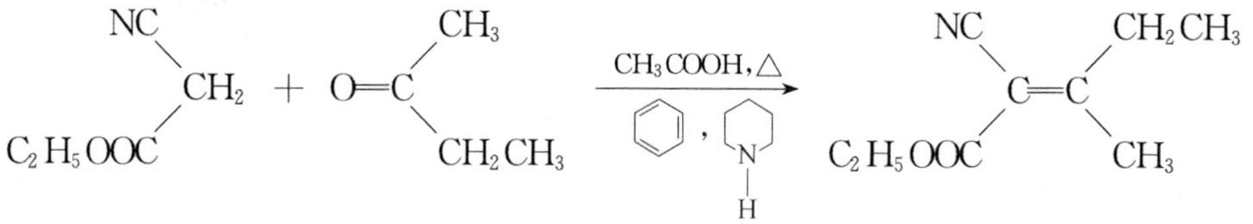

反应过程如下：

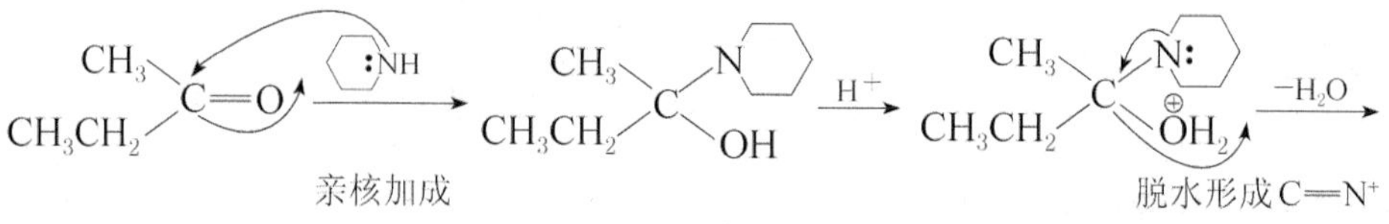

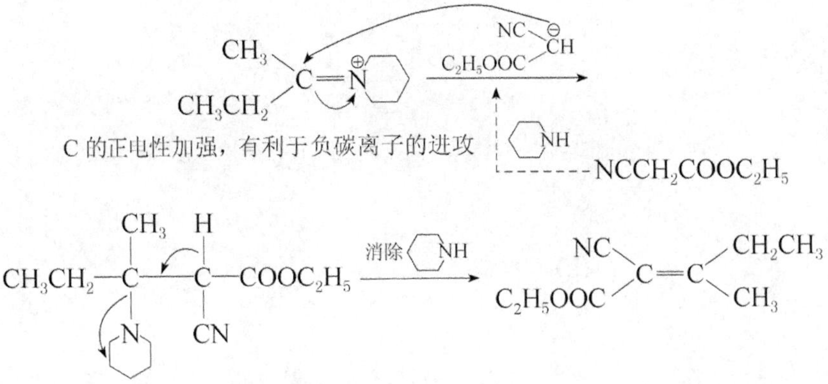

C 的正电性加强, 有利于负碳离子的进攻

$$CH_3CH_2-\underset{\underset{N}{|}}{\overset{\overset{CH_3}{|}}{C}}-\underset{\underset{CN}{|}}{\overset{\overset{H}{|}}{C}}-COOC_2H_5 \xrightarrow{消除} \underset{C_2H_5OOC}{\overset{NC}{\diagdown}}C=C\underset{\diagdown CH_3}{\overset{\diagup CH_2CH_3}{}}$$

在此过程中,弱碱(六氢吡啶)首先与丁酮形成 C==N$^+$,加强了 C 的正电性,弱酸(乙酸)的加入也起到相同的作用;同时弱碱还起到与活泼亚甲基反应生成$^-$CH 的作用。

【例 15.6】

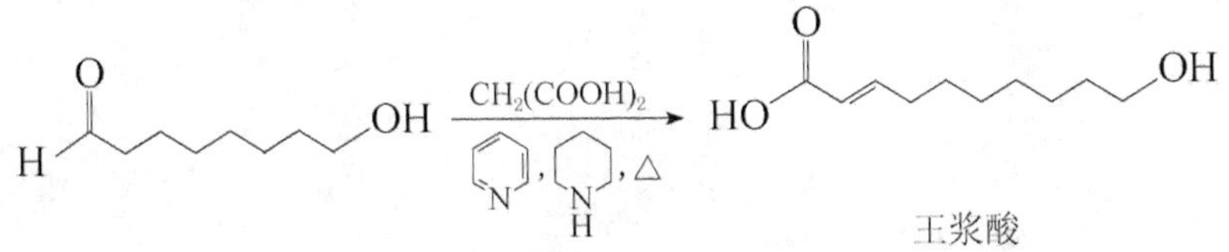

王浆酸
92%

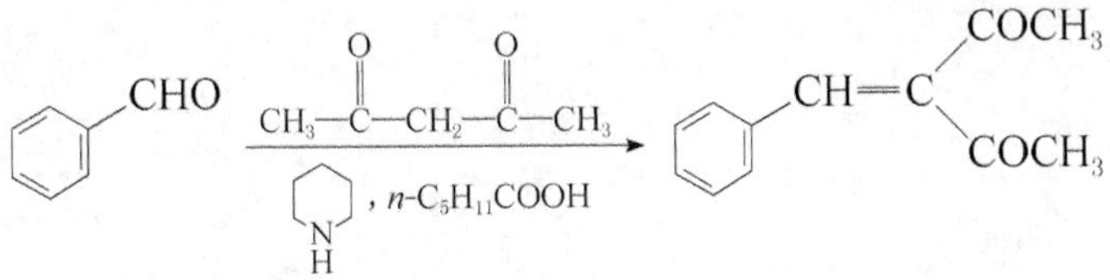

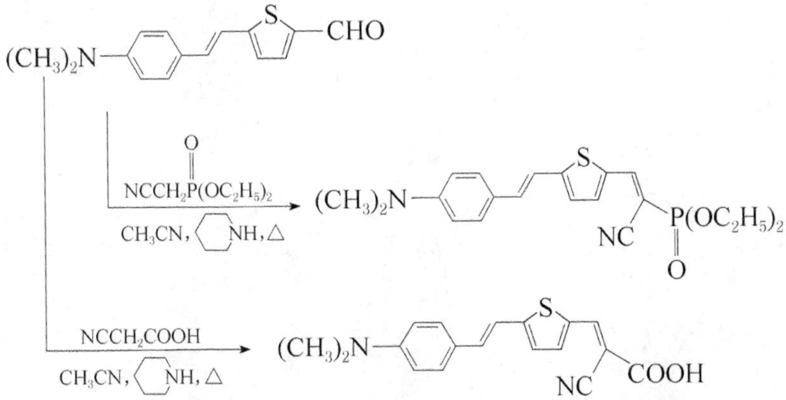

本来2,5-戊二酮中的CH$_2$在碱性条件下很容易形成负碳离子，但在B$_2$O$_3$作用下，由于CH$_2$形成了烯醇式，就不可能再形成负碳离子了

该络合物的CH$_3$可在碱性条件下形成负碳离子，与CHO发生反应

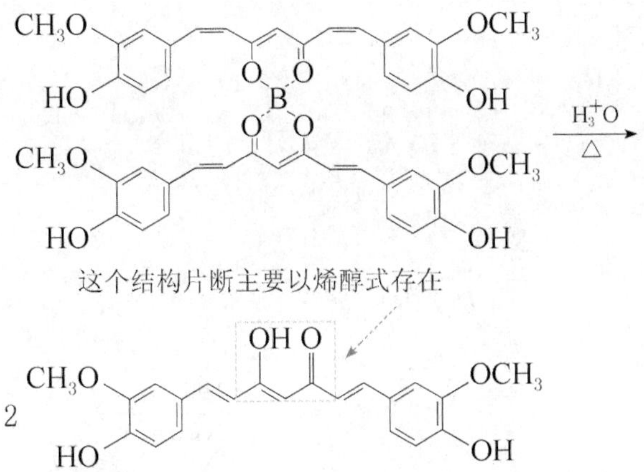

这个结构片断主要以烯醇式存在

2

姜黄素

写出下列反应机理：

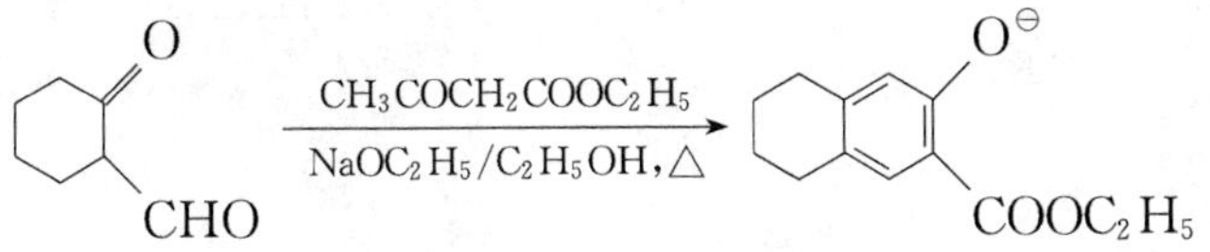

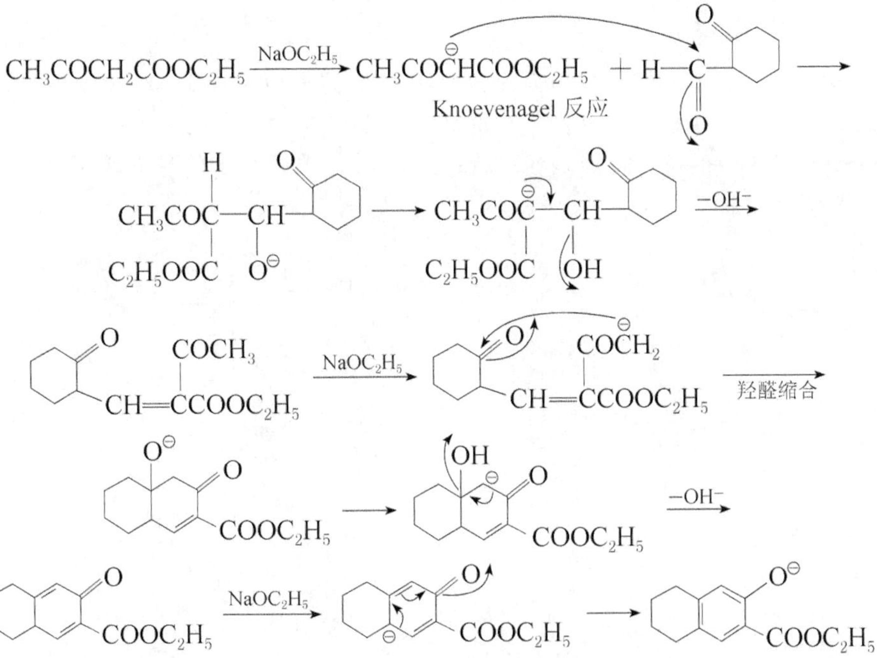

$$CH_3COCH_2COOC_2H_5 \xrightarrow{NaOC_2H_5} CH_3COCHCOOC_2H_5 + H-C$$

Knoevenagel 反应

15.3.4 Wittig 反应

定义：1°和2°卤代烃与三苯基膦(PPh_3)生成的季鏻盐在极强碱($PhLi$、Ph_3CNa、NaH 等)作用下消除卤化氢生成具有负碳离子性质的中间体 ylide，ylide 与醛(酮) $C=O$ 亲核加成后，消除三苯氧膦($Ph_3P=O$)，将 $C=O$ 转化为 $C=C$。

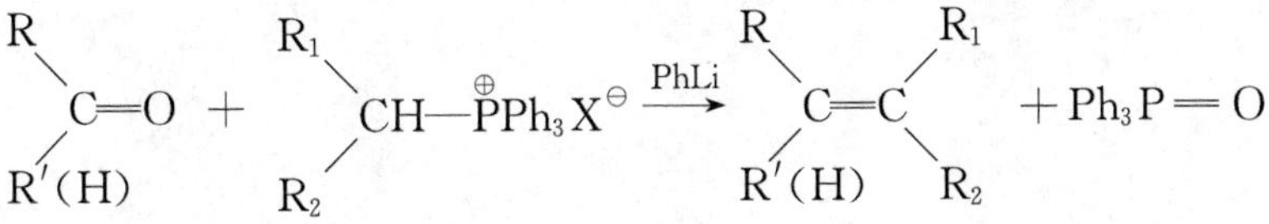

反应机理如下：

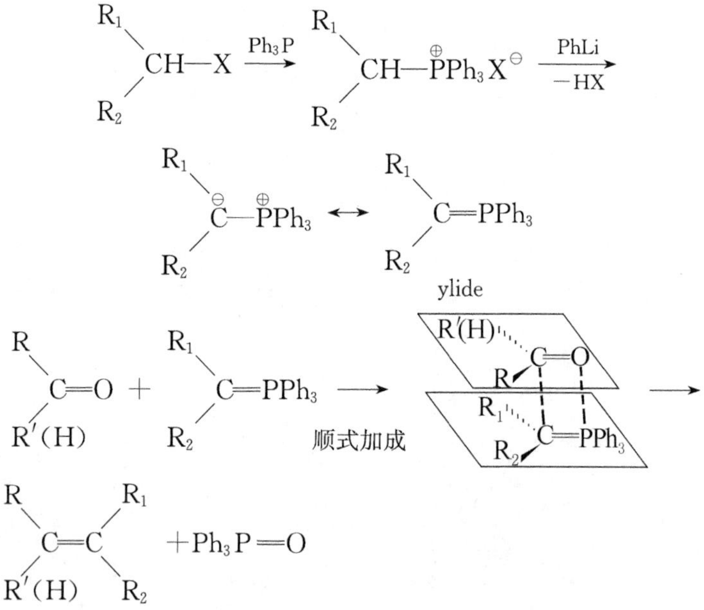

E 型烯烃

卤代烃与三苯基膦的反应是亲核取代反应，之所以选择 1°和 2°RX 是因为第二步反应中要使用极强碱从卤代烃的同一 C 上消除 HX 生成 ylide，第三步 yilde 与醛(酮)C=O 的反应形成四元环状过渡态，最终产物得到的是 E 型烯烃。

【例 15. 7】

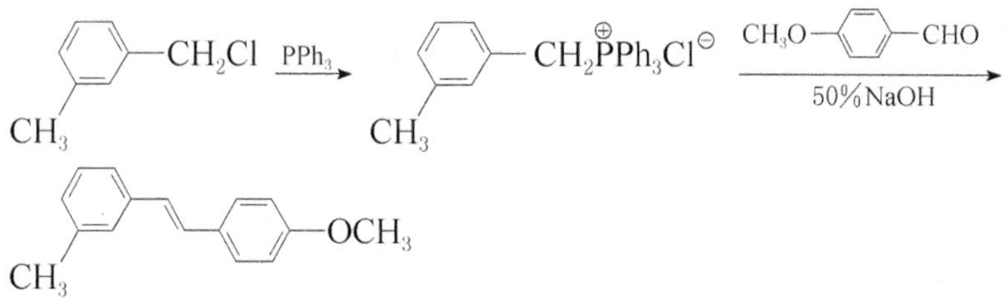

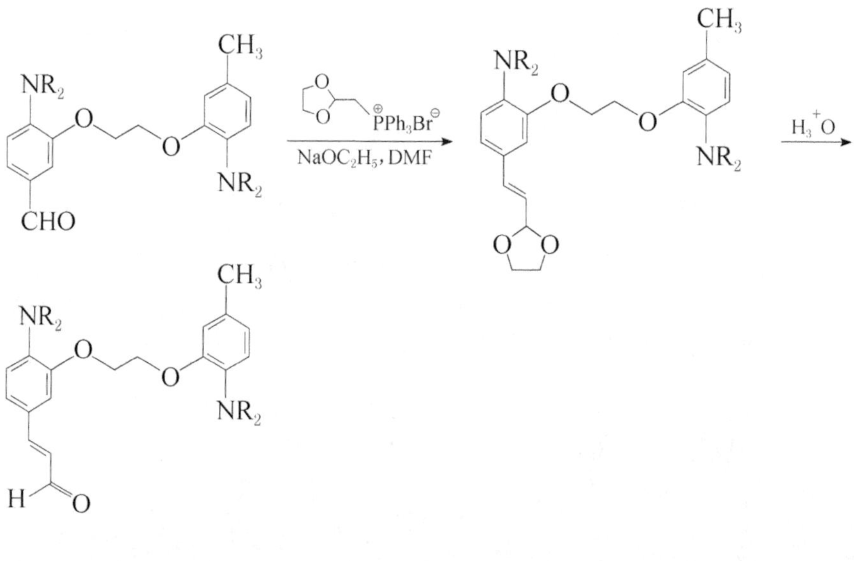

醛的 C=O 比酮的 C=O 更容易与 ylide 反应。例如：

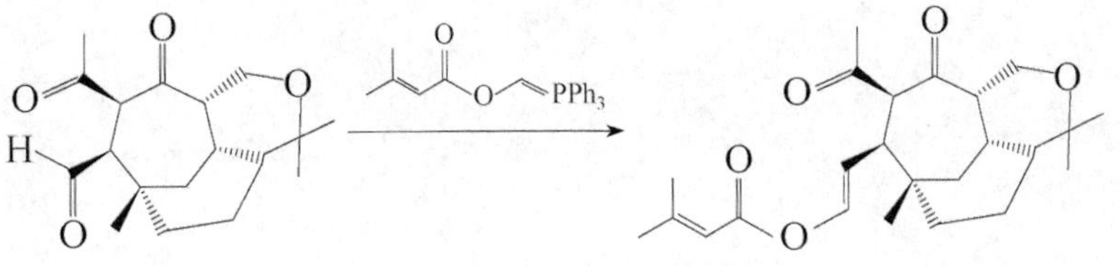

26%

（一）-5-*epi*-vibsanin E

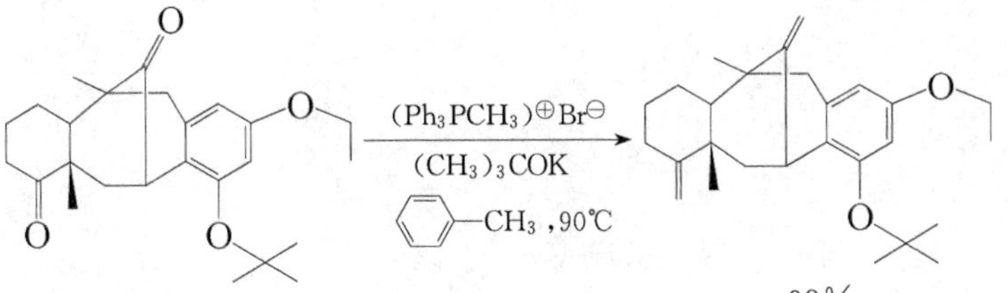

98%

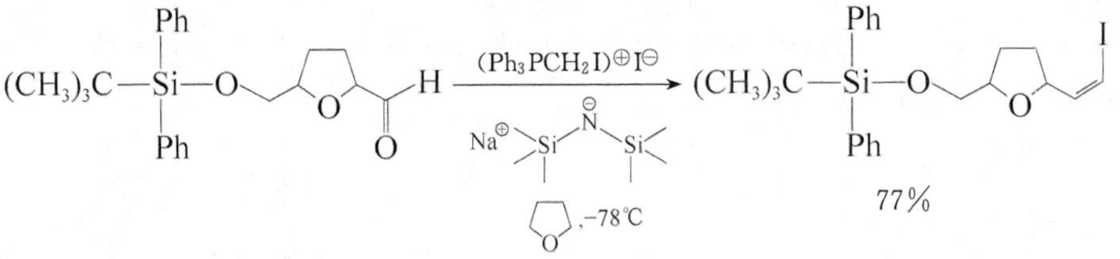

77%

1. Horner 的改进

用亚磷酸三乙酯[$(C_2H_5O)_3P$]代替 Ph_3P 与 RX 反应得到中间产物（Arbuzov 反应）后，采用一般的碱（如 $NaOC_2H_5$）即可促使下一步反应，使操作大为简化，反应机理如下：

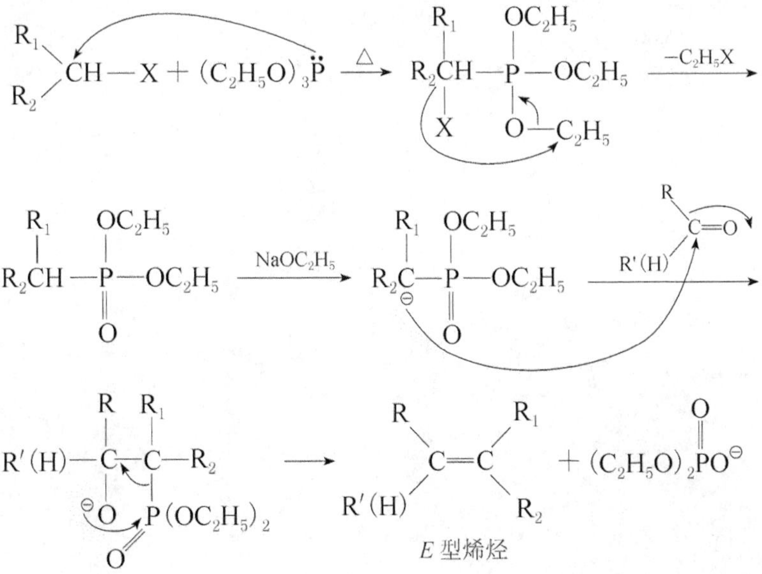

E 型烯烃

【例 15.8】

该反应甚至可以在水体系中,以相转移催化剂、采用 NaOH 作为碱来进行,同样得到较高产率。

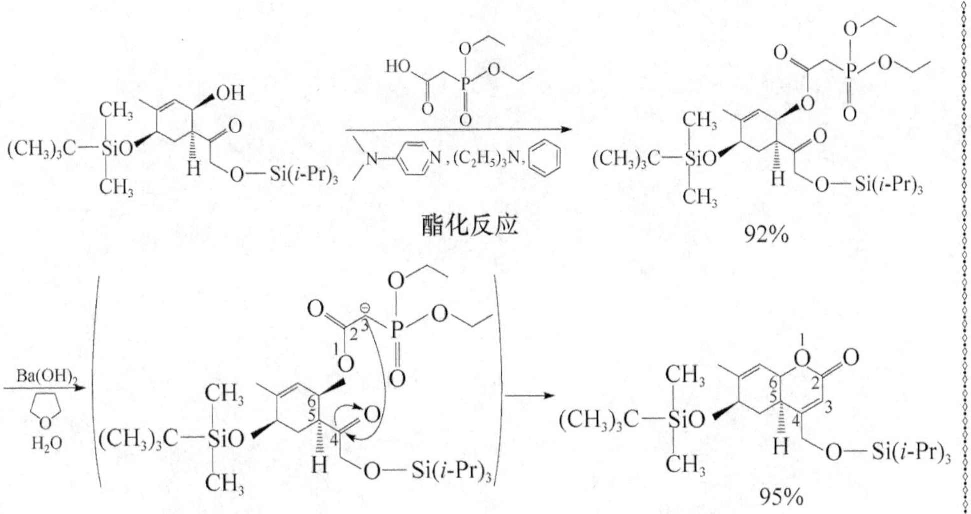

酯化反应　　　　　　　　　　　　　92%

95%

将磷酸酯的有机基团部分改进为重氮甲烷结构，即 $N\!\!\equiv\!\!N\!\!-\!\!CH_2P(OCH_3)_2$，

可与醛、酮的 C=O 反应，将其转化为 C≡C。例如：

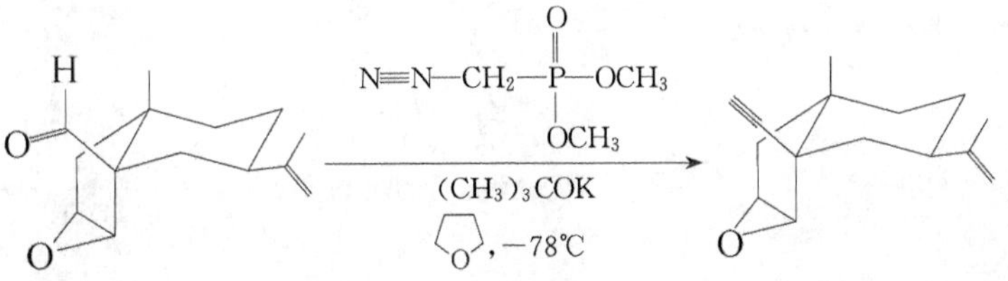

95%

将甲基磷酸二甲酯做成锂盐，即 $LiCH_2P(OCH_3)_2$ 与酯发生酯酮缩合反应，

然后发生 Wittig 反应。例如：

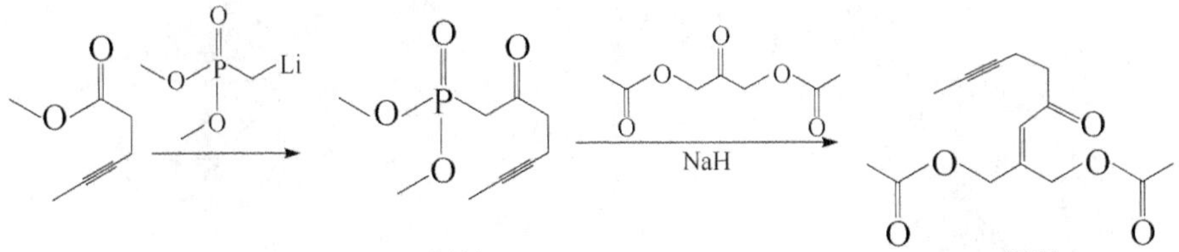

54%　　　　　　　　　　　　82%

合成 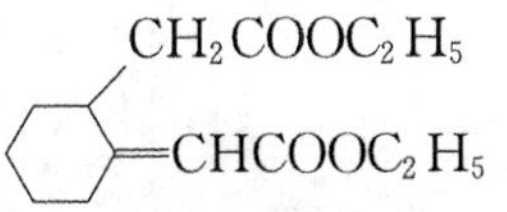 。

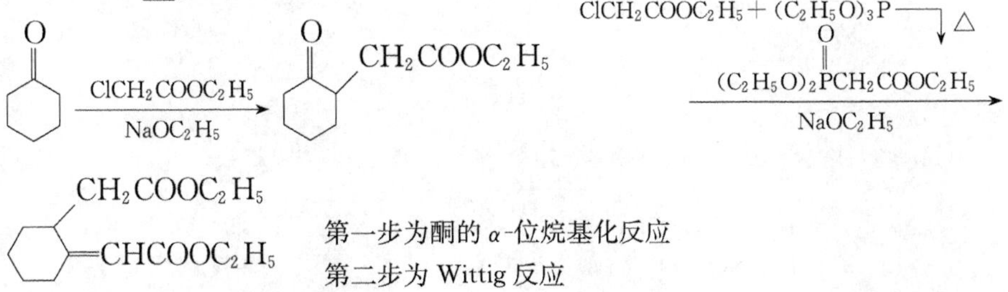

第一步为酮的 α-位烷基化反应
第二步为 Wittig 反应

2. 硫内鎓盐(硫 ylide)

1) 二甲硫醚

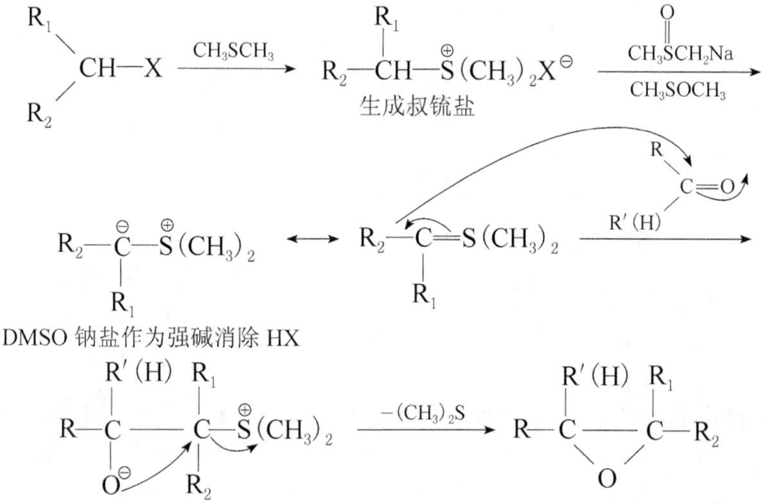

生成叔锍盐

DMSO 钠盐作为强碱消除 HX

2) 二甲亚砜(DMSO)

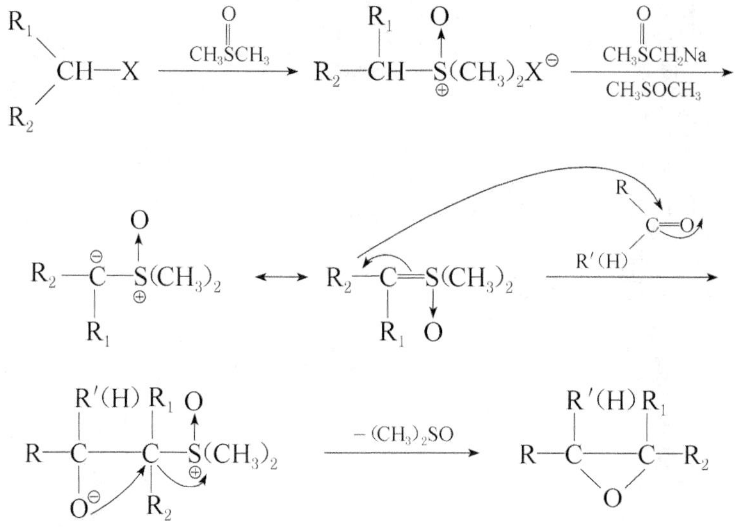

【例 15.9】

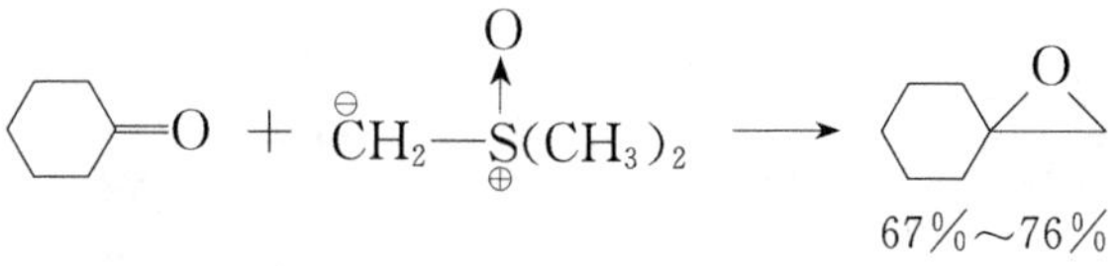

67%~76%

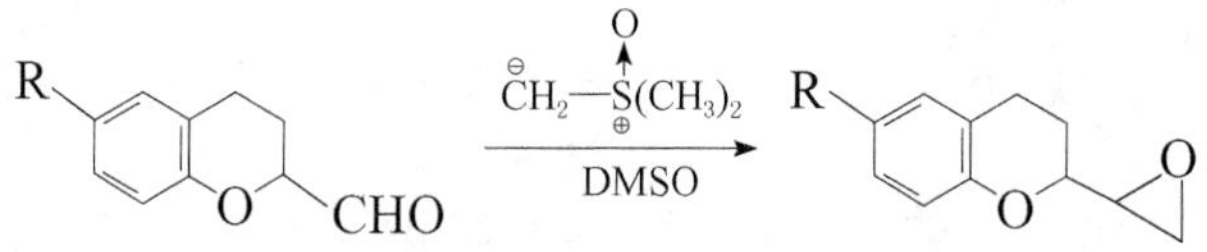

R=H,F,Cl,NO₂,OH,OCH₃

总结

环氧化合物的合成:①烯烃过酸氧化,在工业上则是烯烃在 Ag^+ 催化下空气氧化;②β-卤代醇在 NaOH 存在下的消除 HX;③α-卤代酸酯的 Darzen 缩合反应;④硫 ylide 与醛(酮)反应。

15.4 成环的反应

15.4.1 Michael 加成

定义:负碳离子与 α,β-不饱和醛(酮)的 1,4-加成。

反应机理如下:

【例 15.10】

$$CH_2\!=\!CHCHO+CH_2(COOC_2H_5)_2 \xrightarrow{NaOCH_3} (C_2H_5OOC)_2CHCH_2CH_2CHO$$

$$CH_3\overset{O}{\overset{\|}{C}}CH\!=\!CH_2+CH_2(COOC_2H_5)_2 \xrightarrow[0℃]{NaOC_2H_5} CH_3\overset{O}{\overset{\|}{C}}CH_2CH_2CH(COOC_2H_5)_2$$
$$71\%$$

$$CH_3\overset{O}{\overset{\|}{C}}CH\!=\!CH_2(过量)+CH_2(COOC_2H_5)_2 \xrightarrow{NaOH}$$
$$(CH_3\overset{O}{\overset{\|}{C}}CH_2CH_2)_2C(COOC_2H_5)_2$$
$$85\%$$

$$74\%$$

$$CH_2\!=\!CHCOOCH_3+CH_2(COOC_2H_5)_2 \xrightarrow[回流 10h]{K_2CO_3/CH_3COCH_3}$$

$$(C_2H_5OOC)_2CHCH_2CH_2COOCH_3$$
$$60\%$$

$$\xrightarrow[CH_3OH,N_2,80℃]{CH_2(COOC_2H_5)_2}$$
$$(CH_3O)_4Si,CsF$$

$$CH_2\!=\!CHCOOC_2H_5+(CH_3)_2CHNO_2 \xrightarrow[70\sim100℃]{(C_2H_5)_4NOH}$$

$$\overset{NO_2}{(CH_3)_2\overset{|}{C}CH_2CH_2COOC_2H_5}$$

1)n-C_4H_9Li,〈O〉,0℃
2)CuI(1.0equiv.),$-20℃$

3) 〈环己烯酮〉,$-78℃$　　　74%

$$\xrightarrow[K_2CO_3,\triangle]{CH_2\!=\!CHCOOCH_3}$$

$$85\%$$

$$+CH_2\!=\!CHCOOC_2H_5 \xrightarrow[0℃]{NaOC_2H_5}$$
$$CH_2CH_2COOC_2H_5$$

$$\xrightarrow[NaOCH_3]{4CH_2\!=\!CHCN}$$
NCCH$_2$CH$_2$　　　CH$_2$CH$_2$CN

NCCH$_2$CH$_2$　　　CH$_2$CH$_2$CN
$$\xrightarrow[\triangle]{H_3^+O}$$

HOOC(CH$_2$)$_2$　　　(CH$_2$)$_2$COOH

HOOC(CH$_2$)$_2$　　　(CH$_2$)$_2$COOH
$$\xrightarrow[\text{二元羧酸脱羧反应}]{\triangle}$$

$$\xrightarrow[HCl]{Zn(Hg)}$$

在下面的反应中,通过手性催化得到单旋体。

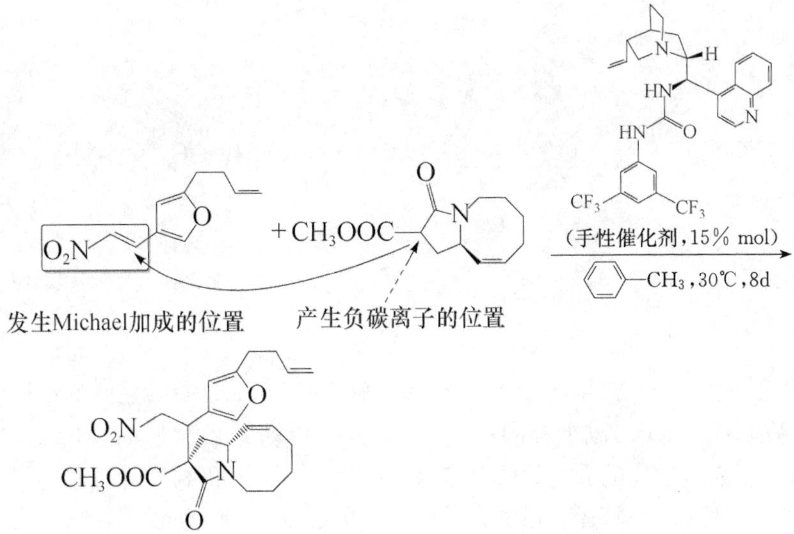

57%

写出下列反应机理：

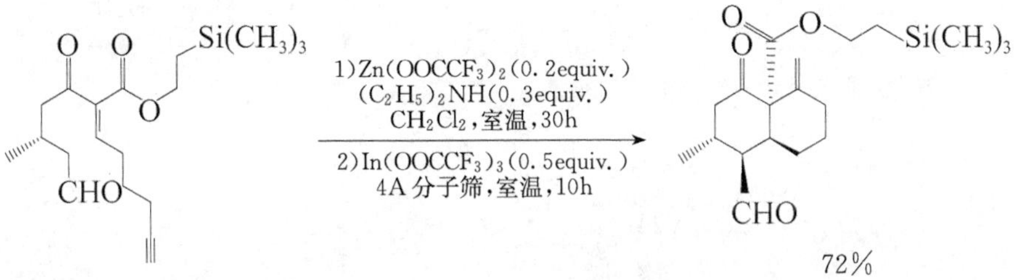

72%

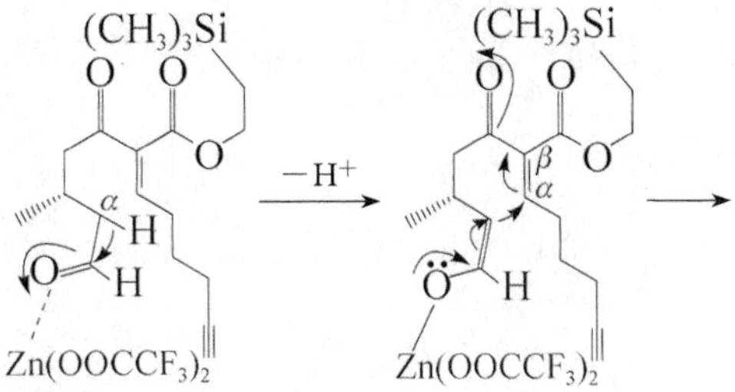

Lewis 酸诱导醛基的 α-C 生成负碳离子，对 α,β-不饱和酮进行 Michael 加成

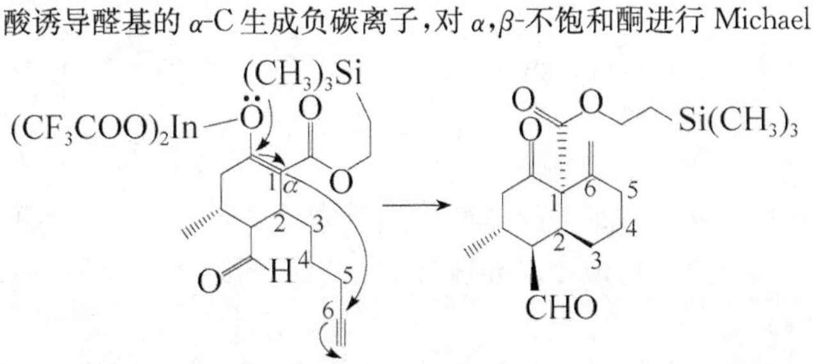

Lewis 酸诱导羰基的 α-C 生成负碳离子，对 C≡C 进行亲核加成

15.4.2　Robinson 成环

定义：Michael 加成后，再发生分子内的羟醛缩合（或酯酮缩合），形成六元环状 α,β-不饱和酮（或 1,3-环己二酮）。

1. 形成 α,β-不饱和酮

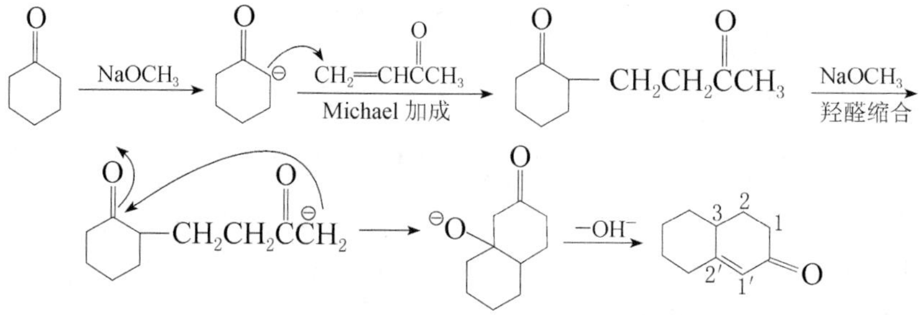

$C_{1'}\!=\!C_{2'}$ 之间的双键是由羟醛缩合形成的,原为 $C\!=\!O$;$C_1\!-\!C_2$ 之间的单键原为 $C\!=\!C$,是由 Michael 加成饱和的;$C_2\!-\!C_3$ 之间的单键原来没有,是 Michael 加成连接形成的。通过这样的分析就可以将六元环状 α,β-不饱和酮分解为前一步的反应物。以 2-甲基环己酮为例,强碱介质中生成的 α,β-不饱和酮为

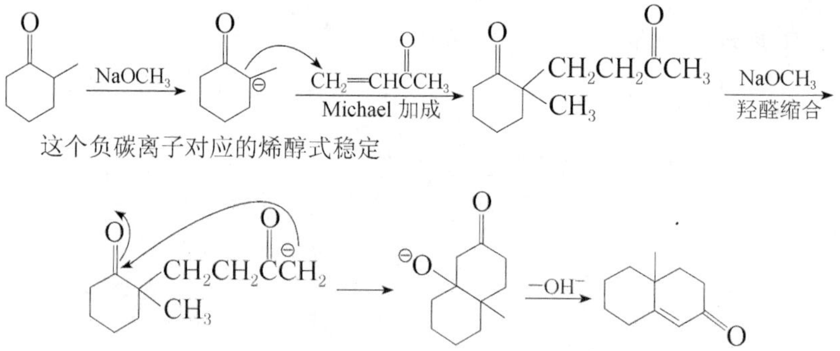

通过烯胺中间体得到不同的 α,β-不饱和酮。

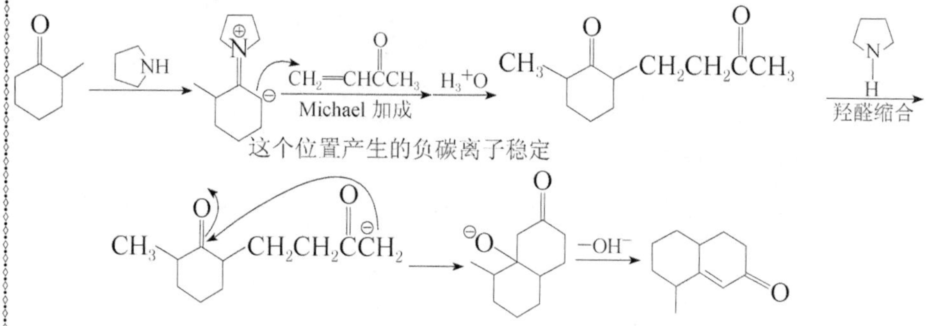

在强碱介质和通过烯胺中间体产生负碳离子的位置不同,导致 Michael 加成的位置也不同,接下来的 Robinson 成环的结果也不同。

【例 15.11】

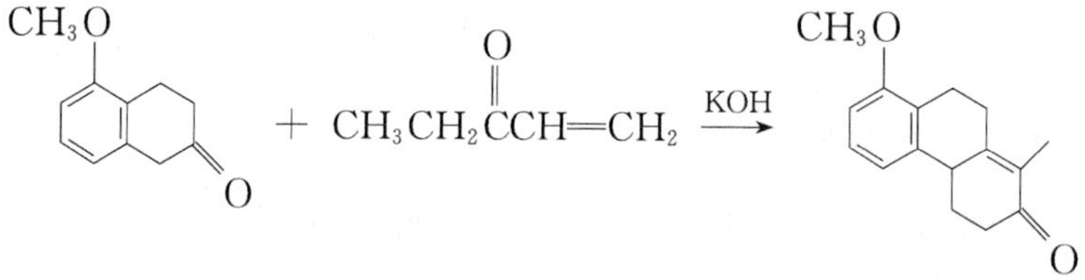

只有 sp³ 杂化的 α-C 才能生成负碳离子,双键 C═C 上的 H 不能被强碱中和。

酯酮缩合,在C-1位置引入醛基,使C-1位置更容易生成负碳离子,利用该反应为平衡反应的特点,能够脱去醛基,不影响下一步的Michael加成

下述反应的第一步为酮的烷基化反应,第二步为 Robinson 成环,第三步涉及酯酮缩合机理。

第三步反应机理如下:

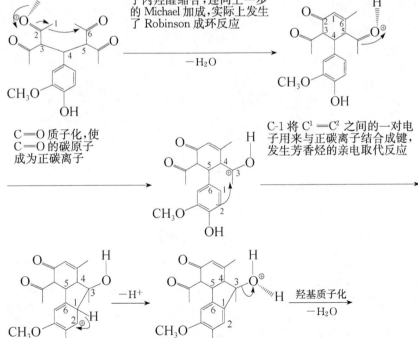

写出下述反应机理：

2. 形成 1,3-环己二酮

$$CH_2(COOC_2H_5)_2 \xrightarrow{NaOC_2H_5} {}^{\ominus}CH(COOC_2H_5)_2 \xrightarrow[\text{Michael 加成}]{CH_3CCH=CH_2}$$

$$CH_3CCH_2CH_2CH(COOC_2H_5)_2 \xrightarrow[\text{酯酮缩合}]{NaOC_2H_5}$$

其余部分来自不饱和酮
此处亚甲基是酯酮缩合反应位置
←—来自 $CH_2(COOC_2H_5)_2$

$$\xrightarrow[2)\ H^+,\triangle]{1)\ OH^-}$$

合成 1,3-环己二酮的方法，如果带有取代基，则需要合成带有该取代基的不饱和酮

【例 15.12】

$$2CH_3CCH_3 \xrightarrow{Ba(OH)_2} \xrightarrow[\triangle]{H^+} CH_3CCH=C(CH_3)_2 \xrightarrow[NaOC_2H_5]{CH_2(COOC_2H_5)_2}$$

$$\xrightarrow[2)H^+,\triangle]{1)OH^-}$$

$$\text{—CHO} \xrightarrow[OH^-]{CH_3CCH_3} \text{—CH=CHCCH_3} \xrightarrow[NaOC_2H_5]{CH_2(COOC_2H_5)_2}$$

$$\xrightarrow[2)H^+,\triangle]{1)OH^-}$$

$$\xrightarrow[NaOC_2H_5]{CH_3COCH_2COOC_2H_5} \xrightarrow[2)\ H^+,\triangle]{1)\ OH^-}$$

15.5　其他类型的负碳离子反应

15.5.1　Cannizzaro 反应

定义：不含 α-H 的醛在浓碱作用下一半被还原为醇，另一半被氧化为酸的反应，也称醛的歧化反应。当甲醛为一反应物时，甲醛被氧化为甲酸，另一个醛被还原为醇。

反应机理如下：

$H^{\ominus}$ 对 C=O 的亲核加成

不含 α-H 的连二酮类化合物可发生分子内的歧化反应。

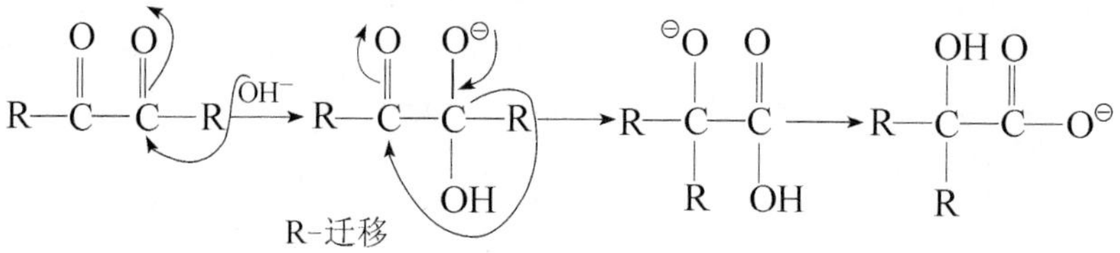

R-迁移

【例 15. 13】

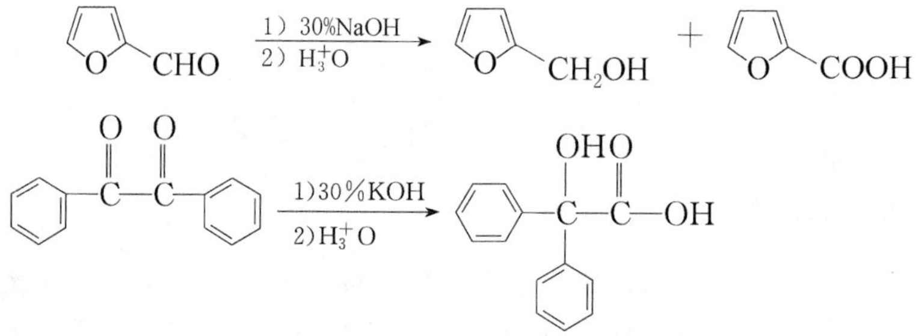

15.5.2　安息香缩合

定义:芳香醛在 CN^- 催化下二聚为 α-羟基酮的反应。

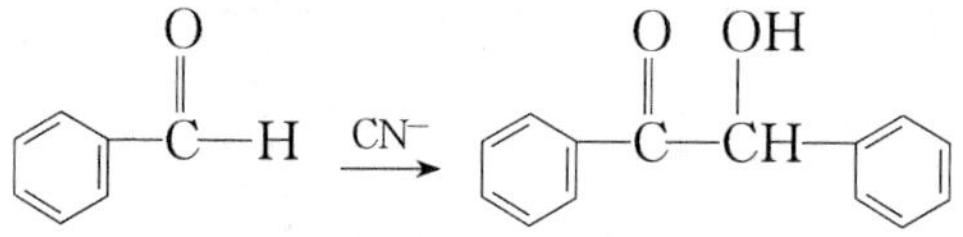

安息香

反应机理如下:

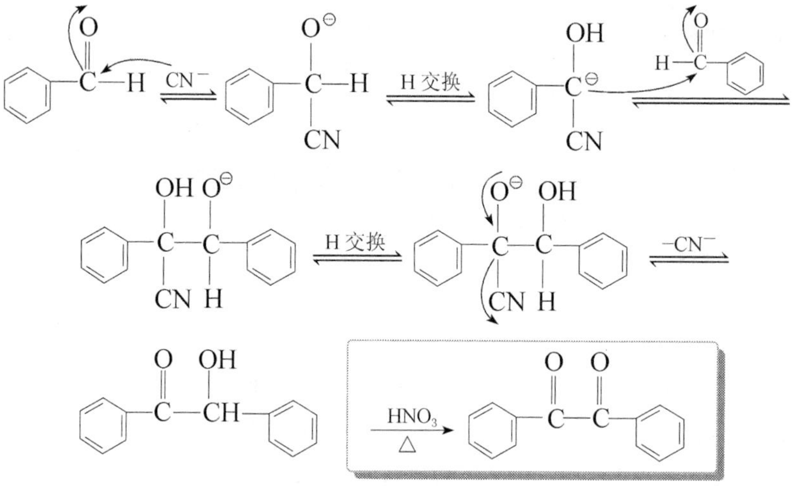

吸电子基团和推电子基团对反应的影响如下:

G 是吸电子基团,使 CHO 中 C 的正电性上升,有利
于亲核加成;但使形成的亲核试剂——负碳离子的
负电荷分散到苯环上,亲核性下降,不利于反应

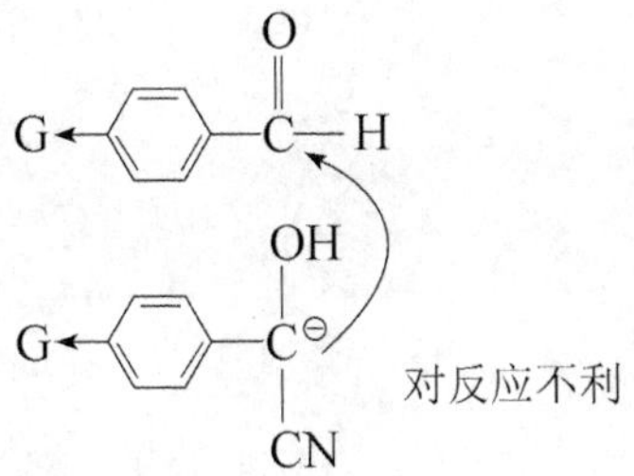

对反应不利

G 是推电子基团,使 CHO 中 C 的正电性下降,不利
于亲核加成;但使形成的亲核试剂——负碳离子的
负电荷更加集中,亲核性升高,有利于反应

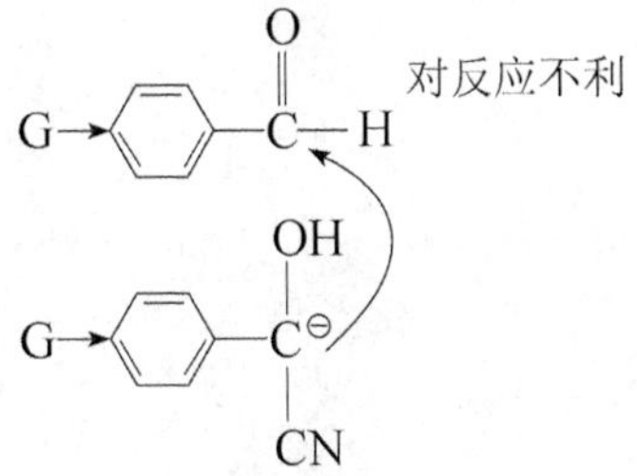

对反应不利

　　以上两种情况均不会发生反应,但如果一种芳香醛含有推电子基团,另一种
含有吸电子基团,二者相得益彰,产物专一。例如:

含推电子基团一侧作为亲核试剂　　　　　　　　　　　含吸电子基团一侧
　　　　　　　　　　　　　　　　　　　　　　　　　　被亲核加成

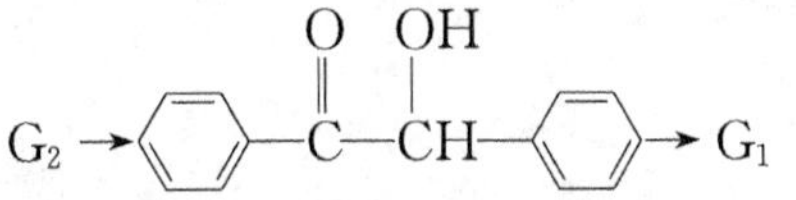

【例 15.14】

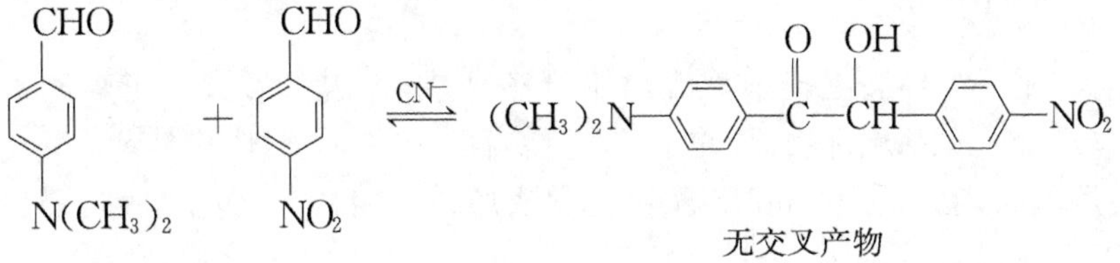

无交叉产物

　　人们对安息香缩合反应有一个重大改进,即采用维生素 B_1(硫胺素,thia-
mine)作为催化剂产生负碳离子,代替剧毒的 CN^-。

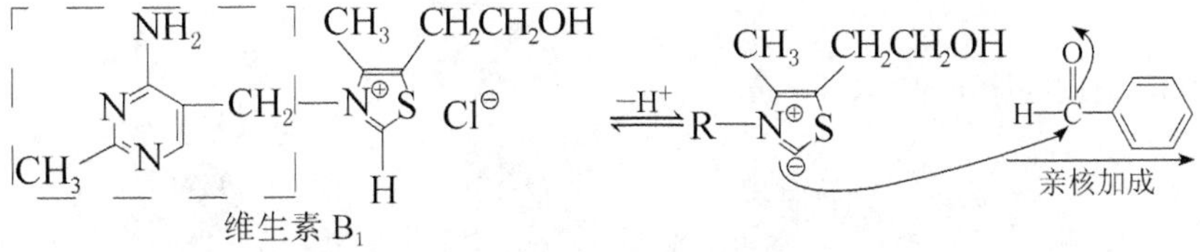

维生素 B_1

亲核加成

15.5.3　Mannich 反应

定义：甲醛与仲胺在弱酸性介质中亲核加成，再脱水形成的正碳离子与醛（酮）、羧酸、酯、硝基化合物、腈的 α-C，以及端炔、酚的邻、对位等具有负碳离子性质的位置偶联，也称为 Mannich 胺甲基化反应。目前，胺也包括伯胺，醛也不仅限于甲醛。例如：

反应机理如下：

$$\xrightarrow{-H_2O} R-CH\overset{\oplus}{\underset{R_4}{\overset{R_3}{N}}} \longleftrightarrow$$

$$R_1\overset{O}{\overset{\|}{C}}CH_2R_2 \xrightarrow{H^+} R_1\overset{\overset{\oplus}{O}H}{\overset{\|}{C}}CH_2R_2 \xrightarrow{-H^+} R_1C=CHR_2 + R-CH=\overset{\oplus}{\underset{R_4}{\overset{R_3}{N}}}$$

$$R_1\overset{O}{\overset{\|}{C}}\underset{R_2}{\overset{|}{C}}H-\underset{R}{\overset{|}{C}}H-N\overset{R_3}{\underset{R_4}{}} \xleftarrow{-H^+} R_1\overset{\overset{\oplus}{O}H}{\overset{\|}{C}}\underset{R_2}{\overset{|}{C}}H-\underset{R}{\overset{|}{C}}H-N\overset{R_3}{\underset{R_4}{}}$$

　　弱酸性介质起到两个作用：①使醛与胺亲核加成的产物脱水，形成正碳离子；②质子化羰基使 α-C 成为负碳离子。

【例 15.15】

$$CH_3\overset{O}{\overset{\|}{C}}CH_3 + HCHO + (CH_3)_2NH \xrightarrow{\text{微量 HCl}}$$

$$CH_3\overset{O}{\overset{\|}{C}}CH_2CH_2N(CH_3)_2 \xrightarrow{CH_3I} CH_3\overset{O}{\overset{\|}{C}}CH_2CH_2\overset{\oplus}{N}(CH_3)_3I^{\ominus} \xrightarrow{Ag_2O}$$

$$CH_3\overset{O}{\overset{\|}{C}}CH_2CH_2\overset{\oplus}{N}(CH_3)_3OH^{\ominus} \xrightarrow{\triangle} CH_3\overset{O}{\overset{\|}{C}}CH=CH_2$$

$$\text{(C}_6\text{H}_5)\overset{O}{\overset{\|}{C}}CH_3 + HCHO + (CH_3)_2NH \xrightarrow{\text{微量 HCl}} \text{(C}_6\text{H}_5)\overset{O}{\overset{\|}{C}}CH_2CH_2N(CH_3)_2$$

85%

$$\begin{matrix} CH_2CHO \\ | \\ CH_2CHO \end{matrix} + CH_3NH_2 + \begin{matrix} CH_2COOH \\ | \\ C=O \\ | \\ CH_2COOH \end{matrix} \xrightarrow{pH=5} \begin{matrix} CH_2CH-CHCOOH \\ | \quad\quad | \\ NCH_3 \; C=O \\ | \quad\quad | \\ CH_2CH-CHCOOH \end{matrix} \xrightarrow[-CO_2]{\triangle}$$

$$\begin{matrix} CH_2CH-CH_2 \\ | \quad\quad | \\ NCH_3 \; C=O \\ | \quad\quad | \\ CH_2CH-CH_2 \end{matrix} \quad 即$$

颠茄酮

$$\text{(C}_6\text{H}_5)\overset{O}{\overset{\|}{C}}CH_2\overset{O}{\overset{\|}{C}}CH_3 + (CH_3)_2NCH_2N(CH_3)_2 \xrightarrow[C_2H_5OH]{\text{少量}(CH_3)_2NH\cdot HCl}$$

$$
\underset{\substack{| \\ CH_2N(CH_3)_2}}{C_6H_5-\underset{O}{\overset{O}{C}}-CH-\overset{O}{\overset{||}{C}}CH_3}
$$

$$
C_6H_5COCH_3 + \text{(间硝基苯甲醛)}CHO + \text{(苯胺)}NH_2 \xrightarrow[\text{2)10\%NaHCO}_3]{\text{1) C}_2\text{H}_5\text{OH/HCl},5\sim25℃}
$$

76%

$$
\text{SO}_2\text{NH}_2 + \text{CHO} + \text{H}-\overset{O}{\overset{||}{P}}(\text{OC}_2\text{H}_5)_2 \xrightarrow{\text{CH}_3\text{COCl}}
$$

$$
CH_3-\text{(苯)}-SO_2NHCH-\overset{O}{\overset{||}{P}}(OC_2H_5)_2
$$

79%

$$
+ HCHO + (CH_3)_2NH \xrightarrow{H_2O}
$$

A　　　　　　B

产率 59%（A∶B = 7∶3）

$$
\xrightarrow[\triangle]{HCHO}
$$

即

$$
\xrightarrow[\text{CH}_2\text{Cl}_2,\text{室温},36\text{h}]{\text{4A 分子筛},\text{CH}_3\text{COOH}}
$$

91%

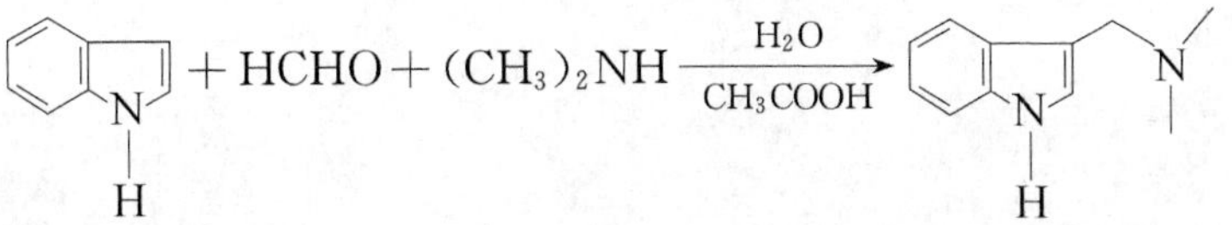
H₂O
CH₃COOH

草绿碱(95%)

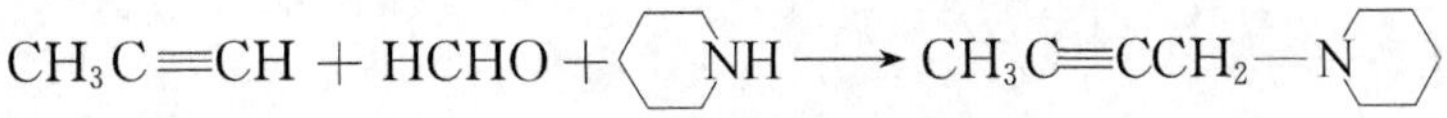

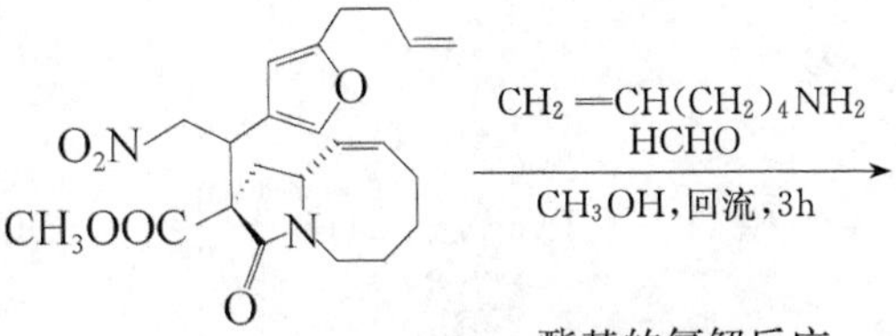
CH₂═CH(CH₂)₄NH₂
HCHO
CH₃OH,回流,3h

酯基的氨解反应
甲醛提供氧原子

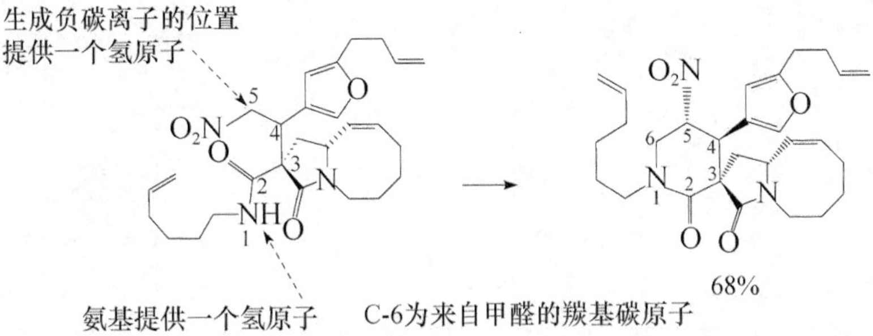
生成负碳离子的位置
提供一个氢原子
氨基提供一个氢原子
C-6为来自甲醛的羰基碳原子
68%

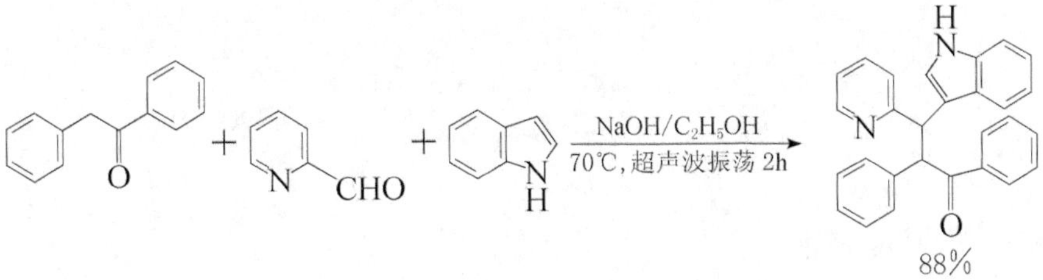
NaOH/C₂H₅OH
70℃,超声波振荡 2h
88%

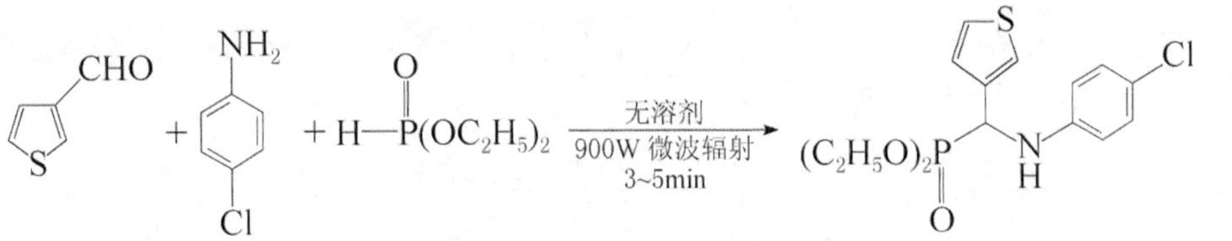
无溶剂
900W 微波辐射
3~5min

15.5.4　Favorskii 反应

定义:在强碱介质中,酮的 α-C 形成的负碳离子对另一个被氯代或溴代的 α-C 亲核取代形成环丙酮中间体,该中间体与强碱反应生成羧酸衍生物,也称 Favorskii 重排。在此反应中,强碱作为反应物决定生成何种羧酸衍生物。例如:

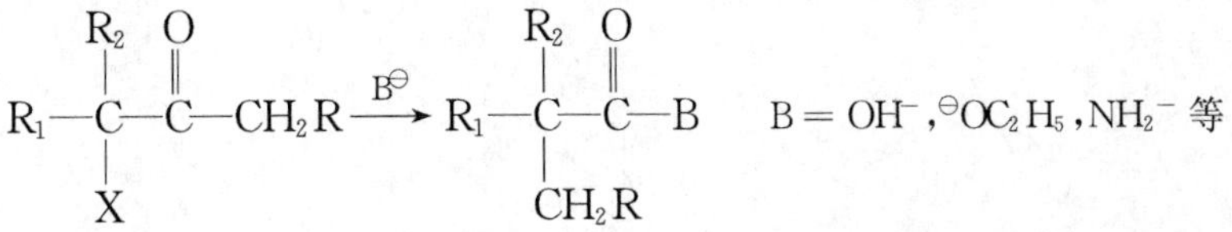
B = OH⁻,⊖OC₂H₅,NH₂⁻ 等

反应机理如下：

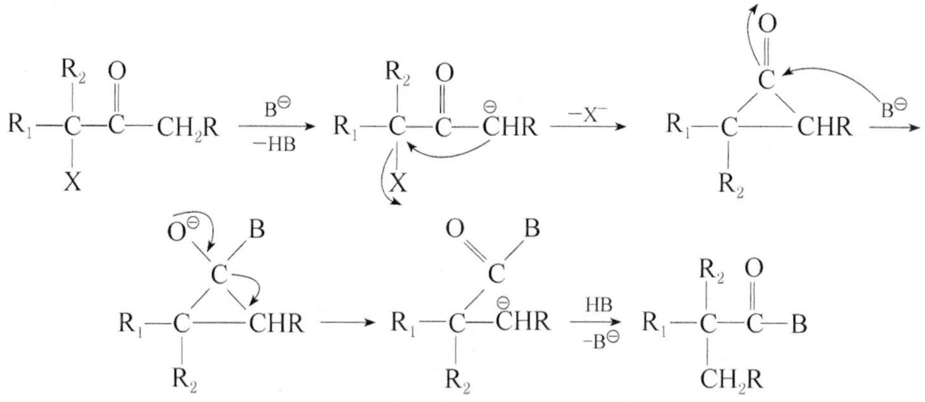

B 为 NaOH 生成羧酸；B 为 NaOC$_2$H$_5$ 生成乙酯；B 为 NaNH$_2$ 生成酰胺

【例 15.16】

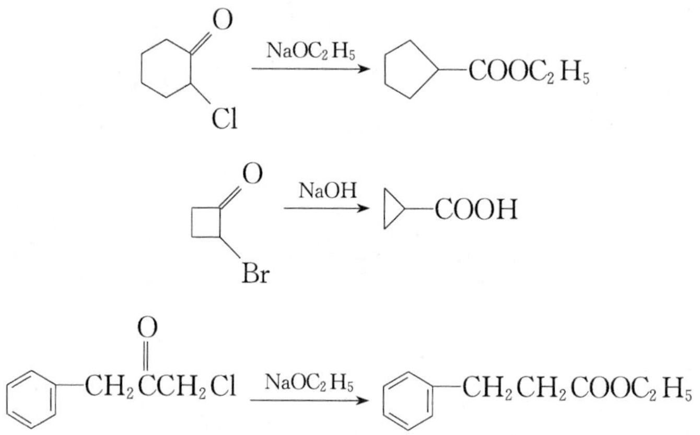

15.5.5　Stevens 重排

定义：在强碱介质中，季铵盐的 α-C 形成负碳离子，另一个烃基迁移至该负碳离子上，同时季铵盐转化为叔胺。

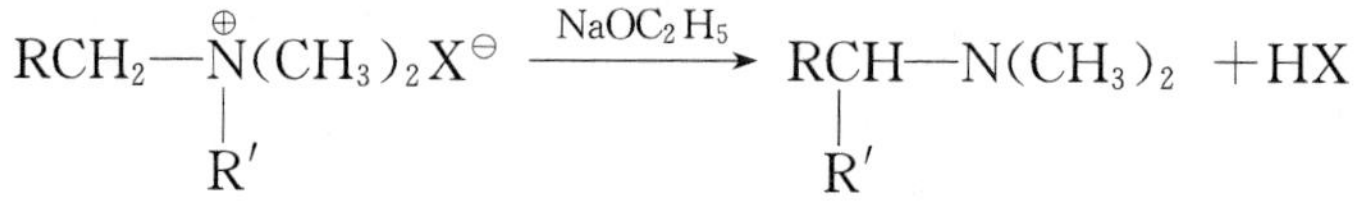

$$RCH_2-\overset{\oplus}{N}(CH_3)_2 X^{\ominus} \xrightarrow{\text{NaOC}_2\text{H}_5} \underset{R'}{RCH}-N(CH_3)_2 + HX$$

反应机理如下：

$$RCH_2-\overset{\oplus}{N}(CH_3)_2\ X^{\ominus} \xrightarrow{\text{NaOC}_2\text{H}_5} R\overset{\ominus}{C}H-\overset{\oplus}{N}(CH_3)_2 \longrightarrow \underset{R'}{RCH}-N(CH_3)_2$$

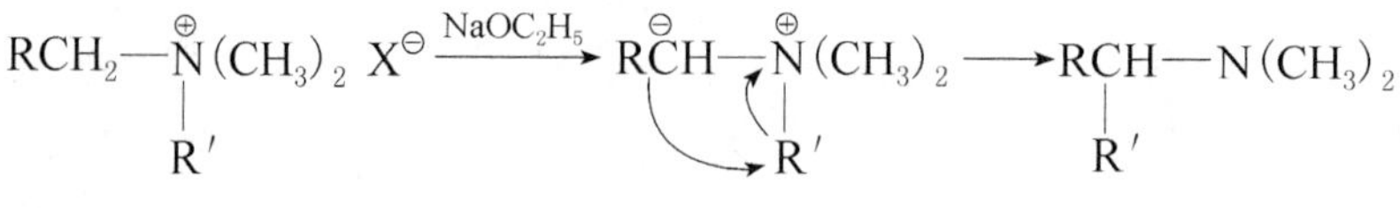

【例 15.17】

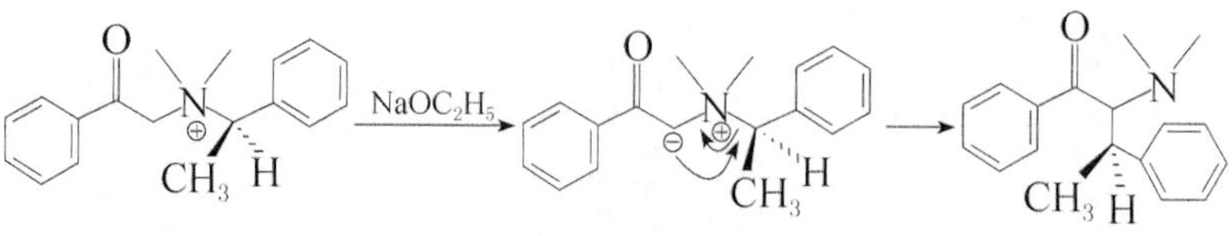

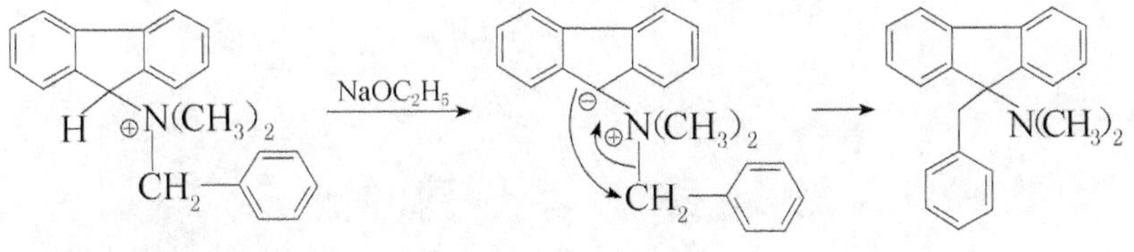

$NaOC_2H_5$

叔锍盐也可在强碱介质中发生 Stevens 重排。

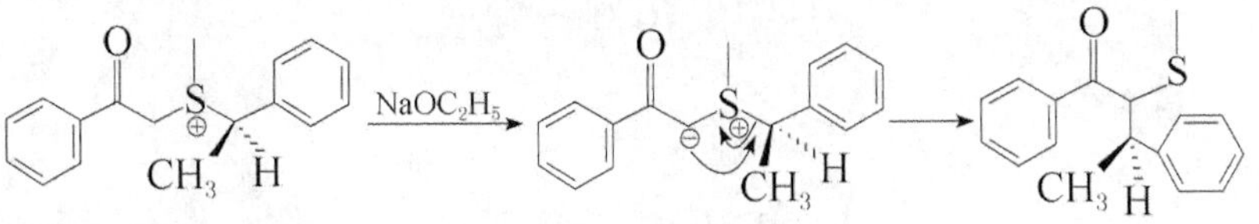

$NaOC_2H_5$

迁移基团构型保持。

15.5.6 Baylis-Hillman 反应

定义:连有吸电子基团(EWG)的端烯在 3°胺催化下,与醛(酮)或亚胺偶联生成烯丙醇(胺)的反应。

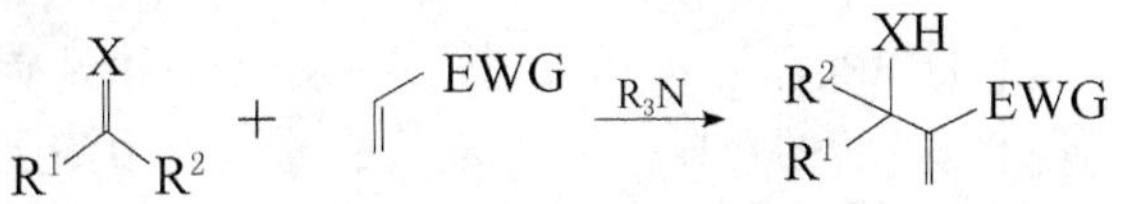

R_3N

X=O,NR_2　　EWG= CHO, COR, COOR, CN, $CONR_2$, SO_3R, SO_2R, CH═CHCOOR, $PO(OC_2H_5)_3$

机理:在反应过程中,吸电子基团(EWG)起到了重要作用,所以我们以苯甲醛与丁烯酮反应为例来说明该反应的机理。

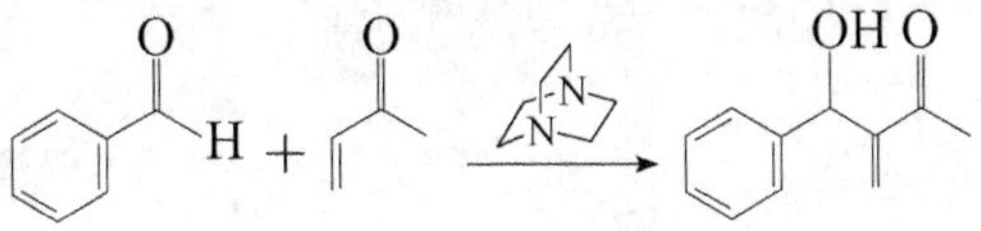

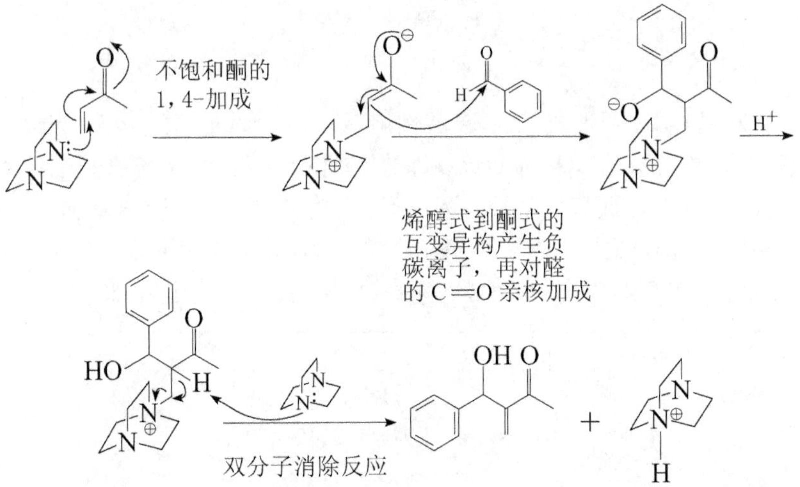

不饱和酮的
1，4-加成
H^+
烯醇式到酮式的
互变异构产生负
碳离子，再对醛
的 C═O 亲核加成
双分子消除反应

第16章 氨 基 酸

16.1 结构与分类

16.1.1 结构

$$R-\overset{*}{C}H-COOH$$
$$|$$
$$NH_2$$

$$\begin{array}{c} COOH \\ | \\ H_2N-\!\!\!-\!\!\!-H \\ | \\ R \end{array} \quad L\text{-型}$$

羧基的 α-位连有氨基的羧酸称为氨基酸,其 α-碳原子为手性碳。本章将从有机化学的角度主要研究氨基酸的合成。因为氨基酸的合成用到了亲核取代反应、亲核加成反应,所以氨基酸的合成具有综合以前学过的知识的意义,其生理功效将在生物化学中详细讨论。

16.1.2 分类

氨基酸在不同酸碱性的溶液中可以发生下述电离反应:

$$\underset{NH_2}{R-CH-COO^{\ominus}} \underset{OH^-}{\overset{H^+}{\rightleftharpoons}} \underset{NH_3^{\oplus}}{R-CH-COO^{\ominus}} \underset{OH^-}{\overset{H^+}{\rightleftharpoons}} \underset{NH_3^{\oplus}}{R-CH-COOH}$$

碱性溶液中　　　　　　　　两性离子　　　　　　　　酸性溶液中

在碱性溶液中以阴离子形式存在,在酸性溶液中以阳离子形式存在,当以两性离子形式存在时的溶液的 pH,称为该氨基酸的等电点,相当于该氨基酸溶解在纯水中的溶液 pH,并由此将氨基酸分为三类:氨基酸中含有一个氨基和一个羧基,为中性氨基酸;含有两个碱性基团和一个羧基的,为碱性氨基酸;含有一个氨基和两个羧基,为酸性氨基酸。天然氨基酸的构型均为 L-型,具体如下:

中文名称	英文名称	缩写	结构式	$[\alpha]_D^{25}/°$
中性氨基酸				
甘氨酸	glycine	Gly	H_2NCH_2COOH	
丙氨酸	alanine	Ala	$\underset{NH_2}{CH_3-CH-COOH}$	+8.5

续表

中文名称	英文名称	缩写	结构式	$[\alpha]_D^{25}/°$
缬氨酸*	valine	Val	$(CH_3)_2CH-CH-COOH$ $\quad\quad\quad\quad\;\; NH_2$	+13.9
亮氨酸*	leucine	Leu	$(CH_3)_2CHCH_2-CH-COOH$ $\quad\quad\quad\quad\quad\quad\;\; NH_2$	−10.8
异亮氨酸*	isoleucine	Ile	$C_2H_5CH-CH-COOH$ $\quad\;\; CH_3\;\; NH_2$	+11.3
苯丙氨酸*	phenylalanine	Phe	$C_6H_5CH_2-CH-COOH$ $\quad\quad\quad\quad\;\; NH_2$	−35.1
半胱氨酸	cysteine	Cys	$HSCH_2-CH-COOH$ $\quad\quad\quad\;\; NH_2$	+6.5
苏氨酸*	threonine	Thr	$CH_3CH-CH-COOH$ $\quad\;\; OH\quad NH_2$	−28.3
谷氨酰胺	glutamine	Gln	$H_2NCO(CH_2)_2CH-COOH$ $\quad\quad\quad\quad\quad\quad NH_2$	+6.1
天冬酰胺	asparagine	Asn	$H_2NCOCH_2CH-COOH$ $\quad\quad\quad\quad\quad NH_2$	−5.4
蛋氨酸*	methionine	Met	$CH_3S(CH_2)_2CH-COOH$ $\quad\quad\quad\quad\quad\; NH_2$	−8.2
丝氨酸	serine	Ser	$HOCH_2CH-COOH$ $\quad\quad\quad\; NH_2$	−6.8
脯氨酸	proline	Pro		−85.0
酪氨酸	tyrosine	Tyr		−10.6
色氨酸*	tryptophan	Trp		−31.5
酸性氨基酸				
天冬氨酸	aspartic acid	Asp	$HOOCCH_2CH-COOH$ $\quad\quad\quad\quad\; NH_2$	+25.0
谷氨酸	glutamic acid	Glu	$HOOC(CH_2)_2CH-COOH$ $\quad\quad\quad\quad\quad\; NH_2$	+31.4
碱性氨基酸				
赖氨酸*	lysine	Lys	$H_2N(CH_2)_4CH-COOH$ $\quad\quad\quad\quad\quad NH_2$	+14.6
精氨酸	arginine	Arg	$H_2NCNH(CH_2)_3CH-COOH$ $\quad\;\, \parallel \quad\quad\quad\quad NH_2$ $\quad\;\, NH$	+12.5
组氨酸	histidine	His		−39.7

* 生命必需的氨基酸。

16.1.3 鉴别

目前在蛋白质中的氨基酸多采用先将蛋白质在 6mol/L 盐酸中，在 120℃下水解 20h，然后用氨基酸自动分析仪加以测定。在多肽端基的氨基酸采用 2,4-二硝基氟苯与氨基的亲核取代反应生成黄色化合物方法加以鉴定。反应机理如下：

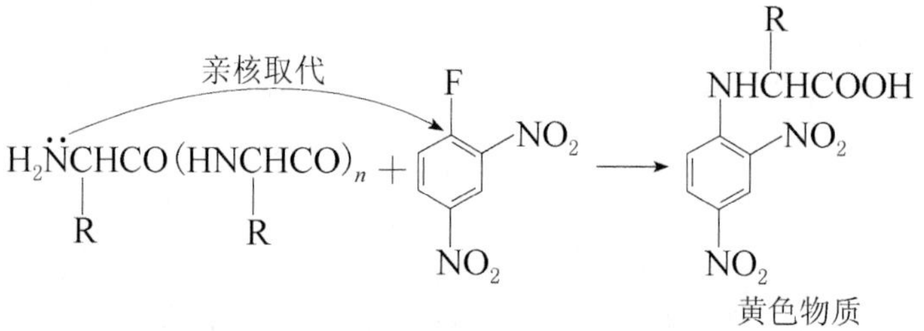
亲核取代
黄色物质

氨基酸的鉴别通常采用茚三酮显色法，反应过程如下：

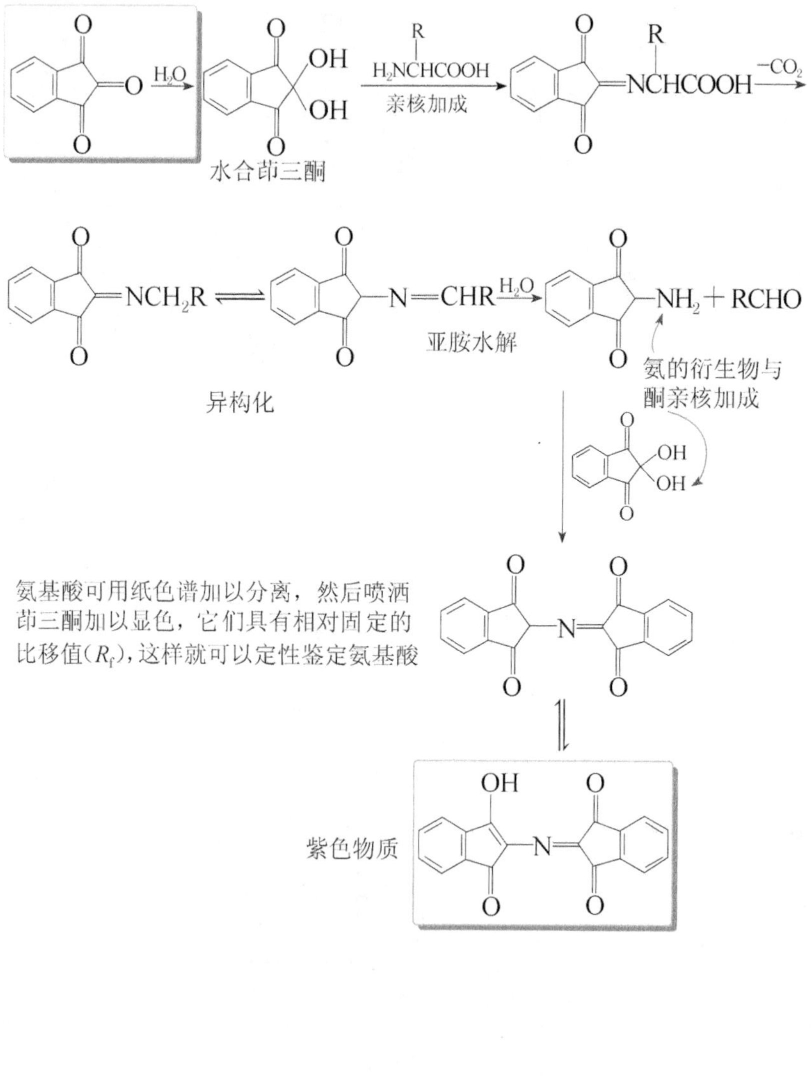
水合茚三酮
亲核加成
异构化
亚胺水解
氨的衍生物与
酮亲核加成
氨基酸可用纸色谱加以分离，然后喷洒
茚三酮加以显色，它们具有相对固定的
比移值(R_f)，这样就可以定性鉴定氨基酸
紫色物质

16.2　氨基酸的合成

氨基酸的合成实质上就是在羧酸的 α-位引入一个氨基的过程,具体方法虽然多样,但可归结为亲核取代和亲核加成两种基本思路。

16.2.1　直接法——亲核取代法

$$RCH_2COOH \xrightarrow[P]{Br_2} \underset{\underset{Br}{|}}{RCHCOOH} \xrightarrow[高温高压]{NH_3} \underset{\underset{NH_2}{|}}{RCHCOOH} \quad (dl)$$

该方法产率低,操作复杂,应用面较窄,目前丙氨酸可用该法合成。

$$CH_3CH_2COOH \xrightarrow[P]{Br_2} \underset{\underset{Br}{|}}{CH_3CHCOOH} \xrightarrow[高温高压]{NH_3} \underset{\underset{NH_2}{|}}{CH_3CHCOOH} \quad (dl)$$

16.2.2　Strecker 法——亲核加成法

$$RCHO \xrightarrow{HCN} \underset{\underset{OH}{|}}{R-CH-CN} \xrightarrow{NH_3} \underset{\underset{NH_2}{|}}{R-CH-CN} \xrightarrow{H_3^+O} \underset{\underset{NH_2}{|}}{R-CH-COOH} \quad (dl)$$

【例 16.1】

该方法的缺点在于引入了 HCN,如果分离不够彻底,则会在产品中残留 HCN。

16.2.3　Gabriel 法——亲核取代法

该方法需要得到相应的 α-卤代酸酯，人们对其加以改进，发展成为下面两种普遍适用的氨基酸合成方法。

16.2.4 邻-苯二甲酰亚胺丙二酸二乙酯法

合成邻-苯二甲酰亚胺丙二酸二乙酯之后，可以再与卤代烃发生亲核取代或与 α,β-不饱和酸酯 Michael 加成合成氨基酸。

碱性条件下该氢原子可以脱出，此处形成负碳离子

【例 16.2】 蛋氨酸和谷氨酸的合成。

$$\text{（邻苯二甲酰亚胺）} N-CH(COOC_2H_5)_2$$

CH₃S(CH₂)₂Cl | NaOCH₃   NaOCH₃ | CH₂=CHCOOC₂H₅

$$N-C(COOC_2H_5)_2, \quad CH_2CH_2SCH_3$$

$$N-C(COOC_2H_5)_2, \quad CH_2CH_2COOC_2H_5$$

1)OH⁻/H₂O   1)OH⁻/H₂O
2)H₃⁺O,△   2)H₃⁺O,△

$$CH_3S(CH_2)_2CHCOOH \qquad (dl)$$
$$\qquad\qquad NH_2$$

蛋氨酸(50%)

$$HOOCCH_2CH_2CHCOOH \qquad (dl)$$
$$\qquad\qquad\qquad NH_2$$

谷氨酸(75%)

16.2.5 乙酰氨基丙二酸二乙酯法

在邻-苯二甲酰亚胺丙二酸二乙酯的基础上，人们发展了乙酰氨基丙二酸二乙酯法合成氨基酸，而且这种中间产物具有较小的空间阻碍，对合成是非常有利的。反应式如下：

$$CH_2(COOC_2H_5)_2 \xrightarrow{HNO_2} HO-N=C(COOC_2H_5)_2 \xrightarrow[\text{2) }(CH_3CO)_2O]{\text{1) }H_2/Pt}$$

$$CH_3CONHCH(COOC_2H_5)_2$$

该氢原子可以被强碱中和,形成负碳离子

【例 16.3】

$$CH_3CONHCH(COOC_2H_5)_2 \xrightarrow[NaOC_2H_5]{Br(CH_2)_3Br} CH_3CONHC(COOC_2H_5)_2 \xrightarrow[H_2O,\triangle]{OH^-}$$
$$\overset{\displaystyle (CH_2)_3Br}{|}$$

$$\left[Br \overbrace{}^{} \underset{H_2N}{\overset{}{<}} \begin{array}{c} COO^\ominus \\ COO^\ominus \end{array} \right] \longrightarrow \left[\underset{\underset{H}{N}}{<} \begin{array}{c} COO^\ominus \\ COO^\ominus \end{array} \right] \xrightarrow[\triangle]{H_3^+O} \underset{\underset{H}{N}}{\bigcirc}-COOH \quad (dl)$$

分子内亲核取代反应   脯氨酸

$$CH_3CONHCH(COOC_2H_5)_2 \xrightarrow[\substack{N \\ H}]{NaOC_2H_5}$$

$$\underset{\underset{H}{N}}{\text{(咪唑)}}-CH_2C(COOC_2H_5)_2 \xrightarrow[H_2O,\triangle]{OH^-} \xrightarrow{H_3^+O}$$
$$\qquad\qquad\qquad\quad NHCOCH_3$$

$$\underset{\underset{H}{N}}{\text{(咪唑)}}-CH_2CHCOOH \qquad (dl)$$
$$\qquad\qquad NH_2$$

组氨酸

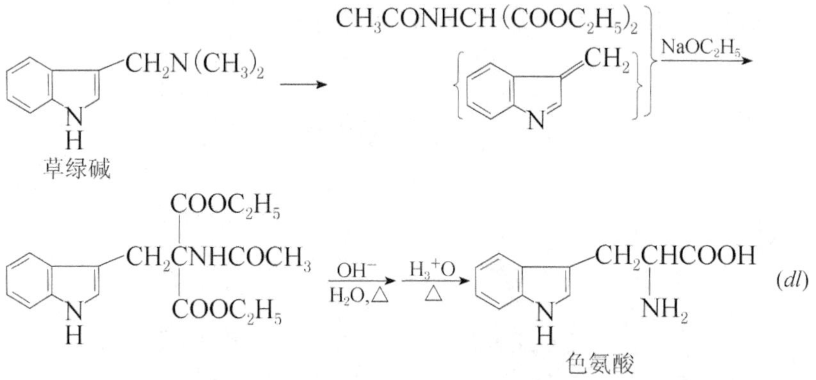

草绿碱

色氨酸

氨基酸的合成实际上就是应用负碳离子反应的实例，特别是乙酰氨基丙二酸二乙酯法已成为普遍应用的方法。以上方法得到的氨基酸均为外消旋体，如果需要得到某一种异构体，还需要进行外消旋体的拆分。目前，采用亚胺（C＝N）类化合物，在手性催化剂的作用下，能够合成单旋体氨基酸。例如：

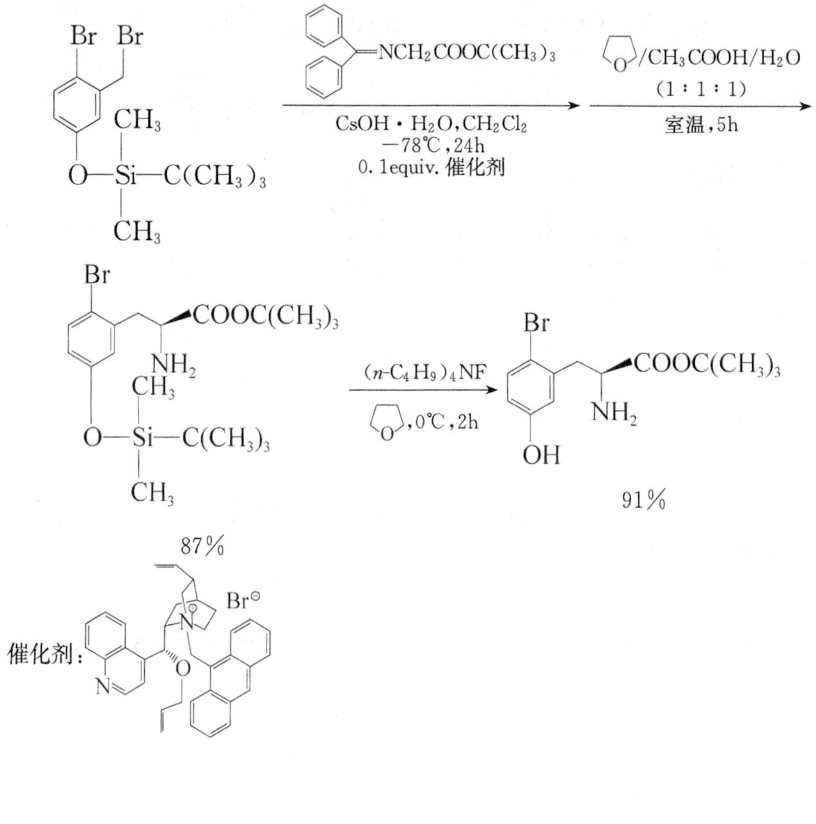

87%

91%

催化剂：

第17章 糖

本章主要讲糖的结构、单糖的环状结构及构象、单糖的化学性质。糖是多羟基醛(酮)，或能够水解为多羟基醛(酮)的脂肪族化合物。它主要表现醛酮的性质，由于分子内含有羟基和羰基，易发生分子内的缩醛(酮)反应而成环。因此，本章既是对醛酮性质的复习，又是对立体化学知识的回顾。

17.1 结构与分类

17.1.1 结构

糖的通式为 $C_n(H_2O)_m$，因此旧称糖为碳水化合物，如 $C_6H_{12}O_6$ 为葡萄糖、$C_{12}H_{22}O_{11}$ 为蔗糖等。但是，目前发现某些糖并不符合这一通式，如 $C_6H_{12}O_5$ 为鼠李糖，而有些符合这一通式的，如 $C_2H_4O_2$ 为乙酸，并不是糖。糖的结构可以从甘油醛衍生而来。

糖的构型的判断：除去这些新加上的羟基，还原为甘油醛再进行判断，即糖的结构中倒数第一个手性碳的羟基在右侧为 D-型；在左侧为 L-型。天然糖的构型均为 D-型。

17.1.2 分类

糖一般可以分为以下三种：
(1) 单糖。不能再水解的糖，一般含有三至七个碳，如葡萄糖、果糖等。
(2) 寡糖。可水解为两个以上单糖的糖，如蔗糖、麦芽糖、环糊精等。
(3) 多糖。单糖的多聚体，可以水解为很多个单糖，如淀粉、纤维素等。
按照糖中羰基的种类也可分为醛糖，如葡萄糖；酮糖，如果糖。

17.1.3 糖的结构表述方法

一般采用 Fischer 投影式来表达糖的结构，如葡萄糖和果糖的结构可以表达为

$$
\begin{array}{c}
\text{CHO} \\
\text{H——OH} \\
\text{HO——H} \\
\text{H——OH} \\
\text{H——OH} \\
\text{CH}_2\text{OH}
\end{array}
\qquad\qquad
\begin{array}{c}
\text{CH}_2\text{OH} \\
\text{C}=\text{O} \\
\text{HO——H} \\
\text{H——OH} \\
\text{H——OH} \\
\text{CH}_2\text{OH}
\end{array}
$$

D-（＋）-葡萄糖   D-（－）-果糖

($2R,3S,4R,5R$)-2,3,4,5,6-五羟基己醛   ($3S,4R,5R$)-1,3,4,5,6-五羟基-2-己酮

Fischer 投影式在表述糖的结构时可以简化，以葡萄糖为例，最终以"△"代表—CHO，以短横线代表—OH，以长横线代表—CH₂OH。

$$
\begin{array}{c}
\text{CHO} \\
\text{H——OH} \\
\text{HO——H} \\
\text{H——OH} \\
\text{H——OH} \\
\text{CH}_2\text{OH}
\end{array}
\xrightarrow{\text{简化}}
\begin{array}{c}
\text{CHO} \\
\text{——OH} \\
\text{HO——} \\
\text{——OH} \\
\text{——OH} \\
\text{CH}_2\text{OH}
\end{array}
\xrightarrow{\text{简化}}
\begin{array}{c}
\text{CHO} \\
\text{——} \\
\text{——} \\
\text{——} \\
\text{——} \\
\text{CH}_2\text{OH}
\end{array}
\xrightarrow{\text{简化}}
\begin{array}{c}
\triangle \\
\text{——} \\
\text{——} \\
\text{——} \\
\text{——} \\
\text{——}
\end{array}
$$

D-（＋）-葡萄糖

17.2 糖的环状结构与构象

17.2.1 实验现象

（1）变旋光现象。将葡萄糖用水作溶剂重结晶得到熔点为 146℃ 的晶体，配成溶液测定其比旋光度为 +112°，放置一段时间，其比旋光度变为 +52.7°；如果将葡萄糖用乙酸作溶剂重结晶，则得到熔点为 148～150℃ 的晶体，配成溶液测定其比旋光度为 +18.7°，放置一段时间，其比旋光度也变为 +52.7°，这种现象称为变旋光现象。

（2）具有醛基，但不与 $NaHSO_3$ 反应。

（3）具有醛基，但仅与 1mol 醇发生缩醛反应。

（4）在红外光谱（IR）中，无羰基的特征吸收；在核磁共振光谱（NMR）中，无醛基中氢原子的特征吸收。

以上实验现象说明葡萄糖的结构并不是如同前面给出的链状结构。

17.2.2 单糖的环状结构——Haworth 式

由于糖分子中含有多个羟基，同时又含有羰基，因此糖可以发生分子内的缩醛（酮）反应，从而形成环状结构。下面分别以葡萄糖（醛糖）和果糖（酮糖）为例，说明其如何形成分子内缩醛（酮）以及构象。

1. 葡萄糖

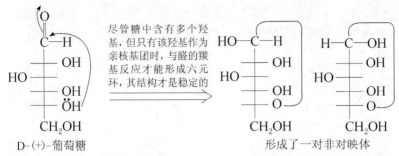

尽管糖中含有多个羟基,但只有该羟基作为亲核基团时,与醛的羰基反应才能形成六元环,其结构才是稳定的

D-(+)-葡萄糖　　　　　　　形成了一对非对映体

这样的表示方法非常不直观,所以要用 Haworth 式来表示糖的结构。变换为 Haworth 式包括基团交换、向右平放、向内成环三个步骤。

交换最后一个手性碳上的三个基团

D-(+)-葡萄糖

该 Fischer 投影式整体向右平放

整体向内成环

缩醛反应,可以生成两种产物,这两种产物为非对映体关系

β-D-(+)-吡喃葡萄糖　　　　　α-D-(+)-吡喃葡萄糖

新生成的—OH 与—CH_2OH 在同侧称为 β-D-(+)-吡喃葡萄糖;在对侧称为 α-D-(+)-吡喃葡萄糖,为两种不同的化合物。

我们可以从构象角度分析 α-D-(+)-吡喃葡萄糖和 β-D-(+)-吡喃葡萄糖哪一种更稳定。

β-D-(+)-吡喃葡萄糖中　　　　　α-D-(+)-吡喃葡萄糖中
所有的大基团均在 e 键　　　　　有一个羟基在 a 键

由此可以得出结论:β-D-(+)-吡喃葡萄糖更稳定。

上述结构分析可以解释实验现象:由于葡萄糖是分子内半缩醛结构,不含有游离的醛基,所以在光谱上检测不到醛基,也不能发生醛基的特征反应——与

$NaHSO_3$ 加成；因为葡萄糖仅是半缩醛，所以还可以与 1mol ROH 进一步发生缩醛反应。我们从水中重结晶得到的是 β-D-(＋)-吡喃葡萄糖更稳定，而在乙酸中重结晶得到的是 α-D-(＋)-吡喃葡萄糖，将它们分别溶于水测定比旋光度时，经过放置，溶液内存在下列平衡：

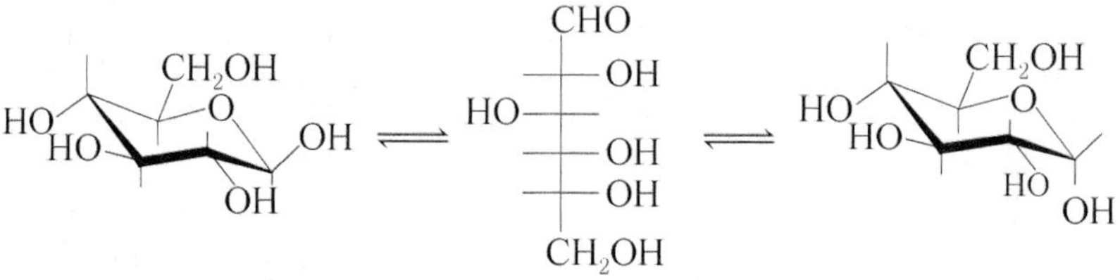

β-D-(+)-吡喃葡萄糖　63.6%　　<0.0026%　　α-D-(+)-吡喃葡萄糖　36.4%

达成平衡的结果是旋光度达到稳定的＋52.7°，含有 36.4%的α-D-(＋)-吡喃葡萄糖和 63.6%的 β-D-(＋)-吡喃葡萄糖。

2. 果糖

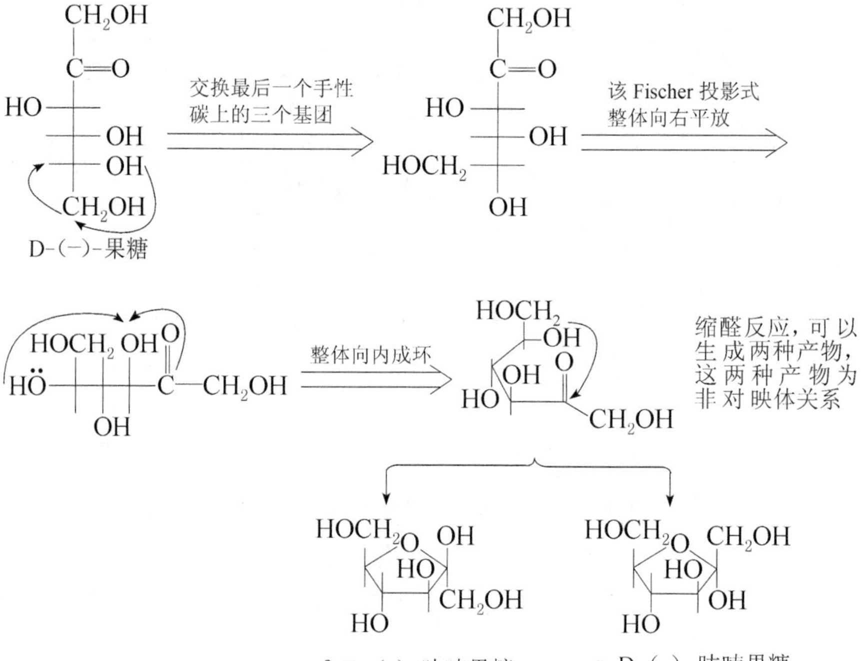

β-D-(−)-呋喃果糖　　α-D-(−)-呋喃果糖

新生成的—OH 与—CH_2OH 在同侧称为 β-D-(－)-呋喃果糖；在对侧称为 α-D-(－)-呋喃果糖，为两种不同的化合物。

17.2.3　糖苷(甙)

糖在形成了分子内半缩醛后，新生成的羟基还可以再与醇发生缩醛反应，其产物称为苷，或称甙。苷的结构分为两个部分：糖的残基(糖的部分)、配基(非糖的部分)。

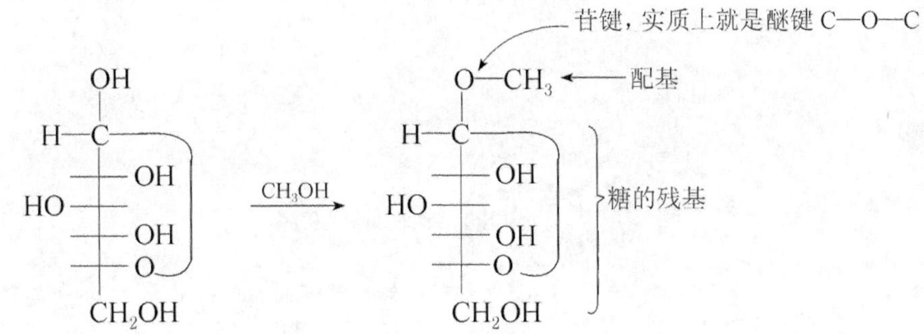

葡萄糖的半缩醛结构   甲基 −D−吡喃葡萄糖苷

天然产物中的葡萄糖很少以游离形式存在,多数情况下是以糖苷的形式存在,如人参皂苷就是一种达玛烷型的四环三萜糖苷。这些天然产物的糖苷在盐酸水溶液中加热可以发生分解反应,实质上就是醚的分解反应,从糖的残基部分得到相应的糖,从配基部分得到相应的苷元。

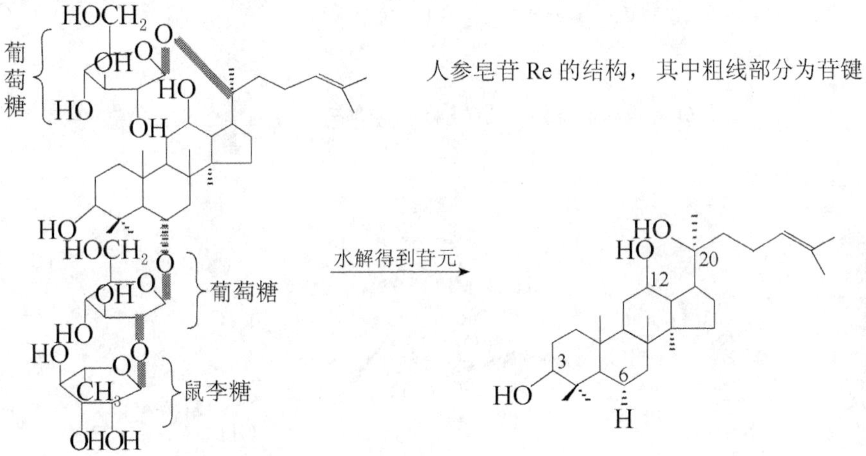

人参皂苷 Re 的结构, 其中粗线部分为苷键

水解得到苷元

17.2.4 寡糖的结构

1. 蔗糖

$$C_{12}H_{22}O_{11} + H_2O \xrightarrow{H^+} C_6H_{12}O_6 + C_6H_{12}O_6$$

蔗糖   葡萄糖   果糖
$+66.5°$ $+52.7°$ $-92°$

蔗糖水解过程可以通过旋光度的变化来跟踪监测。

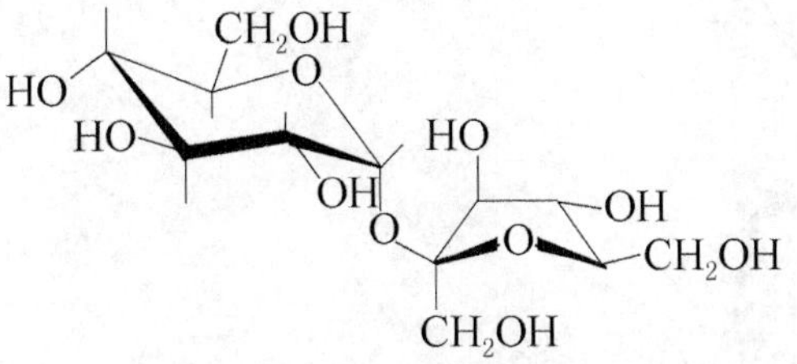

蔗糖的系统命名:β-D-呋喃果糖基-α-D-吡喃葡萄糖苷

2. 麦芽糖

麦芽糖的系统命名：4-*O*-(α-D-吡喃葡萄糖基)-D-吡喃葡萄糖

3. 乳糖

乳糖的系统命名：4-*O*-(β-D-吡喃半乳糖基)-D-吡喃葡萄糖

4. 纤维二糖

纤维二糖的系统命名：4-*O*-(β-D-吡喃葡萄糖基)-D-吡喃葡萄糖

5. 环糊精

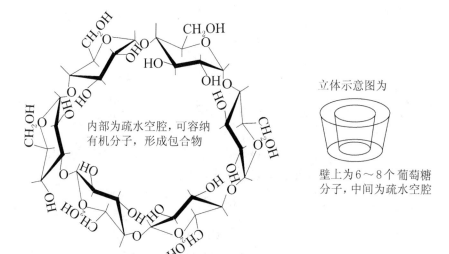

内部为疏水空腔，可容纳
有机分子，形成包合物

立体示意图为

壁上为6～8个葡萄糖
分子，中间为疏水空腔

17.3　单糖的化学性质

17.3.1　还原反应

D-(+)-葡萄糖　　　　　　　　　　　　　　L-山梨糖醇
　　　　　　　　　　　　　　　　　　　　　（D-葡萄糖醇）

17.3.2　氧化反应

1. 与 Fehling、Tollens、Benedict 试剂反应——鉴别还原糖和非还原糖

能够发生上述反应的糖也称为还原糖,不发生上述反应的糖称为非还原糖。

2. 与 Br_2 反应——鉴别醛糖和酮糖

该方法将糖氧化为酸,可以鉴别醛糖和酮糖,酮糖不发生此反应。另外,该反应在工业生产上改进为电解氧化法,即在 $CaBr_2/CaCO_3$ 存在下电解氧化,直接得到葡萄糖酸钙盐。

3. 硝酸氧化

$$
\begin{array}{c}
\text{CHO} \\
\text{---OH} \\
\text{HO---} \\
\text{---OH} \\
\text{---OH} \\
\text{CH}_2\text{OH}
\end{array}
\xrightarrow{\text{HNO}_3}
\begin{array}{c}
\text{COOH} \\
\text{---OH} \\
\text{HO---} \\
\text{---OH} \\
\text{---OH} \\
\text{COOH}
\end{array}
$$

用硝酸氧化,可以得到糖二酸,说明硝酸的氧化性强于溴水。同时,通过测定得到的糖二酸是否具有旋光性,可以推断糖的结构(见 17.3.6 节)。

4. 高碘酸氧化

$$
\begin{array}{c}
\text{CHO} \\
\text{---OH} \\
\text{HO---} \\
\text{---OH} \\
\text{---OH} \\
\text{CH}_2\text{OH}
\end{array}
\xrightarrow{5\text{HIO}_4}
\text{HCHO} + 5\text{HCOOH}
$$

将—CH$_2$OH 氧化为 HCHO,其余基团氧化为 HCOOH,此反应可用于糖的结构鉴定。

17.3.3　成脎反应

$$
\begin{array}{c}
\text{CHO} \\
\text{---OH} \\
\text{HO---} \\
\text{---OH} \\
\text{---OH} \\
\text{CH}_2\text{OH}
\end{array}
\xrightarrow[\text{CH}_3\text{COOH}]{\text{C}_6\text{H}_5\text{NHNH}_2}
\begin{array}{c}
\text{CH=NNHC}_6\text{H}_5 \\
\text{---OH} \\
\text{HO---} \\
\text{---OH} \\
\text{---OH} \\
\text{CH}_2\text{OH}
\end{array}
\xrightarrow[\text{CH}_3\text{COOH}]{2\text{C}_6\text{H}_5\text{NHNH}_2}
\begin{array}{c}
\text{CH=NNHC}_6\text{H}_5 \\
\text{C=NNHC}_6\text{H}_5 \\
\text{HO---} \\
\text{---OH} \\
\text{---OH} \\
\text{CH}_2\text{OH}
\end{array}
$$

D-葡萄糖脎

糖脎是黄色结晶,不同的糖形成的脎的晶形是不同的,因此可以通过糖脎的晶形来鉴别糖。上述反应机理尚无定论,因为苯肼是还原性的,在此却发生了将—OH 氧化为 C=O 的反应。

17.3.4　与硫醇反应

$$
\begin{array}{c}
\text{CHO} \\
\text{---OH} \\
\text{HO---} \\
\text{---OH} \\
\text{---OH} \\
\text{CH}_2\text{OH}
\end{array}
\xrightarrow[\text{H}^+]{2\text{C}_2\text{H}_5\text{SH}}
\begin{array}{c}
\text{CH(SC}_2\text{H}_5)_2 \\
\text{---OH} \\
\text{HO---} \\
\text{---OH} \\
\text{---OH} \\
\text{CH}_2\text{OH}
\end{array}
\xrightarrow[\text{Ni}]{\text{H}_2}
\begin{array}{c}
\text{CH}_3 \\
\text{---OH} \\
\text{HO---} \\
\text{---OH} \\
\text{---OH} \\
\text{CH}_2\text{OH}
\end{array}
$$

17.3.5 升级反应——Kiliani 氰化增碳法

通过糖的醛基与 HCN 亲核加成增长碳链,由于糖醛基的 α-碳是手性的,因此可以根据 Cram 法则判断这一对非对映体中,哪种产物是主要的。

以甘油醛为例:

CHO
H——OH
CH$_2$OH

↓ HCN

CN | CN
H——OH | HO——H
H——OH | H——OH
CH$_2$OH | CH$_2$OH

α-碳原子为手性碳原子的亲核加成反应,通过 Cram 法则判断哪种为主产物

1)Ba(OH)$_2$ 2)H$^+$,△ | 1)Ba(OH)$_2$ 2)H$^+$,△

碱性条件下将 CN 水解成 COOH,酸性条件下形成内酯

（内酯结构） HO OH | （内酯结构） HO

Na(Hg)/HCl | Na(Hg)/HCl

还原内酯成为醛,得到两种新的糖

CHO | CHO
H——OH | HO——H
H——OH | H——OH
CH$_2$OH | CH$_2$OH

D-赤藓糖 | D-苏糖

可以采用氧化法或还原法分辨这两种糖。

COOH ←—— HNO$_3$ —— CHO
H——OH 氧化为糖二酸 H——OH
H——OH H——OH
COOH CH$_2$OH

D-赤藓糖

CH$_2$OH ←—— NaBH$_4$
H——OH 还原为糖二醇
H——OH
CH$_2$OH

无论氧化还是还原,得到的产物均不具有旋光性

$$\underset{\text{D-苏糖}}{\begin{array}{c}\text{CHO}\\\text{HO}\mathbin{-\!\!-}\text{H}\\\text{H}\mathbin{-\!\!-}\text{OH}\\\text{CH}_2\text{OH}\end{array}}\xrightarrow[\text{氧化为糖二酸}]{\text{HNO}_3}\begin{array}{c}\text{COOH}\\\text{HO}\mathbin{-\!\!-}\text{H}\\\text{H}\mathbin{-\!\!-}\text{OH}\\\text{COOH}\end{array}$$

$$\xrightarrow[\text{还原为糖二醇}]{\text{NaBH}_4}\begin{array}{c}\text{CH}_2\text{OH}\\\text{HO}\mathbin{-\!\!-}\text{H}\\\text{H}\mathbin{-\!\!-}\text{OH}\\\text{CH}_2\text{OH}\end{array}$$

无论氧化还是还原,得到的产物均具有旋光性

通过测定得到的产物是否具有旋光性就可以区分这两种糖。

17.3.6　降级反应——Ruff-Wohl 法

$$\underset{\text{D-}(+)\text{-葡萄糖}}{\begin{array}{c}\text{CHO}\\\text{HO}\mathbin{-\!\!-}\text{OH}\\\text{HO}\mathbin{-\!\!-}\text{H}\\\text{H}\mathbin{-\!\!-}\text{OH}\\\text{H}\mathbin{-\!\!-}\text{OH}\\\text{CH}_2\text{OH}\end{array}}\xrightarrow[\text{H}_2\text{O}]{\text{Br}_2}\begin{array}{c}\text{COO}^{\ominus}\\\text{H}\mathbin{-\!\!-}\text{OH}\\\text{HO}\mathbin{-\!\!-}\text{H}\\\text{H}\mathbin{-\!\!-}\text{OH}\\\text{H}\mathbin{-\!\!-}\text{OH}\\\text{CH}_2\text{OH}\end{array}\xrightarrow{\text{Ca(OH)}_2}$$

$$\left[\begin{array}{c}\text{COO}^{\ominus}\\\text{H}\mathbin{-\!\!-}\text{OH}\\\text{HO}\mathbin{-\!\!-}\text{H}\\\text{H}\mathbin{-\!\!-}\text{OH}\\\text{H}\mathbin{-\!\!-}\text{OH}\\\text{CH}_2\text{OH}\end{array}\right]_2\text{Ca}^{2+}\xrightarrow[\text{Fe}^{3+}]{\text{H}_2\text{O}_2}\begin{array}{c}\text{CHO}\\\text{HO}\mathbin{-\!\!-}\text{H}\\\text{H}\mathbin{-\!\!-}\text{OH}\\\text{H}\mathbin{-\!\!-}\text{OH}\\\text{CH}_2\text{OH}\end{array}$$

通过将糖逐级降级、氧化,测定产物是否具有旋光性就可以推测糖的结构。例如,A 是一个五碳醛糖,将其氧化为糖二酸 B 后就不具有旋光性了;将 A 降级为四碳醛糖 C,再将 C 氧化得到的糖二酸 D 有旋光性;将 C 降级则生成 L-甘油醛,推测 A、B、C、D 的结构。我们可以通过下述思路解决这一问题:

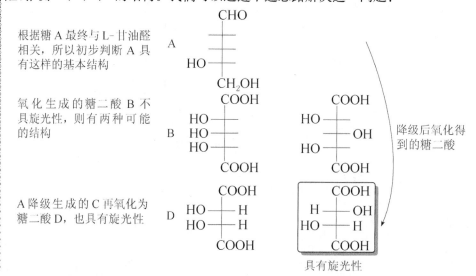

根据糖 A 最终与 L-甘油醛相关,所以初步判断 A 具有这样的基本结构

氧化生成的糖二酸 B 不具旋光性,则有两种可能的结构

A 降级生成的 C 再氧化为糖二酸 D,也具有旋光性

降级后氧化得到的糖二酸

具有旋光性

因此，上述四种化合物分别为

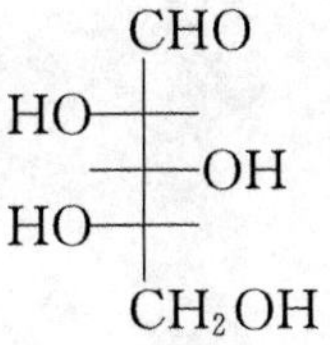

CHO
HO——
——OH
HO——
CH₂OH
A

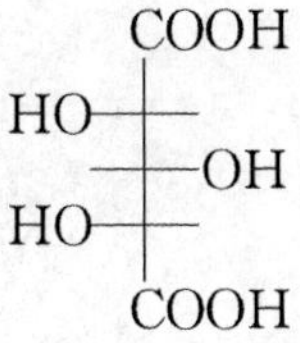

COOH
HO——
——OH
HO——
COOH
B

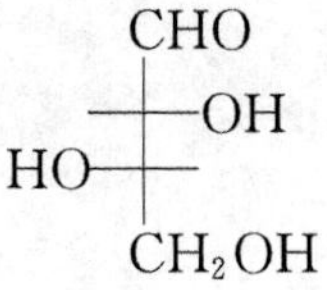

CHO
——OH
HO——
CH₂OH
C

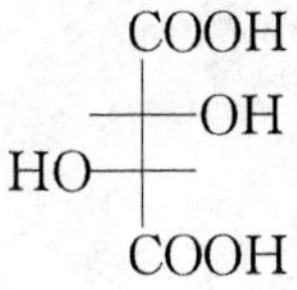

COOH
——OH
HO——
COOH
D

以分子轨道理论
处理有机化学反应问题

第18章 周环反应

在前面的章节中,我们从价电子配对的角度、应用价键理论来理解原子间的成键情况。在周环反应中,我们要从分子轨道对称性的角度、应用分子轨道理论来讨论反应能否发生,从这种意义上讲,周环反应带给我们一个全新的观念和全新的思想方法。

周环反应是经历环状过渡态的协同反应;协同反应是指旧化学键断裂和新化学键的生成在同一过渡态内完成,反应没有产生活性中间体,如 Diels-Alder 反应。

周环反应的特点:

(1) 协同过程,无活性中间体生成。

(2) 立体专一反应(如同前面学过的烯烃的硼氢化、与单线态卡宾加成、冷稀 $KMnO_4$ 氧化、过酸氧化等都是立体专一反应;烯烃与三线态卡宾的加成是学过的唯一没有立体选择性的反应)。

(3) 反应条件只需光照($h\nu$)或加热($\triangle$)。

周环反应分类:电环化反应、环加成反应和 σ-迁移反应。

18.1 电环化反应

电环化反应:共轭多烯与共轭环烯在加热或光照条件下的相互转化,同时单双键互变。根据链状共轭多烯的 π 电子数可以将共轭多烯分为 $4n$ 和 $4n+2$ 两类。

$$R_1-CH=CH-CH=CH-R_2 \quad R_1-CH=CH-CH=CH-CH=CH-R_2$$

含有 4 个 π 电子, 符合 $4n(n=1)$ 含有 6 个 π 电子, 符合 $4n+2(n=1)$

这两类共轭多烯在光照或加热条件下的电环化反应结果是截然相反的。

18.1.1 $4n$ 电子体系的电环化反应

1. $4n$ 电子体系的分子轨道

分子轨道是由原子轨道线性组合(linear combination of atomic orbital, LCAO)而成的;原子轨道相位变化构成节点,节点数量越多,该分子轨道的能量越高。如果分子轨道的能量低于原来的组合成它的原子轨道的能量,则称该分子轨道为成键轨道;反之,原子轨道线性组合成的分子轨道的能量反而比组成它的原子轨道的能量还高,则称该分子轨道为反键轨道;如果原子轨道线性组合成分子轨道,前后能量没有变化,则称该分子轨道为非键轨道。π 电子按照电子填充的三条原则由能量低的分子轨道向能量高的分子轨道填充,填有电子的能量最高的分子轨道,即最高占有轨道(high occupied molecular orbital,

HOMO),和未填电子的能量最低的分子轨道,即最低空轨道(low unoccupied molecular orbital, LUMO),合称为前线轨道,发生化学反应主要涉及前线轨道的对称性匹配问题。加热不能使分子的电子能级发生跃迁,影响的仅仅是分子的平动能级,所以,在加热的条件下,有机分子是以基态电子填充模式参与反应,而光照条件可以激发分子的电子能级,因此在光照条件下,有机分子是以激发态电子填充模式参与反应。电环化反应是发生在最高占有轨道上的反应,即电环化反应涉及的是 HOMO 的轨道对称性问题。$4n$ 电子体系的分子轨道情况如下:

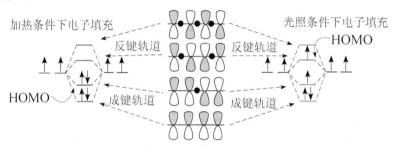

用波函数来表示分子轨道,自下而上分别为 ψ_1、ψ_2、ψ_3 和 ψ_4,它们分别对应于成键轨道 π_1、π_2,及反键轨道 π_3、π_4。由于在加热条件下分子是以基态电子填充形式参与电环化反应的,即以 ψ_2 参与反应;而在光照条件下,分子以激发态电子填充形式参与电环化反应,即以 ψ_3 参与反应。因此,下面分别讨论 ψ_2 和 ψ_3 的轨道对称性问题。

2. $4n$ 电子体系在加热条件下的电环化反应

在加热条件下,$4n$ 电子体系参与电环化反应的最高占有轨道是 ψ_2,ψ_2 在顺旋和对旋时的成键状态如下:

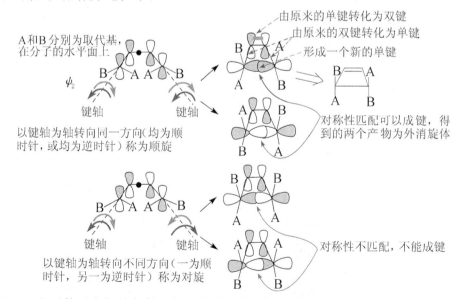

所以,$4n$ 电子体系在加热条件下的电环化反应是通过顺旋成键的。

3. 4n 电子体系在光照条件下的电环化反应

在光照条件下,4n 电子体系参与电环化反应的最高占有轨道是 ψ_3,ψ_3 在顺旋和对旋时的成键状态如下:

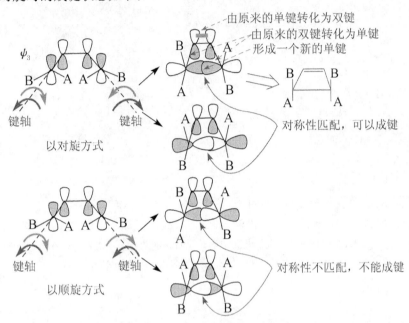

所以,4n 电子体系在光照条件下的电环化反应是通过对旋成键的。

【例 18.1】

特别注意环状烯烃电子体系的判断:一个环状烯烃,如果它的首尾只是由三个单键连接,那么它属于由链状多烯烃经电环化反应而来的,这三个单键中边上的两个是由原双键转化而来,中间的单键是新形成的。

18.1.2　4n＋2 电子体系的电环化反应

1. 4n＋2 电子体系的分子轨道

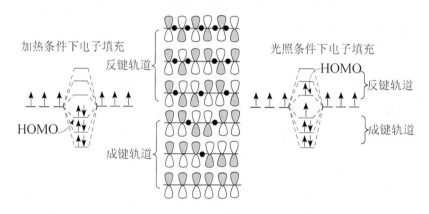

用波函数来表示分子轨道，自下而上分别为 ψ_1、ψ_2、ψ_3、ψ_4、ψ_5 和 ψ_6，它们分别对应于成键轨道 π_1、π_2、π_3，及反键轨道 π_4、π_5、π_6。在加热条件下，分子以基态电子填充形式参与电环化反应，即以 ψ_3 参与反应；而在光照条件下，分子以激发态电子填充形式参与电环化反应，即以 ψ_4 参与反应。下面分别讨论 ψ_3 和 ψ_4 的轨道对称性问题。

2. 4n＋2 电子体系在加热条件下的电环化反应

在加热条件下，4n＋2 电子体系参与电环化反应的最高占有轨道是 ψ_3，ψ_3 在顺旋和对旋时的成键状态如下：

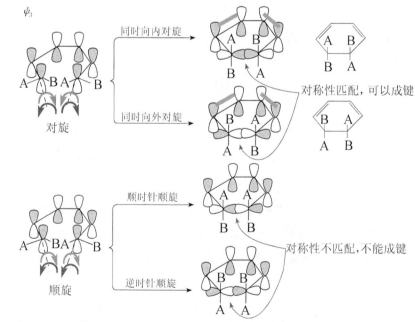

所以，4n＋2 电子体系在加热条件下的电环化反应是通过对旋成键的。

3. $4n+2$ 电子体系在光照条件下的电环化反应

在光照条件下,$4n+2$ 电子体系参与电环化反应的最高占有轨道是 ψ_4,ψ_4 在顺旋和对旋时的成键状态如下:

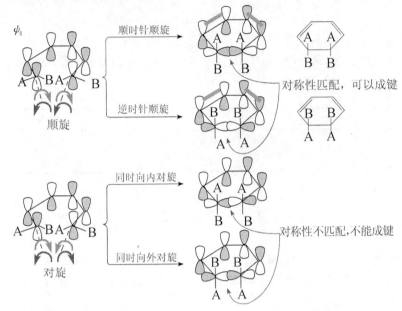

所以,$4n+2$ 电子体系在光照条件下的电环化反应是通过顺旋成键的。

【例 18.2】

下述 1,3,5-环壬三烯的首尾是由四个单键连接的,说明它不是由共轭多烯经电环化得到的共轭环烯,而是一个共轭多烯,π 电子数为 6,符合 $4n+2$。

在下列合成实例中,从化合物 **1** 到化合物 **2** 为 4 电子体系的电环化开环反应,从化合物 **2** 到化合物 **3** 是 8 电子体系的电环化关环反应,从化合物 **3** 到最终产物是分子内羟醛缩合反应。

$$\longrightarrow \quad \underset{\substack{CH_3 \qquad\quad CH_3}}{\overset{\substack{i\text{-PrO} \qquad O-i\text{-Pr}}}{\bigcirc}} \quad \longrightarrow i\text{-PrO}$$

90%

结论

电环化反应条件为光照和加热,成键方式为顺旋和对旋,电子体系分为 $4n$ 和 $4n+2$,它们之间的关系可以表示如下:

反应条件	$4n$	$4n+2$
加热	顺旋	对旋
光照	对旋	顺旋

18.2 环加成反应

环加成反应:烯烃之间、烯烃与共轭多烯之间在加热或光照条件下的相互转化,同时单双键互变。环加成反应发生在一个分子的最高占有轨道和另一个分子的最低空轨道上。

分类:双键与双键之间的成环称为[2+2]环加成;双键与共轭双烯的成环(如 Diels-Alder 反应)称为[4+2]环加成。

18.2.1 [2+2]环加成反应

最典型的[2+2]环加成反应就是乙烯分子间的反应,其中利用了一个乙烯分子 HOMO 和另一个乙烯分子的 LUMO。

如果在激发态下,即在光照条件下将一个乙烯分子激发为激发态,利用它的 HOMO 与另一处于基态的乙烯分子的 LUMO 对称性匹配就可以成键。

【例 18.3】 在下列反应中,碘代烯烃首先与有机硼烷发生 Suzuki 偶联反应生成中间产物,然后该中间产物再发生[2+2]环加成反应。

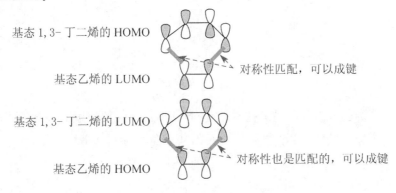

18.2.2 [4＋2]环加成反应

最典型的[4＋2]环加成反应就是 Diels-Alder 反应,其中利用了乙烯分子的HOMO 及 1,3-丁二烯分子的 LUMO;或者乙烯分子的 LUMO 和 1,3-丁二烯分子的 HOMO。

基态 1,3- 丁二烯的 HOMO

基态乙烯的 LUMO 对称性匹配,可以成键

基态 1,3- 丁二烯的 LUMO

基态乙烯的 HOMO 对称性也是匹配的,可以成键

【例 18.4】

内式为主产物 外式为次产物

结论

[2＋2]环加成反应是在光照条件下发生的;而[4＋2]环加成反应是在加热条件下发生的。

18.3 σ-迁移反应

σ-迁移反应:一个以 σ 键与共轭多烯相连的原子或基团,在加热条件下从共轭体系的一端到另一端的迁移反应,同时伴随单、双键的互变。

分类:σ-迁移反应分为原子或基团从共轭体系的一端到另一端的迁移,称为[1,j]迁移,[1,j]迁移又可进一步分为氢原子迁移和烷基迁移;连接两段共轭体系的 σ 键在共轭体系上的位移,称为[i,j]迁移,主要是[3,3′]-σ 迁移。

18.3.1 [1, *j*]迁移反应

1. [1, *j*]氢迁移

1）氢原子的[1,3]迁移

 氢原子的[1,3]迁移实质上就相当于氢原子在烯丙基自由基上的迁移,它对应的轨道就是烯丙基自由基的最高占有轨道

烯丙基自由基的分子轨道情况如下:

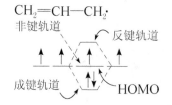

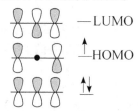 其最高占有轨道是非键轨道

 氢原子要穿过分子平面迁移,才能保证对称性匹配,称为异面迁移

 这样就要求这个键角足够小,才能将氢原子异面迁移,这在空间上是不允许的,称为几何不允许

共轭多烯的自由基的最高占有轨道(HOMO)的偶数位置并没有原子轨道,而是由一个节点代替,因此,我们可以画出共轭多烯的 HOMO 如下:

类似 $CH_2=CH-CH=CH-CH=CH-CH=CH-CH_2\cdot$ 的 HOMO:
　　　1　　2　　3　　4　　5　　6　　7　　8　　9

2）氢原子的[1,5]迁移——同面迁移

 氢原子在分子的同面迁移,对称性就是匹配的,称为同面迁移

3）氢原子的[1,7]迁移

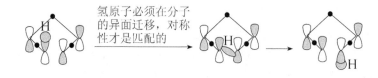 氢原子必须在分子的异面迁移,对称性才是匹配的

【例 18.5】

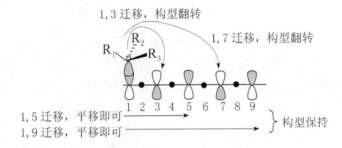

氢原子异面迁移

2. [1,j]烷基迁移

由于烷基碳原子的杂化状态为 sp^3,与氢原子的 s 轨道不同,烷基的迁移呈现不同于氢的[1,j]迁移的特点。

sp³ 杂化转化为 sp² 杂化 , 以保证与　　　　sp² 杂化再转化为 sp³ 杂
1,3- 碳原子的轨道对称性均匹配　　　　化,同时烷基构型翻转

由此我们可以类推烷基的[1,j]迁移规律如下:

1,3 迁移,构型翻转

1,7 迁移,构型翻转

1,5 迁移,平移即可 ⟶

1,9 迁移,平移即可 ⟶　　}构型保持

【例 18.6】

烃基的 1,3-迁移,手性碳由反应物中的 R 型转化为产物中的 S 型

结论

迁移方式	氢迁移	烷基迁移
1,3-迁移	禁阻	构型翻转
1,5-迁移	同面迁移	构型保持
1,7-迁移	异面迁移	构型翻转

18.3.2　[i,j]迁移反应——[3,3′]-σ迁移

[i,j]迁移中最具代表性的反应是连接两个烯丙基的 σ 键在加热条件下迁移至两个烯丙基位的另一端,同时单双键互换,这样的反应称为 Cope 重排;如果一个烯丙基中含有氧原子,Cope 重排也称为 Claisen 重排。以上均是典型的 [3,3′]-σ迁移反应。

因 Cope 重排和 Claisen 重排均是发生于烯丙基的重排反应,所以可以认为是两个烯丙基形成了椅式构像式的六元环过渡态。

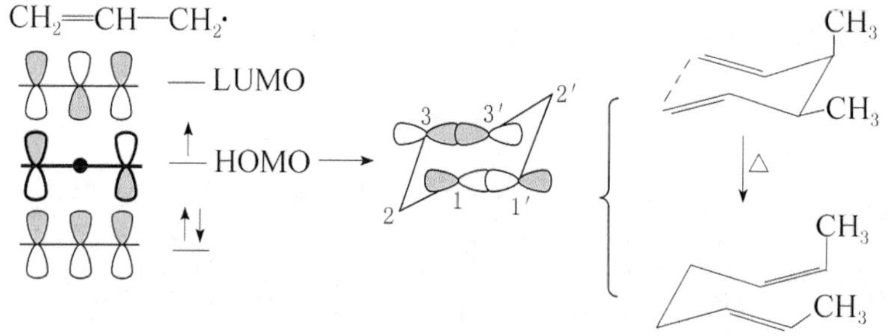

【例 18.7】

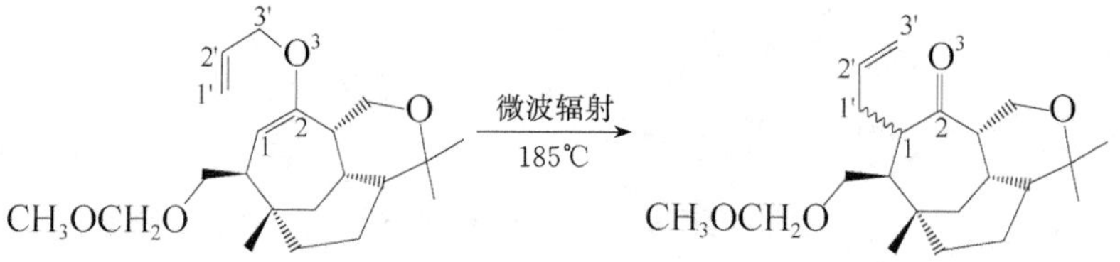

$Syn 41\%; Anti 11\%$

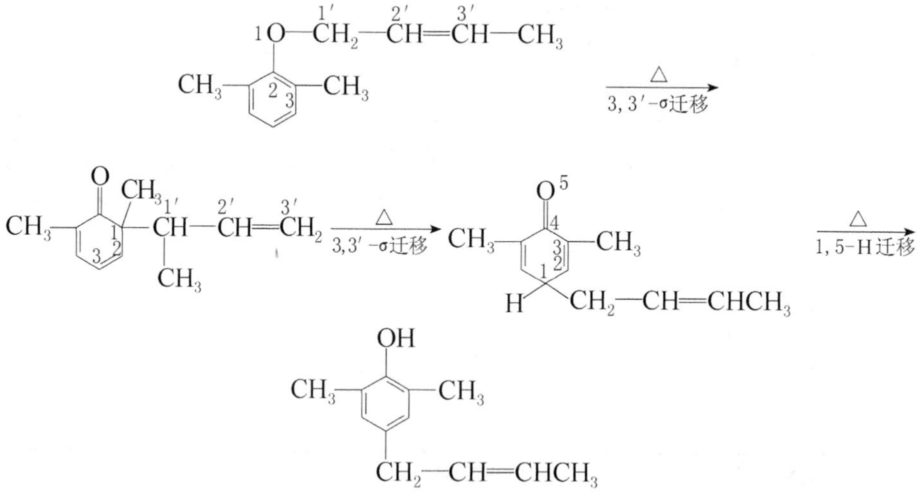

92%

主要参考文献

樊杰,葛树丰,周晴中,等.1995.有机化学习题精选.北京:北京大学出版社

冯骏材,丁景范,吴琳.1999.有机化学习题精解.北京:科学出版社

冯骏材,陆国元,吴琳,等.2003.有机化学学习指导.北京:科学出版社

王葆仁.1985.有机合成反应.北京:科学出版社

邢其毅,徐瑞秋,裴伟伟.1998.基础有机化学习题解答与解题示例.北京:北京大学出版社

邢其毅,徐瑞秋,周政,等.1994.基础有机化学.2版.北京:高等教育出版社

Morrison R T,Boyd R N.1980.有机化学.复旦大学化学系有机化学教研组译.北京:科学出版社

Streitwieser A,Jr,Heathcock C H.1985. Introduction to Organic Chemistry. 3rd ed. New York:MacMillan
    Publishing Company

结　束　语

我们学习了有机化学的基本理论和基本反应，按照曾经谈到的学习方法，在学完有机化学之后，需要每位同学按照自己的思维模式重新组织学过的知识，建立一套具有自己认知结构特点的有机化学知识体系，这样不仅可以将有机化学知识转变为自己的思想，更重要的是通过这样的过程，学会学习，这是比单纯学习知识更引人入胜之处。

本书讲的是有机化学的基本理论和基本反应，没有涉及有机化合物结构鉴定方面的知识，因为它属于另一门课——有机分析化学的内容，在那里我们将学到如何通过解析一个有机化合物的红外光谱(IR)、紫外光谱(UV)、核磁共振光谱(NMR)和质谱(MS)来确定结构，这也是一个有机化学工作者必备的知识。

在学过有机化学的基本理论和基本反应后，如果想进一步学习有机化学，可以读一些自己感兴趣的专著，如对有机合成感兴趣，可以读有机合成化学、有机合成中间体等方面的著作；对有机化学理论问题感兴趣，可以读物理有机化学或高等有机化学等方面的著作等。相信学习有机化学的过程所带来的不仅仅是增长知识的快乐！